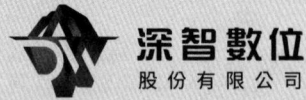

對本書的讚譽

本書是一部技術實戰與求職指導並重的學習指南。本書不僅由淺入深地介紹了軟體測試的基礎知識與技術，還詳細講解了 Linux 基礎知識、MySQL 資料庫管理、Web 自動化測試框架、HTTP 介面測試，以及 Python 介面自動化測試等高級技能。尤為值得一提的是，本書特別強調求職履歷製作與面試模擬的重要性。透過提供詳盡的履歷製作指南和面試模擬問答，本書旨在幫助讀者打造出專業且吸引人的履歷，並在面試中展現出自己的最佳狀態。無論是履歷中的專業技能展示，還是面試中的理論兼實踐問題回答，本書都提供了詳盡的指導和建議，可讓讀者在求職過程中更加自信、從容。此外，本書還前瞻性地探討了人工智慧在軟體測試中的應用，為讀者揭示了軟體測試領域的未來發展趨勢。總之，這不僅是一本軟體測試領域的教材，更是一本實用的求職指南。

官靈芳博士教授　　長江職業學院資料資訊學院院長

在數位化浪潮席捲全球的今天，軟體測試已然成為確保軟體品質的關鍵環節之一。

本書由淺入深地為我們揭示了軟體測試的奧秘。本書詳盡地介紹了軟體測試的基礎知識，更難能可貴的是，它還對高級技能與行業前端動態進行了深入探討。本書對求職指導的重視與我的觀點不謀而合。本書透過履歷製作指南與面試模擬問答等內容，為讀者鋪就了一條通往職場的道路。此外，本書對人工智慧在軟體測試領域的應用進行了前瞻性分析，展現了作者的遠見卓識。對於初涉軟體測試的新手，這本書將是你不可或缺的指南。我堅信，透過閱讀本書，你將能夠在軟體測試領域找到屬於自己的天地。

喬冰琴博士副教授　　山西省財政稅務專科學校巨量資料學院院長

在當今這個資訊技術日新月異的時代，軟體測試行業正日益顯現出其不可或缺的重要性。本書無疑為這一行業的入門者和進階者提供了一本極為實用的參考手冊。我特別欣賞這本書對軟體測試進行的多維度深入剖析。本書不僅從基礎概念、技術實際操作層面進行了講解，更難能可貴的是，它還融入了求職指導和行業前端動態等內容。對於求職履歷的製作與面試技巧，本書舉出了實用的建議，這無疑將極大地助力讀者在職場中脫穎而出。此外，對於軟體測試領域的新趨勢，尤其是人工智慧在測試中的應用，本書也有獨到的見解和展望。我認為，這本書不僅是軟體測試知識的寶庫，更是小白職業發展的得力幫手。我推薦所有對軟體測試感興趣的讀者閱讀此書，相信你們定能從中收穫頗豐。

　　　　魏萌教授　　長江職業學院資料資訊學院電腦應用技術教研室主任

　　本書從基礎知識開始介紹，逐漸深入高級技能和行業前端，為讀者提供了一條從入門到精通的學習路徑。我尤其被本書對求職部分的設計所吸引，履歷製作與面試模擬的內容無疑會為即將踏入職場的年輕人提供巨大的幫助。此外，書中對人工智慧在軟體測試中應用的探討也極具前瞻性，為讀者揭示了未來軟體測試的發展方向。對軟體測試初學者來說，我相信你們一定能從本書中獲得啟發。

　　　　梁培峰博士副教授　　江蘇理工學院電腦工程學院碩士生導師

前言

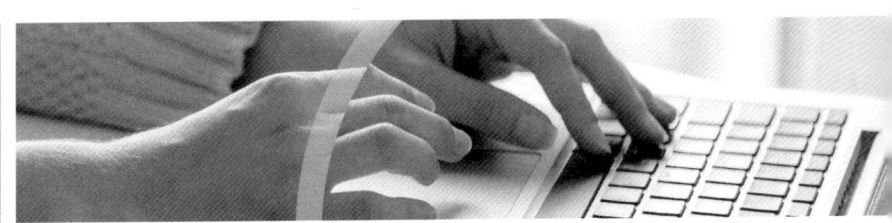

【寫作背景】

隨著人工智慧技術，尤其是大模型技術的快速發展，軟體測試行業正面臨前所未有的挑戰和機遇。軟體測試人員的作用愈發重要，市場上對軟體測試工程師的需求也日益旺盛。然而，現有教材和培訓資源無法充分滿足大家的需求。此外，市面上缺乏適合初學者的系統化、實際操作性強的軟體測試方面的教材。因此，編者基於自身十年軟體測試工作及相關教學工作的經驗和累積，為有志成為軟體測試工程師的讀者撰寫了本書。

【本書特色】

零基礎入門，用通俗易懂的語言講解了入職軟體測試工程師所需的知識。

內容全面、實用，既緊接讀者主流需求，又表現了軟體測試的前端技術，內容涵蓋了功能測試方法、Web自動化測試框架、HTTP介面測試、Python介面自動化測試及AI在軟體測試中的應用等。

循序漸進的知識系統，確保讀者能夠穩步提升技能水準，提高學習效率。

本書內容緊扣面試、入職等讀者需求，充分表現了「所學即所用」「無縫對接」職場。提供精心挑選的面試題及參考答案，助力讀者輕鬆應對面試挑戰。

最後一章提供全面的履歷製作與面試技巧指導，幫助讀者整合式解決求職問題。自成系統的全方位學習指南，滿足讀者從零基礎到職業發展的全過程需求。

【目標讀者】

應屆畢業生：對軟體測試領域感興趣並願意投身其中的各專業背景的學生。

初入職場的年輕人：已畢業但工作年限不長，且對軟體測試有興趣的職場新人。

軟體測試相關課程的學習者：開設軟體測試相關課程的培訓機構的學員以及選修相關課程的大專院校學生。

社會學習者：無相關學歷背景但對軟體測試有興趣並希望從事該行業的自學者。

【建議與回饋】

作者和編輯盡最大的努力來確保書中內容的準確性，若讀者發現書中的不妥之處，請發郵件至 buyifan@ptpress.com.cn，我們將真誠地接受並加以改進。

【致謝】

感謝人民郵電出版社以及李莎老師，這是我們第二次攜手合作，每次合作都令人感到無比愉快。同時，我也要向張濤老師和卜一凡老師表達深深的謝意，他們為本書提出了寶貴的建議。此外，我還要特別感謝我的家人，尤其是我的太太。在我於北京奮鬥的日子裡，無論是面臨創業的艱難困苦，還是處於專案交付的緊要關頭，她始終都堅定地支援著我，幫助我照顧家庭，對於她的付出，我感激不盡。

【繁體中文出版說明】

本書作者為中國大陸人士，部分範例網站及服務為中國大陸專屬，為維持全書完整性，此部分圖例維持簡體中文介面，請讀者參閱上下文閱讀，特此說明。

江楚

目錄

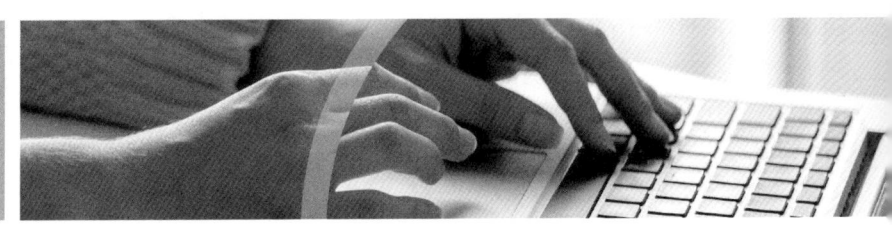

第 1 章 初識軟體測試

1.1 軟體測試的職業前景和規劃 1-1
    1.1.1 軟體測試的現狀與前景 1-2
    1.1.2 軟體測試人員的職業規劃 1-2
1.2 軟體測試人員學習路線 1-3
1.3 軟體測試人員的核心素質 1-4
    1.3.1 人格品質 1-4
    1.3.2 溝通能力 1-5
1.4 軟體測試對學歷的要求 1-6
1.5 軟體測試對英文的要求 1-6

第 2 章 軟體測試入門

2.1 實體產品測試實例 2-1
    2.1.1 如何測試礦泉水瓶 2-2
    2.1.2 如何測試白板筆 2-8
    2.1.3 產品測試的基本要素 2-9
2.2 什麼叫軟體 2-10
2.3 軟體測試實例 2-11
    2.3.1 電子郵件之登入測試 2-11
    2.3.2 電子郵件之寫信測試 2-13
    2.3.3 軟體測試的基本要素 2-14
2.4 本章小結 2-15

	2.4.1	學習提醒	2-15
	2.4.2	求職指導	2-15

第 3 章 測試工作從評審需求開始

3.1	專案小組成員	3-2
3.2	專案小組成員與需求的關係	3-3
3.3	為什麼要評審需求文件	3-5
3.4	如何評審需求文件	3-7
3.5	本章小結	3-8
	3.5.1 學習提醒	3-8
	3.5.2 求職指導	3-8

第 4 章 軟體測試的基本概念

4.1	軟體測試及相關概念的定義	4-2
4.2	軟體測試的分類	4-3
	4.2.1 按測試原理分類	4-3
	4.2.2 按測試階段分類	4-6
4.3	初級軟體測試人員的定位	4-8
4.4	軟體測試分類關係表	4-11
4.5	本章小結	4-12
	4.5.1 學習提醒	4-12
	4.5.2 求職指導	4-12

第 5 章 軟體測試計畫

5.1	軟體測試計畫的內容	5-2
5.2	軟體測試計畫的範本	5-5
5.3	本章小結	5-12

	5.3.1	學習提醒	5-12
	5.3.2	求職指導	5-12

第 6 章 測試用例的設計

6.1	什麼是測試用例		6-2
	6.1.1	測試用例的格式	6-2
	6.1.2	測試用例的作用	6-11
	6.1.3	測試用例與需求的關係	6-11
6.2	功能測試的用例設計方法		6-14
	6.2.1	等價類劃分法	6-14
	6.2.2	邊界值分析法	6-28
	6.2.3	錯誤推測法	6-32
	6.2.4	正交表分析法	6-35
	6.2.5	因果判定法	6-40
6.3	用例設計的基本想法		6-49
	6.3.1	QQ 電子郵件註冊模組	6-50
	6.3.2	QQ 電子郵件登入模組	6-52
	6.3.3	QQ 電子郵件郵件搜尋模組	6-54
	6.3.4	QQ 電子郵件附件上傳模組	6-57
6.4	測試用例的評審		6-61
	6.4.1	如何評審測試用例	6-61
	6.4.2	用例設計結束的標準	6-62
6.5	本章小結		6-62
	6.5.1	學習提醒	6-62
	6.5.2	求職指導	6-63

第 7 章 測試執行

7.1	部署測試環境	7-2

7.2	如何記錄一個 Bug	7-3
	7.2.1　一個 Bug 所包括的內容	7-3
	7.2.2　Bug 記錄的正確範例	7-4
7.3	利用測試管理工具追蹤 Bug	7-8
	7.3.1　測試管理工具簡介	7-8
	7.3.2　禪道系統基本使用流程	7-8
	7.3.3　透過禪道系統來追蹤 Bug	7-21
7.4	對 Bug 存有爭議時的處理	7-25
7.5	回歸測試的策略	7-26
	7.5.1　回歸測試的基本流程	7-26
	7.5.2　回歸測試的基本策略	7-28
7.6	本章小結	7-30
	7.6.1　學習提醒	7-30
	7.6.2　求職指導	7-30

第 8 章　軟體測試報告

8.1	軟體測試報告的定義	8-2
8.2	軟體測試報告範本	8-2
8.3	本章小結	8-6
	8.3.1　學習提醒	8-6
	8.3.2　求職指導	8-6

第 9 章　Linux 命令列與被測系統架設

9.1	Linux 的安裝過程	9-2
9.2	Linux 入門命令列	9-3
	9.2.1　cd 命令的使用場景	9-3
	9.2.2　pwd 命令的使用場景	9-11
	9.2.3　ls 命令的使用場景	9-12

	9.2.4	cp 命令的使用場景	9-15
	9.2.5	rm 命令的使用場景	9-18
	9.2.6	echo 命令的使用場景	9-21
	9.2.7	cat 命令的使用場景	9-22
	9.2.8	grep 命令的使用場景	9-24
	9.2.9	tail 命令的使用場景	9-25
	9.2.10	find 命令的使用場景	9-26
9.3	Linux 高級命令列	9-28
	9.3.1	wget 命令的使用場景	9-29
	9.3.2	yum 命令的使用場景	9-30
	9.3.3	systemctl 命令的使用場景	9-31
	9.3.4	netstat 命令的使用場景	9-33
	9.3.5	ps 命令的使用場景	9-34
	9.3.6	kill 命令的使用場景	9-36
	9.3.7	top 命令的使用場景	9-37
9.4	架設 ZrLog 部落格系統	9-38
	9.4.1	ZrLog 部落格系統的簡介	9-39
	9.4.2	部署 MySQL 資料庫	9-39
	9.4.3	部署 Tomcat 伺服器	9-45
	9.4.4	部署 ZrLog 部落格系統	9-46
9.5	本章小結	9-50
	9.5.1	學習提醒	9-50
	9.5.2	求職指導	9-50

第 10 章 MySQL 資料庫 SQL 敘述與索引

10.1	安裝 Navicat 用戶端工具	10-2
10.2	SQL 基礎敘述	10-2
	10.2.1 資料表和列	10-3

	10.2.2	建構查詢的資料 10-6
	10.2.3	SELECT 敘述的使用場景 10-9
	10.2.4	WHERE 敘述的使用場景 10-13
	10.2.5	ORDER BY 敘述的使用場景 10-16
	10.2.6	INSERT INTO 敘述的使用場景 10-19
	10.2.7	UPDATE 敘述的使用場景 10-20
	10.2.8	DELETE 敘述的使用場景 10-21
10.3	SQL 高級查詢 10-23
	10.3.1	建構多資料表查詢的資料 10-23
	10.3.2	相等連接的使用 10-25
	10.3.3	笛卡兒積 10-27
	10.3.4	左外連接的使用 10-28
	10.3.5	右外連接的使用 10-29
	10.3.6	分組子句和匯總函數的使用 10-30
	10.3.7	子查詢的使用 10-33
10.4	索引 10-34
10.5	本章小結 10-37
	10.5.1	學習提醒 10-37
	10.5.2	求職指導 10-37

第 11 章 Web 自動化測試框架基礎與實戰

11.1	HTML 基礎 11-2
11.2	XPath 定位技術 11-8
	11.2.1 利用 XPath 進行元素定位 11-9
	11.2.2 分析 XPath 運算式的含義 11-11
	11.2.3 XPath 案例分析 11-13
11.3	Python 物件導向的程式設計思想 11-15
	11.3.1 類別和實例 11-15

	11.3.2	函數及其呼叫	11-24
	11.3.3	異常處理機制	11-30
	11.3.4	繼承	11-32
	11.3.5	強制等待	11-35
	11.3.6	pytest 框架的學習	11-36
11.4	Selenium 工具的安裝和使用		11-43
	11.4.1	Selenium 的安裝	11-44
	11.4.2	瀏覽器驅動程式的安裝	11-44
	11.4.3	建立瀏覽器的控制者並啟動瀏覽器	11-45
	11.4.4	讓 Google 瀏覽器視窗最大化	11-46
	11.4.5	開啟指定的網頁	11-47
	11.4.6	獲取網頁原始程式	11-49
	11.4.7	查詢網頁元素並清理文字	11-50
	11.4.8	查詢網頁元素並發送內容	11-51
	11.4.9	使用顯式等待查詢網頁元素並發送內容	11-52
	11.4.10	按一下「提交」按鈕	11-55
11.5	POM 設計模式		11-57
	11.5.1	封裝頁面物件的屬性和方法	11-58
	11.5.2	建立 base_page.py 檔案	11-61
	11.5.3	頁面類別繼承基礎類別	11-64
	11.5.4	POM 圖	11-67
11.6	使用 pytest 框架進行資料驅動		11-67
	11.6.1	改造頁面類別	11-68
	11.6.2	新增測試檔案並進行資料驅動	11-71
	11.6.3	完善 POM 圖	11-74
11.7	本章小結		11-75
	11.7.1	學習提醒	11-75
	11.7.2	求職指導	11-76

第 12 章 HTTP 介面測試基礎與案例分析

12.1 HTTP 介面測試基礎 12-2
    12.1.1 HTTP 介面的概念 12-2
    12.1.2 為 HTTP 介面增加參數 12-3
    12.1.3 HTTP 介面測試實質 12-4
    12.1.4 HTTP 介面參數傳遞的兩種方式 12-5
    12.1.5 HTTP 介面請求的兩種方法 12-9
    12.1.6 JSON 格式的資料 12-10
    12.1.7 HTTP 請求標頭 12-12
12.2 介面測試與 Web 功能測試的區別 12-14
12.3 HTTP 介面測試案例分析 12-16
    12.3.1 介面文件之獲取 Token 介面 12-16
    12.3.2 詳細分析獲取 Token 的介面 12-18
    12.3.3 設計獲取 Token 介面的測試用例 12-25
    12.3.4 介面文件之需求介面 12-28
    12.3.5 詳細分析需求的介面 12-31
    12.3.6 設計需求介面的測試用例 12-38
12.4 本章小結 12-49
    12.4.1 學習提醒 12-49
    12.4.2 求職指導 12-50

第 13 章 Charles 抓取封包工具的基本使用

13.1 什麼是抓取封包 13-2
13.2 為什麼要抓取封包 13-4
13.3 抓取封包工具的安裝 13-6
13.4 HTTP 封包 13-6
    13.4.1 什麼是 HTTP 封包 13-6

	13.4.2	抓取 HTTP 封包 13-7
	13.4.3	如何判定登入的主請求 13-10
	13.4.4	請求內容的解讀 13-12
	13.4.5	回應內容的解讀 13-13
13.5	HTTPS 封包 13-17
	13.5.1	什麼是 HTTPS 封包 13-17
	13.5.2	憑證安裝 13-18
	13.5.3	解決亂碼問題 13-18
	13.5.4	抓取 HTTPS 封包 13-20
13.6	透過抓取封包工具定位前後端問題 13-21
13.7	本章小結 13-23
	13.7.1	學習提醒 13-23
	13.7.2	求職指導 13-24

第 14 章 使用 Python 進行介面自動化測試

14.1	存取 Python 字典 14-2
14.2	安裝 Requests 函數庫 14-3
14.3	建立 session 實例並發送請求 14-4
14.4	使用 session 實例保持登入狀態 14-8
14.5	記錄日誌 14-10
14.6	使用 fixture 處理動態參數 14-14
14.7	ZrLog 部落格系統的介面抓取封包 14-16
14.8	使用 pytest 框架設計自動化指令稿 14-20
14.9	生成 HTML 測試報告 14-24
14.10	本章小結 14-26
	14.10.1 學習提醒 14-26
	14.10.2 求職指導 14-26

xiii

第 15 章 AI 在軟體測試中的應用

15.1 測試人員需要掌握 NLP 相關知識的原因 15-2
15.2 自然語言處理基礎 15-3
    15.2.1 NLP 的基本概念 15-3
    15.2.2 AI 與 NLP 的關係 15-4
    15.2.3 常見的 NLP 工具和技術堆疊簡介 15-4
15.3 自然語言處理在測試活動中的應用 15-6
    15.3.1 測試用例的自動生成 15-6
    15.3.2 自動化測試指令稿的生成 15-8
15.4 NLP 工具（文心一言） 15-10
    15.4.1 文心一言的基本使用 15-10
    15.4.2 文心一言的提問技巧 15-16
15.5 AI 會替代軟體測試人員嗎 15-19
15.6 持續學習與職業發展 15-20

第 16 章 求職簡歷製作與面試模擬考場問答

16.1 求職履歷的製作 16-2
16.2 履歷中必問的公共性面試題 16-5
16.3 履歷中必問的功能兼理論面試題 16-8
16.4 履歷中必問的專業技能面試題 16-14
16.5 履歷中必問的專案經歷面試題 16-14
16.6 履歷中必問的發散性面試題 16-20
16.7 面試中如何克服緊張情緒 16-22

寄語：如何通過試用期

1 初識軟體測試

1.1 軟體測試的職業前景和規劃

無論從事哪個行業,都需要了解該行業的發展歷程,並制訂屬於自己的職業規劃。軟體測試行業也不例外,從事軟體測試行業的第一步就是要了解其職業前景並制訂規劃。

1 初識軟體測試

1.1.1 軟體測試的現狀與前景

在這個數位化的時代，軟體已成為我們日常生活和工作中不可或缺的一部分，而軟體測試則是確保軟體品質和使用者體驗的關鍵環節。

儘管軟體測試行業在過去已經獲得了長足的發展，但在當前和未來，我們仍然面臨著諸多挑戰和機遇。

挑戰主要來自技術的快速發展。隨著人工智慧、機器學習、雲端運算等技術的普及，軟體測試的複雜度不斷提升，需要更高的專業技能和更豐富的技術知識。與此同時，隨著 DevOps 和敏捷開發等新型開發模式的興起，軟體測試也需要在更短的時間內完成，以保證產品的快速迭代和發佈。

然而，挑戰也表示機遇。隨著軟體測試行業的不斷發展，市場需求也在持續增長。在這個市場中，具備專業技能和豐富經驗的軟體測試工程師將擁有更多的機會和更好的待遇。

同時，人工智慧、機器學習等技術的發展也為軟體測試帶來了新的機遇。利用人工智慧技術，我們可以實現自動化測試和智慧測試，提高測試效率和準確性。而機器學習技術則可以幫助我們更進一步地理解和預測軟體中的問題，為測試提供更加精準的指導。

綜上所述，軟體測試仍然是一個充滿機遇和發展前景的行業。為了適應這個時代的需求，我們需要不斷學習和更新自己的知識和技能，以應對日益複雜的軟體測試挑戰。同時，我們也需要關注新技術的發展，積極探索如何將這些技術應用到軟體測試中，以提高測試效率和準確性。

1.1.2 軟體測試人員的職業規劃

對軟體測試人員來說，了解和規劃自己的職業發展路徑顯得尤為重要。以下是為軟體測試人員提供的職業規劃路線，供讀者參考。

第一，技術專精路線。對熱愛技術、樂於鑽研的軟體測試人員，可以選擇深化自己在某一技術領域的專長。舉例來說，向自動化測試工程師、性能測試工程師、安全測試工程師等方向發展。隨著經驗的累積，可以逐漸轉向測試團隊的領導角色，如測試主管、測試經理等。

第二，管理及領導路線。對於有志於成為團隊領導或管理者的軟體測試人員，可以考慮在測試團隊中擔任領導角色。這需要你不僅有出色的技術水準，還要有管理和協調能力。在技術上，你可能需要成為某一測試領域（如自動化測試、性能測試等）的專家。在管理上，你需要學習如何帶領團隊、分配任務、制訂計畫等。

第三，產品與市場路線。如果你對產品策劃和市場推廣感興趣，可以考慮轉向產品策劃或市場培訓、技術支援、售後服務等相關工作。由於你對產品的各項功能、使用者體驗等方面非常了解，你將更有可能在產品策劃和市場推廣方面取得成功。

第四，開發與架構路線。有些軟體測試人員會選擇轉向軟體開發或架構設計領域。這需要你在軟體測試過程中累積一定的程式設計能力，並深入了解軟體開發和架構設計的相關知識。

對於軟體測試人員而言，應當做好未來三到五年的職業規劃，並根據自己的興趣與愛好，逐步探索並更新，以便為未來一生的職業發展打下堅實的基礎。

1.2 軟體測試人員學習路線

近年來，軟體測試行業正面臨前所未有的變革。為了適應這一變革，軟體測試人員需要不斷學習和更新自己的知識和技能。以下是為軟體測試人員提供的學習路線，以幫助你在這個時代取得成功。

第一，掌握軟體測試的核心概念和技術。作為軟體測試人員，首先需要掌握軟體測試的核心概念和技術，包括測試用例設計、測試執行、缺陷管理、測試報告撰寫等。此外，還需要了解測試的流程和方法，如黑盒測試、白盒測試、灰盒測試等。

第二，深入學習自動化測試和性能測試。隨著人工智慧的發展，自動化測試和性能測試變得越來越重要。因此，軟體測試人員需要深入學習自動化測試和性能測試的相關知識和技術，如 Selenium、Requests、Postman、JMeter 等工具的使用。

第三，關注人工智慧在軟體測試中的應用。人工智慧技術在軟體測試中的應用逐漸普及，軟體測試人員需要關注這些技術的發展動態，了解如何將它們應用到實際的測試工作中。

第四，持續學習和實踐。軟體測試行業是一個不斷發展的行業，新的技術和工具會不斷湧現。為了保持競爭力，軟體測試人員需要持續學習和實踐，了解最新的技術和工具，並將它們應用到實際的測試工作中。

總之，對軟體測試人員來說，當下是一個充滿挑戰和機遇的時代。透過不斷學習和實踐，掌握最新的技術和工具，關注行業的發展趨勢，你將能夠在這個時代取得成功。

1.3 軟體測試人員的核心素質

在軟體測試人員面試的過程中，面試官通常會關注面試者的兩大核心素質——人格品質和溝通能力。

1.3.1 人格品質

幾乎所有的軟體公司在應徵測試人員時都會把人格品質放在第一位。

第一，為人誠實。要正確地認識自己，在面試或工作的過程中，應如實表達自己的情況，比如學歷和工作經驗等，不應隱瞞和欺騙。端正工作態度，工作上不明白的地方應多向其他同事請教，聽從領導的安排，把本職工作做好、做細。

第二，為人自信。如果對自己都沒有信心，又如何讓別人對你建立信心呢？第一次面試的面試者，很多都是自信心不足的，他們的表現往往是不敢說、怕說錯、不敢問、怕問錯，說話卡頓、猶豫，越到後面聲音越小，眼睛不知道往哪看，手不知道往哪裡放等。還有，本來一段話的內容，結果一句話就說完了；本來一句話的內容，結果斷斷續續說了幾分鐘，說完之後也不知道自己到底說了些什麼；等等。

之所以沒有信心，很大一部分原因是面試者對即將要發生的事情不熟悉。解決自信心不足的辦法其實很簡單，對於面試中可能會被問到的問題，包括專業問題，可以提前準備好，多練習幾次，並且把答案讀出來，千萬不要默讀。讀出來是為了不斷地強化鞏固，等到覺得自己熟悉了，便可以模擬面試，最後真正面試的時候就可以熟練應對了。無論面試能否成功，至少讓面試官看到了你對這份工作的渴望和自信，這也是一個加分項。

1.3.2 溝通能力

溝通能力是軟體測試人員綜合素質的重要表現，在開發和測試軟體的過程中，測試人員需要對遇到的各種問題同開發人員或產品人員進行持續有效的溝通，然後再去解決問題。在面試過程中，溝通能力是面試成功的關鍵因素之一，面試官尤其看重這一點。在我的職業生涯裡，我見到過很多因溝通能力欠缺而被淘汰的測試人員，所以在這裡分享幾點心得。

第一，輕鬆自信地交談。在工作中要學會聆聽，不要表現出冷淡或不耐煩；站在對方的立場考慮問題，不隨意插話或打斷別人的談話，不隨意爭搶發言權；當回答面試官提出的問題時，要自信地表達自己的觀點，大膽地說出自己的看法，注意保持言行一致，堅定自己的信念，要讓對方看到你的思維方式和進取行為。

第二，注意溝通的細節。溝通的細節包括聲調、語氣、節奏、面部表情、身體姿勢和輕微動作等。建議面試時要抬頭挺胸、身體自然放鬆、聲音洪亮，對人多微笑，給人有精氣神的感覺。

第三，建議少用「你必須、你一定要、你應該、只有你、我才會、本來就是你」等詞來開頭。多用「我希望、如果你、我會非常高興、你看是不是可以、不知道這個想法是否合理」等禮貌語。

無論是面試,還是工作中,溝通無處不在,良好的溝通能力將使你的工作更加順暢,人際關係更為和諧。

1.4 軟體測試對學歷的要求

在過去,軟體測試行業對學歷的要求可能相對較低。由於該領域的技術性和實踐性較強,許多企業更注重面試者掌握的實際技能和專案經驗,而非學歷背景。因此,即使是只有大專學歷,或沒有正規學歷但透過自學或培訓獲得相關技能的人,也有機會在軟體測試行業找到一份工作。

然而,隨著軟體行業的快速發展和競爭的加劇,越來越多的企業開始提高軟體測試職位的學歷要求。大專學歷逐漸成為許多企業的最低要求,尤其是在一些高端職位和高技術領域,它們對學歷的要求更為嚴格。這並不表示更高學歷的人就一定能輕鬆找到工作,因為除了學歷,技術能力和專案經驗仍然是應徵中的重要考量因素。

從當前的趨勢來看,軟體測試行業對學歷的要求可能會繼續提高。隨著技術的進步和業界標準的提升,企業可能更傾向於應徵具有更高學歷背景的面試者。但它並不是唯一的衡量標準。技術能力和實踐經驗同樣重要,有時甚至能彌補學歷上的不足。因此,無論學歷如何,只要具備出色的技術能力和豐富的專案經驗,都有機會在軟體測試行業取得成功。

1.5 軟體測試對英文的要求

儘管大部分測試工作對英文的要求並不高,但具備良好的英文能力仍然能為軟體測試人員帶來多方面的優勢。

首先,隨著全球化的深入發展,越來越多的企業開始進軍國際市場,這些企業往往需要軟體測試人員具備一定的英文溝通能力,以便參與國際專案的測試工作。因此,具備英文溝通能力可以讓軟體測試人員抓住在國際市場上的就業機會。

其次，隨著技術的快速發展，許多前端的測試技術和工具都是用英文進行展示的。軟體測試人員具備良好的英文閱讀能力，可以更快地掌握最新的測試技術，提高自身的測試水準。同時，閱讀英文文獻和資料，也可以幫助軟體測試人員更進一步地理解軟體的底層原理和實現細節，從而更進一步地開展測試工作。

最後，在軟體開發和測試過程中，英文的錯誤訊息和日誌資訊是常有的。軟體測試人員具備良好的英文閱讀能力，可以更快速地定位問題並協助開發人員進行偵錯，從而提高測試工作的品質和效率。

MEMO

軟體測試入門

為什麼會有軟體測試這個職務?為什麼產品生產出來還需要測試?如何進行產品測試?本章將透過實體產品測試引出軟體測試的重要性以及軟體測試的基本方法。

☙ 2.1 實體產品測試實例

本節將以礦泉水瓶和白板筆兩款實體產品作為測試物件,舉例說明這些實體產品是基於哪些方面進行測試的,以及是如何進行測試的。

2.1.1 如何測試礦泉水瓶

一個剛生產出來的礦泉水瓶（見圖 2-1）要不要進行測試（檢驗）？答案是肯定的，當然要進行測試。只有通過測試，才能批量生產。如果產品生產出來後不進行測試，直接交給使用者使用，在使用者使用時出現了問題，那勢必會給企業帶來不良的影響，甚至會給使用者帶來嚴重的後果。那麼測試人員該如何針對礦泉水瓶進行測試呢？

▲ 圖 2-1 待測試的礦泉水瓶

一個從未接觸過軟體測試的職場新人很可能會對礦泉水瓶的測試點總結如下。

（1）礦泉水瓶的直徑、高度和容積。

（2）瓶蓋擰開是否需要很大的力度。

（3）瓶蓋內螺紋圈數、螺紋深度與樣品是否一致。

（4）瓶蓋外的摩擦阻力是否良好。

（5）瓶蓋上的商標是否與樣品要求一致。

（6）是否有生產日期，是否過期。

（7）包裝是否精美，是否符合要求。

（8）包裝是否環保。

（9）包裝說明書是否字跡清楚，是否有錯別字，是否有表述上的歧義。

（10）各種標識，如容積、環保性、條碼、公司地址等，是否清楚、正確和規範。

（11）包裝上的條碼能否掃描。

（12）瓶子是否容易傾斜。

（13）瓶身是否光滑。

（14）瓶身的雕紋走向是否自然、流暢、美觀，並符合要求。

（15）空瓶內是否有氣味。

（16）裝滿開水時瓶身的變化，瓶內氣味及水的味道。

（17）裝滿冷水時瓶身的變化，瓶內氣味及水的味道。

（18）冷熱參半時瓶身的變化，瓶內氣味及水的味道。

（19）瓶子的材料是否環保，是否有環保標識。

（20）瓶子能承受的最大壓力。

（21）瓶子是否易燃。

（22）瓶口是否容易漏水。

（23）瓶口是否光滑舒適。

（24）裝食用油後瓶身變化及瓶內氣味。

（25）裝汽油後瓶身變化及瓶內氣味。

（26）水油混合後瓶身變化及瓶內氣味。

（27）裝醋後瓶身變化及瓶內氣味。

（28）商標是否顯眼，易於辨識。

很容易就可以寫出 28 個測試點，為什麼能寫出這麼多測試點呢？原因很簡單，因為大家經常喝礦泉水，所以對礦泉水瓶的使用非常熟悉，能寫出一些測試點也不足為奇，測試有時候就是這麼簡單。但是對於其中一些測試點，例如「瓶口是否容易漏水」，這個測試點寫清楚了嗎？顯然是沒有寫清楚，因為只是寫出了測試的地方是瓶口，隨後提出了一個問題——瓶口是否容易漏水。但是測試工作並不是提出問題，而是要用具體的方法去測試瓶口是否容易漏水。也就是說除了要寫清楚測試物件外，還要寫清楚如何去測試它。那麼這個測試點可以這樣寫：將瓶子裝滿水之後，擰緊瓶蓋，然後使勁搖晃和擠壓，觀察瓶口是否有水滲出。這樣一來，測試物件和方法都寫出來了，測試點才會更加清晰。

按照同樣的想法，可以重新修改整理一下測試點，並加入測試的方法，具體如下。

（1）瓶身上廣告和圖案的背景顏色是否符合公司的設計要求。

（2）瓶身上所有的字型顏色是否符合公司的設計要求，是否有錯別字。

（3）帶廣告的圖案遇水後是否會掉色或變模糊，廣告內容與圖案是否合法。

（4）瓶身上是否有防止燙傷、垃圾回收、年齡限制等提示。

（5）瓶身上圖示版面配置是否合理，其間距、大小是否符合公司的設計要求。

（6）瓶子底座尺寸、高度尺寸是否符合公司的設計要求。

（7）瓶子的口徑尺寸是否符合公司最初的設計要求。

（8）瓶身上的紋路及線條是否符合公司的設計要求。

（9）在裝少量的水、裝半瓶水、裝滿水這幾種情況下，分別將水倒入準備好的量筒中，查看量筒的讀數，檢查礦泉水瓶的容量是否符合設計要求。

（10）將空瓶和裝滿水的瓶子放在電子秤上，檢查瓶子裝滿水前後的重量是否符合公司的設計要求。

2.1 實體產品測試實例

（11）將瓶子裝滿水後擰緊瓶蓋，將其倒置或使勁搖晃、擠壓，看是否漏水。

（12）轉緊瓶蓋後，請未成年人、成年男性、成年女性分別去轉瓶蓋，看是否都能擰開。

（13）開啟瓶蓋，直接從瓶口嘗試飲水，以測試水的流通順暢度和口感舒適度。

（14）用手擠壓空瓶子，擠扁後觀察瓶身能否自動復原。

（15）分別在裝水或不裝水的情況下觀察瓶身的透明度，看是否清澈透亮。

（16）將空瓶、裝半瓶水的瓶子、裝滿水的瓶子分別放在水平桌面上及有20°和30°傾斜角度的桌面上，看瓶子是否傾斜或不穩。

（17）將裝滿水的瓶子和裝半瓶水的瓶子分別放置於－10℃、－20℃、10℃、30℃、50℃、80℃、100℃的環境中，連續放1天、10天、20天、30天，然後觀察瓶子是否漏水，瓶身是否破裂。

（18）在春、夏、秋、冬四個季節的不同溫度環境下，將空瓶、裝半瓶水的瓶子、裝滿水的瓶子分別置於太陽光下暴曬（0.5h、1h、3h、5h），觀察瓶子是否漏水，瓶身是否破裂。

（19）使空瓶、裝半瓶水的瓶子、裝滿水的瓶子分別從不同高度（1m、3m、8m、15m）摔下來，觀察瓶身是否摔破，是否漏水。

（20）成年人分別使勁摔（或是各種角度按壓）空瓶、裝半瓶水的瓶子、裝滿水的瓶子，摔一次和摔多次，看瓶子是否摔壞（漏水和破裂）。

（21）將空瓶、裝半瓶水的瓶子、裝滿水的瓶子分別置於水平桌面上，用電風扇吹桌面上的瓶子，調節電風扇的風力大小，觀察瓶子是否會被吹倒或吹走。

（22）滿瓶的水加包裝後，六面震動，檢查產品能否應對鐵路／公路／航空等運輸環境。

（23）將空瓶子燃燒掉，觀察燃燒時的火焰，聞燃燒時的氣味，查看燃燒的殘留物是否符合材質的燃燒特性，是否產生有害氣體。

（24）將空瓶長時間放置（一個月、三個月、半年），用儀器檢測是否會產生塑化劑或細菌。

（25）裝滿水後（其次可載入不同的液體，如果汁、碳酸飲料等）分別放置 1 天、5 天、10 天后，檢測瓶身與液體間是否發生化學反應，是否產生有毒物質或細菌。

（26）裝入熱水（50℃～100℃），分別放置 1min、5min、10min，然後觀察瓶子是否變形，是否有異味產生。

（27）用手去撫摸瓶身的內壁和外壁，是否感覺光滑、舒適、不刺手。

（28）試著喝口水，並將瓶口在嘴中轉動，感受瓶口的舒適度和圓滑度。

（29）用手輕拿已裝滿水的瓶子看是否容易掉落，檢查瓶身是否有防滑設計。

（30）瓶子分別載入 30℃、60℃、80℃的水時用手掌感受瓶身的溫度。

（31）分別將瓶子放在手上、口袋中、手提包中、車上，觀察是否易於攜帶。

（32）瓶中分別載入碳酸飲料（如可樂）、果汁、咖啡、茶水、油類（如菜油）等液體，放置 0.5h 後再倒入口中測試是否變味。

（33）瓶中是否可以載入固體（如餅乾、沙子、石頭等），且瓶子與載入的固體是否會發生化學反應。

這次寫出了 33 個測試點，比之前寫的測試點詳細了很多。但是我們在寫測試點時，並沒有預先整理測試點，而是想到一筆寫一筆，這導致測試點的撰寫缺乏條理性，而且也不知道寫得是否全面。那麼對一個礦泉水瓶的測試到底要基於哪些方面呢？

2.1 實體產品測試實例

可以把這 33 個測試點劃分成 6 個方面，具體如下。

第一，瓶子的外觀介面測試。瓶子的外觀介面測試主要是測試瓶子的大小、瓶身所表現的各種資訊（如字型、顏色）等瓶子的外觀特徵是否滿足公司最初對瓶子的設計要求。圍繞這些特點，範例中編號為（1）、（2）、（3）、（4）、（5）、（6）、（7）、（8）的測試點就可以歸到瓶子的外觀介面測試中。

第二，瓶子的功能測試。瓶子的功能測試主要是測試瓶子的裝水功能以及瓶子附帶的一些功能特點。圍繞這些特點，範例中編號為（9）、（10）、（11）、（12）、（13）、（14）、（15）的測試點就可以歸到瓶子的功能測試中。

第三，瓶子的性能測試。瓶子的性能測試主要是測試瓶子的抗摔、抗壓、抗高低溫等情況。圍繞這些特點，範例中編號為（16）、（17）、（18）、（19）、（20）、（21）、（22）的測試點就可以歸到瓶子的性能測試中。

第四，瓶子的安全性測試。瓶子的安全性測試主要是測試在瓶子的使用過程中，瓶子本身是否會對人體或環境造成一些傷害，是否存在潛在的安全問題。圍繞這些特點，範例中編號為（23）、（24）、（25）、（26）的測試點就可以歸到瓶子的安全性測試中。

第五，瓶子的易用性測試。瓶子的易用性測試主要是測試瓶子用起來是否方便，例如拿在手上或裝在包裡是否方便等。圍繞這些特點，範例中編號為（27）、（28）、（29）、（30）、（31）的測試點就可以歸到瓶子的易用性測試中。

第六，瓶子的相容性測試。瓶子的相容性測試主要是測試瓶子除了可以裝水，是否還可以裝一些其他的東西，例如其他液體或固體等。圍繞這些特點，範例中編號為（32）、（33）的測試點就可以歸到瓶子的相容性測試中。

將測試點進行這樣的簡要劃分後，撰寫測試點時就會更加清晰、有條理了。當然不一定非要這樣劃分，本書只是想告訴讀者對一個產品做通用測試時，最初是可以基於產品的外觀介面、功能、性能、安全性、易用性、相容性這 6 個方面進行測試的，並且事實上這 6 個方面也是必須要測試的。

2.1.2 如何測試白板筆

如果有一支白板筆（見圖 2-2），並要求對這支白板筆進行測試，如何測試呢？其實完全可以參考上一個例子的測試方法，也就是從白板筆的外觀介面測試、功能測試、性能測試、安全性測試、易用性測試和相容性測試 6 個方面入手。下面簡要分析一下為什麼要測試這 6 個方面。

▲ 圖 2-2 待測試的白板筆

第一，為什麼要測試白板筆的外觀介面？很簡單，這支白板筆一旦生產出來，就需要檢查這支白板筆上所有的字型顏色、格式及字元的大小、間距是否符合公司最初的設計要求，需要檢查白板筆表面的顏色深淺，白板筆的長度、直徑、外觀上的形態等是否符合公司最初的設計要求。如果不檢查這些的話，誰也不能保證白板筆的外觀介面不會出錯。舉例來說，白板筆商標上的中文字寫錯了，但是測試人員並沒有檢測到，那麼產品上市後還有人願意買嗎？使用者往往會認為有錯別字的產品是不可靠的。所以外觀介面是一定要測試的。

第二，為什麼要測試白板筆的功能？白板筆的主要功能是寫字。同樣的道理，誰也不能保證白板筆在初次生產出來時就一定能正常書寫，而且書寫的字跡是否清晰、線條是否飽滿、字體的顏色是否均衡等問題都需要測試。所以白板筆的功能毫無疑問也是一定要測試的。

第三，為什麼要測試白板筆的性能？透過前面兩筆分析，應該也能很快理解白板筆的性能主要表現在高低溫的情況下或風乾的情況下是否還能正常書寫，需要測試在這些極端情況下，白板筆能連續書寫多久。如果不測試，誰又能保證不出問題呢？

第四，為什麼要測試白板筆的安全性？白板筆筆芯中的墨水和白板筆本身的製作材料是否含有揮發性的有害物質，白板筆的筆尖是否太過尖銳以致會對白板或是人體造成傷害等，這些都需要進行測試，以保證白板筆在使用過程中的安全性。

第五，為什麼要測試白板筆的易用性？白板筆的筆筒是否易開啟，白板筆是否易於書寫、是否易於存放和攜帶……這些影響使用者體驗的問題，也是測試人員必須要通過測試解決的。

第六，為什麼要測試白板筆的相容性？白板筆除了可以在白板上書寫，能否在紙上或玻璃板上書寫？這就要對白板筆的相容性進行測試。

綜上所述，測試人員有必要對白板筆開展這 6 個方面的測試。

2.1.3 產品測試的基本要素

之所以選擇礦泉水瓶和白板筆作為範例，是因為人們經常使用並熟悉這些產品。結合以上兩個產品的測試，可以得出結論，即對一個實體產品做測試時，可以基於以下 6 個方面進行。

（1）產品的外觀介面測試：測試產品的外觀介面是否美觀，是否符合設計規範。

（2）產品的功能測試：測試產品的各項功能能否正常使用。

（3）產品的性能測試：測試產品在特定環境下能否保持它的穩定性。

（4）產品的安全性測試：測試產品自身或在使用過程中是否會產生安全性的問題。

（5）產品的易用性測試：測試產品使用起來是否複雜，使用者體驗是否良好。

（6）產品的相容性測試：測試產品使用過程中是否可以相容其他產品。

現代社會對產品品質的要求越來越高，產品在任何一方面存在問題，都可能影響其品質和使用者體驗，因而從上述 6 個方面做好測試是非常重要的。

2.2 什麼叫軟體

礦泉水瓶和白板筆都是實體類的產品而非軟體，如果將來要從事的是軟體測試工作而非這些實體產品的測試工作，那就先要搞清楚什麼是軟體。

通俗來講，電腦作業系統上安裝的所有應用程式都可以稱為軟體。舉例來說 Office 軟體、電子郵件等都可稱為軟體。電腦作業系統本身也是一個大軟體，如 Windows XP、Windows 10 等都是軟體；手機的作業系統，如 Android、iOS 也都是軟體。

舉例來說，Windows 10 作業系統的開始介面所展示的應用程式都是軟體，如圖 2-3 所示。手機中安裝的 App 也都是軟體，如圖 2-4 所示。

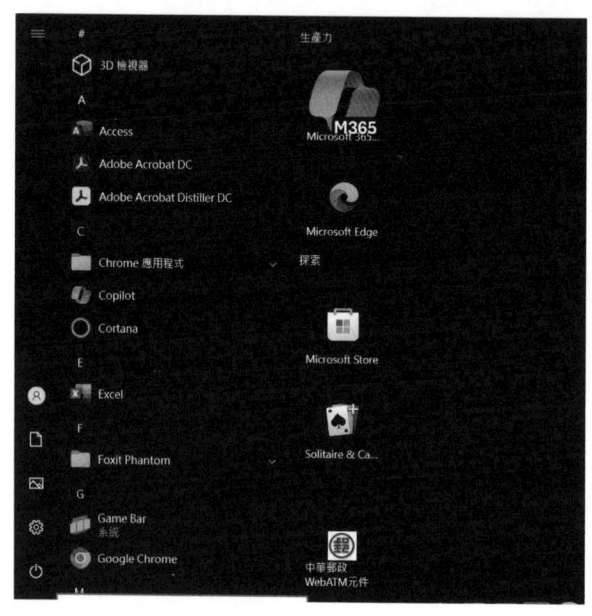

▲ 圖 2-3 Windows 10 作業系統的開始介面

▲ 圖 2-4 某手機介面

一般而言，只要有軟體研發的地方就需要軟體測試人員。

2.3 軟體測試實例

前面已經介紹了礦泉水瓶和白板筆等實體產品的測試,那麼軟體測試的要素是否與它們一致呢?接下來本書就以 QQ 電子郵件為例,選取電子郵件登入和寫信這兩大常用功能模組說明軟體測試的基本要素。

2.3.1 電子郵件之登入測試

圖 2-5 展示的是 QQ 電子郵件登入模組(簡化版)的頁面。

▲ 圖 2-5 QQ 電子郵件登入模組的頁面

那麼 QQ 電子郵件登入模組應當如何測試呢?首先還是參考礦泉水瓶和白板筆的例子進行分析。

第一,是否需要對電子郵件登入模組的頁面做外觀介面測試呢?電子郵件登入模組的頁面外觀主要包括背景顏色、字型顏色、字型格式、頁面圖案、動畫、表單版面配置等元素。這些元素組成了登入模組的頁面,同時也給了使用者第一視覺體驗,如果其中的任何一個元素出了問題,例如字型的風格不一致、顏色搭配錯了、表單版面配置不合理、文字有錯誤等,可以想像這會給使用者帶來什麼樣的影響,所以電子郵件登入模組頁面的外觀介面是必須要測試的。

第二，是否需要對電子郵件登入模組的頁面做功能測試呢？電子郵件登入模組的重要功能就是登入操作。電子郵件的登入功能主要是保證當使用者輸入正確的使用者名稱和正確的密碼時才能登入到電子郵件系統中，而當輸入錯誤的使用者名稱或密碼時則禁止使用者登入。可能有很多讀者會認為，在登入電子郵件的過程中，只要輸入了正確的使用者名稱和密碼肯定能登入成功，輸入了錯誤的使用者名稱或密碼肯定就登入失敗。可是各位要知道，在軟體產品剛剛被開發完成時，當輸入了正確的使用者名稱和正確的密碼時，不一定能登入成功；同樣，當輸入了錯誤的使用者名稱或錯誤的密碼時，也未必就一定會登入失敗。所以電子郵件登入模組的功能是必須要測試的。

第三，是否需要對電子郵件登入模組的頁面做性能測試呢？電子郵件登入模組的性能測試主要測試什麼？在平常的電子郵件使用過程中，你也許遇到過這些情形：有時開啟某個網頁要等待 5～10s，甚至更長的時間，網頁才能把內容全部顯示出來；有時無論等待多久，網頁也打不開；有時不到 2s，網頁的內容就全部顯示出來了。這等待時間就稱為系統回應時間（或稱使用者等待時間），系統回應時間是性能測試中的重要指標。同等條件下，系統回應時間越長，表明該網站性能越差；反之，則表明該網站性能越好。電子郵件登入模組同樣需要性能測試，舉例來說，當輸入使用者名稱和密碼並按一下「登入」按鈕後，使用者要等待多長時間才能成功登入電子郵件呢？正常情況下，使用者只需要等待 1～2s 就可以成功登入電子郵件系統，但如果每次登入都需要等待十幾秒甚至更長時間，那這款電子郵件產品的性能就需要改進了。所以電子郵件登入模組的性能也是必須要測試的。

第四，是否需要對電子郵件登入模組的頁面做安全性測試呢？有時在一台公用的電腦上登入過 QQ 電子郵件後，雖然執行了退出操作，但你會發現你的電子郵件名稱或 QQ 號還是留在了那台電腦上。那麼駭客就可以利用這些已知的資訊入侵你的系統，導致你的 QQ 號或電子郵件被別人登入。所以在電子郵件產品上線之前，登入模組的安全性測試也是必須要做的。

第五，是否需要對電子郵件登入模組的頁面做易用性測試呢？初學者也可以將易用性測試理解為使用者體驗測試，主要就是測試使用者使用電子郵件登入模組的過程是否順暢，操作是否容易。可以把自己當作一個使用者，然後把自己感覺費解或是難以操作的地方找出來，讓開發人員和設計人員修改。軟體易用性好，使用者體驗才會好，所以電子郵件登入模組的易用性也是必須要測試的。

第六，是否需要對電子郵件登入模組的頁面做相容性測試呢？當你使用某瀏覽器開啟一個網頁時，有時會發現其排版異常或是頁面出現亂碼，但換成另一款瀏覽器開啟同樣的網頁時又顯示正常了，這就是網頁程式跟某些瀏覽器不相容所造成的。電子郵件登入模組需要在不同的瀏覽器上執行，因此需要測試該頁面與各類型瀏覽器是否相容。

從以上分析不難看出，電子郵件登入模組的測試同樣也可以基於軟體的外觀介面、功能、性能、安全性、易用性、相容性 6 個方面進行。

2.3.2 電子郵件之寫信測試

以下展示的是 QQ 電子郵件的寫信頁面（簡化版），如圖 2-6 所示。

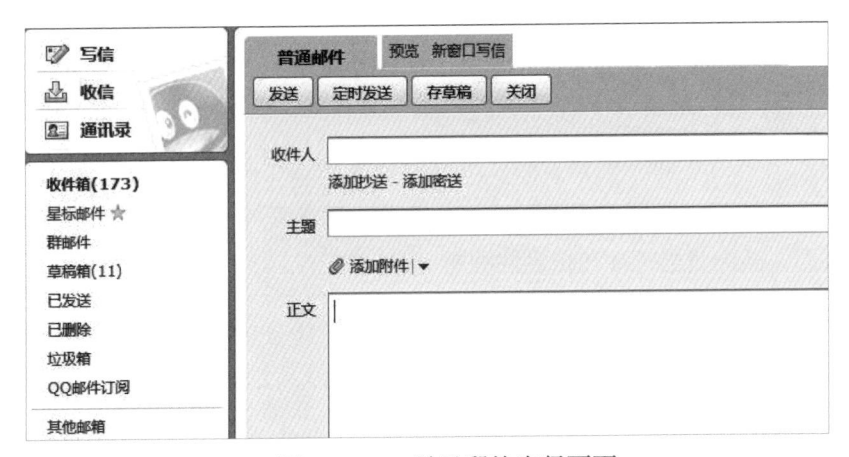

▲ 圖 2-6 QQ 電子郵件寫信頁面

接下來對 QQ 電子郵件寫信模組的測試進行簡要分析。

第一，寫信頁面的字型格式、顏色格調、輸入框大小的一致性以及介面版面配置排版等，都屬於外觀介面，這也是給使用者的第一視覺體驗，所以外觀介面是必須要測試的。

2 軟體測試入門

第二，寫信頁面比較重要的功能就是寫信和發送郵件這兩大功能。這些功能主要表現在使用者能否正常寫郵件，寫好的郵件能否儲存為草稿、能否發送或定時發送，收件人能否正常收到郵件。如果寫完郵件後不能發送，或發出去的郵件對方收不到，那寫信功能也就失去了意義。

第三，寫信頁面的性能測試。前文已提到過，初學者可以將電子郵件的性能理解為系統回應時間。比如從按一下「寫信」按鈕到寫信頁面完全顯示出來，需要使用者等待多長時間；又比如你發送了一封郵件給你的朋友，你的朋友多久能收到你的郵件，這些都是性能問題。如果你發完一封郵件後你的朋友要等三天才能收到，那估計也沒有人會用這個電子郵件了。

第四，寫信頁面的安全性測試。有些人的收件箱裡可能收到過一些病毒附件，如果你按一下或下載了它，很可能會導致你的電腦中毒。這是因為有些惡意使用者故意上傳一些病毒附件發送給你，如果你的電子郵件不能對這些附件進行安全性檢測的話，就會存在很大的安全隱憂。

第五，寫信頁面的易用性測試。寫信頁面的易用性是指整個寫信流程是否易於操作，其各項功能是否易於理解，各項提示是否清楚明瞭等。如果某個功能很難使用，一般人無法理解，那寫信頁面的易用性就大打折扣了。

第六，寫信頁面的相容性測試。這就是要測試寫信頁面在不同瀏覽器下能否正常顯示。能正常顯示則說明它是相容的，不能正常顯示則表明電子郵件的顯示頁面在該瀏覽器下存在相容性問題。

有關寫信頁面具體的測試細節在這裡就不過多分析了，但很容易看出來，寫信頁面的測試也可以基於外觀介面、功能、性能、安全性、易用性、相容性 6 個方面進行。

2.3.3 軟體測試的基本要素

綜上所述，目前可以得出結論：對一名初級軟體測試人員來講，當你對軟體進行全面測試的時候，可以基於軟體的外觀介面、功能、性能、安全性、易用性、相容性 6 個方面開展。

有人會問，對軟體產品的測試一定是基於這 6 個方面的嗎？答案是否定的。作為一名初級軟體測試工程師，如果一開始就把測試範圍定得太大、太廣，會不利於學習和掌握。因而現階段能把這 6 個方面做好就已經很不錯了，做好這 6 個方面就是在修煉軟體測試的基本功，其他方面可待有了一定的工作經驗後，再具體細化擴充。只有練好了基本功，以後才有可能去應對更為複雜的測試工作。

2.4 本章小結

2.4.1 學習提醒

本章的例子只是做了一個大致分析，並沒有設置相關的前提和複雜的條件，希望讓大家明白測試軟體產品主要是基於哪幾個方面進行的，所以在本章中大家暫時不必過於在意測試過程的細節。

2.4.2 求職指導

一｜本章面試常見問題

面試官在面試時一般是根據履歷來提問的，圖 2-7 為一位面試者履歷中的部分內容。

> 某某資訊科技有限公司 測試工程師 2018/05 — 2019/07
> 軟體名稱：某某電子郵件
> 開發單位：某某公司研發部
> 項目描述：某某電子郵件是某某公司推出的免費電子電子郵件，經過十年的發展，全面最佳化郵箱核心，徹底解決一般電子郵件登入緩慢、收發郵件延遲、附件開啟下載困難的問題，速度較上版大幅提升，使用者體驗更佳。
> 測試人數：測試人員 10 人，測試經理 1 人。

▲ 圖 2-7 某履歷中的部分內容

針對此履歷中的項目，面試官可能會問以下問題。

問題：你對某某電子郵件是怎麼測試的？

分析：這個問題包含的內容比較廣，因為一個軟體的測試包括很多方面，那麼大家就可以結合本章內容進行回答。

參考回答：對這個電子郵件軟體的測試主要是基於 6 個方面，分別是軟體的外觀介面、功能、性能、安全性、易用性、相容性……

說明：本書接下來將對這 6 個方面的測試細節進行詳細講解，儘量完整全面地介紹每一個方面。當然，由於大家才剛剛入門，現在不必在意這 6 個方面到底是如何進行測試的，待大家學習完後面的內容，就知道如何具體展開了。

二｜面試技巧

在面試的過程中，任何問題的回答都不要只有一句話。一個問題的中心思想可能只有一句話，但是中心思想說完後，應當盡可能詳細地進行補充，充分表現你的測試想法和細節，以及你的處理方式。面試官更喜歡這類回答。這一點很重要，也是大家通過面試的重要因素。

3

測試工作從評審需求開始

　　第 2 章主要介紹了如何從 6 個方面開展軟體測試。但是大家應該清楚，軟體只有在被開發出來之後，軟體測試人員才能對其進行相應的測試，而一個專案小組的開發人員會無緣無故地開發一款軟體產品來讓軟體測試人員測試嗎？當然不會。一定是使用者有這方面的需求，然後專案小組的開發人員才會依據使用者的需求去開發相應的軟體產品，之後才會讓軟體測試人員對此產品進行全面測試。那麼此過程是怎麼運作的呢？在了解軟體專案小組的基本組成和使用者的需求之後，這個問題就會迎刃而解。

3 測試工作從評審需求開始

3.1 專案小組成員

先了解一下軟體專案小組中涉及的一些重要角色和關鍵字，它們分別是專案、專案經理、需求、使用者、開發人員、測試人員和產品人員。

在這裡簡要說明一下它們的意義。

專案：這裡的專案代表軟體研發專案，包括前期專案預研、專案成立、組建專案團隊、設計開發軟體、測試偵錯、交付驗收，以及軟體營運等各項具體的工作。

專案經理：專案經理是這個軟體專案的總負責人。專案經理既需要有廣泛的電腦專業知識，又需要具有專案管理技能，能夠對軟體專案的成本、人員、進度、品質、風險、安全等進行準確的分析和卓有成效的管理，從而使軟體專案能夠按照預定的計畫順利完成。

需求：這裡指的是使用者需求，有了使用者需求，開發人員才能開發相應的產品。它通常包括功能性需求及非功能性需求。

使用者：這裡指的是提出需求的使用者，同時也是軟體驗收的主要人員。

開發人員：這裡指的是該軟體專案小組中負責研發這個軟體的技術人員，也叫程式設計師，他們往往透過程式來實現軟體的各項功能。

測試人員：這裡指的是該軟體專案小組中負責軟體測試的人員。

產品人員：在專案小組中，大家可能會對產品人員有點陌生，本書 3.2 節將有說明。可能有人會問，在上面的所有角色中，哪個角色最重要？不同的人會有不同的理解，有人認為是使用者，也有人認為是開發人員或是測試人員。在這裡想告訴大家的是，在一個專案小組中，誰也離不開誰，它們是相輔相成的，每個角色都很重要。

3.2 專案小組成員與需求的關係

本書 3.1 節介紹了專案小組中的成員,那麼本節就用一張示意圖來展示專案小組成員與需求之間的關係,如圖 3-1 所示。

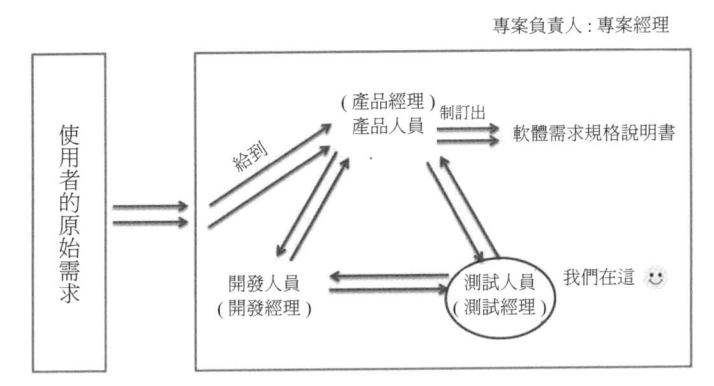

▲ 圖 3-1 專案小組成員與需求之間的關係

一 | 示意圖的含義

(1)有一個 A 使用者,由於 A 使用者的員工較多,為方便管理員工的資訊,A 使用者需要一個人力資源管理軟體來管理員工的檔案資訊,也就是說需求是來自使用者的。

(2)A 使用者有了這個原始需求後,就會把這個原始需求提交給專案小組的產品人員,隨後專案小組的產品人員依據 A 使用者提供的原始需求,制訂出一份更為規範的軟體需求規格說明書(以下簡稱「需求文件」)。(說明:使用者的需求稱為原始需求,使用者提供的原始需求是比較簡單和模糊的,畢竟使用者本身不是專業的軟體設計人員,他們只能提供一些原始想法,而後由專業的產品人員根據使用者的原始需求設計出規範化的需求文件。產品人員在制訂需求文件時不能偏離使用者的原始需求,在制訂需求文件的過程中還要不斷地和使用者進行交流確認,直至使用者滿意為止,可見在專案中,產品人員主要是制訂需求文件的。)

(3)產品人員把制訂好的需求文件分別發給開發人員和測試人員。

3 測試工作從評審需求開始

（4）開發人員按照需求文件開展相關的開發工作，開發出相應的軟體產品。

（5）測試人員會測試開發出來的軟體產品是否符合需求文件裡的要求。

以上便是一個軟體專案所經歷的簡要流程，而產品人員也經常被稱作需求人員，下文將統一採用產品人員這一說法。

二｜專案小組中的成員關係

（1）一般情況下，一個軟體專案小組由開發人員、測試人員、產品人員組成。當一個專案啟動時，公司就會從產品部抽調出熟悉此款產品的產品人員進駐這個專案小組，從開發部抽出熟悉這款產品研發的開發人員加入這個專案小組，同時也會從測試部抽調出相關的測試人員參與到這個專案中，三方人員要對這個專案負責到底。

（2）測試人員要經常與開發人員進行溝通，因為一旦測試過程中發現了問題就要回饋給開發人員，並要推動開發人員去修復問題，既相互配合，又相互監督。

（3）測試人員也需要同產品人員打交道，需求文件中有不清楚或有歧義的地方，需要向產品人員確認。

（4）開發人員和測試人員通常是不需要與使用者直接溝通的，主要是產品人員和銷售人員與使用者打交道。

（5）產品經理：組織產品人員開展需求設計、需求變更等相關工作，安排產品人員的工作。

（6）測試經理：負責測試技術、測試計畫、測試總結等相關工作，安排測試人員的工作。

（7）開發經理：負責開發技術等相關工作，安排開發人員的工作。

（8）專案經理：本專案的負責人，負責整個專案中重大問題的決策、溝通、協調、進度、交付等工作，對產品人員、開發人員、測試人員三方負責。一般情況下軟體的專案經理都是有開發技術背景的。

3.3 為什麼要評審需求文件

當產品人員把制訂好的需求文件發給開發人員和測試人員之後,開發人員是不是就可以直接進入程式開發階段呢?當然不是,接下來,先看一個示意圖,如圖 3-2 所示。

從圖 3-2 可以看到,產品人員制訂的需求文件發給開發人員和測試人員後,並不是直接進入開發和測試的相關工作中,而是先由產品人員、測試人員、開發人員三方共同評審這個需求文件。為什麼要對需求文件進行評審呢?原因如下。

(1)需求文件畢竟是一個文字描述性的文件,開發人員和測試人員在閱讀它的時候可能會有不同的理解,如果開發人員把需求文件理解錯了或漏掉了某個需求細節,那麼開發出來的產品一定不是產品人員想要的,那問題就嚴重了。

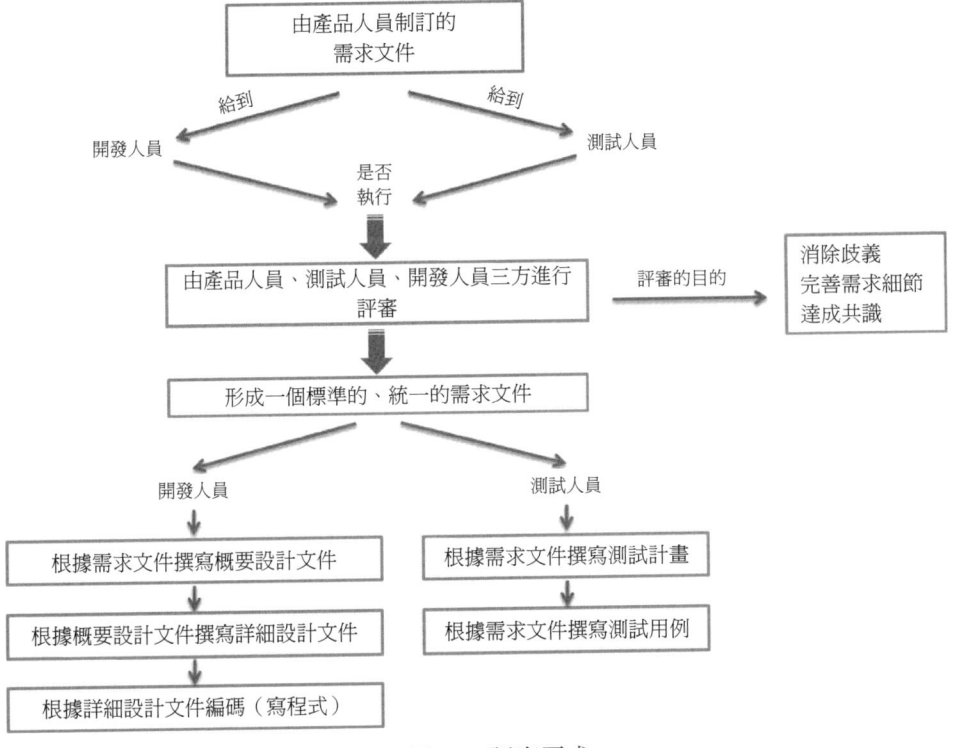

▲ 圖 3-2 評審需求

3 測試工作從評審需求開始

（2）如果測試人員把需求文件理解錯了或是理解存在偏差的話，那麼測試人員就會按照錯誤的標準去測試軟體，結果可想而知，測試人員提的問題都是無效的，都是在做無用功。

（3）對於產品人員制訂的需求文件，開發人員和測試人員不能想當然地去理解它，而是要由產品人員召開需求文件評審大會，專案小組全體成員參加。評審的方式一般是這樣的：產品人員對需求文件中的內容一一進行講解，如開發人員和測試人員有不清楚的或有疑問的地方都要及時提出來，然後產品人員解釋其中的意思。當然，如果大家對需求文件有新的看法和建議，也可以提出來，最終由產品人員決定採納與否。需求文件評審的目的在於消除歧義，完善需求細節，最後達成共識。評審完後，產品人員就會重新整理需求文件，最後形成一個標準的、統一的需求文件，分發給開發人員和測試人員。

在開發人員和測試人員拿到已通過評審的需求文件之後，他們便進入各自的工作流程，這裡再簡要地描述一下他們的工作流程。

（1）開發人員會根據這個需求文件去撰寫概要設計文件。什麼是概要設計文件呢？舉例來說，你想建個房子，那你得把這個房子的整體框架先畫出來，軟體的概要設計文件就像是房子的整體框架。寫完概要設計文件後，你會根據它去撰寫詳細設計文件。為什麼又要寫詳細設計文件呢？繼續打比方，房子的整體框架設計接下來就要針對大框架內的一些更小的框架進行詳細設計，如建房子之前的詳細草稿，軟體的詳細設計文件就像是這個詳細草稿。當然這個比方不一定恰當，只是為了便於大家理解。有了詳細設計文件，開發人員再來撰寫程式就容易多了。當然，開發人員的這些工作暫時與初級軟體測試人員無關，大家了解一下就可以了。

（2）測試人員拿到已通過評審的需求文件之後會開展什麼工作呢？從圖3-2可以看到，測試人員會根據需求文件撰寫測試計畫和測試用例。什麼叫測試計畫？測試計畫包括什麼內容？什麼叫測試用例？如何設計測試用例？對於這些問題，大家暫且不用擔心，後面的章節將對測試計畫和測試用例這兩個概念進行詳細講解。

3.4 如何評審需求文件

本書 3.3 節簡要地介紹了為什麼要評審需求文件，那麼測試人員要從哪些方面來對需求文件進行評審呢？具體如下。

（1）正確性：對照使用者的原始需求，檢查產品人員制訂的需求文件是否偏離了使用者的原始需求。

（2）明確性：檢查需求文件中每一個需求項目是否存在含糊不清的詞彙，用語是否清晰，是否有歧義。

（3）完整性：對照使用者的原始需求，檢查產品人員制訂的需求文件是否覆蓋了使用者提出的所有需求項目，每個需求項目有沒有遺漏使用者所提出的必要資訊。

（4）限制性：每個需求項目裡是否清晰地描述了這個軟體能做什麼、不能做什麼，能輸入什麼、不能輸入什麼，能輸出什麼、不能輸出什麼。

（5）優先順序：明確需求文件中的哪些功能比較重要，哪些功能比較次要，是否做了標識和編號。

（6）一致性：檢查需求文件裡的內容前後是否一致，確保不衝突、不矛盾。

請注意，需求評審是測試人員非常重要的一項工作。據統計，50% 以上的軟體缺陷是由於前期的需求沒有評審確認好。如果開發人員和測試人員不能把需求文件理解透徹或是對需求文件的理解存在偏差，那麼最終開發出來的產品一定不是使用者想要的，並將導致軟體產品開發失敗。

產品人員在需求文件的制訂上造成了主導和決定性作用，如在開發產品和測試產品的過程中對需求文件有不理解或懷疑的地方，一定要及時和產品人員確認它原本的意思，並按照產品人員舉出的標準開展相應的工作。

3.5 本章小結

3.5.1 學習提醒

　　本章想告訴大家的是對於初級軟體測試人員而言，一個軟體專案的運作過程並不像大家想像的那麼複雜。其實大家都是圍繞著需求文件開展工作的，那麼需求文件到底是什麼呢？簡單地說，需求文件就是描述要將軟體做成一個什麼樣的規格產品的說明文檔，而測試人員需要參與需求文件的評審工作，並且要正確地理解需求文件所描述的意思，然後才能測試軟體是否達到了需求文件中描述的規格要求。

3.5.2 求職指導

一 | 本章面試常見問題

　　問題 1：測試工作是從什麼時候開始的？

　　參考回答：我之前做的測試工作，一般都是在拿到需求文件時就開始了，主要的工作就是評審需求文件，評審的目的是消除歧義，完善需求細節，最後達成共識。謝謝！

　　問題 2：需求評審的目的是什麼？

　　參考回答：我覺得需求評審的目的主要是消除歧義，完善需求細節，最後達成共識，如不進行評審，就表示開發人員和測試人員可能對需求文件的理解存在偏差，最終可能導致產品品質不符合需求文件的要求。

　　問題 3：你是如何評審需求文件的？

　　參考回答：我們公司之前評審需求文件時，主要從 6 個方面進行……（具體請參考本章 3.4 節的內容。）基本上，我們會從這 6 個方面進行需求評審，當然每個公司評審的機制可能會有一些差異，但主要目的就是把需求文件的細節理解清楚。謝謝！

二 | 面試技巧

初級軟體測試人員面試的時候需要注意以下 3 點。

（1）回答問題的時候一定要注意緩衝。例如在回答問題前，可以先說「嗯」或「好」，然後停幾秒，待思考後再回答，這有利於將問題拓展開來。不要搶著回答，因為不加思索就回答容易緊張。

（2）在回答每一個問題之前，最好加上一句開始語，如「我們之前是這麼做的」，又如「我們公司的需求文件評審主要包括以下幾方面的內容」等，而不要一開始就直奔主題，具體可參考本節問題 3 的回答方式。

（3）當回答完問題之後要加一句結束語，如「我們主要是基於這幾點來做的，謝謝」，又如「我們主要是基於以上幾個方面進行的，謝謝」等。問題回答完畢後，別忘了說「謝謝」，這不僅代表了對面試官的尊重，同時也是在告訴面試官我的問題已回答完畢。

MEMO

4

軟體測試的基本概念

第 3 章從認識需求開始,讓大家對測試工作有了一個基礎了解。在一個軟體專案小組中,作為一名軟體測試工程師,從拿到軟體需求的那一刻起,軟體測試工作其實就已經開始了,因為需要對軟體需求文件進行評審。評審通過後,才可以具體開展測試工作。

本章將重點介紹軟體測試的基本概念,為大家學習後面的章節奠定好基礎。

軟體測試涉及的領域很寬泛,根據測試介入的不同階段、測試依據的不同原理細分出很多不同的測試概念。作為初級軟體測試人員,並不需要了解過多

4 軟體測試的基本概念

的測試概念，因為每個概念的背後都包含龐大的知識系統，入門階段了解過多反而會造成混淆。因此，本章僅介紹與初級軟體測試人員緊密相關的幾個重要的測試概念，以便讓大家清楚地知道自己要做哪一類型的測試。

另外，除本章提到的這些概念之外，其他章節也會提到與本章內容相連結的一些測試概念，以便大家按照正常的測試流程去理解這些概念。

4.1 軟體測試及相關概念的定義

一 | 軟體品質的定義

不同的圖書、不同的環境對軟體品質有著不同的定義，其意義也不盡相同。作為一名軟體測試人員，主要是按照需求文件去測試軟體，而測試後的最終產品是要交付給使用者使用的。所以，本書舉出的軟體品質的定義是指軟體開發測試完成後，軟體所展現出來的各項功能特性是否符合需求文件，是否滿足使用者的需求。如果滿足，則表明這個軟體品質很好；反之，則表明軟體品質不好。

二 | 軟體測試的定義

軟體測試是一個動態過程，而不單單指某一項測試工作和技術。本書對軟體測試定義如下。

軟體測試是從前期需求文件的評審，到中期測試用例設計及測試執行，再到後期問題單的提交和關閉等一系列的測試過程。

三 | 軟體錯誤的定義

測試人員在測試軟體的過程中，當發現實際執行的結果和預期的結果不一致時（這個預期的結果其實就是指需求文件裡面的要求），就把這個不一致的地方稱為軟體錯誤。當然，軟體錯誤不僅是指與需求文件不符的地方，在測試過程中，測試人員發現有影響使用者體驗和使用的任何地方，都可以把它當作軟體錯誤提出來。在工作中也把軟體錯誤稱為 Bug（Bug、錯誤、缺陷、問題，這四類表述是同一個意思）。

四｜什麼叫 80/20 原則

就軟體測試而言，80/20 原則指的是 80% 的 Bug 集中在 20% 的模組裡面，經常出錯的模組經修復後還會出錯。具體分析有以下兩點。

（1）80% 的 Bug 集中在 20% 的模組裡面，意思是，如果一個軟體中發現了 100 個 Bug，那麼其中 80 個 Bug 很可能都集中在該軟體 20% 的模組裡。為什麼這麼說呢？打一個比方，在開發一個軟體的時候，並不是所有的模組都很複雜，舉例來說，一個軟體包括 10 個模組，可能其中 2 個模組比較複雜，而剩下的 8 個模組比較簡單，那麼複雜模組出現問題的機率就會高一些，如果這 2 個關鍵模組沒有處理好的話，那麼這 2 個模組的 Bug 數量可能會佔 Bug 總量的 80%。所以在測試軟體的時候，記得關注這些 Bug 高危多發「地段」，在那裡發現軟體 Bug 的可能性會大很多。

（2）經常出錯的模組經修復後還會出錯，意思是，同一個地方如果經常出現 Bug，即使 Bug 被修復，這個模組可能還是不穩定的，還會產生新 Bug。

當然，80/20 原則的結論只是經驗之談，也就是說，80/20 原則並不是絕對的，只是具有相對的普遍性。

4.2 軟體測試的分類

根據不同的分類標準，軟體測試會有不同的分類。常見的兩種分類方式是按測試原理分類和按測試階段分類。

4.2.1 按測試原理分類

按測試原理，軟體測試可分為黑盒測試和白盒測試，初級軟體測試人員很有必要了解它們的意思和區別。

4 軟體測試的基本概念

一 ┃ 黑盒測試

　　黑盒測試是不關注軟體內部程式的結構和演算法，只關注這個軟體外部所展現出來的所有功能特性的測試。初級軟體測試人員可以這樣理解：黑盒測試只測試軟體外部的功能特性，而不測試軟體內部的程式結構。由於 QQ 電子郵件的使用者體驗做得很好，本節還使用 QQ 電子郵件的登入頁面來舉例說明。

　　圖 4-1 是 QQ 電子郵件的登入頁面（簡化版），那麼黑盒測試要測些什麼呢？答案是，黑盒測試只測試 QQ 電子郵件登入頁面所展示給使用者的所有功能點能否正常使用（軟體外部功能）。舉例來說，當使用者輸入正確的使用者名稱和密碼時能否正常登入，輸入錯誤的使用者名稱或密碼是否不能登入系統等功能點，而不會去測試登入頁面的程式結構（軟體內部程式）。其內部程式實現邏輯相當於封裝在了一個黑盒子裡面，只需要關注這個黑盒子的輸入和輸出是否符合需求定義，黑盒子裡面具體的實現邏輯並不需要測試。

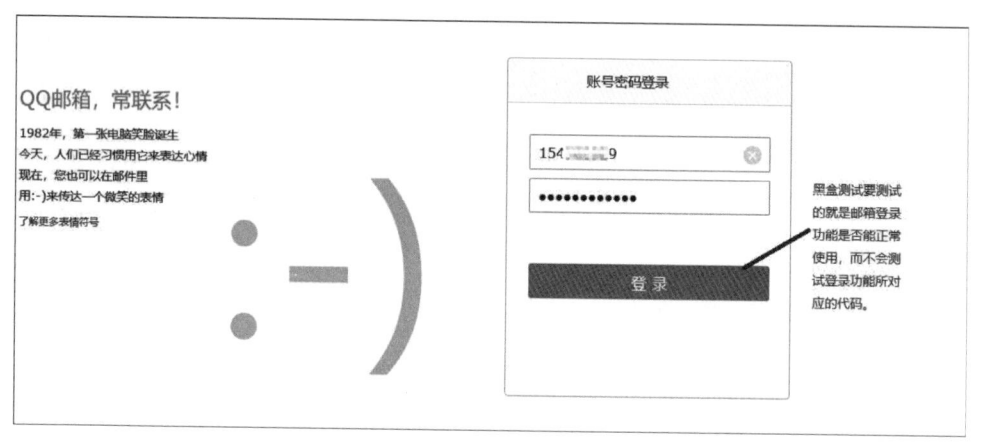

▲ 圖 4-1　QQ 電子郵件登入頁面

二 ┃ 白盒測試

　　白盒測試的定義剛好與黑盒測試相反，白盒測試是只關注軟體內部程式的結構和演算法，而不關注這個軟體外部所展現出來的功能點的測試。初級軟體測試人員可以這樣理解：白盒測試只測試程式結構，而不測試軟體的外部功能點。下面舉例說明。

4.2 軟體測試的分類

　　如圖 4-2 所示，在 QQ 電子郵件的登入頁面的空白處按一下滑鼠右鍵，在彈出的快顯功能表中選擇「查看頁面原始程式碼」命令，彈出登入頁面所對應的原始程式碼，如圖 4-3 所示。那麼白盒測試要測試什麼？答案是，白盒測試只測試 QQ 電子郵件登入頁面所對應的原始程式碼（圖 4-3 所示的程式）結構有沒有問題，而不會去測試登入頁面所展示給使用者的各項功能點。

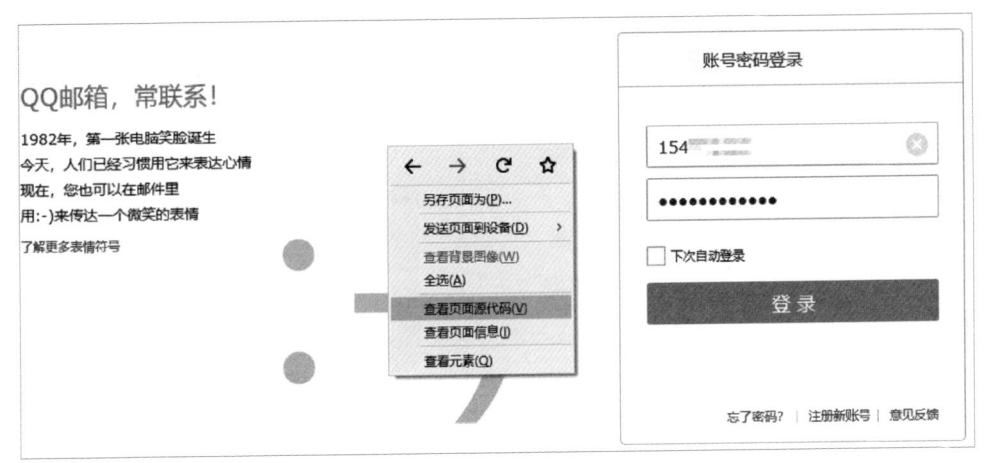

▲ 圖 4-2 查看頁面原始程式碼

```
<!DOCTYPE html><!DOCTYPE html><script>
(function() {
if(isMobile()) {
location.replace("https://w.mail.qq.com");
}
function isMobile() {
return navigator.userAgent.match(/Mobile|iPhone|iPad|Android/i) || Math.min(screen.height, screen.width) <= 480;
}
})();
</script><script>
(function()
{
if(location.protocol=="http:")
{
document.cookie = "edition=; expires=-1; path=/; domain=.mail.qq.com";
location.href= "https://mail.qq.com";
}
})();
</script><html lang="zh-cmn"><head><title>登入QQ郵箱</title><meta name="renderer" content="webkit" /><meta name="save
var reportPtlogin = (function ()
{
```

白盒測試就只測試登入頁面所對應的程式，而不會去測試登入功能。

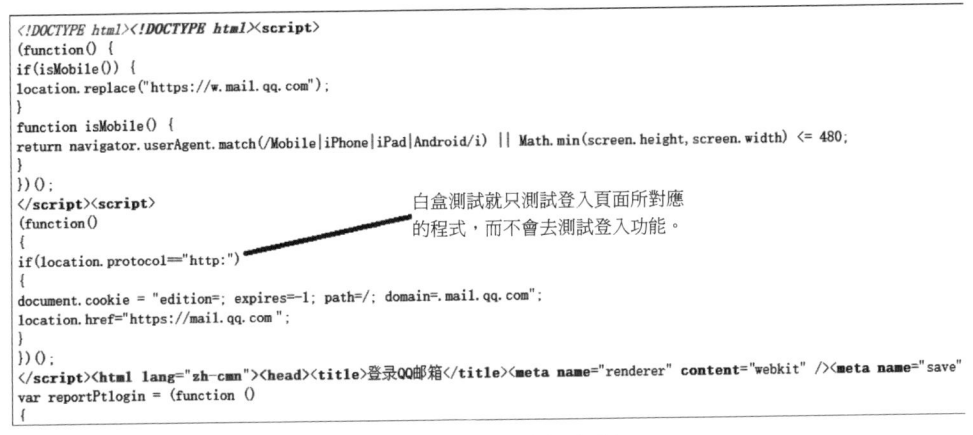

▲ 圖 4-3 原始程式碼

4-5

4.2.2 按測試階段分類

按測試階段，軟體測試可分為 4 個階段，分別為單元測試、整合測試、系統測試和接受度測試。

一｜單元測試

開發人員開發完一小段程式後就能實現一個小的功能模組，開發完多個小段程式後就能實現多個小的功能模組，然後再把這些小的功能模組串聯在一起就組成了一個大的功能模組。接著把幾個大的功能模組組合在一起就成為最終的軟體系統。在這裡把最初的一小段程式稱為軟體系統的最小組成單元，而單元測試就是指對這小段程式進行測試。當開發人員開發完一小段程式後，開發人員會測試它有沒有問題。只有通過單元測試才能把這些單元模組整合在一起，形成一個大的功能模組。由此看來，單元測試是測試程式的，採用的是白盒測試的方法（因為白盒測試是基於軟體內部程式測試的），主要由開發人員來做。

二｜整合測試

單元測試完成後，開發人員就會把已測試完的單元模組組合在一起並形成一個「組合體」。在整合模組的初期，由於整合到一起的單元模組比較少，此時的「組合體」如果出現問題，很多時候可能還要追溯單元模組內的程式，所以初期的整合測試主要由開發人員來執行，採用白盒測試的方法。但到整合的後期就不同了，由於整合到一起的模組越來越多，各模組之間的相依性越來越強，離目標系統越來越近，軟體系統核心模組基本組裝完畢，此時軟體的部分功能點也已經展現出來，開發人員可對軟體進行部分功能測試，一般採用的是黑盒測試的方法。

三｜系統測試

隨著軟體整合的規模越來越大，直至最後組裝成為一個完整的軟體系統，軟體的所有功能點和特性已經就位，這個時候就該專案小組的測試人員登場了。系統測試簡而言之就是測試人員對這個軟體系統做全面測試。本書在第 2 章介紹過，測試人員對一個軟體的全面測試，主要是基於 6 個方面開展的，即軟體

4.2 軟體測試的分類

的外觀介面、功能、性能、安全性、易用性、相容性。那麼系統測試就是測試軟體的外觀介面、功能、性能、安全性、易用性、相容性這 6 個方面是否滿足需求文件裡的要求。同時由於這 6 個方面的測試並不需要關注軟體內部的程式結構和邏輯，因此，測試人員進行系統測試時採用的也是黑盒測試的方法。由此看來，測試人員是在系統測試這個階段介入的，如圖 4-4 所示。

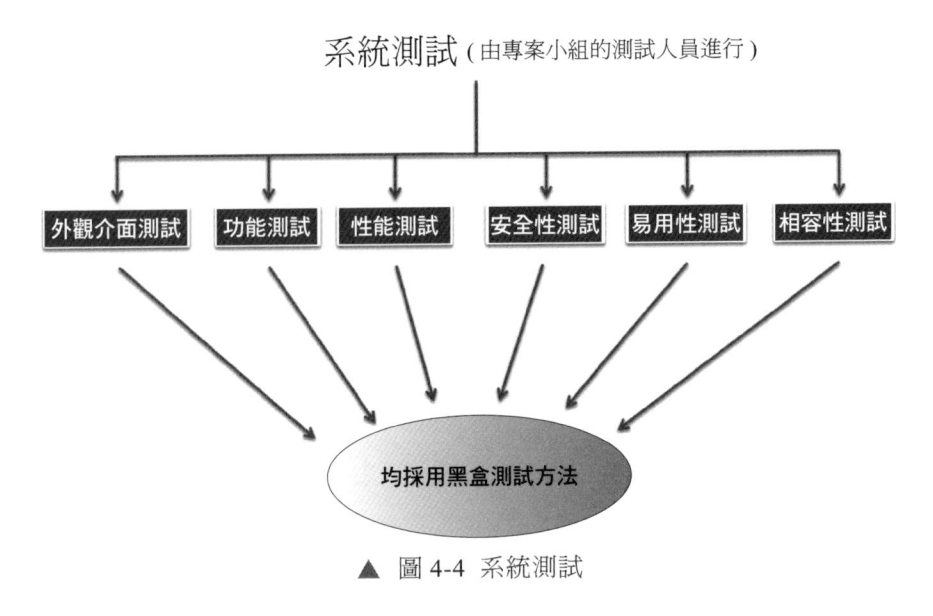

▲ 圖 4-4 系統測試

接下來簡要描述一下這 6 個方面測試的基本含義。

（1）軟體的外觀介面測試（簡稱 UI 測試）：主要測試軟體介面功能模組的版面配置是否合理，整體風格是否一致，介面文字是否正確，命名是否統一，頁面是否美觀，文字、顏色、圖片組合是否完美等。測試難度：相對簡單。

（2）軟體的功能測試：主要是測試軟件所呈現給使用者的所有功能點是否都能正常使用和操作，是否滿足需求文件裡的要求。測試難度：中等。

（3）軟體的性能測試：測試軟體在不同環境和壓力下能否正常運轉，其中有一個很重要的指標就是系統回應時間，舉例來說，多人同時存取某個網頁時，網頁能否在規定的時間內開啟等。測試難度：較高。

（4）軟體的安全性測試：測試該軟體防止非法侵入的能力。測試難度：較高。

（5）軟體的易用性測試：測試軟體是否容易操作，主觀性比較強，站在使用者的角度體驗軟體產品好不易用。測試難度：相對簡單。

（6）軟體的相容性測試：測試該軟體與其他軟體的相容能力，作為初級軟體測試人員，主要考慮軟體與瀏覽器的相容能力，包括解析度的相容。測試難度：相對簡單。

四│接受度測試

接受度測試由使用者開展，測試的內容與系統測試相似，主要測試軟體系統是否滿足需求文件裡的要求、是否滿足使用者的需求。採用的方法也是黑盒測試。通常接受度測試成功之後，軟體才能交付投產上線，由於驗收工作由使用者執行，在這裡不做過多闡述。

4.3 初級軟體測試人員的定位

關於初級軟體測試人員在系統測試中的定位，我們以圖 4-5 為例說明。

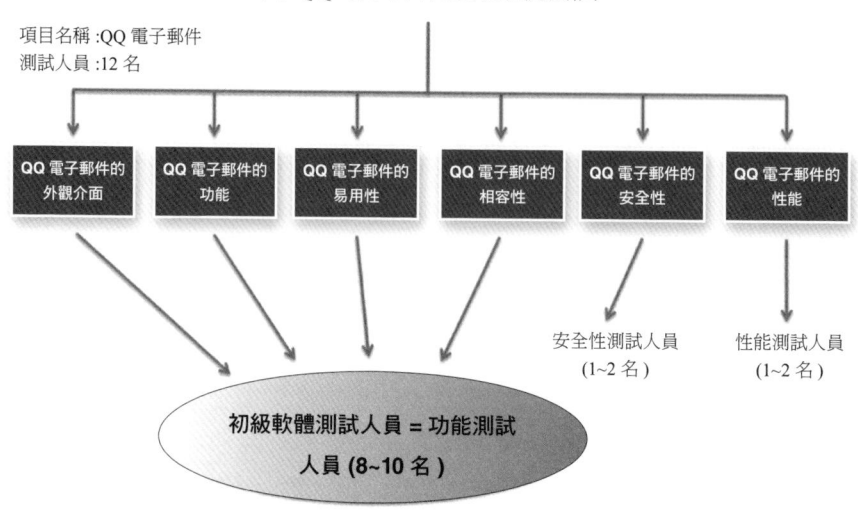

對 QQ 電子郵件進行系統測試

項目名稱:QQ 電子郵件
測試人員:12 名

QQ 電子郵件的外觀介面
QQ 電子郵件的功能
QQ 電子郵件的易用性
QQ 電子郵件的相容性
QQ 電子郵件的安全性
QQ 電子郵件的性能

安全性測試人員 (1~2 名)
性能測試人員 (1~2 名)

初級軟體測試人員 = 功能測試人員 (8~10 名)

▲ 圖 4-5 測試人員定位

4.3 初級軟體測試人員的定位

（1）軟體專案的名稱：QQ 電子郵件。

（2）專案小組的測試人員：12 名。

（3）測試人員要對 QQ 電子郵件進行系統測試。

（4）QQ 電子郵件的系統測試涵蓋了 6 個方面，分別是 QQ 電子郵件的外觀介面測試、功能測試、易用性測試、相容性測試、安全性測試、性能測試。

（5）測試組的 12 名測試人員會有不同的分工，有的做功能測試，有的做性能測試，有的做安全性測試等。

（6）初級軟體測試人員主要是定位在功能測試，因而初級軟體測試人員等於功能測試人員。

（7）軟體的外觀介面、易用性、相容性這 3 個方面的測試相對簡單，大多數情況下也都是由初級軟體測試人員來完成的（當然少數的專案小組也設立了獨立的外觀介面測試人員、易用性測試人員和相容性測試人員）。

（8）由於安全性測試和性能測試的難度相對要高一些，並且需要一定的工作經驗，所以這兩塊的測試工作一般會由測試組中的安全性測試人員和性能測試人員分別完成。

QQ 電子郵件的功能模組可以細分出很多個功能。初級軟體測試人員又是如何分工的呢？從圖 4-6 可以看出，初級軟體測試人員進入專案小組後，最終會被安排具體負責一個或多個功能模組的測試工作。

為了讓大家更清楚初級軟體測試人員的定位，有以下幾點需要說明。

以上範例是虛擬出來的專案，其中測試人員配比在實際的專案中並不是固定的，每個專案都會根據實際情況進行相應的安排。

4 軟體測試的基本概念

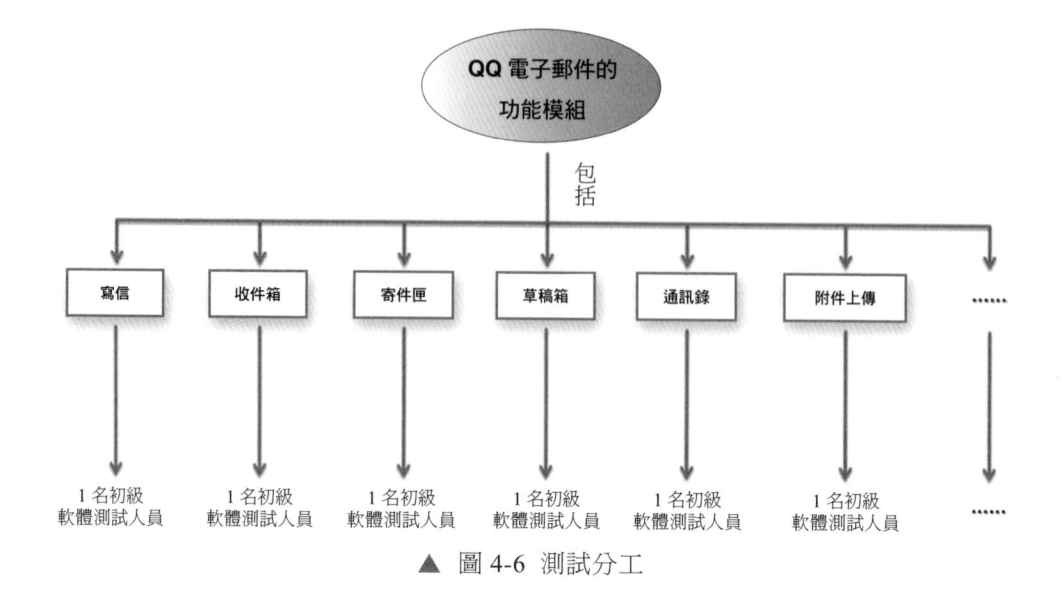

```
                    ┌─────────────────┐
                    │  QQ 電子郵件的   │
                    │    功能模組      │
                    └─────────────────┘
                             │ 包括
    ┌────────┬────────┬──────┼──────┬────────┬────────┐
    ▼        ▼        ▼      ▼      ▼        ▼        ▼
  寫信    收件箱   寄件匣  草稿箱  通訊錄  附件上傳   ……
    │        │        │      │      │        │        │
  1名初級  1名初級  1名初級 1名初級 1名初級  1名初級   ……
  軟體測   軟體測   軟體測  軟體測  軟體測   軟體測
  試人員   試人員   試人員  試人員  試人員   試人員
```

▲ 圖 4-6 測試分工

　　一個專案小組中的測試人員除了初級軟體測試人員，還有安全性測試人員和性能測試人員等。實際專案中具體包括哪些測試人員，會根據專案實際情況進行相應安排。

　　在許多的用人單位中，初級軟體測試人員都被定義為功能測試人員，主要任務就是測試軟體的功能是否符合需求文件裡的要求。功能測試是最基礎的，也是最重要的測試之一，因為一個軟體如果連功能都沒有實現的話，就不用談軟體的性能和安全性了。

　　功能測試是系統測試的一部分，系統測試採用的是黑盒測試，功能測試自然也是採用黑盒測試。如果面試時被問到：你是做黑盒測試的嗎？答案是肯定的。如果被問到：你是做功能測試的嗎？答案也是肯定的。如果對方問你：你是做系統測試的嗎？答案也是肯定的。要能區分清楚三者的關係。當然在很多時候，人們習慣於把黑盒測試稱作功能測試。在功能測試的隊伍中有從業時間較久、經驗較為豐富的老員工，也有剛入職的初級軟體測試人員，測試經理會根據每個人的工作能力進行相應的工作安排，複雜的功能模組會優先安排給經驗豐富的功能測試人員；較簡單的功能模組則會安排給剛入職不久的初級軟體測試人員，並指定相應的導師。

4.4 軟體測試分類關係表

表 4-1 直觀地描述了軟體測試類型之間的關係。

▼ 表 4-1 軟體測試分類

測試類型	測試方法	執行者	測試依據	測試內容
單元測試	白盒測試	開發人員	詳細設計文件（主要）概要設計文件	程式及程式的邏輯結構
整合測試	白盒測試為主黑盒測試為輔	開發人員	詳細設計文件（主要）概要設計文件 需求文件	模組與模組之間的介面
系統測試	黑盒測試	測試人員	需求文件	軟體的外觀介面、功能、易用性、相容性、安全性、性能
接受度測試	黑盒測試	使用者	需求文件	與系統測試的內容相似，主要測試軟體的外觀介面、功能、易用性、相容性、安全性、性能

從表 4-1 中可以清楚地看到每個測試階段所使用的方法、執行者、測試依據及測試內容，如測試人員正處在系統測試中，採用的是黑盒測試，測試的依據是需求文件，測試的內容是軟體的外觀介面、功能、易用性、相容性、安全性及性能這 6 個方面。

4 軟體測試的基本概念

○ 4.5 本章小結

4.5.1 學習提醒

本章所描述的測試概念都是實際專案中出現機率比較高的，是作為一名初級軟體測試人員所應當了解和熟悉的。專案小組中的測試人員一般是在系統測試階段才介入的。透過本章的學習，應該掌握和了解系統測試所包含的測試內容以及初級軟體測試人員在系統測試中的定位。

4.5.2 求職指導

一｜本章求職常見問題

本章介紹的是測試的基本概念，這些基本概念一般在實際的面試過程中幾乎不會被問到，但在筆試中卻非常常見，比如什麼是黑盒測試、什麼是白盒測試、它們之間的區別是什麼、軟體測試按不同階段可分為哪些測試、如何理解軟體品質等。這些內容本章已有詳細介紹，這裡不再重複。但對於筆試部分需要說明以下幾點。

（1）公司在應徵初級軟體測試人員時，大概只有 35% 的公司會出筆試題目，大部分的公司應徵是沒有筆試的，主要針對面試者的履歷直接進行面試。

（2）筆試考查的是測試人員對基礎理論的掌握情況，具有一定的實用性，但由於筆試的題目是有限的，它並不能全面考查測試人員的綜合能力。而軟體測試的工作更注重測試人員的動手能力和溝通能力，所以初級軟體測試人員應聘時如果筆試沒有做好，也不必緊張和懊惱，因為筆試成績在整個應聘過程中起不到決定性作用。當然，如果筆試做得很好，是可以加分的。

二｜求職技巧

筆試的時候要寫清楚自己的名字和申請的職務。

筆試的時候字跡一定要工整，這表現了你做事情的態度和細節。

筆試一定要按要求和格式作答，它反映了一個測試人員能否按照要求去工作。筆試的時候儘量不要空題，如果了解的話，儘量說出自己的看法。

儘量不要過早或延後交卷，可以在筆試結束前 15min 左右交卷。

當發現筆試的內容跟自己的技能不太匹配時，可以跟考官說明情況並詢問是否可以換一份筆試題。

MEMO

5

軟體測試計畫

　　透過前面章節的介紹，可以了解到當完成需求文件評審後，開發人員和測試人員就會投入具體的工作（參考圖 3-2 的流程）。測試工作會由測試經理負責安排，測試經理首先會制訂好軟體測試計畫，測試計畫中會描述測試範圍、測試環境、測試策略、測試進度以及測試人員的工作安排和測試中可能出現的風險。測試人員可以依據這份測試計畫展開測試工作。

5 軟體測試計畫

5.1 軟體測試計畫的內容

如何理解軟體測試計畫呢？軟體測試計畫是一份描述軟體測試範圍、測試環境、測試策略、測試管理、測試風險的文件，由測試經理制訂完成。依據這份測試計畫，測試人員就可以有計劃地發現軟體產品的缺陷，驗證軟體的可接受程度。接下來，本節將對軟體測試計畫中的內容進行詳細講解。

一｜測試範圍

在軟體測試計畫中，測試範圍用來確定需要測試的功能性需求和非功能性需求。測試計畫會明確指出進行系統測試時主要測試哪些內容，哪些內容不在本次測試範圍內，是否需要進行外觀介面測試、功能測試、易用性測試、相容性測試、安全性測試、性能測試或其他測試等。

二｜測試環境

在軟體測試計畫中，測試環境定義了執行系統測試的軟體環境和硬體環境。

軟體環境：主要指進行系統測試的軟體執行環境，以及軟體執行所需的週邊軟體等。

舉例來說，對 QQ 電子郵件做系統測試時，測試人員是在 Windows 10 作業系統的 IE11 瀏覽器上測試的，那麼本次系統測試的軟體環境就是 Windows 10 作業系統和 IE11 瀏覽器。實際工作中的軟體環境不限於 Windows 10 作業系統和 IE11 瀏覽器。

硬體環境：主要是指進行系統測試的硬體設施。舉例來說，用於測試的電腦配置為酷睿 i5 處理器的 CPU、三星 8GB 的記憶體等，那麼這個硬體規格情況就是本次系統測試的硬體環境。實際工作中的硬體環境並不限於這些硬體規格，還會涉及諸多方面，如測試的溫度、濕度，也屬於硬體環境。

三｜測試策略

在軟體測試計畫中，測試策略指的是測試的依據、測試的認證標準、測試工具的選擇、測試的重點及方法、測試的準出標準等內容。

5.1 軟體測試計畫的內容

（1）測試的依據。測試時需要指明軟體測試依據的標準文件有哪些，其中有兩個重要的文件，一個是需求文件，另一個是測試用例，軟體測試工作主要是依據它們來開展的。有關測試用例的知識將在第 6 章詳細介紹。

（2）測試的認證標準。測試時需要指明系統滿足怎樣的條件後才能進行系統測試。通常測試的認證標準是指通過煙霧測試。煙霧測試指當測試人員拿到待測軟體後，並不立即投入系統測試的用例執行工作中，而是首先篩選一些基本的功能點進行測試，如果篩選的這些基本功能點經測試後沒有問題再進行系統測試，如果有問題則會停止測試，待開發人員修復好這些問題後再進行系統測試。比如，某軟體一共有 300 個測試點，那麼可能會篩選出常用的 30 個測試點來測試一下系統是否正常。只有當這 30 個測試點都沒有問題後，才會進行全面的系統測試，那麼對這 30 個測試點的測試工作就稱為煙霧測試。在實際工作中，測試的認證標準可能並不侷限於通過煙霧測試這一個條件。

（3）測試工具的選擇。測試時需要指明在測試的過程中會使用哪些工具。舉例來說，測試人員在提交 Bug 的過程中需要用到 Bug 管理工具，市場上可供選擇的 Bug 管理工具有很多，在制訂測試策略時，測試組需要決定具體選擇哪個工具，如用工具「禪道」來管理 Bug，又如部分的功能點可以利用自動化測試工具「Selenium」進行測試等。有關「禪道」和「Selenium」這兩款測試工具，將在第 7 章和第 11 章分別具體介紹。

（4）測試的重點及方法。在進行系統測試的過程中，應當標明要測試的重點模組和區域、測試的優先次序以及所使用的測試方法。目前大家所了解到的測試方法主要是黑盒測試（功能測試），也就是手工測試。

（5）測試的準出標準也叫測試成功的標準。可以視為，若未關閉 Bug 的數量不超過規定數量，則可視為通過測試（也可以視為在未關閉 Bug 數量不超過規定數量的情況下，軟體產品才符合上線的標準）。舉例來說，某測試組測試的準出標準（通過的標準）是，未關閉 Bug 的數量不能多於 3 個，並且沒有嚴重和致命的 Bug，遺留的 Bug 並不影響使用者對產品的使用和

5-3

體驗。實際工作中測試成功的標準並不侷限於 Bug 的數量，還要看 Bug 的等級（根據嚴重程度一般分為致命問題、嚴重問題、一般性問題、建議問題），有關 Bug 等級的詳細說明，將在第 7 章講解。

四｜測試管理

在軟體測試計畫中，測試管理主要指測試任務分配、時間進度安排、溝通方式這 3 個方面的內容。

（1）測試任務分配指的是確定整個測試範圍後，測試經理會根據團隊中每個測試人員的特長分配相關的測試任務。測試任務主要包括兩項重要的工作：一個是測試用例的設計和撰寫，另一個是測試用例的執行和操作。

（2）時間進度安排指的是根據實際分配的工作任務來指定每個測試人員開展每項測試工作的起始時間和完成時間。

（3）溝通方式指的是測試過程中如果發現有需要溝通的問題，測試人員如何與專案小組中其他成員進行溝通。溝通的方式有很多種，測試中常用的是面對面溝通、電子郵件溝通以及通過 Bug 管理工具溝通。

五｜測試風險

在軟體測試計畫中，需要指明測試中存在的各種風險，常見的風險包括沒有透徹理解需求文件、對測試時間估計不足及測試執行不合格等。

（1）沒有透徹理解需求文件：沒有透徹理解需求文件會導致測試人員對軟體功能模組的理解存在偏差，進而影響判斷，從而產生無效 Bug。如果完全不理解需求的某一項，則會導致測試人員無法理解該需求項目所對應的軟體功能模組，也就無法對軟體的功能進行正確測試。

（2）對測試時間估計不足：每個測試人員都要在規定的時間內完成測試，對自己工作量的估計不足而導致在規定的時間內無法完成相應的任務，會直接影響整個測試工作的進度，造成推遲測試計畫的風險。

（3）測試執行不合格：有些測試人員存在僥倖心理，認為有些功能模組不重要或是不會存在問題而不需要去執行測試。在實際工作中，也有一些測試人員因不理解某些功能模組而無法執行相關測試，既不積極主動地向相關人員請教，也不去想辦法解決疑問，從而導致執行不合格。

當然，測試風險並不侷限於以上 3 筆。

對於上述風險，很多時候可以想辦法避免或降低。

（1）需求文件評審期間，測試人員需要認真深入地閱讀相關內容，凡是有疑問的地方都要和產品人員溝通確認，並且在測試執行期間與產品人員及測試組同事保持溝通，多詢問、多請教，明確掌握需求文件中的內容。

（2）在測試過程中如果發現測試時間不夠，首先要想辦法改進自己的測試方法以提高工作效率，另外可以申請得到團隊同事的協助，如果實在工期緊迫，可以適當加班。

（3）軟體中很多 Bug 都是因為測試執行不合格導致的，測試中有這樣一筆規律：越被認為沒有問題的地方，可能就越容易出現問題。測試人員的僥倖心理是不可取的，也是一種不負責任的表現。而對於因不理解需求而無法執行的功能模組，應當及時向測試經理回饋以尋求解決方法，絕不能蒙混過關。測試人員要有認真負責的態度和優秀的專業素養。

5.2 軟體測試計畫的範本

透過 5.1 節，我們了解了測試計畫需要考慮的內容，那麼測試計畫中的這些內容將如何在一份測試計畫文件中表現出來呢？本節將介紹通用的軟體測試計畫範本，從而讓讀者能夠了解如何撰寫測試計畫文件。

一｜文件標識

不同的公司對文件標識有不同的要求，其目的是充分表現該測試計畫文件的相關資訊，如測試物件、測試文件的版本等。

5 軟體測試計畫

在測試計畫中，可以用下面這句話來表現文件標識：

本文件是針對 XYC 公司開發的 XYC 電子郵件 V1.0 進行黑盒測試的整體測試計畫。

二｜測試目的

以下是在通用的測試計畫範本中，表現測試目的的一段內容：

本次測試是針對 XYC 電子郵件軟體專案進行的系統測試，目的是判定該系統是否滿足需求文件中規定的各項要求。

三｜測試範圍

表 5-1 是一個測試計畫中的系統測試範圍範本。

▼ 表 5-1 系統測試範圍範本

序號	XYC 電子郵件的測試範圍	說明
1	外觀介面測試	檢查 XYC 電子郵件的外觀介面是否符合需求文件中所要求的介面規範，是否美觀、合理和人性化
2	功能測試	根據需求文件檢查 XYC 電子郵件的主要功能可否正確地實現
3	易用性測試	檢查 XYC 電子郵件是否操作簡單、易用，是否符合通用的操作習慣
4	相容性測試	檢查 XYC 電子郵件與市面上主流瀏覽器的相容性，例如 360 瀏覽器、Firefox 瀏覽器、QQ 瀏覽器、搜狗瀏覽器等
5	安全性測試	檢查 XYC 電子郵件是否達到需求文件中的安全要求，是否存在安全隱憂
6	性能測試	檢查 XYC 電子郵件是否達到需求文件中所定義的性能需求

四 | 測試環境

表 5-2 和表 5-3 分別為測試計畫中描述系統測試軟體環境和硬體環境的範本。

▼ 表 5-2 系統測試環境範本（軟體環境）

終端類別	作業系統	應用軟體
PC	Windows 10	IE11 瀏覽器、360 瀏覽器、Firefox 瀏覽器、QQ 瀏覽器、搜狗瀏覽器

▼ 表 5-3 系統測試環境範本（硬體環境）

終端類別	機器名稱	硬體規格
PC	聯想商務機	CPU：酷睿 i5；記憶體：三星 8GB；硬碟：三星 500GB

五 | 測試策略

表 5-4 為測試計畫中描述測試策略的範本。

▼ 表 5-4 測試策略範本

序號	策略	內容
1	測試的依據	需求文件和系統測試用例
2	測試的認證標準	（1）煙霧測試成功 （2）測試組的人員已全部合格，並且測試人員的專業技能符合測試要求
3	測試工具的選擇	（1）本次系統測試中，登入和通訊錄的功能模組適合進行自動化測試，因此這兩個模組將使用自動化測試工具 Selenium （2）本次系統測試中所發現的 Bug 均使用「禪道」作為 Bug 測試管理工具進行提交，發現問題後首先提交給測試經理，經測試經理審核後再指派給開發人員

（續表）

5 軟體測試計畫

序號	策略	內容
4	測試的方法	本次系統測試均採用黑盒測試（手工測試）的方法，對登入模組和通訊錄模組進行自動化測試前也必須進行必要的手工測試
5	測試的重點	（1）在 XYC 電子郵件的外觀介面測試中要確保選單的大小和位置、模組之間的協調、背景顏色的美觀性等都符合要求 （2）在 XYC 電子郵件的功能測試中要重點測試電子郵件登入、寫信、收信、附件模組的功能，這些模組應當優先進行測試 （3）在 XYC 電子郵件的易用性測試中，要確保電子郵件使用過程中的易操作性和易理解性等 （4）在 XYC 電子郵件的相容性測試中，要確保能與 IE11 瀏覽器、360 瀏覽器、Firefox 瀏覽器、QQ 瀏覽器、搜狗瀏覽器相容 （5）在 XYC 電子郵件的安全性測試中，要防止他人利用已知的帳戶名稱非法侵入 （6）在 XYC 電子郵件的性能測試中，要重點測試使用者登入、收信等操作的系統回應時間
6	測試的準出標準	（1）測試用例已全部執行完成 （2）遺留的 Bug 數量不能超過 3 個，並且沒有嚴重和致命的 Bug，遺留的 Bug 並不影響使用者對產品的使用和體驗

六｜測試管理

表 5-5 為測試計畫中描述測試管理的範本。

七｜測試風險

表 5-6 為測試計畫中描述測試風險的範本。

5.2 軟體測試計畫的範本

▼ 表 5-5 測試管理範本

分配任務	具體事宜	測試負責人	測試起始時間	測試結束時間
負責 XYC 電子郵件性能測試	撰寫性能測試用例、執行測試用例、提交 Bug 單、回歸測試、撰寫測試報告	張三（測試經理）	2018-03-01	2018-03-xx
負責 XYC 電子郵件安全性測試	撰寫安全性測試用例、執行測試用例、提交 Bug 單、回歸測試、撰寫測試報告	李四（測試人員）	2018-03-01	2018-03-xx
負責 XYC 電子郵件寫信模組的功能測試、外觀介面測試、易用性測試及相容性測試	撰寫寫信模組的測試用例、執行測試用例、提交 Bug 單、回歸測試、撰寫該部分的測試報告	王五（測試人員）	2018-03-01	2018-03-xx
負責 XYC 電子郵件收件箱模組的功能測試、外觀介面測試、易用性測試及相容性測試	撰寫收件箱模組的測試用例、執行測試用例、提交 Bug 單、回歸測試、撰寫該部分的測試報告	何六（測試人員）	2018-03-01	2018-03-xx
負責 XYC 電子郵件寄件匣模組的功能測試、外觀介面測試、易用性測試及相容性測試	撰寫寄件匣模組的測試用例、執行測試用例、提交 Bug 單、回歸測試、撰寫該部分的測試報告	林七（測試人員）	2018-03-01	2018-03-xx

（續表）

分配任務	具體事宜	測試負責人	測試起始時間	測試結束時間
負責 XYC 電子郵件草稿箱模組的功能測試、外觀介面測試、易用性測試及相容性測試	撰寫草稿箱模組的測試用例、執行測試用例、提交 Bug 單、回歸測試、撰寫該部分的測試報告	伊八（測試人員）	2018-03-01	2018-03-xx
負責 XYC 電子郵件通訊錄模組的功能測試、外觀介面測試、易用性測試及相容性測試	撰寫通訊錄模組的測試用例、執行測試用例、提交 Bug 單、回歸測試、撰寫該部分的測試報告	汪九（測試人員）	2018-03-01	2018-03-xx
負責 XYC 電子郵件附件上傳模組的功能測試、外觀介面測試、易用性測試及相容性測試	撰寫附件上傳模組的測試用例、執行測試用例、提交 Bug 單、回歸測試、撰寫該部分的測試報告	劉十（測試人員）	2018-03-01	2018-03-xx
負責 XYC 電子郵件測試環境的架設工作以及 Bug 管理工具「禪道」的安裝工作	架設 XYC 電子郵件的背景環境、安裝 Bug 管理工具「禪道」並進行維護	孫零（測試人員）	2018-03-01	2018-03-xx

▼ 表 5-6 測試風險範本

風險分類	具體風險的情況	解決方案
沒有透徹理解需求文件	可能存在對需求理解有誤差或對軟體的業務功能不熟悉的情況	有疑問的地方需要與產品人員溝通確認，在測試執行期間儘量保持與產品人員和測試組同事之間的溝通，多諮詢、多請教

（續表）

5.2 軟體測試計畫的範本

風險分類	具體風險的情況	解決方案
對測試時間估計不足	工作中遇到突發情況或是工作計畫沒有合理安排而導致對測試時間估計不足	(1) 改進測試方法以提高工作效率 (2) 請求同事的協助 (3) 必要時可以適當加班 (4) 遇到問題要及時向測試經理回饋情況
測試執行不合格	測試人員存在僥倖心理而導致部分模組沒有被測試；或是對某些業務功能不熟悉並且未虛心請教，未進行相關內容的測試	杜絕僥倖心理，所有模組均需測試；及時向測試經理回饋，尋求解決方法，絕不能蒙混過關

對以上的測試計畫範本，進行以下 6 點說明。

（1）以上測試計畫範本中的專案和人物均是虛擬的。

（2）以上範本中出現的某些內容，如測試用例設計、測試環境的架設、Bug 管理工具、提交 Bug 單、回歸測試、測試報告、自動化測試工具等，均會在後面的章節中進行詳細講解。

（3）有關測試計畫的範本，每個公司都不大一樣，會根據實際專案制訂。但測試人員的測試任務分配和時間進度安排這兩部分是必須有的。

（4）本範本中的內容相對簡單，並沒有引入太多細節性的內容和複雜的測試策略及限定條件，而是儘量用所學的內容以及易理解的方式表達。原因在於：軟體測試計畫涵蓋了專案測試的各方面，如果一開始就在測試計畫中引入太過複雜的內容，這對於一個沒有實際工作經驗的初級軟體測試人員是不實用的，也不利於後續的學習。

（5）軟體測試計畫是測試人員開展有序工作的基本依據，但是也要明白，測試中的進度安排並不是固定不變的，因需求臨時變更、測試時間被壓縮、產品要提前上線等，測試計畫都會根據實際情況進行調整。

（6）初級軟體測試人員在進入專案的初期，在接收到測試計畫中的任務後，按照規定的時間把本職工作做好、做細才是最重要的。

⚛ 5.3 本章小結

5.3.1 學習提醒

對於本章測試計畫中的內容，初級軟體測試人員暫時只需要大體了解，隨著測試工作的不斷深入和測試經驗的不斷增加，制訂出一個完整的測試計畫並不是一件很困難的事情。

5.3.2 求職指導

一｜本章面試常見問題

問題 1：你寫過軟體測試計畫嗎？

參考回答：寫過，不過我寫的是自己所負責模組的測試計畫，專案的整體測試計畫一般是由測試經理來寫的。（這裡有一點需要注意：專案的整體測試計畫一般都是由測試經理來寫的，但有時候測試經理也會要求測試人員把自己所負責的模組列一個詳細的計畫表出來，當然，內容的格式都是一樣的。）

問題 2：軟體測試計畫包括哪些內容？

參考回答：（如果一時記不起來那麼多，注意停頓思考一下再回答）我們之前寫的測試計畫主要包括 5 個方面。

第一，測試範圍。它指的是系統測試的範圍以及本輪測試是測試全部模組還是只測試部分模組。

第二，測試環境。它指的是測試人員在什麼樣的軟、硬體環境下進行測試。

第三，測試策略。它的內容包括測試的依據、測試的認證標準、測試工具的選擇、測試的重點及方法、測試的準出標準。

第四，測試管理。它指的是測試任務的分配、時間的限定、測試與開發之間的溝通方式等內容。

第五，測試風險。它指的是測試中因沒有透徹理解需求文件、對測試時間估計不足及測試執行不合格等情況所造成的測試風險。

我們基本上會從這 5 個方面來制訂我們的測試計畫。

問題 3：煙霧測試篩選的比例是多少呢？

分析：這個問題即煙霧測試中會篩選多少個基本測試用例來進行測試。測試用例的概念還沒有進行講解，這裡進行簡單說明，其實測試用例就等於測試點。在第 2 章，本書為礦泉水瓶設計了 33 個測試點，也就等於設計了 33 個測試用例。這個面試問題考查的是測試人員在進入系統測試之前，一般要篩選多少個測試用例來進行煙霧測試（進行基本的功能測試）。如煙霧測試成功，測試人員才會正式進入系統測試。

參考回答：在正常情況下，測試人員篩選的比例大概是整個測試用例的 1/15～1/7，測試用例的篩選工作一般是由測試經驗相對豐富的測試人員完成的。主要篩選軟體中最基本且最重要的一些功能點進行測試。但具體要篩選多少，沒有一個具體的規定。一方面要結合測試的時間，另一方面要結合需求規模的大小等因素來考量，當然對於重要的、常用的測試點選擇得會多一些。

二 ｜ 面試技巧

在面試的過程中，面試經驗不足的測試人員在回答問題時往往會像背書一樣，給人生硬的感覺，這是不可取的，且往往會造成面試結果不理想。對於每個問題的回答，建議在理解的基礎上盡可能地用自己的語言去表達，而不必侷限於照搬書本上寫的來作答。希望大家注意此面試技巧。

MEMO

6

測試用例的設計

　　透過前面幾章的介紹，可以了解到測試人員評審完需求文件後，測試經理就會開始制訂軟體測試計畫。制訂測試計畫後，測試人員就要開始設計測試用例，本章將正式引入測試用例這一概念，並以具體的例子進行詳細介紹。

6 測試用例的設計

∞ 6.1 什麼是測試用例

本書前面幾章的內容裡，多次提到了測試用例這一概念，那麼什麼是測試用例呢？測試用例對測試工作會造成怎樣的作用呢？測試用例與需求文件之間存在什麼樣的關係呢？本節將詳細解答這些問題。

6.1.1 測試用例的格式

在第 2 章的內容裡已經為礦泉水瓶設計了 33 個測試點，然後依據這些測試點來測試礦泉水瓶。其實在軟體測試領域，這個測試點指的就是測試用例。接下來一起來看看如何把一個測試點一步步轉變成測試用例，下面舉例說明，如圖 6-1 所示。

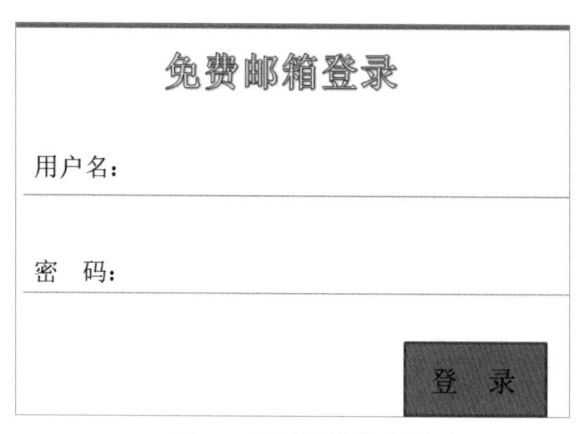

▲ 圖 6-1 電子郵件登入頁面

假設圖 6-1 顯示的是 XYC 電子郵件的登入模組，如果現在要對這個登入模組進行功能測試，那應如何測試呢？以下 4 個測試點是某同學在沒有任何測試經驗的情況下想出來的。

（1）輸入正確的使用者名稱和錯誤的密碼測試能否登入成功。

（2）輸入錯誤的使用者名稱和錯誤的密碼測試能否登入成功。

（3）使用者名稱和密碼都不輸入的情況下測試能否登入成功。

（4）輸入正確的使用者名稱和正確的密碼測試能否登入成功。

針對以上 4 個測試點，從中任選一個測試點來分析一下。舉例來說，直接選擇第一個測試點，即「輸入正確的使用者名稱和錯誤的密碼測試能否登入成功」。單從字面上看，這個測試點似乎寫得很清楚，輸入正確的使用者名稱，然後再輸入錯誤的密碼，之後看能不能登入電子郵件。事實真的如此簡單嗎？本書在這裡先提出 6 個問題，看能否引起大家的思考。

第一個問題，「輸入正確的使用者名稱和錯誤的密碼測試能否登入成功」，這個測試點是針對電子郵件的哪個模組進行測試的呢？在測試點中沒有明確說明。

第二個問題，測試時如果網路不通暢，是無法進行登入測試的，所以測試的前提條件就是要保證網路通暢，這一點也沒有在測試點中說明。

第三個問題，電子郵件登入功能是在什麼環境下測試的呢？是在 Windows XP 作業系統上還是在 Windows 10 作業系統上測試的，用的是 IE 瀏覽器還是 360 瀏覽器，具體的測試環境在測試點中沒有說明。

第四個問題，在輸入使用者名稱和密碼前，測試人員是透過什麼網址開啟登入頁面的，這一點在測試點中也沒有說明。

第五個問題，「輸入正確的使用者名稱和錯誤的密碼」，這個正確的使用者名稱和錯誤的密碼具體的測試資料是什麼呢？這個在測試點中也沒有明確。

第六個問題，「輸入正確的使用者名稱和錯誤的密碼測試能否登入成功」，對測試人員而言，是期望它登入成功還是登入失敗呢？這在測試點中也沒有寫清楚。

6 測試用例的設計

對於以上幾點，有人會說，我當然清楚這裡面相關的測試資料和判斷。可如果軟體的測試點多達成百上千個，你真能記得住這些測試點的每個測試步驟和測試資料嗎？所以測試人員在最初設計測試點時，一定要把測試所針對的模組、測試的前提條件、測試所用到的環境、測試的具體步驟、測試步驟中所用到的具體測試資料以及測試人員想得到的預期結果等關鍵元素寫清楚，以便在後期執行測試用例時能夠順利進行。結合以上幾點，便可對「輸入正確的使用者名稱和錯誤的密碼測試能否登入成功」這個測試點進行完善，具體內容如下。

此測試點針對的是 XYC 電子郵件的登入模組，測試之前，確保網路是通暢的。首先在 Windows 10 作業系統中開啟 IE11 瀏覽器，並在瀏覽器網址列中輸入該電子郵件登入頁面的網址 http://mail.xxx.com，然後開啟電子郵件的登入頁面，接著在「使用者名稱」輸入框中輸入一個正確的使用者名稱「test123」，在「密碼」輸入框中輸入一個錯誤的密碼「123456」，按一下「登入」按鈕，查看是否登入成功。測試人員期望的結果：電子郵件登入不成功，並提示使用者名稱或密碼錯誤。

這樣撰寫測試點後，就細緻了很多，因為測試的關鍵元素都被寫出來了。依據這個測試點的描述，即使不是測試人員，也能順利執行。但這裡有一個問題，如果每個測試點都寫成一段話，那麼登入模組的所有測試點會像是一篇文章，寫的時候費力，讀取的時候也費時，無形中增加了工作量。為了增強測試點的寫入性和可讀性，可以把一個測試點所必須包含的內容劃分成 9 個基本元素，並透過表格的形式將它們展示出來，見表 6-1。

6.1 什麼是測試用例

▼ 表 6-1 測試用例 1

測試序號	測試模組	前置條件	測試環境	操作步驟和資料	預期結果	實際結果	是否通過	備註
1	電子郵件登入	網路正常	Windows 10 操作系統，IE11 瀏覽器	（1）透過 http://mail.xxx.com 開啟電子郵件登入頁面 （2）輸入正確的使用者名稱「test123」，輸入錯誤的密碼「123456」 （3）按一下「登入」按鈕查看是否登入成功	（1）電子郵件登入頁面可以正常開啟 （2）使用者名稱和密碼可以被正常地輸入 （3）電子郵件登入不成功，並提示使用者名稱或密碼錯誤			

（1）從表 6-1 可以看到，這 9 個基本元素分別是測試序號、測試模組、前置條件、測試環境、操作步驟和資料、預期結果、實際結果、是否通過、備註。而原先測試點中的內容也被相應地分割，分割後的內容放置在了相對應的元素下面，這就組成了一個標準的測試用例。

（2）測試用例是為某個特殊目標而編制的一組測試輸入、執行條件以及預期結果，以便確定是否滿足某個特定需求。測試用例是測試的例子，而這個例子包括測試序號、測試模組、前置條件、測試環境、操作步驟和資料、預期結果、實際結果、是否通過、備註這 9 個關鍵的基本元素。每個公司的規範可能不一樣，某些公司的測試用例還包括測試時間、測試人員、軟體的版本名稱、優先順序等一些附加元素。

（3）接下來再把前面所寫的第二個測試點「輸入錯誤的使用者名稱和錯誤的密碼測試能否登入成功」也轉化為表格形式的測試用例，見表 6-2。

6 測試用例的設計

（4）從表 6-2 可以看到第二個測試點也已轉化為表格形式，轉化的過程其實很容易，就是把測試用例的內容依次填寫到相應的表格中。透過表格形式來撰寫測試用例，測試用例中各個元素資訊一目了然，使得用例的撰寫、閱讀和執行更加容易。

▼ 表 6-2 測試用例 2

測試序號	測試模組	前置條件	測試環境	操作步驟和資料	預期結果	實際結果	是否通過	備註
1	電子郵件登入	網路正常	Windows 10 作業系統，IE11 瀏覽器	（1）透過 http://mail.xxx.com 開啟電子郵件登入頁面 （2）輸入正確的使用者名稱「test123」，輸入錯誤的密碼「123456」 （3）按一下「登入」按鈕，查看是否登入成功	（1）電子郵件登入頁面可以正常開啟 （2）使用者名稱和密碼可以被正常地輸入 （3）電子郵件登入不成功，並提示使用者名稱或密碼錯誤			
2	電子郵件登入	網路正常	Windows 10 作業系統，IE11 瀏覽器	（1）透過 http://mail.xxx.com 開啟電子郵件登入頁面 （2）輸入錯誤的使用者名稱「abc587」，輸入錯誤的密碼「456232」 （3）按一下「登入」按鈕，查看是否登入成功	（1）電子郵件登入頁面可以正常開啟 （2）使用者名稱和密碼可以被正常地輸入 （3）電子郵件登入不成功，並提示使用者名稱或密碼錯誤			

6.1 什麼是測試用例

（5）其中「操作步驟和資料」是測試用例中最關鍵的地方，結合表 6-2 中的第二個測試用例，觀察操作步驟和資料的演變過程，如圖 6-2 所示。

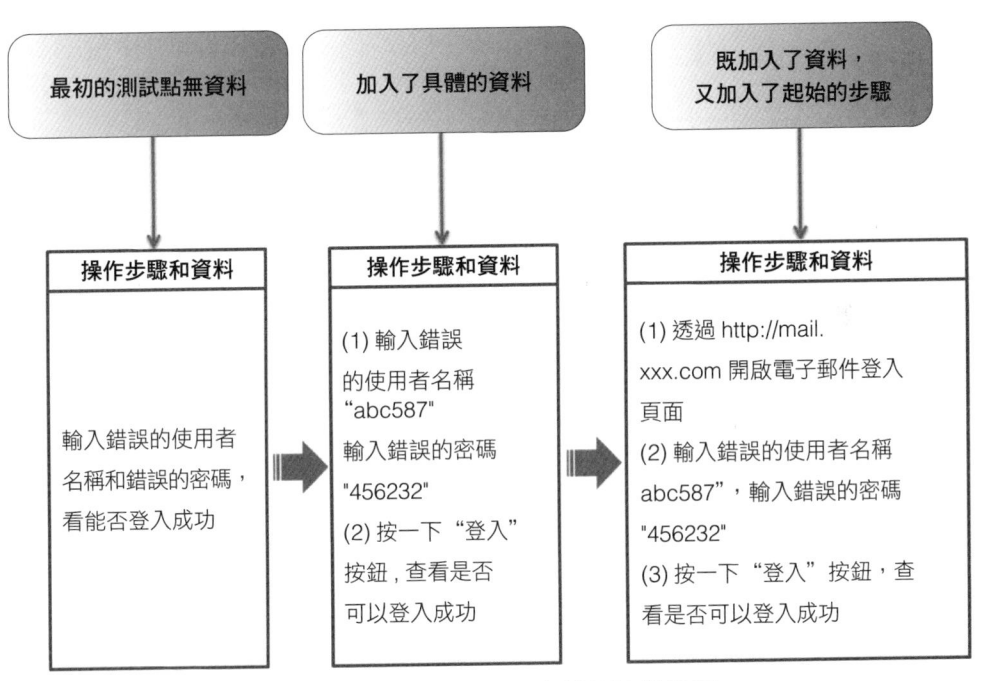

```
[最初的測試點無資料]                [加入了具體的資料]              [既加入了資料，
                                                                  又加入了起始的步驟]
```

操作步驟和資料	操作步驟和資料	操作步驟和資料
輸入錯誤的使用者名稱和錯誤的密碼，看能否登入成功	(1) 輸入錯誤的使用者名稱 "abc587" 輸入錯誤的密碼 "456232" (2) 按一下"登入"按鈕，查看是否可以登入成功	(1) 透過 http://mail.xxx.com 開啟電子郵件登入頁面 (2) 輸入錯誤的使用者名稱 abc587"，輸入錯誤的密碼 "456232" (3) 按一下"登入"按鈕，查看是否可以登入成功

▲ 圖 6-2 操作步驟和資料的演變過程

透過圖 6-2 中 3 個測試步驟的對比，最後一個操作步驟和資料是最詳細的，不僅加入了開啟電子郵件登入頁面的步驟，還加入了使用者名稱和密碼的詳細資訊。那麼，對於初級軟體測試人員而言，測試步驟和資料一般要細化到什麼程度呢？在實際工作中，對初級軟體測試人員曾有這麼一個標準，即如果你寫出來的測試步驟和資料能夠讓一個從未接觸過測試工作的普通人也能順利執行的話，那麼說明這個測試步驟和資料就寫得很詳細了。待有一定的工作經驗後，測試用例的操作步驟可以適當簡化，但簡化之後也要清晰明了，具體的測試資料也是不能少的。

（6）「預期結果」是測試用例中的第二個關鍵元素，結合表 6-2 中的第二個測試用例，觀察預期結果的演變過程，如圖 6-3 所示。

6 測試用例的設計

預期結果的演變過程

```
[最初舉出的預期結果]  →  [給第一個操作步驟也加了一個預期結果]  →  [給第二個操作步驟也加了一個預期結果]
```

預期結果

電子郵件登入不成功，並提示使用者名稱和密碼錯誤

預期結果

(1) 電子郵件登入頁面可以正常打開
(2) 電子郵件登入不成功，並提示使用者名稱或密碼錯誤

預期結果

(1) 電子郵件登入頁面可以正常打開
(2) 使用者名稱和密碼可以被正常輸入
(3) 電子郵件登入不成功，並提示使用者名稱或密碼錯誤

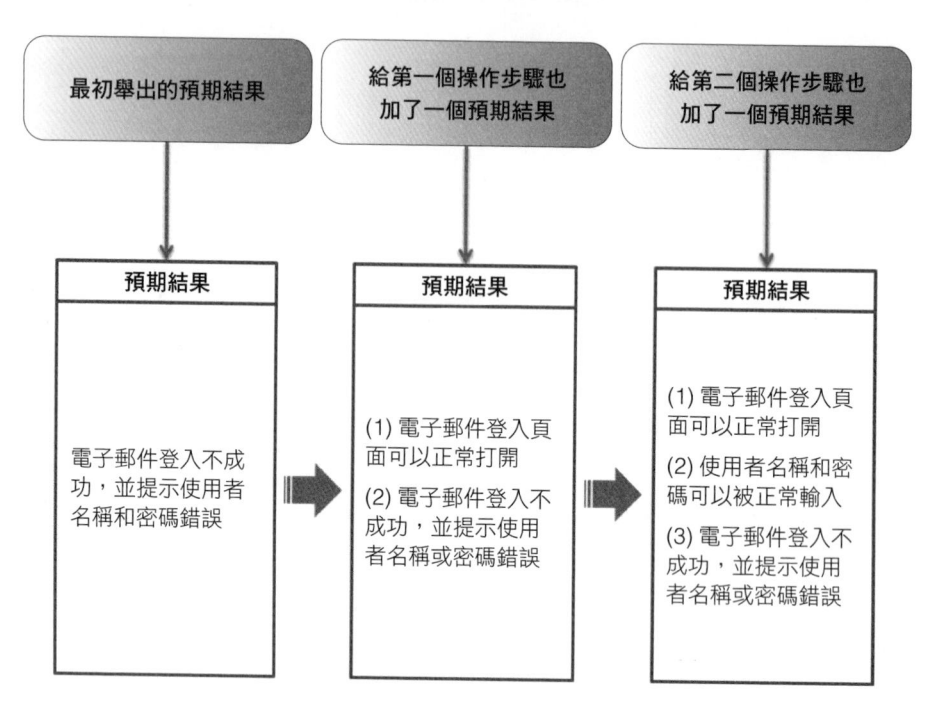

▲ 圖 6-3 預期結果的演變過程

　　透過圖 6-3 中 3 個預期結果的對比，最後一個預期結果是最全面的。其實核心的預期結果只有一個：電子郵件登入不成功，並提示使用者名稱或密碼錯誤。但嚴格來講，每個測試步驟都應該有一個預期結果。例如在第二個測試用例中，操作步驟和資料中一共有 3 個步驟，那麼預期結果也應該有 3 個，對初級軟體測試人員來說，應當盡可能地把每個操作步驟所對應的預期結果寫完整。當然，寫出操作步驟，就很好寫預期結果了，除非測試人員不熟悉測試系統或需求文件。

　　接下來，再把前面所寫的第三個測試點「使用者名稱和密碼都不輸入的情況下測試能否登入成功」和第四個測試點「輸入正確的使用者名稱和正確的密碼測試能否登入成功」都轉化為表格形式的測試用例，如表 6-3 所示。

6.1 什麼是測試用例

▼ 表 6-3 測試用例 3

測試序號	測試模組	前置條件	測試環境	操作步驟和資料	預期結果	實際結果	是否通過	備註
1	電子郵件登入	網路正常	Windows 10作業系統，IE11瀏覽器	（1）透過 http://mail.xxx.com 開啟電子郵件登入頁面 （2）輸入正確的使用者名稱「test123」，輸入錯誤的密碼「123456」 （3）按一下「登入」按鈕，查看是否登入成功	（1）電子郵件登入頁面可以正常開啟 （2）使用者名稱和密碼可以被正常地輸入 （3）電子郵件登入不成功，並提示使用者名稱或密碼錯誤			
2	電子郵件登入	網路正常	Windows 10作業系統，IE11瀏覽器	（1）透過 http://mail.xxx.com 開啟電子郵件登入頁面 （2）輸入錯誤的使用者名稱「abc587」，輸入錯誤的密碼「456232」 （3）按一下「登入」按鈕，查看是否登入成功	（1）電子郵件登入頁面可以正常開啟 （2）使用者名稱和密碼可以被正常地輸入 （3）電子郵件登入不成功，並提示使用者名稱或密碼錯誤			

（續表）

6-9

6 測試用例的設計

測試序號	測試模組	前置條件	測試環境	操作步驟和資料	預期結果	實際結果	是否通過	備註
3	電子郵件登入	網路正常	Windows 10作業系統，IE11瀏覽器	（1）透過http://mail.xxx.com 開啟電子郵件登入頁面 （2）使用者名稱和密碼不輸入任何資訊，直接按一下「登入」按鈕，查看是否登入成功	（1）電子郵件登入頁面可以正常開啟 （2）電子郵件登入不成功，並提示需要輸入使用者名稱和密碼			
4	電子郵件登入	網路正常	Windows 10作業系統，IE11瀏覽器	（1）透過http://mail.xxx.com 開啟電子郵件登入頁面 （2）輸入正確的使用者名稱「test123」，輸入正確的密碼「123123」 （3）按一下「登入」按鈕，查看是否登入成功	（1）電子郵件登入頁面可以正常開啟 （2）使用者名稱和密碼可以被正常地輸入 （3）電子郵件登入成功			

（7）對測試用例的「實際結果」這一元素，在實際測試軟體時才能填寫。舉例來說，針對測試點「輸入正確的使用者名稱和錯誤的密碼測試能否登入成功」，如果執行測試用例時發現電子郵件登入失敗，那麼該測試用例的實際結果就是「登入失敗」。

（8）對於測試用例的「是否通過」這一元素，它指的是如果實際結果與預期結果相符，則表明此測試用例通過；如果實際結果與預期結果不相符，則表明此測試用例不通過，說明程式的處理是有問題的，需要測試人員提交 Bug 單給開發人員進行修改。

（9）對於測試用例的「備註」這一元素，指的是對本測試用例額外補充的一些說明，如無特殊情況，這個選項一般可以不填。

至此，已介紹完測試點演變成測試用例的整個過程了。通俗地講，測試點就是一個測試用例的中心思想，或說測試點就是設計測試用例的大綱；而測試用例是在測試點的基礎上進一步細化了其中的內容。在實際工作中，測試人員可採用 Excel 表格或 Word 文件來撰寫測試用例，也可以使用相應的測試管理工具撰寫。

6.1.2 測試用例的作用

先回顧一下第 3 章圖 3-2 的流程，開發人員在拿到通過評審的需求文件後，就會按照需求文件開展概要設計和詳細設計工作，然後再進入開發階段，在開發人員進行軟體開發的這段時間裡，測試人員會設計出各模組的測試用例。待開發人員完成軟體開發後，測試人員就可以依據之前設計好的測試用例測試軟體是否有問題，而非等開發軟體完成後，測試人員再去設計測試用例。

測試用例是測試人員具體執行測試的依據，它是非常關鍵的文件，它作為測試的標準並指導測試人員進行測試工作。測試人員會按照測試用例中的操作步驟和具體資料逐一執行測試用例，發現問題並提交 Bug 單，最終完善軟體的品質。

6.1.3 測試用例與需求的關係

在第 2 章裡，我們設計了礦泉水瓶的測試點，由於大家對礦泉水瓶很熟悉，找真的礦泉水瓶作參照物也很方便，所以測試點設計起來就比較容易。但測試人員在設計軟體測試用例時，這個軟體並沒有完成開發，沒有明顯的參照物可以給到測試人員，那此時測試人員是依據什麼來設計測試用例的呢？其實，測試人員是依據需求文件來進行測試用例的設計的。

6 測試用例的設計

本書前幾章沒有展示需求文件裡的具體內容，原因在於需求文件包含了軟體的所有需求規格，包括功能需求和非功能需求（例如性能安全方面的需求）等，其資訊量很大，可能大部分的需求內容是初級軟體測試人員暫時不涉及的，過早展示會影響測試人員的學習理解。而初級軟體測試人員需要關注的是需求文件裡每個功能模組的需求，因為初級軟體測試人員主要做的是功能測試。接下來，就選取某需求文件中的部分，該部分描述的是某網站登入模組的功能需求說明。

（1）功能描述：對使用者進行身份驗證，只有輸入了正確的使用者名稱和密碼的使用者才能成功登入到網站首頁；當輸入錯誤的使用者名稱或密碼時，則無法登入到網站首頁，並會舉出相應的提示訊息。

（2）該網站登入原型頁面如圖 6-4 所示。

（3）輸入項：登入模組的輸入項包括「使用者名稱」輸入框、「密碼」輸入框、「確認登入」按鈕。

（4）輸出項：登入模組的輸出項有兩個情景，一個是成功登入到網站首頁，另一個是登入失敗時的提示訊息。
① 登入成功：使用者直接進入網站首頁。
② 登入失敗：系統將舉出提示訊息，見表 6-4。

▲ 圖 6-4 登入頁面

6.1 什麼是測試用例

▼ 表 6-4 登入失敗時提示訊息列表

錯誤訊息資訊 1	你輸入的使用者名稱或密碼錯誤，請重新輸入
錯誤訊息資訊 2	你的帳號並不存在

（5）輸入框限制：使用者名稱和密碼的設定值範圍見表 6-5。

▼ 表 6-5 輸入框限制

使用者名稱	密碼
只能輸入 6 位的英文字元	只能輸入 6 位的數字

上面的需求項目似乎有點多，把以上需求項目整合一下就變成了如圖 6-5 所示的形式，這樣就清晰了很多。

從圖 6-5 的需求規格可以看到，即使開發人員已經開發出來了登入頁面，也不一定有需求文件描述得詳細。

```
用戶名： ××××××  (只能輸入6位的英文字符)
密  碼： ××××××  (只能輸入6位的數字)

        [ 確認登錄 ]

說明：
當用戶輸入正確的用戶名和密碼時，則系統可以成功登錄到網站首頁。
當用戶輸入的用戶名或密碼錯誤時，則會提示：你輸入的用戶名或密碼錯誤，請重新輸入。
```

▲ 圖 6-5 需求項目整合

在這裡只展示了登入模組的功能需求，需求文件會對軟體中每個模組的功能都進行相應的需求說明，這些說明包括每個模組的功能描述、原型頁面、輸入項、輸出項、資料的設定值範圍等資訊，所以測試人員不用擔心沒有「參照物」。有了需求文件這一詳細的「參照物」後，測試人員就有了設計測試用例的依據。

6-13

（補充一點：正如前文所述，工作中如果發現需求文件中有不詳細或存在歧義的地方，要及時與產品人員溝通確認。）

6.2 功能測試的用例設計方法

需求文件通過評審確認後，測試人員就可以依此開始設計測試用例了。初級軟體測試人員在設計測試用例時，如果只是依據自己的想像力，則設計出來的測試用例一定存在局限性，因為測試人員無法確定是否所有的測試用例都被設計出來了。其實在功能測試領域有很多種測試用例的設計方法，每種方法都有相應的應用領域。在這裡，本書將介紹其中 5 種常用的測試用例設計方法，分別是等價類劃分法、邊界值分析法、錯誤推測法、正交表分析法和因果判定法，這些方法可以應用於大多數軟體的測試用例設計中。大家可以運用這 5 種設計方法，加上自己的聯想和發散思維能力，設計出較為完整的測試用例。

6.2.1 等價類劃分法

在功能測試中，等價類劃分法的應用是比較廣泛的，初級軟體測試人員需要熟練掌握這一方法。

等價類劃分法即把所有可能輸入的資料劃分為若干個區域，然後從每個區域中取少數有代表性的資料進行測試即可。下面詳細介紹這一方法的使用。

例 1：如圖 6-6 所示，它展示的是某網頁的年齡輸入框的需求文件。從圖 6-6 的需求文件可以了解到，輸入條件是 20～99 的任意整數。只有輸入的資料是 20～99 的任意整數，才能提交成功；如果輸入的是 20～99 以外的數字或字元，則不會提交成功。但軟體測試人員還應考慮以下幾點。

6.2 功能測試的用例設計方法

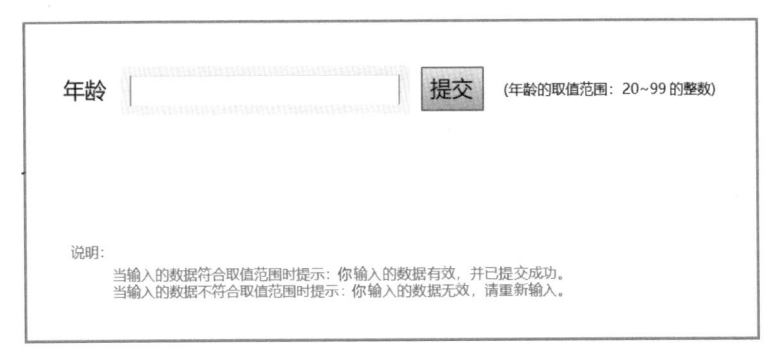

▲ 圖 6-6 年齡輸入框頁面

（1）對於一個剛開發出來的系統頁面，即使測試人員輸入的是 20～99 的整數，系統就一定能提交成功嗎？有人可能會認為肯定能提交成功，因為輸入的資料符合需求文件。實際上，對於一個剛開發完成的系統軟體，有時即使你輸入了 20～99 的整數，也可能提交不成功。有 3 種可能出現的情況：第一種情況是提交成功了；第二種情況是提交不成功；第三種情況是提交後發生其他意想不到的錯誤。為什麼會這樣呢？一是因為程式不是測試人員寫的，測試人員沒有辦法了解程式的內部結構；二是因為程式設計師在開發軟體的過程中，很可能把程式寫錯了或遺漏了某些功能，導致提交功能出現異常。所以在測試的過程中，各種情況都有可能發生，為了確保萬無一失，測試人員需要對 20～99 的所有整數都進行測試。

（2）當測試人員輸入 20～99 之外的整數時，系統就一定提交不成功嗎？答案也是否定的，與（1）類似，也有 3 種可能出現的情況：第一種情況是提交不成功並舉出提示；第二種情況是提交成功；第三種情況是提交後發生其他意想不到的錯誤，道理同上。所以對於 20～99 之外的整數，測試人員也需要測試。

（3）有些測試人員存有僥倖心理，覺得年齡輸入框這個功能很簡單，程式肯定能正確處理，所以沒有必要測試或可以少測試一點。如果負責這個功能的程式設計師的程式設計技術很好，程式品質也很好，對輸入的各種整數都能正確處理，那產品上線後也就沒有問題了，也不會對使用者有所影響。可如果程式設計師在情急之中寫錯了程式或其他原因導致程式有問題，那麼這個輸入框在產品上線後就很有可能出現問題，例如該提交的年齡資料沒有正常提交，不該提交資料的被提交了，那對使用者而言就是批次影響了，後果不可想像。所以剛開發出來的系統，誰都不能確保沒有問題，而且越是簡單的模組可能越容易出問題，因此務必要認真測試。

（4）那是不是說只要把 20～99 的整數及該區間以外的整數都測試了就可以了呢？

當然不是，這個輸入框除了可以輸入整數，還可以輸入其他資料，例如小數、負數、中文字元、英文字元、特殊字元、空格、全形字符或不輸入任何字元等，那麼這些字元需要測試嗎？有人可能會說，需求文件定義的輸入條件是 20～99 的整數，誰又會去輸入那些非法的特殊字元呢？其實使用者是有可能輸入這些非法字元並按一下提交操作的。舉例來說，使用者原本只想輸入一個 20～99 的整數，可是一不小心把一個英文字元輸進去並按一下了提交操作。有的使用者是在不知情的情況下輸入錯誤，還有些使用者可能是故意輸錯的，如果不對這些非法字元進行測試，這個產品上線後就有可能出現問題。因為當使用者輸入這些特殊字元後，系統會出現前面介紹的 3 種情況：第一種情況是提交不成功並能舉出錯誤訊息；第二種情況是提交成功；第三種情況是提交後發生其他意想不到的錯誤。如果出現了第二、第三種情況，只能說明軟體品質容錯能力很差。所以如果不測試的話，就不能保證不會出現第二、第三種情況。

透過以上分析，對於年齡輸入框，需要測試的資料有 20～99 的整數、小於 20 的正整數、大於 99 的整數、其他非法字元等。本書想告訴大家一個測試的基本思想：凡是需求文件限定內的資料，測試人員都需要進行測試；凡是需求文件限定以外的資料，測試人員也一樣要測試。如果測試人員不測試，使用者就有可能測試，如果被使用者測試出來有問題，那問題就嚴重了。簡單來講，凡是使用者有可能做的操作，測試人員都要去測試。

6.2 功能測試的用例設計方法

在這裡把這個年齡輸入框所有可能輸入的資料劃分為 4 個區域，如圖 6-7 所示。

```
    ①              ②            ③              ④
┣━━━━━━━┫┣━━━━━┫┣━━━━━┫┣━━━━━━━━━━━━━━━━━━━━━━━━┫
 20~99 的整數   <20 的正整數  <99 的整數   小數、負數、中文字元、英文字元、特殊字元、空格等
```

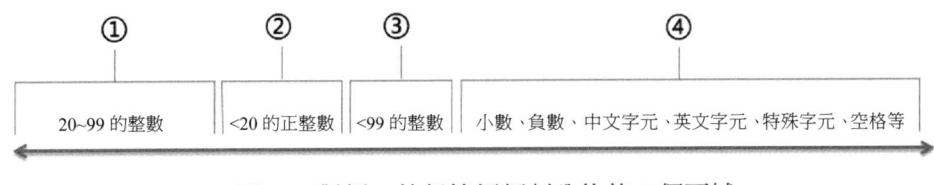

▲ 圖 6-7　對例 1 執行等價類劃分後的 4 個區域

使用者可能輸入圖 6-7 所展示的①②③④這 4 個區域中的資料，所以這 4 個區域所包含的資料都要進行測試。可是在這 4 個區域中，每個區域裡都包含大量的資料，舉例來說，第①個區域中 20 ～ 99 的整數就有 80 個，第②個區域小於 20 的正整數也有 19 個，第③個區域大於 99 的整數有無數個，第④個區域中的小數也有無數個、負數也有無數個、中文字元有幾千個、英文字元有 26 個、特殊符號也有幾十個，如果測試每個資料的話，恐怕永遠也測試不完。那如何解決這個問題呢？這裡就要應用等價類劃分法。

等價類劃分法是把所有可能輸入的資料劃分為若干個區域，例如圖 6-7 所展示的①②③④這 4 個區域，然後從每個區域中取少數有代表性的資料測試即可，這個有代表性的資料應該如何取呢？下面就來分析每個區域如何取有代表性的資料。

第①個區域是 20 ～ 99 的整數，這個區域的整數符合需求文件定義的輸入條件，對系統來說這些資料是有效的，且它們都是同一類型的資料，都是整數。那麼這個區域中的每個整數都是等價的（等價的意思就是程式對它們的處理方式都是一樣的），所以測試人員只需要取其中一個整數去測試即可。在這裡可以把符合需求文件中規定的資料稱為有效等價類（之所以叫有效，是因為它們都是符合需求文件中定義的資料；之所以叫等價，是因為它們都是同一類型的資料）。那麼對於第①個區域的資料，測試人員只需要取其中任意一個整數進行測試即可，見表 6-6。

6-17

6 測試用例的設計

▼ 表 6-6　第①個區域的測試資料

有效等價類	有效等價類設定值
20～99 的整數	88

第②個區域是小於 20 的正整數，這個區域的資料不符合需求文件定義的輸入條件，對系統來說是無效的。但這個區域的資料也是同一類型的資料，都是小於 20 的正整數，那麼這個區域中的每個資料也都是等價的，所以測試人員只需要在這個區域內取其中的正整數去測試即可。在這裡把不符合需求文件中規定的資料稱為無效等價類（之所以叫無效，是因為它們都是不符合需求文件中定義的資料；之所以叫等價，是因為它們都是同一類型的資料）。那麼對於第②個區域的資料，只需要取其中的任意一個正整數進行測試即可，見表 6-7。

▼ 表 6-7　第②個區域的測試資料

無效等價類	無效等價類設定值
小於 20 的正整數	16

第③個區域是大於 99 的整數，這個區域的資料都不符合需求文件定義的輸入條件，對系統來說是無效的，但這個區域的資料都是同一類型的資料，都是大於 99 的整數，那麼這個區域中的每個資料也都是等價的，所以它們都屬於無效等價類。同樣，測試人員只需要在這個範圍內取其中的整數測試即可，見表 6-8。

▼ 表 6-8　第③個區域的測試資料

無效等價類	無效等價類設定值
大於 99 的整數	103

第④個區域中的資料（如小數、負數、中文字元、英文字元、特殊字元、空格等），也都不符合需求文件中定義的輸入條件，對系統來說都是無效的。但小數都是同一類型的資料，這一類型的資料也都是等價的，所以小數也都屬於無效等價類，測試人員只需要取任意一個小數測試即可。同理，第④個區域中其他類型的資料，在各自的內部都是等價的，所以它們的設定值方法同小數一樣，只取各自內部其中的資料去測試即可。第④個區域無效等價類的設定值見表 6-9。

▼ 表 6-9 第④個區域的測試資料

無效等價類	無效等價類設定值
小數	1.2
負數	-6
中文字元	江楚
英文字元	john
特殊字元	@#$%
空格	
空的（不輸入任何字元）	

完成設定值後，就可以看到，測試人員並不需要把①②③④這 4 個區域中所有的資料都放到輸入框中進行測試，而只是從中選取具有代表性的資料測試即可，這就是等價類劃分法的功效。同時還應注意到，等價類劃分法可以分為兩個方面：一個是有效等價類；另一個是無效等價類。在本例中劃分出了一個有效等價類（①這個區域屬於有效等價類），三個無效等價類（②③④都屬於無效等價類）。

6 測試用例的設計

接下來,把以上測試點整理在一個表中,見表 6-10。

▼ 表 6-10 年齡輸入框的測試點

輸入條件	有效等價類	有效等價類設定值	無效等價類	無效等價類設定值
20～99 的整數	20 ≤ 年齡 ≤ 99	88	小於 20 的正整數	16
			大於 99 的整數	103
			小數	1.2
			負數	-6
			中文字元	江楚
			英文字元	john
			特殊字元	@#$%
			空格	
			空的(不輸入任何字元)	

從表 6-10 可以看到,透過等價類劃分法,一共為年齡輸入框設計出了 10 個測試資料,它們分別是 88、16、103、1.2、–6、江楚、john、@#$%、空格、空的。有了測試資料再轉化成測試用例就很容易了。接下來選取「88」和「@#$%」這兩個測試點,並將它們轉化為測試用例,見表 6-11。

6-20

6.2 功能測試的用例設計方法

▼ 表 6-11 等價類劃分法設計測試用例

測試序號	測試模組	前置條件	測試環境	操作步驟和資料	預期結果	實際結果	是否通過	備註
1	年齡輸入框	網路正常	Windows 10 作業系統，IE11 瀏覽器	（1）透過 http://xxx.xxx.com 開啟年齡輸入框的頁面 （2）年齡輸入框中輸入「88」 （3）按一下「提交」按鈕，查看是否提交成功	（1）年齡輸入框頁面可以正常開啟 （2）年齡可以被正常輸入 （3）系統提示：你輸入的資料有效，並已提交成功			
2	年齡輸入框	網路正常	Windows 10 作業系統，IE11 瀏覽器	（1）透過 http://xxx.xxx.com 開啟年齡輸入框的頁面 （2）年齡輸入框中輸入「@#$%」 （3）按一下「提交」按鈕，查看是否提交成功	（1）年齡輸入框頁面可以正常開啟 （2）年齡可以被正常輸入 （3）系統提示：你輸入的資料無效，請重新輸入			

為了讓大家熟練掌握這一方法，接下來再舉幾個常見的例子。

例 2：以下是一個普通使用者註冊的需求文件，如圖 6-8 所示。

▲ 圖 6-8 普通使用者註冊

6 測試用例的設計

　　分析：需求文件中規定的輸入條件是，使用者名稱由 a～z 的小寫英文字母組成，長度為 6 個字元。可以看到這個需求文件對輸入條件有 3 個限制。一是只能輸入 a～z 的字母；二是必須是小寫；三是長度必須滿足 6 位。而例 1 中需求文件對輸入條件只有一個限定，即 20～99 的整數。

　　那麼此例中的有效等價類就需要同時滿足字母、小寫、長度 6 位這 3 個限定條件，並且缺一不可。搞清楚了這一點，設計測試資料就比較容易了，例如「aaabbb」這個資料就滿足輸入的 3 個限定條件，其他滿足這 3 個限定條件的測試資料都是等價的，所以只取一個值就夠了，如表 6-12 所示。

▼ 表 6-12　使用者名稱測試資料（有效等價類）

輸入條件	有效等價類	有效等價類設定值
由 a～z 的字母組成	使用者名稱由 a～z 的字母組成	aaazzz
小寫英文字母	使用者名稱必須是小寫英文字母	
長度為 6 位	使用者名稱長度為 6 位	

　　那麼此例中的無效等價類又有哪些呢？在例 1 中，對輸入的條件只有一個限定，所以無效等價類很容易劃分，即除 20～99 以外的所有可輸入的資料。但在本例中，對輸入的條件有 3 個限定，這又如何劃分無效等價類呢？可以使用一個簡單的技巧，由於已經知道輸入的 3 個限定條件，那麼無效等價類就取有效等價類中每個限定條件的相反方向的資料即可，如表 6-13 所示。

6.2 功能測試的用例設計方法

▼ 表 6-13 使用者名稱等價類劃分

輸入條件	有效等價類	無效等價類
由 a～z 的字母組成	使用者名稱由 a～z 的字母組成	使用者名稱除 a～z 的字母外還包括數字
		使用者名稱除 a～z 的字母外還包括中文
		使用者名稱除 a～z 的字母外還包括特殊字元
		使用者名稱是空的
		使用者名稱除 a～z 的字母外還包括空格
小寫英文字母	使用者名稱必須是小寫英文字母	使用者名稱除小寫字母外還包括大寫字母
長度為 6 位	使用者名稱長度為 6 位	小於 6 位的使用者名稱、大於 6 位的使用者名稱

找到了無效等價類，那麼無效等價類的設定值就很容易了，見表 6-14。

▼ 表 6-14 使用者名稱測試資料（無效等價類）

無效等價類	設定值
使用者名稱除 a～z 的字母外還包括數字	bbc123
使用者名稱除 a～z 的字母外還包括中文	cccc 江楚
使用者名稱除 a～z 的字母外還包括特殊字元	abc@#$
使用者名稱是空的	
使用者名稱除 a～z 的字母外還包括空格	ab cccc
使用者名稱除小寫字母外還包括大寫字母	gggCCC
小於 6 位的使用者名稱	aaabb
大於 6 位的使用者名稱	aaabbbcc

接下來再將本例中設計的測試點整理到一個表中，見表 6-15。

▼ 表 6-15 使用者名稱的測試點

輸入條件	有效等價類	有效等價類設定值	無效等價類	無效等價類設定值
由 a～z 的字母組成	使用者名稱由 a～z 的字母組成	aaazzz	使用者名稱除 a～z 的字母外還包括數字	bbc123
			使用者名稱除 a～z 的字母外還包括中文	cccc 江楚
			使用者名稱除 a～z 的字母外還包括特殊字元	abc@#$
			使用者名稱是空的	
小寫英文字母	使用者名稱必須是小寫英文字母		使用者名稱除 a～z 的字母外還包括空格	ab cccc
			使用者名稱除小寫字母外還包括大寫字母	gggCCC
長度為 6 位	使用者名稱長度為 6 位		小於 6 位的使用者名稱	aaabb
			大於 6 位的使用者名稱	aaabbcc

　　從表 6-15 可以看到，本例中透過等價類劃分法設計出了 9 個測試點。同時應注意到，此例中有效等價類的設定值只要同時滿足輸入條件中所有的限定要求就可以。而無效等價類只需要取有效等價類中每個限定相反方向的資料就可以，為了證明這一點，繼續舉例。

　　例 3：圖 6-9 是一個高級使用者註冊的需求文件，與例 2 相比，此需求文件更複雜一些。

6.2 功能測試的用例設計方法

```
高級用戶注冊  [          ]  [提交]
1. 用户名由a~z的英文字母（不区分大小写）、0~9的数字、点、减号、下画线组成
2. 长度为6~18个字符
3. 需以字母开头
4. 需以字母或数字结尾
```

▲ 圖 6-9 高級使用者註冊

從圖 6-9 的需求文件中可以看到，高級使用者註冊的輸入條件有 4 個限定，那麼此例中的有效等價類的設定值就需要同時滿足這 4 個限定條件，見表 6-16。

接下來分析無效等價類，無效等價類就是取有效等價類中輸入限定的相反方向的資料，見表 6-17。

▼ 表 6-16 高級使用者名稱測試資料（有效等價類）

輸入條件	有效等價類	有效等價類設定值
使用者名稱由 a～z 的英文字母（不區分大小寫）、0～9 的數字、點、減號、底線組成	使用者名稱由 a～z 的英文字母（不區分大小寫）、0～9 的數字、點、減號、底線組成	為了滿足全部條件，設計了兩個分別以字母和數字結尾的測試資料
長度為 6～18 個字元	使用者名稱的長度為 6～18 個字元	設定值 1：Jiang001.-_jiang
需以字母開頭	使用者名稱需以字母開頭	設定值 2：Jiang001.-_9988
需以字母或數字結尾	使用者名稱需以字母或數字結尾	

▼ 表 6-17 高級使用者名稱等價類劃分

輸入條件	有效等價類	無效等價類
使用者名稱由 a～z 的英文字母（不區分大小寫）、0～9 的數字、點、減號、底線組成	使用者名稱由 a～z 的英文字母（不區分大小寫）、0～9 的數字、點、減號、底線組成	使用者名稱除 a～z 的英文字母（不區分大小寫）、0～9 的數字、點、減號、底線這些字元外，還包括空的、空格、中文
長度為 6～18 個字元	使用者名稱長度為 6～18 個字元	小於 6 位的使用者名稱、大於 18 位的使用者名稱
需以字母開頭	使用者名稱需以字母開頭	非字母開頭的使用者名稱
需以字母或數字結尾	使用者名稱需以字母或數字結尾	不以字母或數字結尾的使用者名稱

同樣地，找到了無效等價類，那麼無效等價類的設定值就很容易了，見表 6-18。

▼ 表 6-18 高級使用者名稱測試資料（無效等價類）

無效等價類	無效等價類設定值
使用者名稱是空的	
使用者名稱中包括空格	Jian01.-_jia
使用者名稱中包括中文	Ji 中文 n01.-_jia
小於 6 位的使用者名稱	Jia
大於 18 位的使用者名稱	Jiang001.-_jiang-_jiang
非字母開頭的使用者名稱	-Jiang001.-_ji
不以字母或數字結尾的使用者名稱	Jiang001.-_ji_

6.2 功能測試的用例設計方法

下面把本例設計的測試點整理到一個表中，見表 6-19。

▼ 表 6-19 高級使用者名稱測試資料

輸入條件	有效等價類	有效等價類設定值	無效等價類	無效等價類設定值
使用者名稱由 a～z 的英文字母（不區分大小寫）、0～9 的數字、點、減號、底線組成	使用者名稱由 a～z 的英文字母（不區分大小寫）、0～9 的數字、點、減號、下畫線組成	Jiang001.-_jiang Jiang001.-_9988	使用者名稱是空的	
長度為 6～18 個字元	使用者名稱長度為 6～18 個字元		使用者名稱中包括空格	Jian01.-_jia
			使用者名稱中包括中文	Ji 中文 n01.-_jia
			小於 6 位的使用者名稱	Jia
需以字母開頭	使用者名稱需以字母開頭		大於 18 位的使用者名稱	Jiang001.-_jiang-_jiang
需以字母或數字結尾	使用者名稱需以字母或數字結尾		非字母開頭的使用者名稱	-Jiang001.-_ji
			不以字母或數字結尾的使用者名稱	Jiang001.-_ji_

透過表 6-19 可以看到，本例中透過等價類劃分法設計出了 9 個測試點，把測試點轉化為測試用例在這裡就不贅述了，前面已有介紹。

6-27

以上就是等價類劃分法的基本使用過程，這些過程並不複雜。隨著大家對測試知識學習的不斷深入以及測試經驗的不斷累積，一定可以充分地運用這個方法來設計測試用例。

6.2.2 邊界值分析法

在功能測試中，邊界值分析法也是測試人員常用的方法，它通常被視為等價類劃分法的一種補充。

邊界值分析法是取稍高於或稍低於邊界的一些資料進行測試。為什麼要取這些資料進行測試呢？因為測試經驗告訴我們，程式在處理邊界資料的時候較容易出錯。

邊界值分析法在以下兩種情況下經常被用到。

第一種情況：輸入條件是一個設定值範圍，對於這個設定值範圍的邊界要進行邊界值測試。

第二種情況：輸入條件中規定輸入的資料是一個有序集合，對這個有序集合的邊界要進行邊界值測試。

下面就這兩種情況分別舉例說明。

例 1：以年齡輸入框這一功能需求為例來介紹，如圖 6-10 所示。

從圖 6-10 可以看到，年齡的輸入條件是一個設定值範圍，即 20～99 的整數。此時需要對邊界值進行測試，邊界值的定義是稍高於或稍低於邊界的資料。在本例中 20 和 99 就是邊界，那麼本例邊界值設定值分析見表 6-20。

▼ 表 6-20 年齡邊界值設定值分析

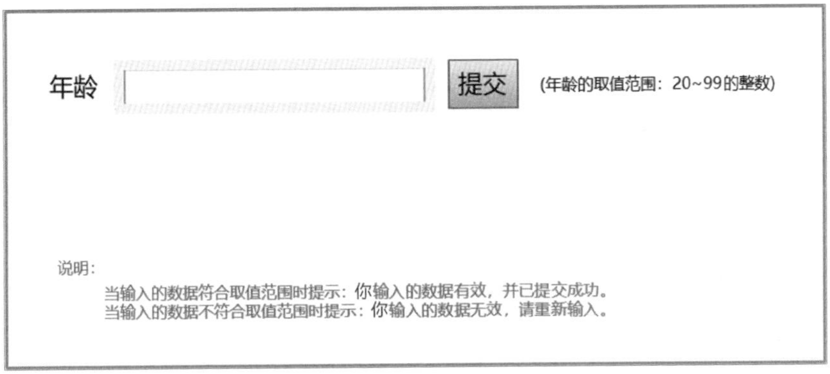

▲ 圖 6-10 年齡輸入框

輸入條件	涉及邊界的地方	邊界值分析法設定值
20～99 的整數	邊界為 20 和 99	19、20、21、98、99、100

從表 6-20 可以看到，20 的邊界值有 19 和 21，99 的邊界值有 98 和 100，而 20 和 99 正處在邊界的地方，所以這兩個值也要測試。

對於輸入條件是在一個設定值範圍內，而且設定值範圍帶有小數的情況，如設定值範圍是 10.00～60.00kg，那邊界值就應該取 9.99、10.00、10.01、59.99、60.00、60.01；如果設定值範圍帶有負數，如設定值範圍是 –10～10 的整數，那邊界值就應該取 –9、–10、–11、9、10、11。

從本例可以發現，對於輸入條件是一個設定值範圍的情況，只需要取邊界左右兩邊的資料以及邊界本身的值即可。

例 2：以普通使用者註冊這一功能需求為例來介紹，如圖 6-11 所示。

▲ 圖 6-11 普通使用者註冊

6 測試用例的設計

從圖 6-11 中可以看到，輸入條件涉及兩個存在邊界值的地方：一個是 a～z 的有序集合；另一個是使用者名稱的長度範圍為 6 位。那麼對這兩個地方都需要進行邊界值的測試。對於輸入條件為一個有序集合的情況，邊界值只需要取集合的第一個字元和最後一個字元即可；而對於輸入條件是一個設定值範圍的情況，則需要取邊界左右兩邊的資料以及邊界本身的值，本例具體的邊界值設定值分析見表 6-21。

▼ 表 6-21 普通使用者名稱邊界值設定值分析

輸入條件	涉及邊界的地方	邊界值分析法設定值
使用者名稱由 a～z 的小寫英文字母組成	a～z 是有序集合，則使用者名稱需要包含 a 和 z 兩個字元	abcdez（包含 a、z 字元）
長度為 6 個字元	使用者名稱長度邊界情況有：5 位、6 位、7 位	aaaaa（使用者名稱長度為 5 位）
		aaaaaa（使用者名稱長度為 6 位）
		aaaaaaa（使用者名稱長度為 7 位）

例 3：以高級使用者註冊這一功能需求為例，如圖 6-12 所示。

從圖 6-12 中可以看到，輸入條件有 3 處涉及邊界：第一個是 a～z 的有序集合；第二個是 0～9 的有序集合；第三個是使用者

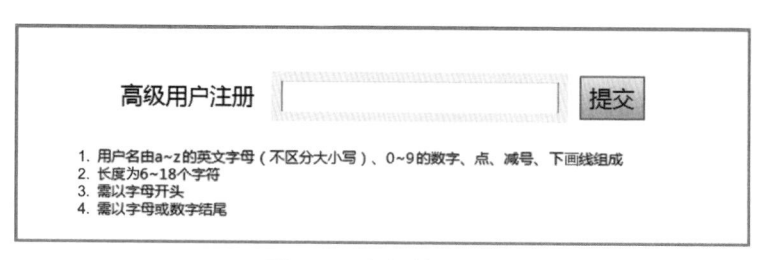

▲ 圖 6-12 高級使用者註冊

6.2 功能測試的用例設計方法

名稱的長度範圍是 6～18 位。那麼對這 3 個地方都需要進行邊界值的測試。對於它們的設定值規則，在例 2 中已介紹過，不再重複，本例具體邊界值設定值分析見表 6-22。

▼ 表 6-22 高級使用者名稱邊界值設定值分析

輸入條件	涉及邊界的地方	邊界值分析法設定值
使用者名稱由 a～z 的英文字母（不區分大小寫）、0～9 的數字、點、減號、底線組成	a～z 是有序集合，則使用者名稱需要包含 a 和 z	azang09.-_jianggg（包含 a、z 和 0、9）
	0～9 是有序集合，使用者名稱需要包含 0 和 9	
長度為 6～18 個字元	使用者名稱長度邊界情況有：5 位、6 位、7 位、17 位、18 位、19 位	aaaaa（長度為 5 位）
		zzzzzz（長度為 6 位）
		bbbbbbb（長度為 7 位）
		azang091.-_jiangg（長度為 17 位）
		azang091.-_jianggg（長度為 18 位）
		azang091.-_jiangggg（長度為 19 位）
需以字母開頭		
需以字母或數字結尾		

以上透過 3 個例子分析了當輸入條件是一個設定值範圍或是一個有序集合時邊界值的設定值規則，但在實際工作中，分析需求文件時，應盡可能多地找出存在邊界值的情況，而這些情況並不侷限於以上介紹的幾種。只有不斷嘗試和探索，設計各種不同的邊界值進行測試，才能從中累積經驗，並找到更多更高效的測試規則和邊界值分析方法。

6.2.3 錯誤推測法

錯誤推測法也是測試人員常用的測試方法之一,指的是測試人員憑藉自己的直覺、測試經驗、發散思維去設計一些容易導致軟體出錯的測試點。

錯誤推測法可看作等價類劃分法和邊界值分析法的補充。接下來舉例說明此方法的運用過程。

例: 以年齡輸入框功能需求為例,如圖 6-13 所示。

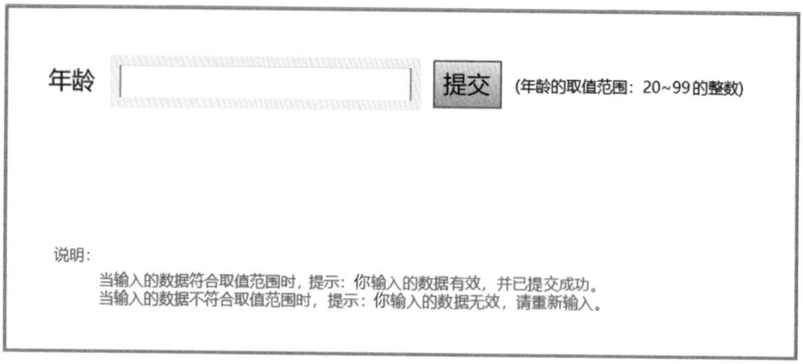

▲ 圖 6-13 年齡輸入框

針對年齡輸入框這個功能需求,上文已透過等價類劃分法和邊界值分析法分別設計出了相應的測試點。還有什麼測試點可以使得這個輸入框產生錯誤呢?根據經驗,本書舉出了除等價類劃分法和邊界值分析法外的 4 個測試點,它們分別是超長混合字串、全形字串、數字 0 以及單引號,為什麼會是這 4 個測試點呢?原因在於程式在處理超長混合字串、全形字串、數字 0 以及單引號時極易出錯。在這裡請注意全形字符與半形字元的區別。那麼在本例中錯誤推測法的設定值見表 6-23。

6.2 功能測試的用例設計方法

▼ 表 6-23 錯誤推測法設定值

輸入條件	錯誤推測法分析	錯誤推測法設定值
20～99 的整數	在輸入框中輸入超長混合字串時，程式可能會顯示出錯	1222229999999 城牆拉斯克大 098ALKDSJALSDJFlksdjfa lsj!@#TRTRTRTRTRRRTTRTRTRR@$%^%122222 城 牆 拉 斯 克 大 ALKDSJALSDJFlksdjfalsj!@#@$%^%122222 城牆拉斯克大 ALKDSJALSDJFlksdjfalsj!@#@$%^%
	在輸入框中輸入全形字串時，程式可能會顯示出錯	@# ￥# ￥￥%1243235564SDFSDFG
	在輸入框中輸入數字 0 時，程式極易出錯	0
	在輸入框中輸入單引號時，程式極易出錯	'

從表 6-23 可以看到，透過錯誤推測法又為年齡輸入框設計出了 4 個測試點，那麼這 4 個測試點也可以加入整個測試用例中。

對初級軟體測試人員而言，如何知道程式在處理哪些資料的時候容易出錯呢？一般情況下，程式在處理空格、空的、邊界值、超長字串、全形字串、0 以及單引號等情況下較容易出錯，另外，在工作中可根據自己的想像力，或是參考以往測試過的模組和設計過的測試用例，盡可能多地去設計出有可能讓程式出現錯誤的測試點。

至此，已介紹完了在測試領域中常用的 3 種測試用例的設計方法，最後把這 3 種方法設計出來的測試點統一整理到一個表中，就變成了一個較為完整的測試用例了。這裡以年齡輸入框的需求文件為例進行測試點的整合，見表 6-24。

6 測試用例的設計

▼ 表 6-24 測試資料整合

輸入條件	有效等價類設定值	無效等價類設定值	邊界值分析法設定值	錯誤推測法設定值
20～99 的任意整數	88	16	19	122222 城牆拉斯克大獎 ALKDSJA LSDJF lksdjfalsj!@#@$%^% 122222 城牆拉斯克大 ALKDSJA LSDJFlksdjfalsj!@#@$ %^%122222城牆拉斯克大ALKDSJA LSDJFlksdjfalsj!@#@$%^%
		103	20	@#￥#￥￥%1243235564SDFSDFG
		1.2	21	0
		-6	98	'
		江楚	99	
		john	100	
		@#$%		
		空格		
		空的（不輸入任何字元）		

　　所有測試點整合在一起是不是就夠了呢？不是的，還有一個問題需要注意，這裡面有些測試點可能是等價的，舉例來說，有效等價類中的「88」與邊界值分析法設定值中的「21」和「98」都在 20～99 的範圍內，所以它們是等價的；又如，「16」和「19」都在小於 20 的等價類中；「100」和「103」都在大於 99 的等價類中。那麼如何選取呢？對初學者而言，可以把靠近邊界的值留下來，不用測試其他的等價資料。當需求文件相對複雜一些時，運用等價類劃分法、邊界值分析法以及錯誤推測法設計出的測試點中，可能某些是等價的，初級軟

6.2 功能測試的用例設計方法

體測試人員如果無法區分它們，暫時可以將這些資料全部進行測試，待累積一定的經驗後再合併或刪減多餘的測試點。

對於普通使用者註冊和高級使用者註冊這兩個需求文件測試點的整合，在這裡不再重複描述，方法同年齡輸入框一樣，先把它們整理到一個表中，然後再合併或刪除等價的測試點。整合完測試點後，就可以將其轉化為測試用例了，到這裡，已設計完成年齡輸入框的測試用例。

6.2.4 正交表分析法

前面講的 3 種用例的設計方法都是針對單一輸入框進行的，但往往有些軟體頁面的輸入框可能有 2 個、3 個甚至更多，那麼對多個輸入框又該如何測試呢？接下來舉例說明這一情況以及解決辦法。

例：圖 6-14 展示的是一個個人資訊查詢系統視窗。對於這個資訊查詢系統，只有當姓名、身份證號碼、手機號碼都輸入正確時，系統才能執行查詢工作。對於這樣一個組合輸入框，除了需要按照上文的用例設計方法來對每個輸入框進行字元輸入測試，還需要針對這組輸入框，進行各個輸入框輸入狀態組合的測試。輸入框輸入狀態即「填」與「不填」兩種。

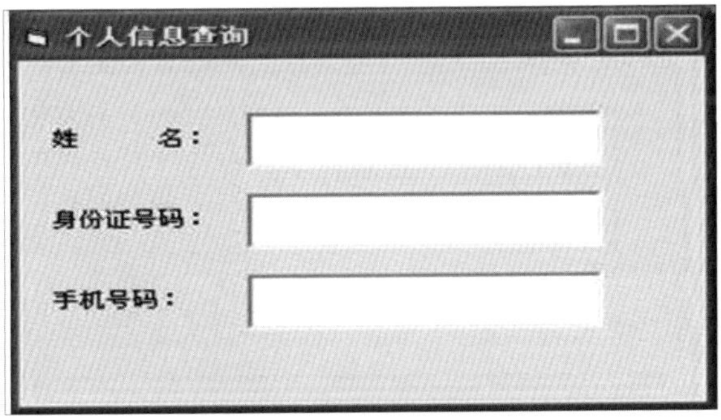

▲ 圖 6-14 個人資訊查詢

使用者在使用這個個人資訊查詢模組時，會把這 3 個輸入框的內容全部都輸入嗎？當然會的；那有沒有使用者只輸入其中幾個輸入框，而其他輸入框不輸入資訊呢？這樣的使用者也有。但作為測試人員無法預知使用者到底會填哪

6-35

6 測試用例的設計

些輸入框，不填哪些輸入框，所以測試人員需要把這 3 個輸入框中任意一個輸入框不填內容或填寫內容的排列組合都羅列出來，然後對它們依次進行測試。對於本例，姓名、身份證號碼、手機號碼 3 個輸入框，每個輸入框 2 種狀態（填或不填），一共有 8 種組合，一旦運用了本節介紹的正交表分析法，就可以將這 8 種組合壓縮，從而實現用更少的測試用例去覆蓋更複雜的測試點。如果一個頁面的輸入框有幾十個，那列舉出來的測試點可能高達成百上千個，這對測試工作來說是不現實的。正交表分析法就可以更進一步地解決這類問題，大大減少測試點。

正交表分析法是一種有效地減少用例設計個數的方法。如何減少用例設計的個數呢？測試人員需要根據實際的業務場景和組合特點進行演算法設計，必要時還可以諮詢開發人員，最終的目的就是選擇一些典型的組合進行測試。如果把所有的組合情況都列舉出來，人力和時間都是不夠的，而且會產生很多容錯用例。

表 6-25 是未使用正交表分析法設計出的測試點。

▼ 表 6-25 測試點 1（未使用正交表分析法）

姓名	身份證號碼	手機號碼
填寫	填寫	填寫
填寫	填寫	不填寫
填寫	不填寫	填寫
填寫	不填寫	不填寫
不填寫	填寫	填寫
不填寫	填寫	不填寫
不填寫	不填寫	填寫
不填寫	不填寫	不填寫

圖 6-15 是透過正交設計幫手工具，利用正交表分析法設計出的測試點。

6.2 功能測試的用例設計方法

基於圖 6-15 的結果和實際經驗，還可以補充一個正交表用例，即不填姓名、不填身份證號碼、不填手機號碼。最終生成本例的測試點，如表 6-26 所示。

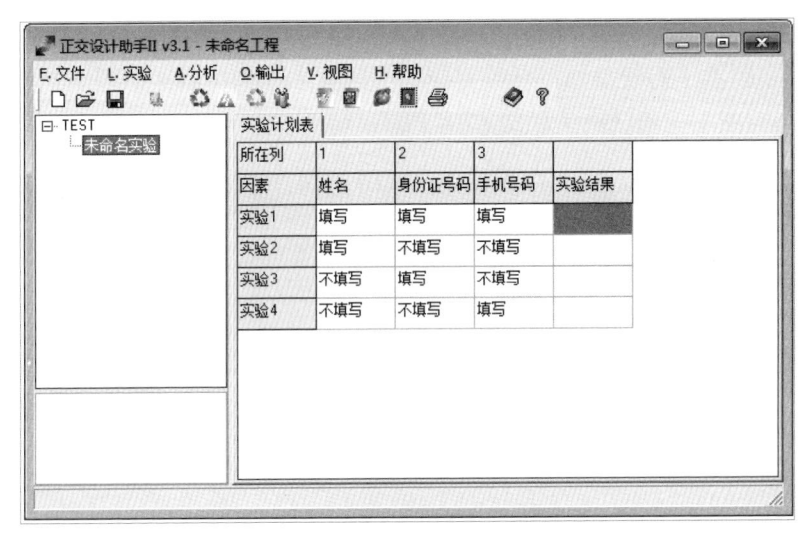

▲ 圖 6-15 正交表用例

▼ 表 6-26 測試點 2（使用正交表分析法）

姓名	身份證號碼	手機號碼
填寫	填寫	填寫
填寫	不填寫	不填寫
不填寫	填寫	不填寫
不填寫	不填寫	填寫
不填寫	不填寫	不填寫

從測試用例可以看出：如果按每個因素 2 個水平數來考慮的話，需要 8 個測試用例（見表 6-25），而透過正交表分析法設計的測試用例只有 5 個（見表 6-26），大大減少了測試用例數，從而實現用最小的測試用例集合去獲取最大的測試覆蓋率。

6 測試用例的設計

正交表分析法是利用正交表來設計輸入組合的一種測試方法。正交表是基於一定的演算法得出的表，用來表明不同因素的狀態組合。在本例中，使用正交設計幫手這個軟體來生成最適合的輸入組合，使用它的步驟如下。

（1）確認好對軟體執行結果有影響的因素，本例中的 3 個因素為姓名、身份證號碼、手機號碼，如圖 6-16、圖 6-17 所示。

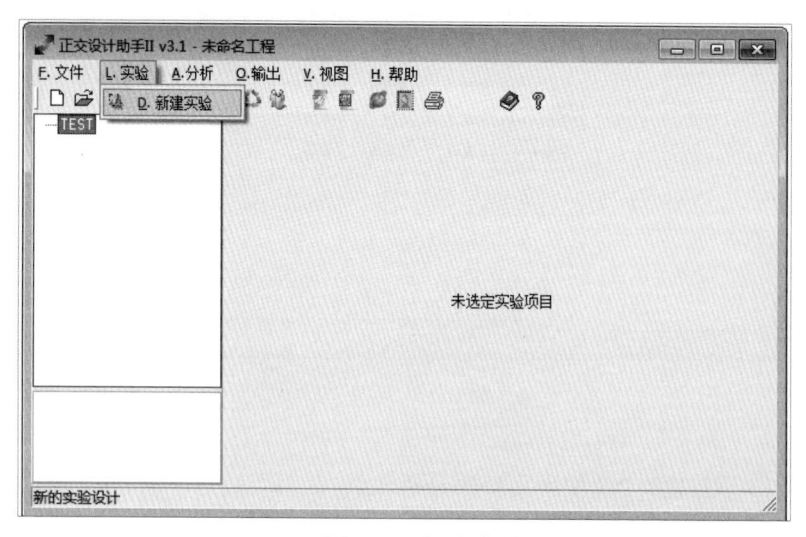

▲ 圖 6-16 新建實驗

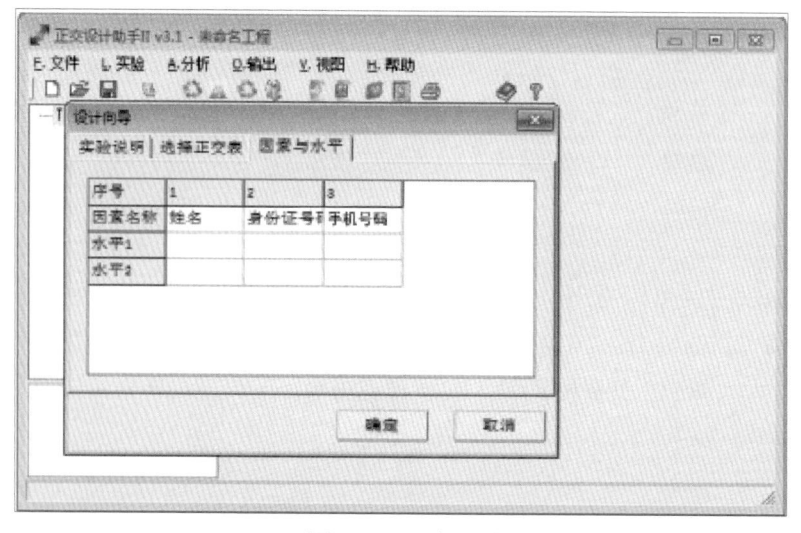

▲ 圖 6-17 因素與水平

6-38

6.2 功能測試的用例設計方法

（2）確認好因素的設定值範圍或集合，在本例中，它的設定值範圍是「填寫」和「不填寫」，如圖 6-18 所示。

（3）選擇正交表，如圖 6-19 所示。這裡選擇了 L4_2_3，L4_2_3 代表的是 3 個因素，每個因素有 2 種水平（設定值），選完之後按一下「確定」按鈕，

就可以設計出 4 個測試用例來，如圖 6-20 所示。隨著工作能力的不斷提高，你可根據自己的興趣來了解正交表分析法的更多用法。

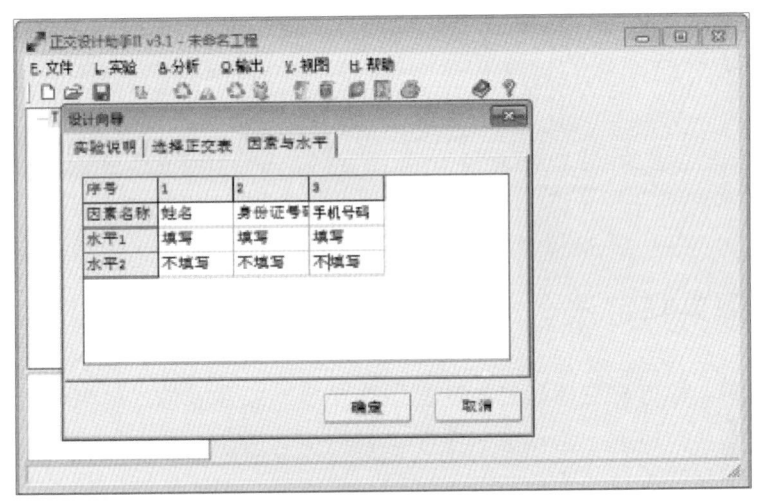

▲ 圖 6-18 因素與水平

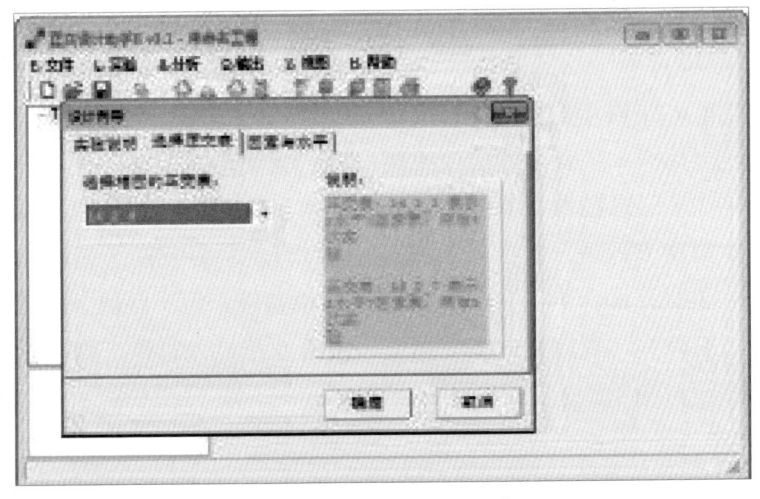

▲ 圖 6-19 選擇正交表

6 測試用例的設計

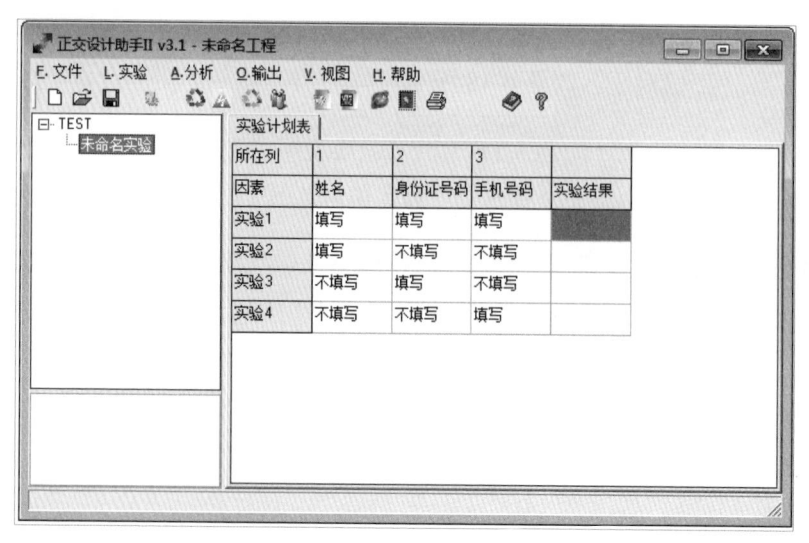

所在列	1	2	3	實驗結果
因素	姓名	身份证号码	手机号码	
实验1	填写	填写	填写	
实验2	填写	不填写	不填写	
实验3	不填写	填写	不填写	
实验4	不填写	不填写	填写	

▲ 圖 6-20 正交表用例

6.2.5 因果判定法

前面的 4 種方法主要是針對軟體中存在單一或多個輸入框來介紹的，可以說它們的業務邏輯都不是很強，主要是對一些合法和非法字元的輸入做一些基本檢查。測試人員只要掌握設計方法的基本規則，都能設計出較為完整的用例來。但在有些軟體頁面中，除了輸入框，還會有各類按鈕，而且這些按鈕之間存在相互連結和限制的關係，且具有較強的邏輯性。對於這類問題，測試人員又應如何測試呢？接下來先看一組需求說明的範例。

例 1：圖 6-21 展示的是某捷運儲值模擬系統的原型圖及需求說明。圖 6-21 的儲值系統很簡單，但實際的儲值系統沒有這麼簡單，這裡只是為了更容易理解因果判定法，所以稍做了簡化。從圖中的需求說明可以看到，捷運儲值模擬系統的基本業務流程是，當投入 20 元，並選擇儲值 20 元時，系統提示儲值成功並退卡；當投入 20 元後在系統規定時間裡沒有按一下「儲值」按鈕，則退出紙幣並提示逾時；若直接按一下「儲值」按鈕而不投入紙幣，則提示請先投入紙幣，再按一下「儲值」按鈕。

6-40

6.2 功能測試的用例設計方法

```
輸入條件：
    投幣    [20元]
    選擇儲值金額  [20元]

輸出結果：
```

需求說明：
- 本系統一次只能投入 20 元紙幣，使用者按一下投幣右邊的 20 元按鈕時，就相當於投入了 20 元紙幣
- 如果選擇了投入 20 元，並選擇了儲值 20 元時，則提示"儲值"成功，並退卡
- 如果使用者投入 20 元後在系統規定的時間裡沒有按一下"儲值"按鈕，則退出紙幣並提示逾時
- 若使用者直接按一下"儲值"按鈕而不投幣，則提示請先投入紙幣，再按一下"儲值"按鈕

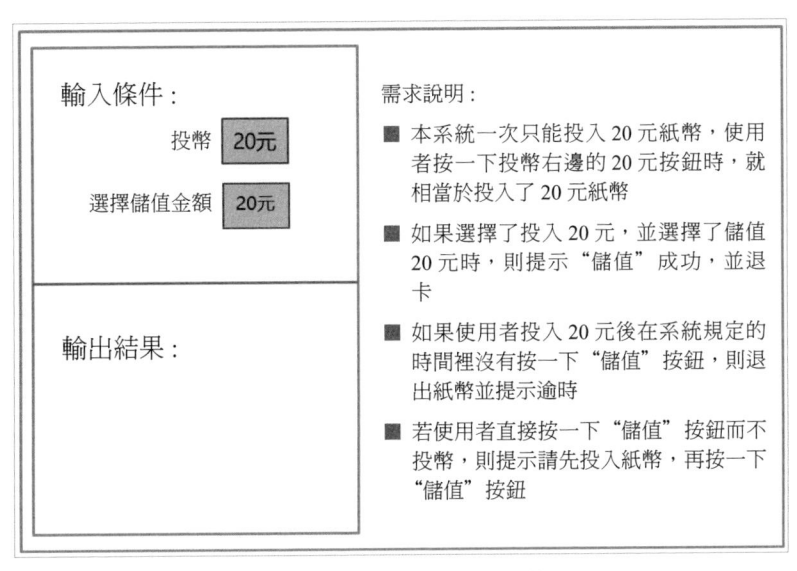

▲ 圖 6-21 儲值模擬系統

　　從圖 6-21 可以直接看出，捷運儲值模擬系統有兩個輸入條件：第一個輸入條件是投幣 20 元；第二個輸入條件是選擇儲值金額 20 元。而從需求說明可以看到有 3 個輸出結果：第一個輸出結果是提示儲值成功並退卡；第二個輸出結果是退出紙幣並提示逾時；第三個輸出結果是提示請先投入紙幣，再按一下「儲值」按鈕。

　　接下來，測試人員應如何來測試這個儲值模擬系統呢？這就需要運用因果判定法。通俗來講，因果判定法一般主要應用於頁面中各類按鈕之間存在組合和限制關係的情況，測試人員需要分析它們的因果對應關係，並最終檢查輸出結果的正確性。

　　因果判定法需要執行以下幾個步驟。

（1）明確所有的輸入條件（因）。

（2）明確所有的輸出結果（果）。

（3）明確哪些條件可以組合在一起，哪些條件不能組合在一起。

（4）明確什麼樣的輸入條件組合可產生哪些輸出結果。

（5）透過判定表展示輸入條件的組合與輸出結果的對應關係。

（6）根據判定表設計測試用例。

接下來，便可以按照以上 6 個步驟開展本例測試點的分析工作。

（1）找出捷運儲值模擬軟體的所有輸入條件，並編號。
　　① 投幣 20 元。
　　② 儲值 20 元。

（2）找出所有輸出結果，並編號。

A：提示儲值成功並退卡。

B：退出紙幣並提示逾時。

C：提示請先投入紙幣，再按一下「儲值」按鈕。

（3）確定哪些輸入條件可以組合在一起，哪些輸入條件不能組合在一起。條件①可以單獨出現，也就是使用者可以做只投幣、不儲值的操作。

條件②也可以單獨出現，也就是使用者可以做只儲值、不投幣的操作。

條件①和條件②可以組合在一起，也就是使用者可以做先投幣、後儲值的操作。本例不存在輸入條件不能組合的情況。

（4）明確什麼樣的輸入條件組合可產生什麼樣的輸出結果，如圖 6-22 所示。

（5）透過判定表展示輸入條件的組合與輸出結果的對應關係，見表 6-27。

為了簡便起見，可以用 T 或 F 來表示是否滿足每一個輸入條件：T 表示條件為真，執行這個輸入；F 表示條件為假，不執行這個輸入。當然也可以用 1 和 0 或 Y 和 N 來表示，1 代表執行，0 代表不執行；Y 代表執行，N 代表不執行。輸出結果可以使用

6.2 功能測試的用例設計方法

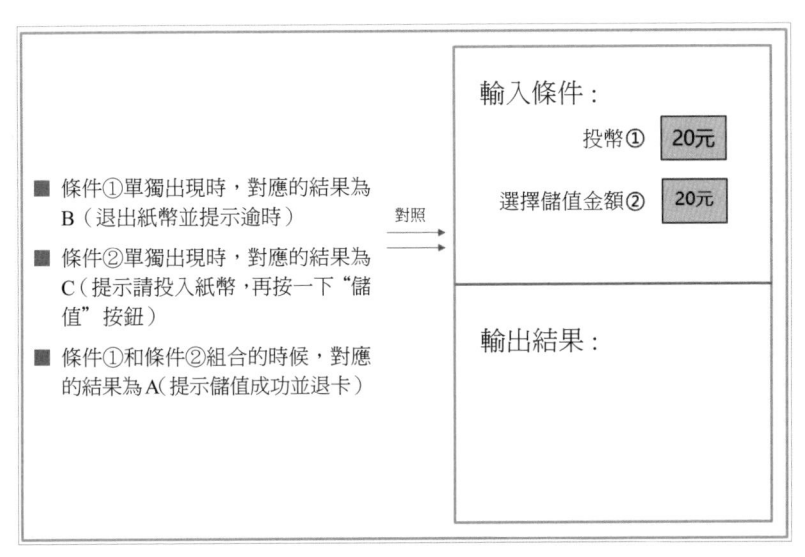

▲ 圖 6-22 組合與結果的對應關係

「✓」這個符號來表示,「✓」代表這個結果會出現。這樣,表 6-27 可以寫成表 6-28 的形式。

▼ 表 6-27 判定表 1

輸入 / 輸出		組合情況		
		組合 1	組合 2	組合 3
輸入條件	① 投幣 20 元	只投幣	不投幣	既投幣
	② 儲值 20 元	不儲值	只儲值	又儲值
輸出結果	A:儲值成功並退卡			儲值成功並退卡
	B:退出紙幣並提示逾時	退出紙幣並提示逾時		
	C:請先投幣再儲值		請先投幣再儲值	

6-43

6 測試用例的設計

▼ 表 6-28 判定表 2

輸入 / 輸出		組合情況		
		組合 1	組合 2	組合 3
輸入條件	① 投入 20 元	Y	N	Y
	② 儲值 20 元	N	Y	Y
輸出結果	A：儲值成功並退卡			✓
	B：退出紙幣並提示逾時	✓		
	C：請先投幣再儲值		✓	

　　判定表分析完成後就可以根據判定表來寫測試用例了，判定表中每一個組合就相當於一個測試點，有了測試點再轉化測試用例就比較容易了，表 6-29 就是轉化後的測試用例。

▼ 表 6-29 依據判定表設計的測試用例

測試序號	測試模組	前置條件	測試環境	操作步驟和資料	預期結果	實際結果	是否通過	備註
1	捷運儲值	網路正常	Windows 10 作業系統，IE11 瀏覽器	（1）開啟捷運儲值模擬系統的介面 （2）執行投幣 20 元的操作，但在規定的時間內沒有執行儲值操作，然後觀察系統的反應	系統會退出紙幣，並提示逾時			
2	捷運儲值	網路正常	Windows 10 作業系統，IE11 瀏覽器	（1）開啟捷運儲值模擬系統的介面 （2）不執行投幣 20 元的操作，直接執行儲值 20 元的操作，然後觀察系統的反應	系統提示請先投入紙幣，再按一下「儲值」按鈕			

（續表）

6.2 功能測試的用例設計方法

測試序號	測試模組	前置條件	測試環境	操作步驟和資料	預期結果	實際結果	是否通過	備註
3	捷運儲值	網路正常	Windows 10 作業系統，IE11 瀏覽器	（1）開啟捷運儲值模擬系統的介面 （2）執行投幣 20 元的操作，接著執行儲值 20 元的操作，然後觀察系統的反應	系統提示儲值成功並退卡			

至此，本例中的捷運儲值模擬系統的測試用例已設計完成，以上的分析過程相對來說比較簡單，因為輸入的條件比較少，所以組合的個數也不會太多。

例 2：以某捷運儲值模擬系統為例，並增加了兩個輸入條件以提高設計的複雜度，如圖 6-23 所示。

從圖 6-23 可以看到，需求文件對輸入條件和輸出結果都描述得很清楚，接下來就可以按照因果判定法的流程直接分析此捷運儲值模擬系統的測試點。

（1）找出捷運儲值模擬系統的所有輸入條件，並編號。

① 投幣 20 元。

② 投幣 50 元。

③ 儲值 20 元。

④ 儲值 50 元。

（2）找出所有輸出結果，並編號。

A：系統提示儲值成功，並退卡。

B：系統提示金額不足，並退回 20 元。

C：系統提示儲值成功，並找零 30 元。

6 測試用例的設計

D：系統提示逾時資訊，並退還紙幣。

E：系統提示請先投入紙幣，再按一下「儲值」按鈕。

（3）確定哪些輸入條件可以組合在一起，哪些輸入條件不能組合在一起。

可以進行組合的情況如圖 6-24 所示。

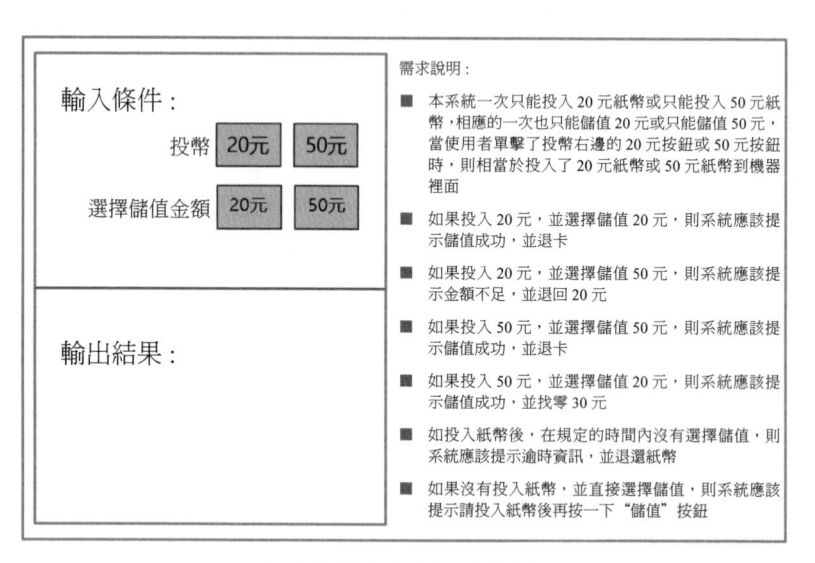

```
輸入條件：
    投幣  [20元]  [50元]
    選擇儲值金額  [20元]  [50元]

輸出結果：

需求說明：
■ 本系統一次只能投入 20 元紙幣或只能投入 50 元紙幣，相應的一次也只能儲值 20 元或只能儲值 50 元，當使用者單擊了投幣右邊的 20 元按鈕或 50 元按鈕時，則相當於投入了 20 元紙幣或 50 元紙幣到機器裡面
■ 如果投入 20 元，並選擇儲值 20 元，則系統應該提示儲值成功，並退卡
■ 如果投入 20 元，並選擇儲值 50 元，則系統應該提示金額不足，並退回 20 元
■ 如果投入 50 元，並選擇儲值 50 元，則系統應該提示儲值成功，並退卡
■ 如果投入 50 元，並選擇儲值 20 元，則系統應該提示儲值成功，並找零 30 元
■ 如投入紙幣後，在規定的時間內沒有選擇儲值，則系統應該提示逾時資訊，並退還紙幣
■ 如果沒有投入紙幣，並直接選擇儲值，則系統應該提示請投入紙幣後再按一下「儲值」按鈕
```

▲ 圖 6-23 儲值模擬系統

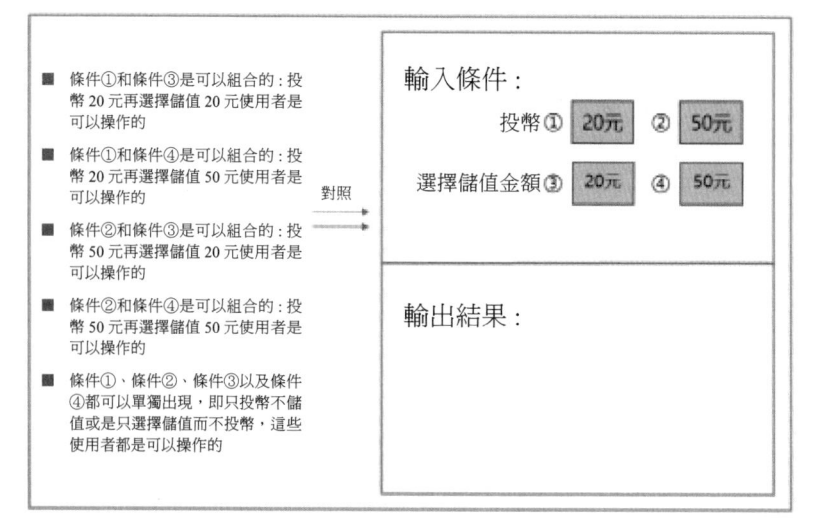

```
■ 條件①和條件③是可以組合的：投幣 20 元再選擇儲值 20 元使用者是可以操作的
■ 條件①和條件④是可以組合的：投幣 20 元再選擇儲值 50 元使用者是可以操作的
■ 條件②和條件③是可以組合的：投幣 50 元再選擇儲值 20 元使用者是可以操作的
■ 條件②和條件④是可以組合的：投幣 50 元再選擇儲值 50 元使用者是可以操作的
■ 條件①、條件②、條件③以及條件④都可以單獨出現，即只投幣不儲值或是只選擇儲值而不投幣，這些使用者都是可以操作的

       對照
       ⟶
       ⟵

輸入條件：
    投幣①  [20元]  ②  [50元]
    選擇儲值金額③  [20元]  ④  [50元]

輸出結果：
```

▲ 圖 6-24 條件組合的情況

6.2 功能測試的用例設計方法

不能進行組合的情況如圖 6-25 所示。

（4）明確什麼樣的輸入條件組合可產生什麼樣的輸出結果，如圖 6-26 所示。

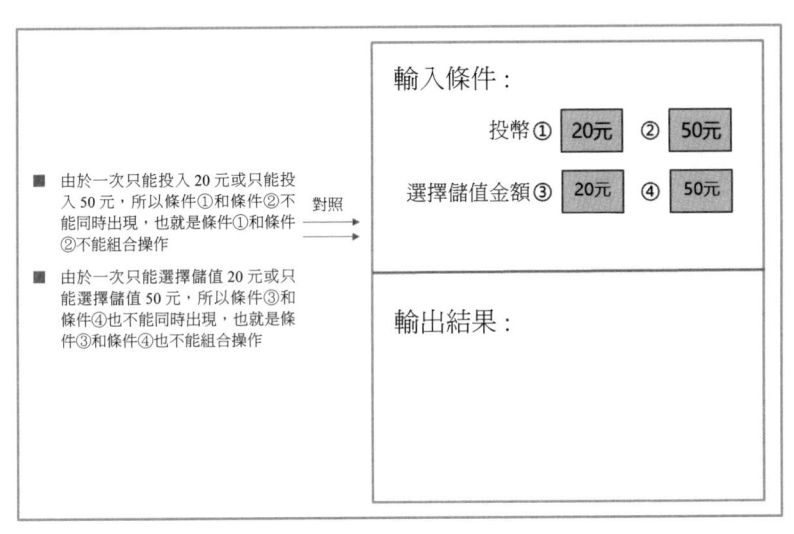

- 由於一次只能投入 20 元或只能投入 50 元，所以條件①和條件②不能同時出現，也就是條件①和條件②不能組合操作
- 由於一次只能選擇儲值 20 元或只能選擇儲值 50 元，所以條件③和條件④也不能同時出現，也就是條件③和條件④也不能組合操作

輸入條件：
投幣① 20元 ② 50元
選擇儲值金額③ 20元 ④ 50元

輸出結果：

▲ 圖 6-25 條件不能組合的情況

- 條件①和條件③組合時，對應的輸出結果為 A（系統提示儲值成功並退卡）
- 條件①和條件④組合時，對應的輸出結果為 B（系統提示金額不足，並退回 20 元）
- 條件②和條件③組合時，對應的輸出結果為 C（系統提示儲值成功，並找零 30 元）
- 條件②和條件④組合時，對應的輸出結果為 A（系統提示儲值成功並退卡）
- 條件①單獨出現時，對應的輸出結果為 D（系統提示逾時資訊，並還紙幣）
- 條件②單獨出現時，對應的輸出結果為 D（系統提示逾時資訊，並還紙幣）
- 條件③單獨出現時，對應的輸出結果為 E（系統提示請先投入紙幣，再按一下「儲值」按鈕）
- 條件④單獨出現時，對應的輸出結果為 E（系統提示請先投入紙幣，再按一下「儲值」按鈕）

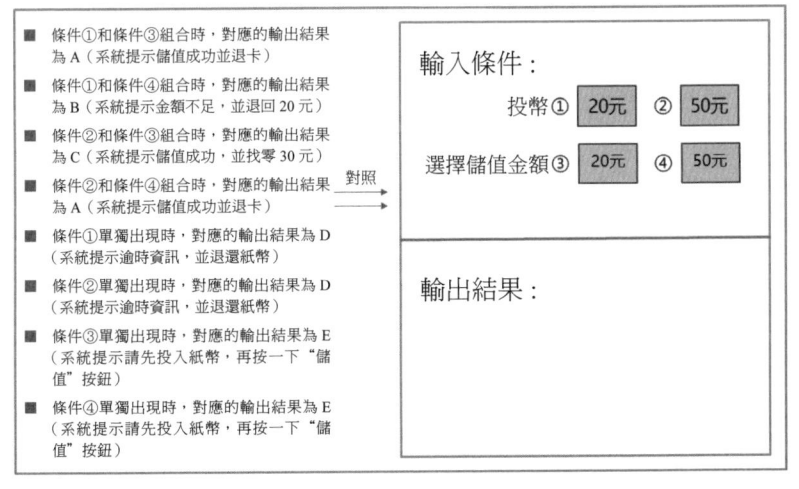

輸入條件：
投幣① 20元 ② 50元
選擇儲值金額③ 20元 ④ 50元

輸出結果：

▲ 圖 6-26 組合與結果的對應關係

6 測試用例的設計

（5）透過判定表展示輸入條件的組合與輸出結果之間的對應關係，見表 6-30。

▼ 表 6-30 判定表 3

<table>
<tr><th colspan="2" rowspan="2">輸入 / 輸出</th><th colspan="8">組合情況</th></tr>
<tr><th>組合 1</th><th>組合 2</th><th>組合 3</th><th>組合 4</th><th>組合 5</th><th>組合 6</th><th>組合 7</th><th>組合 8</th></tr>
<tr><td rowspan="4">輸入條件</td><td>① 投幣 20 元</td><td>Y</td><td>Y</td><td>N</td><td>N</td><td>Y</td><td>N</td><td>N</td><td>N</td></tr>
<tr><td>② 投幣 50 元</td><td>N</td><td>N</td><td>Y</td><td>Y</td><td>N</td><td>Y</td><td>N</td><td>N</td></tr>
<tr><td>③ 儲值 20 元</td><td>Y</td><td>N</td><td>Y</td><td>N</td><td>N</td><td>N</td><td>Y</td><td>N</td></tr>
<tr><td>④ 儲值 50 元</td><td>N</td><td>Y</td><td>N</td><td>Y</td><td>N</td><td>N</td><td>N</td><td>Y</td></tr>
<tr><td rowspan="5">輸出結果</td><td>A：提示儲值成功，並退卡</td><td>✓</td><td></td><td></td><td>✓</td><td></td><td></td><td></td><td></td></tr>
<tr><td>B：提示金額不足，並退回 20 元</td><td></td><td>✓</td><td></td><td></td><td></td><td></td><td></td><td></td></tr>
<tr><td>C：提示儲值成功，並找零 30 元</td><td></td><td></td><td>✓</td><td></td><td></td><td></td><td></td><td></td></tr>
<tr><td>D：提示逾時資訊，並退還紙幣</td><td></td><td></td><td></td><td></td><td>✓</td><td>✓</td><td></td><td></td></tr>
<tr><td>E：提示請先投入紙幣，再按一下「儲值」按鈕</td><td></td><td></td><td></td><td></td><td></td><td></td><td>✓</td><td>✓</td></tr>
</table>

（6）判定表分析完成後就可以根據判定表來寫測試用例了。有了判定表，寫測試用例就比較容易了，由於例 1 已展示過用例的轉化過程，這裡不再重複。

基於例 1 和例 2 的分析過程，有 3 點說明，具體如下。

（1）在很多資料中，因果判定法採用畫圖的方式來展示條件與條件之間的限制關係，但畫圖的方式太麻煩，對初學者而言並不適用。

（2）找準每個有效組合及其對應的輸出結果（也就是因果關係），排除不能組合的情況，這一點是因果判定法的關鍵。如果分析錯了，就會得出錯誤的測試結果。

（3）如果一個頁面中存在多個控制項，並且這些控制項之間存在相互限制的關係，就可以使用因果判定法去解決這類問題。

至此，功能測試的 5 種常用用例設計方法已介紹完成，結合前面的章節，相信大家對軟體測試用例設計的方法已有了初步的了解和認識。

其實，在功能測試中還有一些其他用例設計方法，本書中暫沒有提到，一方面是因為有些方法的演算法相對複雜，另一方面是因為初級軟體測試人員沒有太多工作經驗，講多了反而會混淆。所以對於初級軟體測試人員來講，除了能應用已講的 5 種方法，更多的是需要在測試工作中累積經驗，並利用自己的邏輯推理能力和發散思維來設計測試用例。隨著測試工作的不斷深入，慢慢就會累積更多測試用例設計的技巧和經驗。

∞ 6.3 用例設計的基本想法

在實際工作中，稍微大型一些的軟體系統一般都包括使用者註冊、登入、搜尋以及附件上傳等常見模組。本節就以這些模組為例，結合已介紹過的用例設計方法來分別講解這些模組測試用例的設計想法。

6-49

6.3.1 QQ 電子郵件註冊模組

QQ 電子郵件大家都比較熟悉，其使用者體驗也做得很好，接下來就以 QQ 電子郵件註冊模組（簡化版）為例來分析它的測試想法，如圖 6-27 所示。

▲ 圖 6-27 QQ 電子郵件註冊

一│註冊模組的需求文件

電子郵件名稱：由 3 ～ 18 個英文、數字、點、減號、底線組成。暱稱：中英文字元，不能為空。

密碼：不能包括空格，長度為 8 ～ 16 位，至少包含字母、數字、符號中的 2 種。

二 | 基本功能的測試點分析

從圖 6-27 可以看到，QQ 電子郵件的註冊頁面有 3 個字元輸入框。上文介紹過對於多個輸入框的測試可以採用正交表法。基於正交表的設計思想，可以設計出以下組合的測試點，見表 6-31。

▼ 表 6-31 使用者名稱正交表

電子郵件名稱	暱稱	密碼
正確	正確	正確
正確	錯誤	錯誤
錯誤	正確	錯誤
錯誤	錯誤	正確
錯誤	錯誤	錯誤

針對每一個輸入框，還需要利用等價類劃分法、邊界值分析法以及錯誤推測法設計正確和錯誤的測試資料，分別對電子郵件名稱、暱稱、密碼輸入框進行測試。

實際工作中，可以將輸入框測試的測試資料合理地設計到表 6-31 中，即在利用正交表測試輸入框組合時，同時進行輸入框測試。

舉例來說，對於表 6-31 中的第二行組合，需要輸入正確的電子郵件名稱、錯誤的暱稱、錯誤的密碼。那麼這個正確電子郵件名稱的測試資料，可以從電子郵件名稱的有效等價類中選一個（如 test_123-a@qq.com）；錯誤暱稱的測試資料，可以從暱稱的無效等價類中選一個（如 @@@）；同理，錯誤密碼的測試資料，可以從密碼的無效等價類，或從邊界值中不符合需求的測試資料中選取（如取 5 位密碼 12345）。那麼，第二行組合的用例可以設計為表 6-32。這樣，在進行組合測試時，就已經對每個輸入框的某些測試點進行了測試。

由於在前面的章節中已介紹了對於單一輸入框是如何透過有效等價類設定值、無效等價類設定值、邊界值設定值、錯誤推測設定值來整合測試點和測試用例，在這裡就不再重複。

6 測試用例的設計

在本例中，QQ 電子郵件註冊模組的功能測試用例其實就是將電子郵件名稱的用例、暱稱的用例、密碼的用例合理地組合起來，透過表 6-32 的組合設計，覆蓋所有的測試點。本測試用例的設計主要考查測試人員對常用用例設計方法的運用能力。

▼ 表 6-32 QQ 電子郵件註冊模組測試用例

測試序號	測試模組	前置條件	測試環境	操作步驟和資料	預期結果	實際結果	是否通過	備註
1	電子郵件註冊	網路正常	Windows 10 作業系統，IE11 瀏覽器	（1）透過 http://mail.xxx.com 開啟電子郵件註冊頁面 （2）輸入正確的電子郵件名稱「test_123-a@qq.com」，輸入錯誤的暱稱「@@@」，輸入錯誤的密碼「12345」 （3）按一下「立即註冊」按鈕，查看是否註冊成功	（1）電子郵件註冊頁面可以正常開啟 （2）使用者名稱、暱稱和密碼可以正常輸入 （3）暱稱、密碼輸入框舉出錯誤訊息，電子郵件註冊失敗			

6.3.2 QQ 電子郵件登入模組

登入操作是 QQ 電子郵件最常用的功能之一，使用 QQ 電子郵件首先要登入，登入成功才能對電子郵件系統操作。接下來就以 QQ 電子郵件的登入模組（簡化版）為例來分析它的測試想法，如圖 6-28 所示。

6.3 用例設計的基本想法

▲ 圖 6-28 QQ 電子郵件登入

一 | 登入模組的需求文件

使用者名稱：由 3 ～ 18 個英文、數字、點、減號、底線組成。

密碼：不能包括空格，長度為 8 ～ 16 位，至少包括字母、數字、符號中的 2 種。

二 | 基本功能的測試點分析

從圖 6-28 可以看到，QQ 電子郵件的登入頁面主要由使用者名稱和密碼這兩個輸入框組成，同樣可以利用正交表分析法來設計。表 6-33 列出了使用者名稱和密碼輸入框的測試組合。

▼ 表 6-33 使用者名稱和密碼輸入框的測試組合

使用者名稱	密碼
正確	正確
正確	錯誤
錯誤	正確
錯誤	錯誤

6-53

（1）測試輸入正確使用者名稱和正確密碼的組合：可以在使用者名稱的有效等價類中選擇一個正確的使用者名稱作為測試資料，在密碼輸入框中輸入與使用者名稱對應的正確密碼。

（2）測試輸入正確使用者名稱和錯誤密碼的組合：可以在使用者名稱的有效等價類中選擇一個正確的使用者名稱作為測試資料，同理從密碼的無效等價類中，並借助邊界值分析法和錯誤推測法選擇不符合需求文件或錯誤的密碼作為測試資料。

（3）測試輸入錯誤使用者名稱和正確密碼的組合：可以在密碼的有效等價類中選擇一個正確的密碼作為測試資料，然後從使用者名稱的無效等價類中，並借助邊界值分析法和錯誤推測法分別選擇不符合需求的使用者名稱或與密碼不匹配的錯誤使用者名稱作為測試資料。

（4）測試輸入錯誤使用者名稱和錯誤密碼的組合：可以從使用者名稱、密碼的無效等價類中，並借助邊界值分析法和錯誤推測法中分別選擇不符合需求的使用者名稱和密碼作為測試資料。

由於在前面的章節中已講過對單一輸入框如何透過有效等價類設定值、無效等價類設定值、邊界值分析法設定值、錯誤推測法設定值來整合測試點和測試用例，這裡不再重複。

在本例中，QQ 電子郵件登入模組的功能測試用例就是將使用者名稱的用例、密碼的用例合理地組合起來，透過表 6-33 的組合設計，覆蓋所有的測試點。本例的用例設計主要考查測試人員對常用用例設計方法的運用能力。

6.3.3 QQ 電子郵件郵件搜尋模組

搜尋功能也是 QQ 電子郵件比較常用的功能，郵件搜尋模組又該如何測試呢？接下來就以 QQ 電子郵件的郵件搜尋模組（簡化版）為例來分析它的基本測試想法，如圖 6-29 所示。

▲ 圖 6-29 郵件搜尋

一 | 郵件搜尋的需求文件

（1）支援模糊匹配和完全匹配、支援搜尋框記憶功能、支援全形搜尋、不支援同音字或錯別字搜尋、不區分字母大小寫、支援特殊符號的搜尋、支援常用快速鍵、支援含有空格的搜尋、支援中英文數字的混合搜尋、不輸入任何字元搜尋時則顯示全部內容、支援超長字串搜尋。

（2）沒有限定關鍵字的長度。

（3）搜尋的位置：全部內容，包括郵寄位址、郵件標題、郵件正文、附件名稱、草稿箱、寄件匣等。

二 | 基本功能的測試點分析

本例需求的細節項較多，那麼測試人員就需要針對這些細小的需求項目進行用例設計；其次搜尋框畢竟還是一個輸入框，所以對各種字元的處理能力也是測試的關鍵。對搜尋框設計測試用例的想法，可以參考前面學習過的字元輸入框測試用例的設計。接下來，本書列舉了搜尋框常見的測試點，以下的測試點都是初級軟體測試人員能理解的。

第一，正常情況下的搜尋。

（1）把郵寄位址的部分內容或全部內容（模糊匹配和完全匹配）作為關鍵字進行搜尋，可搜尋出內容。

（2）把郵件主題的部分內容或全部內容（模糊匹配和完全匹配）作為關鍵字進行搜尋，可搜尋出內容。

6 測試用例的設計

（3）把郵件正文的部分內容和全部內容（模糊匹配和完全匹配）作為關鍵字進行搜尋，可搜尋出內容。

（4）把附件名稱的部分內容和全部內容（模糊匹配和完全匹配）作為關鍵字進行搜尋，可搜尋出內容。

（5）輸入不存在的內容進行搜尋，搜尋結果為空。

（6）搜尋結果為空時應舉出相應提示。

（7）輸入曾搜尋過的關鍵字進行搜尋時，搜尋框應該舉出記憶的功能。

第二，各種異常情況下的搜尋。

（1）不輸入任何字元進行搜尋，顯示為全部內容。

（2）搜尋的關鍵字中包含全半形混合字元，可以搜尋出內容。

（3）搜尋的關鍵字中包含同音字或錯別字，不能搜尋出內容。

（4）搜尋的關鍵字中包含各類特殊符號，可以搜尋出內容。

（5）搜尋的關鍵字中包含大小寫字母，可以搜尋出內容。

（6）搜尋的關鍵字中英文數字混合並且每個字元的前後都加了空格，可以搜尋出內容。

（7）輸入關鍵字為「0」進行搜尋，可以搜尋出內容。

（8）關鍵字中帶有單引號進行搜尋，可以搜尋出內容。

（9）輸入超長字串進行搜尋，可以搜尋出內容。

第三，測試搜尋框對快速鍵的支援。

（1）在輸入結束後，按「Enter」鍵後系統應該可以進行搜尋處理。

（2）支援使用「Tab」鍵。

（3）支援「Ctrl+C」「Ctrl+V」快速鍵。

第四，可以嘗試一下隨意性的、無規則的測試（也叫探索性測試），因為無規則的測試也可能會發現軟體中的一些 Bug。

在本例中，QQ 電子郵件搜尋模組的功能測試用例就可以依據以上四部分用例的測試思想進行設計。

對一個初級軟體測試人員來說，由於受經驗和技術所限，剛開始可能無法設計出那麼多的用例，這個很正常，最重要的一點是找準搜尋框的需求文件並盡可能去挖掘更多的需求細節（或向產品經理去求證更多的需求細節），然後再針對這些需求細節設計出更為完整的用例。所以，挖掘需求細節是一個初級軟體測試人員能設計好測試用例的重要因素。

本例的測試用例設計主要考查測試人員的發散思維和挖掘需求的能力。

6.3.4 QQ 電子郵件附件上傳模組

附件上傳也是 QQ 電子郵件比較常用的功能，那麼測試人員該如何對附件上傳模組進行測試呢？接下來還是以 QQ 電子郵件的附件上傳模組（簡化版）為例分析其基本的測試想法（只測附件上傳功能），如圖 6-30 所示。

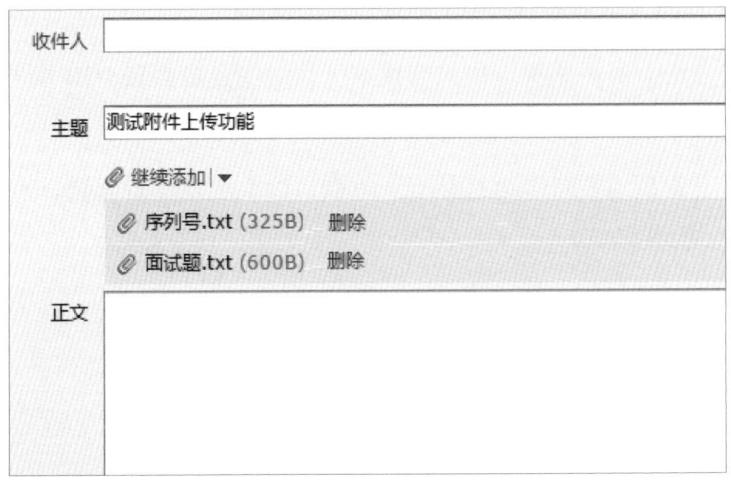

▲ 圖 6-30 QQ 電子郵件附件上傳頁面

6 測試用例的設計

一│附件上傳的需求文件

（1）使用者上傳的檔案可包含圖片檔案、常見的文件、壓縮檔這 3 類，見表 6-34。

▼ 表 6-34 附件檔案的規格說明

檔案類別	檔案格式
圖片檔案	.jpg、.gif、.png、.bmp
常見的文件	.txt、.doc、.docx、.xls、.xlsx、.ppt、.pptx、.pdf
壓縮檔	.rar、.zip

（2）使用者一次最多可上傳 10 個附件，單一附件的容量不能超過 1GB，多個附件的總容量不能超過 5GB。

二│基本功能的測試點分析

對於本需求，可以按有效等價類劃分法、無效等價類劃分法、邊界值分析法、錯誤推測法這 4 種方法來設計測試用例，以下舉出附件上傳的常見測試點。

第一，有效等價類劃分法的測試點有以下幾個。

（1）分別上傳單個規定格式的檔案，且附件容量都在 1GB 以內時，可上傳成功。

（2）上傳多個不同格式的附件（10 個以內），並且附件總容量在 5GB 以內時，可上傳成功。

（3）可以刪除上傳成功的檔案。

（4）檔案上傳失敗後，須舉出正確合理的提示訊息。

第二，無效等價類劃分法的測試點如下。

上傳需求文件規定格式以外的檔案（如 .html、.tif、.mp3、.avi、.iso 等）時，均不會上傳成功。

6.3 用例設計的基本想法

第三,邊界值分析法的測試點有以下幾個。

(1)可以上傳 0KB 的附件。

(2)可以上傳一個 1GB 以內的附件。

(3)可以上傳 9 個不同格式的總容量在 5GB 以內的附件。

(4)可以上傳 10 個不同格式的總容量在 5GB 以內的附件。

(5)不可以上傳 11 個不同格式的總容量在 5GB 以內的附件。

(6)可以上傳一個 0.99GB 的附件。

(7)可以上傳一個 1GB 的附件。

(8)不可以上傳一個 1.01GB 的附件。

(9)可以上傳多個不同格式的(10 個以內)總容量在 4.99GB 的附件。

(10)可以上傳多個不同格式的(10 個以內)總容量在 5GB 的附件。

(11)不可以上傳多個不同格式的(10 個以內)總容量在 5.01GB 的附件。

備註:第一部分和第三部分的測試點如有重複,需要在後期設計用例時進行合併。第四,錯誤推測法的測試點有以下幾個。

(1)不可以一次上傳大量檔案(超過 10 個)。

(2)上傳木馬檔案是否可檢測(需要視需求而定)。

(3)上傳可執行的檔案(以 .exe 結尾的檔案)是否可檢測(需要視需求而定)。

(4)不可以上傳超大容量檔案(超過 10GB)。

(5)如果存在已上傳的名稱相同檔案,再次上傳,檢查檔案能否正常上傳(需要視需求而定)。

（6）是否可上傳超長檔名的檔案（需要視需求而定）。

（7）是否可上傳一個正在開啟的檔案（需要視需求而定）。

（8）上傳過程中網路中斷後又恢復，是否可以接著之前的繼續上傳（需要視需求而定）。

（9）是否可以上傳檔案名稱包括特殊字元的檔案（需要視需求而定）。

（10）是否可以上傳檔案名稱包括中英混合字元的檔案（需要視需求而定）。

（11）上傳多個檔案的過程中，一部分檔案被刪除或被重新命名，是否會影響正在上傳的檔案（需要視需求而定）。

（12）上傳檔案的路徑是否可手動進行輸入（需要視需求而定）。

（13）檢查檔案上傳的回應時間是否正常（是否符合需求）。

第五，測試人員可以嘗試一下隨意性的無規則測試。

這些測試點寫出來之後，相信初學者都能看得懂，大體也知道如何利用以上測試點去設計用例。第四部分中出現了幾個視需求而定的測試點，這是因為在本例的需求文件中並沒有對這些測試點舉出明確的規格說明。在實際工作中，經常也會遇到需求文件對需求項目的細節描述不是很詳細的情況，很多隱含的需求在需求文件中並沒有表現出來。在這種情況下，一方面要求測試人員在評審需求文件時更仔細一些，另一方面在設計測試用例或測試軟體的過程中要隨時同產品經理或自己的領導溝通，找出這些隱含的需求標準，這樣才能保證自己設計出來的用例覆蓋面會更全面一些。初級軟體測試人員相關測試經驗較少，如何去找這些隱含的需求呢？可以從以下4個方面入手。

（1）要緊扣需求文件，挖掘需求細節，並針對這些需求細節進行用例設計。

（2）除了應用所學的用例設計方法，測試人員還應充分利用自己的發散思維和邏輯推理能力來設計測試用例。

（3）想要更快地獲取更多測試思想，比較直接的辦法就是透過網際網路來獲取相應的資料（因為常見功能點的測試網上幾乎都有且很全面），以此來夯實自己的基礎測試能力，並拓寬視野。

（4）多與測試人員、開發人員、產品人員交流，多看測試人員之前寫過的測試用例和相關文件。

本例的用例設計主要考查測試人員對用例設計方法的運用能力以及測試人員的發散思維和挖掘需求的能力。

6.4 測試用例的評審

測試人員依據需求文件將測試用例設計完成後，如何確保設計的測試用例是正確無誤的呢？這裡有一個很重要的任務就是進行用例評審，通過對測試用例的評審以確保用例是全面的、正確的、沒有容錯的。

6.4.1 如何評審測試用例

測試用例的評審嚴格來講是需要專案小組的全體人員都參與的，但在實際工作中，一般都是只有本專案小組的測試人員參與評審。評審測試用例前，測試人員會將自己撰寫的測試用例以文件的形式提前發送給測試組的全體成員，測試組的其他人員各自以文件批註的形式進行回饋或是由測試經理召開用例評審大會，以會議的形式進行評審。評審完成後，測試人員會依據其他測試人員的評審建議和意見進行修改。

一般情況下，測試人員會從以下 5 個方面對測試用例進行評審。

（1）測試用例是否依據需求文件撰寫。

（2）測試用例中的執行步驟、輸入資料是否清晰、簡潔、正確；對於重複度高的執行步驟，是否進行了簡化。

6 測試用例的設計

（3）每個測試用例是否都有明確的預期結果。

（4）測試用例中是否存在多餘的用例（無效、等價、容錯的用例）。

（5）測試用例是否覆蓋了需求文件中所有的功能點，是否存在遺漏。

每個專案小組評定測試用例的標準可能不盡相同，但最終的目的都是讓測試用例變得簡潔、全面，使測試人員執行用例時更具有針對性，更能發現問題。

6.4.2 用例設計結束的標準

當測試用例通過測試組的評審後，用例設計工作是不是就結束了？答案是否定的。因為測試用例是依據需求文件撰寫的，在一定程度上限制了測試人員的想像力，但當測試人員接觸了實際開發出來的軟體時，便有了更多操作和想像的空間，那麼在這個過程中會存在修改和增加用例的可能。另外，在軟體開發的過程中也可能因某種原因新增或變更了一些需求細節，導致需要修改用例。所以在產品上線前，測試人員需要一直維護測試用例。

∞ 6.5 本章小結

6.5.1 學習提醒

設計測試用例是測試人員最重要的工作之一。測試用例作為測試工作的核心文件，將全面指導測試人員的測試執行工作。

本章透過大篇幅的理論介紹和例子為讀者呈現了測試用例的由來、格式、作用、設計方法、測試想法、評審等，目的就是讓初級軟體測試人員能夠儘快進入測試工作流程。

初級軟體測試人員在入職後，其設計測試用例的能力還相對薄弱，前期可以先從簡單的模組開始嘗試設計測試用例，或是從執行已有測試用例開始，待慢慢熟悉了業務後，再來承擔測試用例的設計工作。在實際工作中，測試經理會根據每個人的能力安排相應的工作。

注意：功能測試的用例設計方法和黑盒測試的用例設計方法是同一含義。

6.5.2 求職指導

一 | 本章面試常見問題

問題 1：測試用例是你自己寫的嗎（或是問你是否寫過測試用例）？

參考回答：我寫過測試用例，一般情況下，我們專案小組的測試人員都是各自負責自己模組的用例設計及維護工作。謝謝！

問題 2：測試用例是根據什麼來撰寫的？

參考回答：測試用例都是根據需求文件來寫的。謝謝！

問題 3：你們是用什麼工具來寫測試用例的？

參考回答：一般情況下我們都是用 Excel 表格來寫測試用例的。謝謝！（當然有些公司可能是用自己開發的工具來撰寫，不管是用什麼工具來寫，寫測試用例的步驟和原則是不會變的。）

問題 4：你是怎麼設計測試用例的（或是問測試用例是怎麼寫的）？

參考回答：我覺得設計一個功能模組的測試用例主要基於幾個方面：第一，最主要的還是需要參考需求文件，然後儘量挖掘出更多的需求細節進行用例設計；第二，需要憑自己的一些測試經驗和常識來設計；第三，可以參考其他同事曾寫過的測試用例；第四，可以透過網上的資料做一些補充。基本上我會從這些方面進行用例設計的工作。謝謝！

問題 5：測試用例包括哪些元素（或測試用例包括哪些欄位，或測試用例包括哪些屬性）？

參考回答：請參考 6.1.1 節的內容。

6 測試用例的設計

問題 6：測試用例有哪些設計方法，每個方法的概念是什麼，可否就每種方法舉個例子？

參考回答：請參考 6.2 節的內容。

問題 7：測試用例是如何評審的？參考回答：請參考 6.4.1 節的內容。

問題 8：如何保證測試用例的品質（或什麼樣的用例才稱得上是一個好的用例）？參考回答：我覺得可以從以下 4 個方面來保證測試用例的品質。

第一，要確保測試用例是針對需求文件撰寫出來的，要確保測試點能覆蓋到所有需求點。

第二，要保證操作步驟、具體資料以及預期結果的清晰性、簡潔性、明確性，以確保測試用例的可操作性和可重複使用性（可重複使用性舉例：如測試新版本的時候可直接利用舊版本的測試用例）。

第三，確保有足夠多的異常測試用例（如無效等價類的測試點），同時要確保沒有多餘的重複用例。

第四，對測試用例進行評審。

基本上，我會從以上 4 個方面來確保測試用例的品質。謝謝！

問題 9：如果沒有需求文件，直接給你待測軟體，你將如何開展測試工作？

參考回答：第一，我會大體地測試一下軟體，對於如邊界值、輸入資料型態等需求不明確的問題，集中回饋給產品經理，待產品經理舉出相應的標準後再設計用例。

第二，在測試軟體的過程中，如發現有些功能模組需求非常不明確，甚至影響使用者對產品功能的正確使用，對於這類重大問題，我會及時回饋給測試經理，然後協助其來解決這類問題。

第三，我會積極參加專案的各種討論會議；查看已有的測試用例、Bug 函數庫中已有的 Bug、已有的使用者手冊和說明文件；諮詢產品人員並盡可能多地了解相關的需求資訊，並以此為基礎來設計測試用例。

第四，可以參考軟體的功能直接設計用例，然後提交給測試組（必要的情況下可以提交給整個專案小組）進行評審，以得到統一的意見。

基本上，我會從以上 4 個方面來開展測試工作並設計測試用例。謝謝！

二｜求職技巧

初級軟體測試人員應聘時，如果有筆試的話，那麼筆試中可能會有設計測試用例的題目，以下問題在筆試中經常出現。

題目：請設計 ATM 取款機的測試用例（或是請設計 ATM 取款機的測試點）。

分析：這個題目考查的就是測試人員的發散思維和場景想像能力。對於初級軟體測試人員而言，可以透過以下三步來設計測試用例。

第一步，根據自己的想像能力和記憶能力列舉出 ATM 取款機所有的功能點。舉例來說，常見的功能點有插卡或退卡、密碼輸入或修改、餘額查詢、取款、存款、轉帳等，能想像出來的功能點越多越好。這樣在回答本題時就能夠說明測試工作做得很詳細，測試點覆蓋得很廣。

第二步，根據自己操作 ATM 取款機的經驗，分別制訂出每個功能點的需求文件。舉例來說，插卡功能的需求文件：只接受帶有銀聯標識的銀行卡；密碼修改的需求文件：只允許輸入 6 位數字；取款的需求文件：一次最多可取 5000 元。憑自己的想像能力把所有功能點的需求文件全部制訂出來。

第三步，有了需求文件，就可以利用前面所學的用例設計方法和發散思維來設計測試用例了。

類似的筆試題目還有很多，常見的有：請設計自動售票機的測試用例、請設計紙杯的測試用例、請設計三角形的測試用例等。建議大家在應聘前先做一遍，然後結合網上的參考資料儘量整理出較全的測試點，有了這些經驗之後再去應聘，成功的機率就會高很多。最後請大家注意：筆試的時候，如果對測試用例的格式沒有特別要求，大家可以直接設計測試點，畢竟如果按測試用例格式作答會影響作答時間，當然如果要求用測試用例格式回答，則請按要求作答。

7

測試執行

　　當設計的測試用例通過評審後，測試人員就會進行測試環境的部署，然後會依據測試用例來測試開發人員開發出的軟體系統。測試人員在執行測試用例的過程中，如發現實際結果與預期結果不一致，則表示出現 Bug（缺陷、錯誤、問題）。當測試人員發現 Bug 之後，就需要把 Bug 提交給開發人員進行修復。那測試人員應如何記錄一個 Bug 呢？測試人員又透過什麼工具把 Bug 轉發給開發人員呢？測試人員提交完 Bug 後又如何做回歸測試呢？本章將對提交 Bug 涉及的各種問題進行詳細介紹。提交 Bug 不僅是測試人員價值的表現，也是測試人員與開發人員溝通的重要橋樑，Bug 的數量和品質將對軟體品質的提高造成重要的推動作用。本章內容十分重要，應認真學習。

7 測試執行

∝ 7.1 部署測試環境

當測試人員依據測試用例來測試開發人員開發出的軟體系統時，待測的軟體系統一般會部署在哪裡呢？

一般而言，測試人員並不會在開發人員的開發環境中測試待測試的軟體，而是將待測試的軟體系統單獨地部署在一個獨立於開發環境的測試環境中。這是因為，當開發人員把軟體系統開發完成後，還會繼續對軟體系統的程式進行最佳化和偵錯，此時如果測試人員在同一環境裡對同一套軟體系統進行測試，勢必會產生衝突。為什麼開發和測試在同一環境內工作就會衝突呢？原因在於開發人員在偵錯程式時會影響測試人員測試的結果，而測試人員在測試軟體時也會影響開發人員對程式的偵錯。因此開發人員和測試人員在同一環境內共用一套系統工作並不合適。為了解決這個問題，就需要重新架設一套軟體系統供測試人員專門進行測試，這樣開發人員和測試人員的工作就不會互相影響了。在測試領域，把在測試環境部署待測軟體系統的過程稱為測試環境的架設。

測試環境的架設是一項相對複雜且技術性強的任務，通常需由測試組中經驗豐富的測試人員來負責完成。這是因為測試環境的穩定性、準確性對於後續測試工作的順利進行至關重要，只有具備豐富經驗和專業技能的測試人員才能確保測試環境的架設品質，從而為整個測試過程奠定堅實的基礎。

在本書第 9 章中，筆者將帶領大家學習 Linux 作業系統，並以此為基礎，逐步建構一個名為 ZrLog 的部落格系統，這一過程不僅展示了測試環境架設的實戰應用，更為初學者提供了一個難得的視窗，幫助他們直觀地理解並掌握測試環境的架設流程。鑑於篇幅和重點的考慮，本章將不再對環境架設的具體細節進行闡述。

環境架設完成後，測試人員將在自己架設的環境上執行測試用例，開展測試工作。

⑥ 7.2 如何記錄一個 Bug

當測試人員在執行測試用例的過程中發現 Bug 時，測試人員應該如何記錄這個 Bug？如何確保開發人員能理解自己所提交的 Bug？本節將詳細解答這些問題。

7.2.1 一個 Bug 所包括的內容

通常情況下，一個 Bug 應包括以下資訊點，見表 7-1。

▼ 表 7-1　Bug 包括的基本資訊點及其含義

Bug 包括的基本資訊點	資訊點的含義
Bug 的摘要	寫清楚每一個 Bug 的主要資訊，一般一兩句話即可
Bug 的具體描述	把 Bug 從發生到結束的每一個步驟、每一個細節以及發生過程中涉及的具體資料清晰地描述出來
Bug 的嚴重程度	在禪道系統中，Bug 劃分為①②③④ 4 個等級，等級①：致命問題（造成系統崩潰、死機、無窮迴圈，導致資料庫資料遺失等）；等級②：嚴重問題（系統主要功能部分喪失、資料庫儲存呼叫錯誤、使用者資料遺失，一級功能選單不能使用，但是不影響其他功能的測試等）；等級③：一般性問題（功能沒有完全實現但是不影響使用，功能選單存在缺陷但不會影響系統穩定性等）；等級④：建議問題（介面、性能缺陷等建議類問題，不影響操作功能的執行）
Bug 的優先順序	在禪道系統中，處理 Bug 的優先順序同樣劃分為①②③④ 4 個等級，等級①代表此 Bug 要立即進行處理，等級②代表此 Bug 需要緊急處理，等級③代表此 Bug 以正常的速度處理即可，等級④代表此 Bug 可延後處理
Bug 指派給	每個 Bug 都要指定解決這個 Bug 的開發人員
Bug 的狀態	在禪道系統中，Bug 的狀態有啟動、已解決、關閉 3 種。每個 Bug 管理工具設置的狀態可能不盡相同，大家根據公司規定流程進行相應的處理便可。有關 Bug 狀態的作用，將在 7.3.3 節進行講解

（續表）

7 測試執行

Bug 包括的基本資訊點	資訊點的含義
必要的附件（圖片或日誌）	當測試人員發現 Bug 時，如果能及時截圖則會更有說服力，建議測試人員凡是能截圖的地方都截圖，因為圖片可以直截了當地反映發現 Bug 時的情形。當軟體的某一個功能發生錯誤時，系統一般會為此錯誤產生一筆記錄，這個記錄稱為日誌。在某些專案中，如開發人員或測試經理要求測試人員截取日誌，則測試人員在提交 Bug 時應附上日誌。具體如何截取日誌可直接諮詢開發人員或測試經理，他們清楚日誌的存放位置和截取方法。日誌一般是一個 .txt 格式的文字文件。截取日誌的過程很簡單，大家不用擔心
Bug 其他資訊點	根據實際測試環境或公司要求進行相應填寫即可

每個公司的不同專案中 Bug 應包括的資訊點可能存在一些細小的差異，但大體思想是一致的，進入公司後按照公司的要求和範本書寫即可。

7.2.2 Bug 記錄的正確範例

例 1：某測試人員開啟 XYC 電子郵件的登入頁面，輸入正確的使用者名稱和密碼後成功登入到 XYC 電子郵件內頁，然後按一下「寫信」按鈕進入寫信頁面，隨後輸入正確的郵寄位址、正確的主題、正確的正文，再按一下「發送郵件」按鈕，但之後頁面沒有任何反應，無法發送郵件。很明顯，這就是一個 Bug，那測試人員應如何記錄這個 Bug 呢？

Bug 書寫範例見表 7-2。

▼ 表 7-2 Bug 範例 1

Bug 的摘要：按一下「發送郵件」按鈕無回應，無法發送郵件
（1）Bug 的具體描述：
透過網址 http://mail.xxx.com 開啟 XYC 電子郵件的登入頁面
（2）輸入正確的使用者名稱「abc123ky」，輸入正確的密碼「kitty123」，之後按一下「登入」按鈕，系統顯示登入成功

（續表）

7.2 如何記錄一個 Bug

（3）按一下「寫信」按鈕進入寫信頁面後，在收件人網址列中輸入一個正確的郵寄位址「154xxx@qq.com」，在主題欄中輸入一個正確的主題「你好」，在正文輸入框中輸入正文「祝你開心」

（4）輸入完成後，按一下「發送郵件」按鈕，按一下後系統無反應，無法發送郵件

（5）退出電子郵件系統，使用同樣的帳號並重新嘗試了同樣的操作步驟，該問題仍然存在

（6）退出電子郵件系統，使用另外一個正確的帳號（使用者名稱為 John2008，密碼為 Andy789）進行同樣操作，問題仍然存在

Bug 的嚴重程度：②	Bug 指派給：李開開
Bug 的優先順序：②	Bug 的狀態：啟動
附件：可以截圖的話，建議將截圖提供給開發人員，如需附送日誌，也要一併把日誌提供給開發人員	
備註：無	

對於 Bug 的記錄，需要注意以下 3 點。

（1）Bug 的摘要一定要清晰簡潔。

（2）在 Bug 的具體描述中，測試的步驟和使用到的具體資料都要清楚地寫出來；在 Bug 的具體描述中盡可能多地提供一些必要資訊，如本例具體描述中的第 6 步。

（3）如果可以截圖，一定要截圖，因為這是最直接的證據，一般的作業系統都有截圖軟體。

以上 3 點都是要提交給開發人員的關鍵資訊，開發人員需要依據這些關鍵資訊去定位 Bug 的原因。

例 2：某測試人員開啟 XYC 電子郵件的登入頁面，輸入錯誤的使用者名稱和密碼，隨後按一下「登入」按鈕，此時系統無法登入，但系統沒有舉出任何提示。很明顯，這也是一個 Bug。那測試人員應如何記錄這個 Bug 呢？

Bug 書寫的範例見表 7-3。

7 測試執行

▼ 表 7-3 Bug 範例 2

Bug 的摘要：錯誤的使用者名稱和密碼無法登入電子郵件，但系統沒舉出任何提示	
Bug 的具體描述： （1）透過網址 http://mail.xxx.com 開啟 XYC 電子郵件的登入頁面 （2）輸入錯誤的使用者名稱「kdgls1234」，輸入錯誤的密碼「123df8」，按一下「登入」按鈕，發現無法登入電子郵件，同時系統沒有舉出任何提示 （3）刷新頁面並重新嘗試了同樣的操作步驟，該問題還是存在	
Bug 的嚴重程度：③	Bug 指派給：李開開
Bug 的優先順序：③	Bug 的狀態：啟動
附件：可以截圖的話，建議提供截圖給開發人員，如需要附送日誌，也要一併把日誌提供給開發人員	
備註：無	

其中，對於 Bug 的優先順序，相信初級軟體測試人員都可以正確判斷，提醒大家一點：設置處理 Bug 的優先順序的目的是告訴開發人員處理此 Bug 的優先順序別，以便開發人員合理地安排 Bug 修復工作。

例 3：某測試人員開啟 XYC 電子郵件的登入頁面，輸入正確的使用者名稱和密碼後成功登入電子郵件，然後按一下「寫信」按鈕進入寫信頁面，測試人員準備在收件人網址列中輸入一個電子郵件通訊錄中已存在的電子郵件位址，但當測試人員輸入該電子郵件位址的第一個字元時，發現系統並沒有自動聯想出以該字元開頭的所有電子郵件位址。

分析：如果該需求文件並沒有要求收件人網址列具備自動聯想功能，那麼針對此問題，測試人員就可以當作建議性問題提出。測試人員應該如何記錄這個建議性的 Bug 呢？

Bug 書寫的範例見表 7-4。

7.2 如何記錄一個 Bug

▼ 表 7-4 Bug 範例 3

Bug 的摘要：建議收件人網址列加入電子郵件位址自動聯想功能	
Bug 的具體描述： （1）透過網址 http://mail.xxx.com 開啟 XYC 電子郵件的登入頁面 （2）輸入正確的使用者名稱「abc123ky」，輸入正確的密碼「kitty123」，之後按一下「登入」按鈕，系統顯示登入成功 （3）按一下「寫信」按鈕進入寫信頁面，然後在收件人網址列中輸入一個電子郵件通訊錄中已存在的電子郵件位址 （4）當輸入第一個字元「1」時，系統沒有自動聯想出以「1」開頭的所有收件人位址 （5）建議收件人網址列加入自動聯想功能，凡是存在於電子郵件通訊錄中的電子郵件位址，使用者只要輸入首個字元，系統立即能自動聯想出以該字元開頭的電子郵件位址。這樣可以為使用者帶來良好的體驗	
Bug 的嚴重程度：④	Bug 指派給：李開開
Bug 的優先順序：④	Bug 的狀態：啟動
附件：無	
備註：無	

描述 Bug 的發生過程並記錄相關資料，這對一名初級軟體測試人員而言並不是一件很困難的事情。初級軟體測試人員在記錄一個 Bug 時，應盡可能多地提供一些詳細的資訊和截圖。本書所列的 Bug 範例也許並不是最好的，初級軟體測試人員入職後應多參考其他同事曾提交過的 Bug 範例單，並學習其中的優點。

總之，提交清晰的 Bug 範例單是初級軟體測試人員十分重要的一項工作。如果 Bug 範例單中的內容缺少關鍵步驟和具體資料等重要資訊，那麼不僅會給開發人員修復 Bug 帶來困難，還有可能會被直接退回並要求重新書寫 Bug 範例單。

7.3 利用測試管理工具追蹤 Bug

Bug 追蹤模組對測試人員來說是最重要的模組之一，同時也是測試人員和開發人員最需要關注的模組之一。每名測試人員在執行測試用例的過程中，發現的 Bug 少則幾個，多則幾十甚至上百個，這些 Bug 是如何及時轉發給開發人員的呢？測試人員又是如何追蹤這些 Bug 的後續修復及驗證工作的呢？這裡就需要用到測試管理工具。測試管理工具是每個測試組必須具備的工具之一，它的主要作用之一是對測試人員提交的 Bug 進行集中管理、轉發和維護。

7.3.1 測試管理工具簡介

目前主流的 Bug 管理工具有很多，如 Test Director（簡稱 TD）、Quality Center（簡稱 QC，它是 TD 的升級版）、JIRA、禪道、Mantis 以及各公司自行開發的 Bug 管理工具等。這些都是常用的 Bug 管理工具，每個工具都有各自的優勢。雖然每個公司使用的 Bug 管理工具不同，但是它們對 Bug 的處理流程都大同小異，學會了其中一種，就很容易理解和操作其他 Bug 管理工具。

禪道是一個簡體中文開放原始碼專案管理軟體。它整合了 Bug 管理、測試用例管理、發佈管理、文件管理等功能，完整地覆蓋了軟體研發專案的整個生命週期。在禪道軟體中，明確地將產品、專案、測試三者概念區分開，產品人員、開發團隊、測試人員，三者分立，互相配合，又互相限制，透過需求、任務、Bug 來進行交相互動，最終透過合作使產品達到合格標準。

7.3.2 禪道系統基本使用流程

禪道系統由管理員（admin）建立部門和使用者，由產品經理建立產品與需求，由專案經理連結需求並專案成立、組建團隊、分配任務，由研發人員實現產品功能並提交測試版本，由測試人員設計產品的測試用例並提交 Bug。

7.3 利用測試管理工具追蹤 Bug

為了讓初級軟體測試人員清楚地知道與 Bug 銜接的各項流程，本節簡要地介紹一下禪道系統管理專案的基本流程。

一｜新建部門和使用者

（1）在禪道的首頁選擇「開放原始碼版」，如圖 7-1 所示。

（2）進入禪道登入頁面，如圖 7-2 所示。

▲ 圖 7-1 禪道首頁

▲ 圖 7-2 登入頁面

7-9

7 測試執行

（3）使用管理員（admin）帳戶登入後將出現如圖 7-3 所示的頁面。

▲ 圖 7-3 登入成功

（4）進入「組織」→「部門」的連結頁面，新建 3 個部門並儲存，如圖 7-4 所示。

▲ 圖 7-4 增加 3 個部門

7.3 利用測試管理工具追蹤 Bug

（5）進入「組織」→「使用者」→「+增加使用者」的連結頁面，增加「專案經理」帳戶並儲存，如圖 7-5、圖 7-6 所示（電子郵件和原始程式碼帳號可為空，其中「你的系統登入密碼」為管理員 admin 的密碼）。

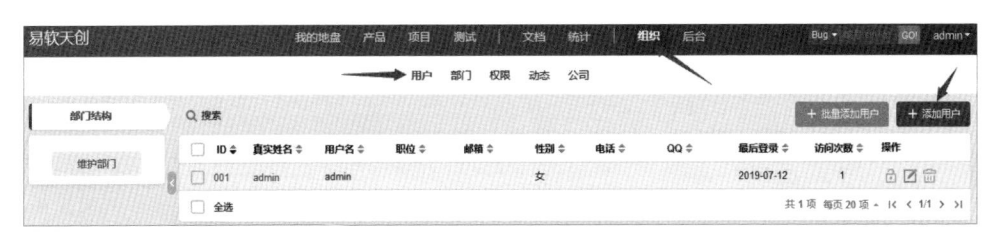

▲ 圖 7-5 增加使用者

（6）增加「產品經理」帳戶並儲存，如圖 7-7 所示。

▲ 圖 7-6 增加「專案經理」

7-11

▲ 圖 7-7 增加「產品經理」

（7）增加「開發人員」帳戶並儲存，如圖 7-8 所示。

（8）增加「測試人員」帳戶並儲存，如圖 7-9 所示。

▲ 圖 7-8 增加「開發人員」

7.3 利用測試管理工具追蹤 Bug

▲ 圖 7-9 增加「測試人員」

二｜建立產品和需求

（1）產品經理張產產登入禪道系統，進入「產品」→「＋增加產品」的連結頁面，新建產品並儲存，如圖 7-10、圖 7-11 所示。

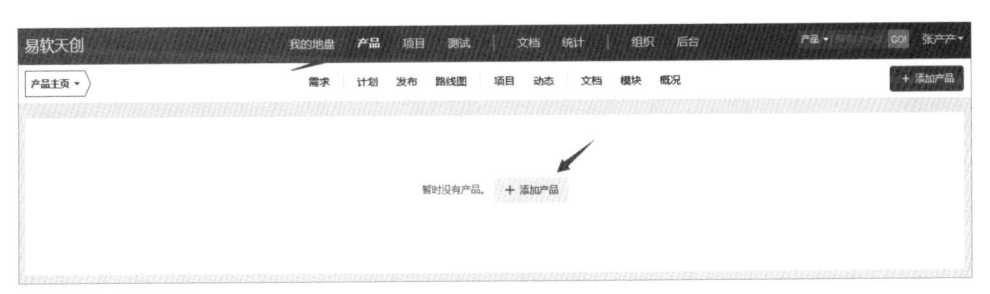

▲ 圖 7-10 增加產品

7 測試執行

▲ 圖 7-11 增加「XYC 電子郵件」產品

（2）產品增加成功後系統自動跳躍到需求模組的頁面，進入「需求」→「+ 提需求」的連結頁面，增加需求並儲存，如圖 7-12、圖 7-13 所示。

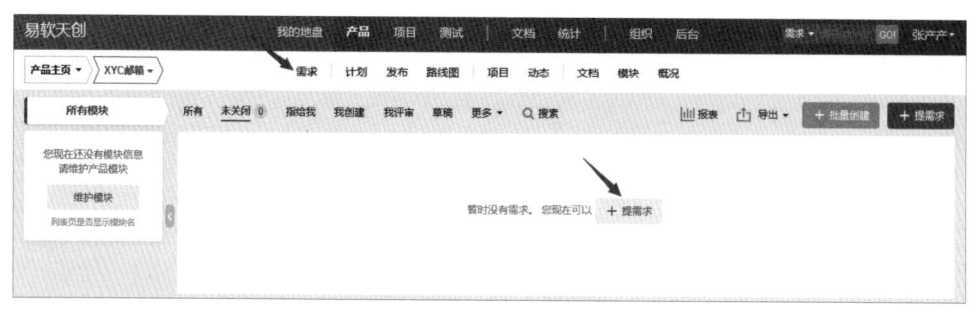

▲ 圖 7-12 提需求

7-14

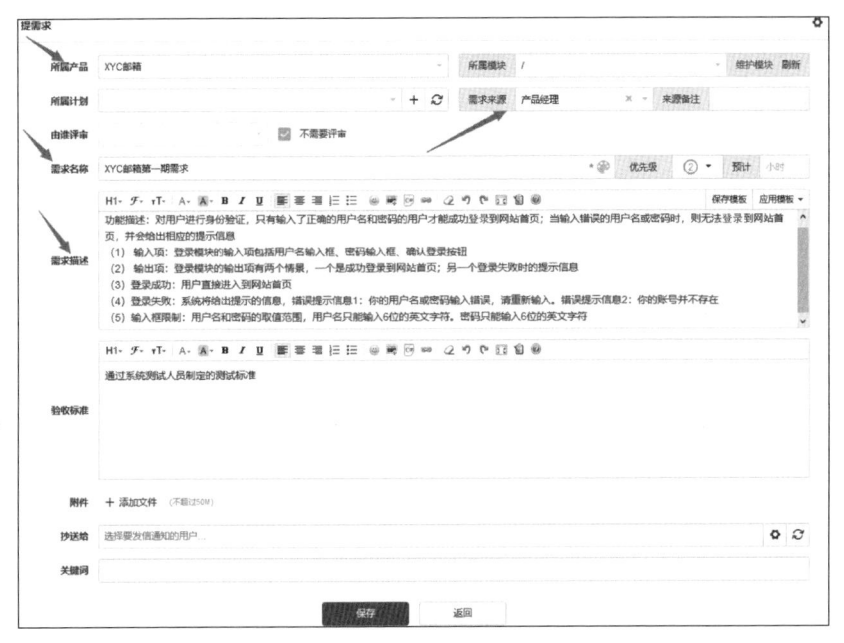

7.3 利用測試管理工具追蹤 Bug

▲ 圖 7-13 增加「XYC 電子郵件」的需求

三│新建專案、組建團隊、連結需求、分配任務

由於產品經理已經在「XYC 電子郵件」這個產品下建立了該產品的需求文件，那麼專案經理就要著手建立起一個專案並組建團隊，連結專案的需求，分配相關的任務。

（1）專案經理王項項登入禪道系統，進入「專案」→「＋增加專案」的連結頁面，新建專案並儲存，如圖 7-14、圖 7-15 所示。

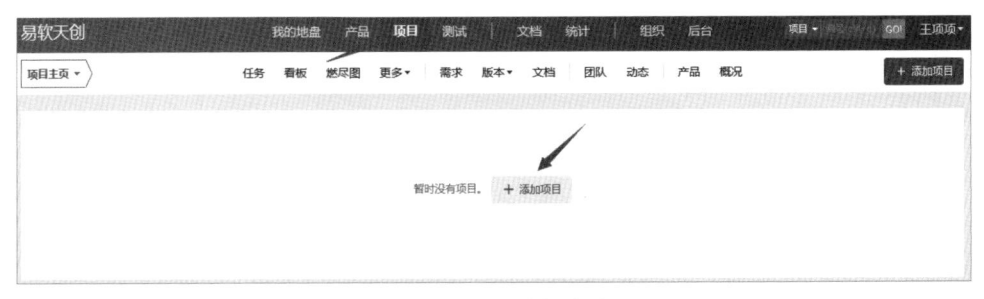

▲ 圖 7-14 增加專案

7-15

7 測試執行

▲ 圖 7-15 增加「XYC 電子郵件第一期專案」

（2）當專案增加成功後，系統將自動彈出如圖 7-16 所示的提示。

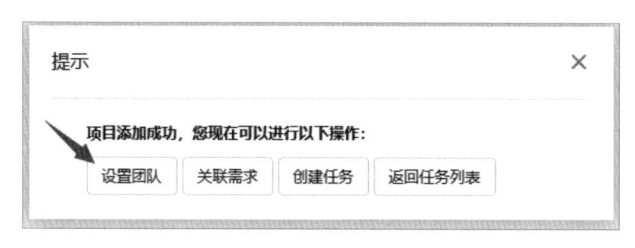

▲ 圖 7-16 提示

（3）按一下圖 7-16 中「設置團隊」連結進入「團隊成員」頁面，如圖 7-17 所示。

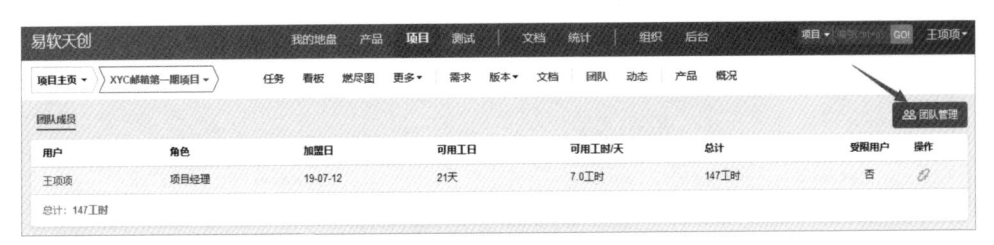

7.3 利用測試管理工具追蹤 Bug

▲ 圖 7-17 團隊成員

（4）按一下圖 7-17 中「團隊管理」連結進入「團隊管理」頁面，增加團隊成員並儲存，如圖 7-18 所示。

▲ 圖 7-18 設置團隊成員

（5）進入「專案」→「需求」→「連結需求」的連結頁面來連結該專案的需求並儲存，如圖 7-19、圖 7-20 所示。

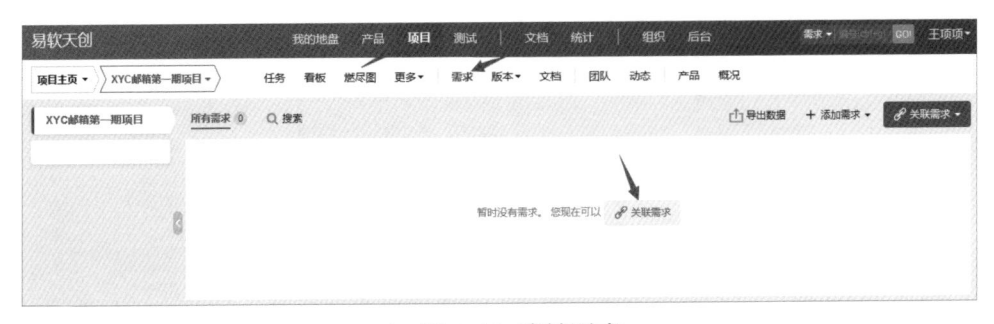

▲ 圖 7-19 連結需求

7-17

7 測試執行

▲ 圖 7-20 按一下儲存

（6）按一下圖 7-20 中「儲存」按鈕後可以看到 XYC 電子郵件第一期專案所連結的需求，如圖 7-21 所示。

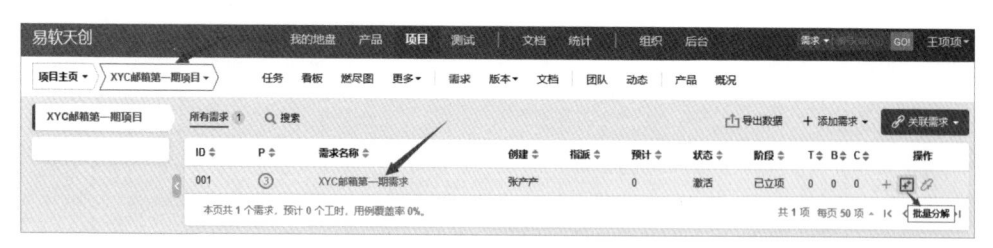

▲ 圖 7-21 專案連結需求成功

（7）按一下圖 7-21 中「批次分解」連結進入「批次建立」頁面，並進行任務的指派、儲存，如圖 7-22 所示。

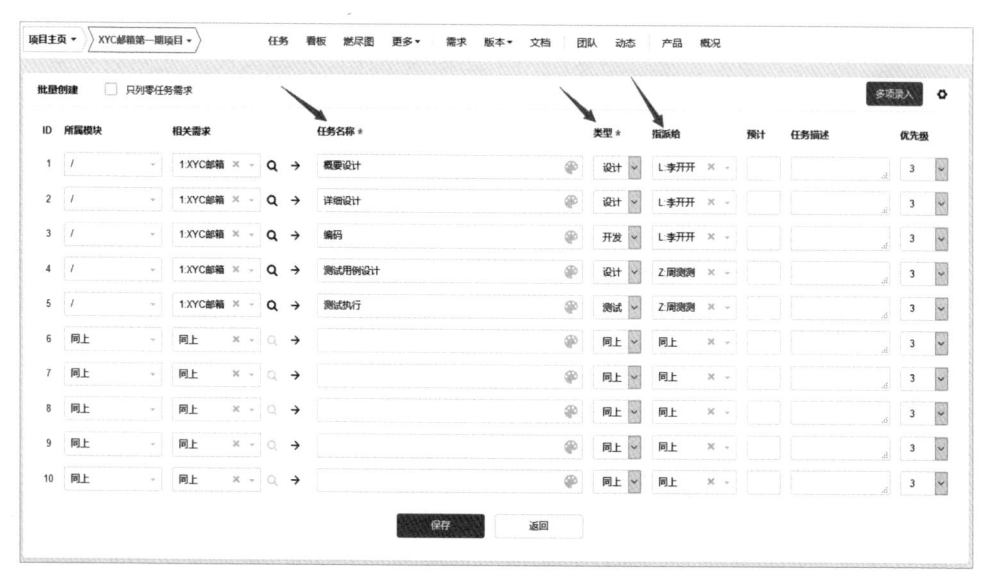

▲ 圖 7-22 批次建立任務

7-18

7.3 利用測試管理工具追蹤 Bug

四│開發人員領取任務，並提交測試版本

（1）開發人員李開開登入禪道系統，進入「我的地盤」→「任務」的連結頁面就可以查看專案經理分配給開發人員李開開的任務，如圖 7-23 所示。

▲ 圖 7-23　查看任務

（2）當開發人員李開開完成其中一項任務時，可按一下圖 7-23 右側的「完成」按鈕，在彈出的對話方塊中設置消耗的時間並儲存，即代表該任務完成，如圖 7-24 所示。

▲ 圖 7-24　完成任務

7-19

7 測試執行

（3）當開發人員李開開的三項任務全部完成時，便可提交相應的測試版本，進入「專案」→「版本」的連結頁面進行版本的建立，如圖 7-25 所示。

▲ 圖 7-25 建立版本

（4）按一下圖 7-25 中的「+ 建立版本」連結進行版本的建立，並儲存，如圖 7-26 所示（圖中原始程式碼位址、下載網址、上傳發行套件為開發人員提供的軟體安裝套件的位置）。

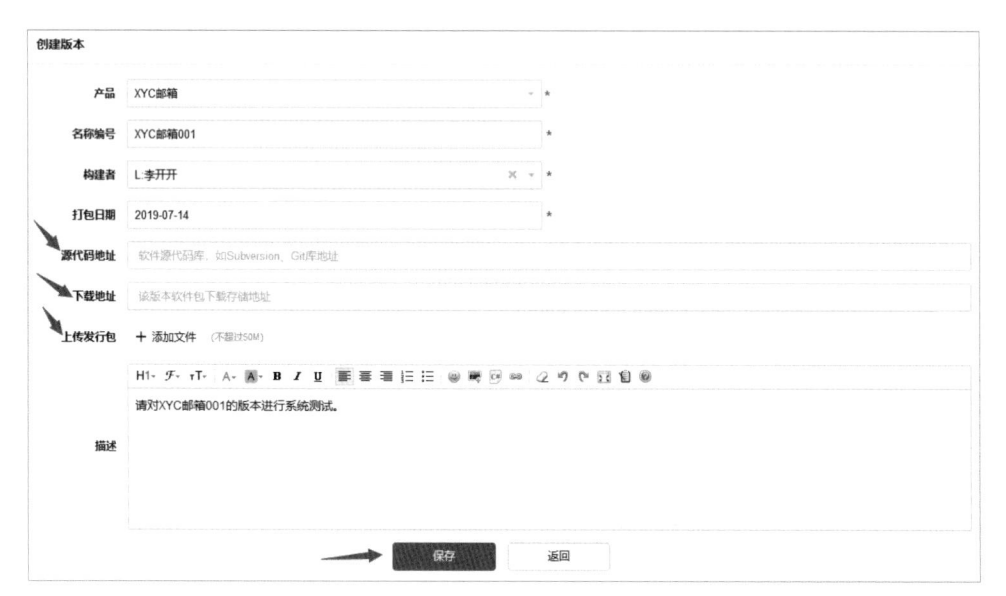

▲ 圖 7-26 建立測試版本

7-20

7.3.3 透過禪道系統來追蹤 Bug

在 7.3.2 節中，開發人員已透過禪道系統提交了可測試的版本，接下來就由測試人員來執行測試，並提交 Bug。

（1）測試人員周測測登入禪道系統，進入「專案」→「任務」的連結頁面，此時就可以查看專案經理分配給測試人員周測測的任務，如圖 7-27 所示。

▲ 圖 7-27 查看任務

（2）假設測試人員周測測已完成測試用例設計與測試用例執行的全部工作，並且在測試中發現了問題，那麼測試人員周測測就要透過禪道系統提交 Bug 給開發人員。

（3）測試人員周測測進入「測試」→「Bug」的連結頁面，如圖 7-28 所示。

▲ 圖 7-28 按一下「+ 提 Bug」

7 測試執行

（4）按一下圖 7-28 中的「＋提 Bug」連結進入提交 Bug 的頁面，此時可提交 Bug 並進行相應儲存，如圖 7-29、圖 7-30 所示（從圖 7-30 中可以看到，此 Bug 的狀態為「啟動」，此 Bug 指派給了開發人員李開開）。

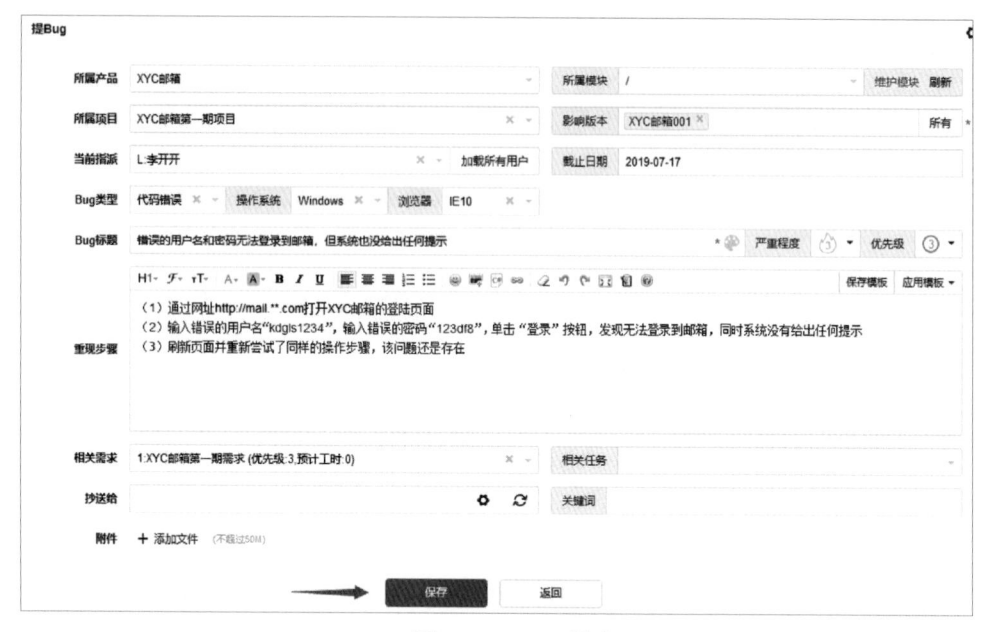

▲ 圖 7-29 Bug 提交

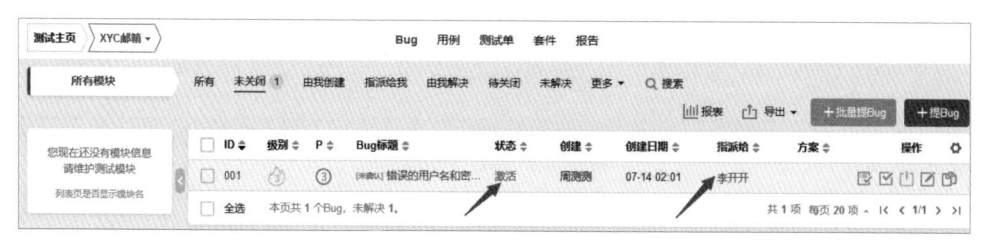

▲ 圖 7-30 查看 Bug 資訊

（5）開發人員李開開登入禪道系統，進入「測試」→「Bug」的連結頁面，此時就可以看到測試人員周測測指派給他的 Bug 單，如圖 7-31 所示。

7-22

7.3 利用測試管理工具追蹤 Bug

▲ 圖 7-31 開發人員查看 Bug

（6）開發人員李開開修復好此 Bug 後，就會按一下圖 7-32 中的「解決」按鈕，在彈出的對話方塊中設置解決時的資訊並儲存，那麼此時 Bug 就已解決完成，如圖 7-33 所示。

▲ 圖 7-32 解決問題

▲ 圖 7-33 完成解決

7 測試執行

（7）測試人員周測測登入禪道系統，並驗證所提 Bug 是否被開發人員李開開修復好，如經驗證，此 Bug 已被解決，將按一下圖 7-34 中的「關閉」按鈕，並備註相關資訊，如圖 7-35 所示。

▲ 圖 7-34 關閉 Bug

▲ 圖 7-35 備註資訊

（8）當測試人員周測測再次查看此 Bug 時，此 Bug 的狀態為「關閉」，如圖 7-36 所示。

▲ 圖 7-36 查看 Bug 狀態

7-24

（9）如果測試人員周測測在驗證此 Bug 時發現此 Bug 並沒有被解決，就會再次編輯此 Bug，並將 Bug 的狀態設置為「啟動」，重新指派給開發人員李開開。至此，Bug 的基本處理流程已完成。

有關禪道系統的試用，大家在百度上直接搜尋「禪道」便可找到禪道系統試用的入口。初級軟體測試人員入職後，不管測試組使用的是哪一款 Bug 管理工具，只要清楚 Bug 管理工具處理 Bug 的基本思想即可，至於工具本身的使用，相信對大家來說都不是難事。

7.4 對 Bug 存有爭議時的處理

測試人員和開發人員因 Bug 存有爭議的事情常有發生，例如開發人員認為這不算是一個 Bug，或認為這個 Bug 不重要，不需要修改，而測試人員認為這是一個很嚴重的 Bug，需要開發人員修改，或因其他原因起了爭議等。如果出現這些情況，測試人員應如何處理呢？本書舉出以下建議。

（1）任何爭議都需要「對事不對人」，不能因為 Bug 而激化了雙方的矛盾。

（2）有很多初級軟體測試人員提交的 Bug 單流轉到開發人員那裡後，開發人員看不懂。原因在於測試人員提交的 Bug 單沒有描述清楚，這是一個非常常見的現象。測試人員提交的 Bug 單一定要描述清楚，並需要有充足的依據和理由。

（3）如果 Bug 單寫清楚了，但開發人員還是不願意修改的話，可以找一個合適的時間，心平氣和地與開發人員溝通，說明此 Bug 對產品品質可能產生的不良影響，測試人員在溝通過程中不能意氣用事。

（4）經溝通後，如果開發人員還是不願意修改（當然開發人員不修改也有他們的原因），那麼此時可以向測試經理匯報這一情況，由測試經理出面解決，或是由測試經理召開 Bug 評審大會（開發人員、測試人員、產品經理三方人員參與，有時也包括專案經理），共同定奪。

（5）有些初級軟體測試人員把 Bug 提交給開發人員後，經過開發人員的各種解釋，可能會由於自己對業務邏輯不夠熟悉，而誤將實際存在的 Bug 視為非 Bug，從而忽略這個問題，這也是經常發生在初級軟體測試人員身上的事情。這就要求測試人員在提交 Bug 的過程中具有原則性，必要時多溝通並向有經驗的同事請教，結合開發人員意見，綜合考慮後再確定解決方案。

（6）測試人員應和開發人員面對面或透過電子郵件、電話等方式保持密切溝通，協商和處理 Bug，以增加測試人員與開發人員之間的信任和了解。直接溝通也應貫穿到產品開發、測試的每個環節中。

7.5 回歸測試的策略

當測試人員透過 Bug 管理工具把發現的 Bug 全部提交給開發人員後，開發人員就會對這些 Bug 展開修復工作，待開發人員把 Bug 修復好之後，測試人員就要進行回歸測試。回歸測試是什麼意思呢？簡單來說，開發人員把 Bug 修復好之後，測試人員需要重新驗證 Bug 是否修復同時在新版本中進行測試，以檢測開發人員在修復程式過程中是否引入新的 Bug，此過程就稱為回歸測試。那測試人員在做回歸測試時有什麼策略呢？本節將對回歸測試的基本流程和回歸測試的策略說明。

7.5.1 回歸測試的基本流程

假如 XYC 電子郵件的測試工作已完成，Bug 已全部修復，並已達到上線標準。接下來就以 XYC 電子郵件為例來回顧一下 XYC 電子郵件回歸測試的基本流程，如圖 7-37 所示。

7.5 回歸測試的策略

```
XYC 電子郵件 V1.0 版本 ──第一輪測試──▶ 測試人員共發現 100 個 Bug，存在嚴重問題，達不到上
                                        線標準
                    ◀──開發人員修復這 100 個 Bug，並把修復
                        後的軟體命名為 XYC 電子郵件 V1.1 版本──
XYC 電子郵件 V1.1 版本 ◀──測試人員在 V1.1 版本上進行第二輪的回歸測試── 結果發現：上一輪的 100 個 Bug 中有 15 個 Bug 並沒有
                                        修復好，另外還新引入了 25 個 Bug，總計 40 個 Bug，
                                        存在多個嚴重問題，達不到上線標準
                    ──開發人員修復這 40 個 Bug，並修復
                        後的軟體命名為 XYC 電子郵件 V1.2 版本──▶
XYC 電子郵件 V1.2 版本 ──測試人員在 V1.2 版本上進行第三輪的回歸測試──▶ 結果發現：上一輪的 40 個 Bug 中還有 2 個 Bug 並沒有
                                        修復好，另外還新引入了 10 個 Bug，總計 12 個 Bug，存
                                        在 1 個嚴重問題，達不到上線標準
                    ◀──開發人員修復這 12 個 Bug，並修復
                        後的軟體命名為 XYC 電子郵件 V1.3 版本──
XYC 電子郵件 V1.3 版本 ──測試人員在 V1.3 版本上進行第四輪的回歸測試──▶ 結果發現：上一輪的 12 個 Bug 僅有 2 個 Bug 沒有被修復，
                                        無嚴重問題，僅有的這 2 個 Bug 只是建議性的問題，並
                                        不影響使用者對功能的使用和體驗，產品已達到上線的
                                        要求和標準
```

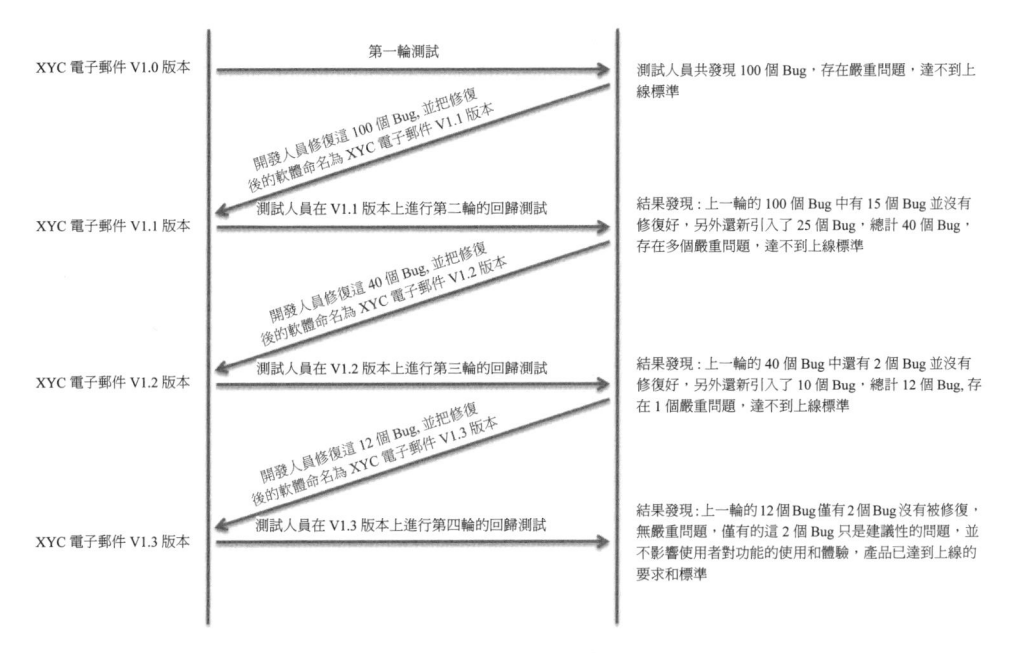

▲ 圖 7-37 回歸測試流程

下面對以上流程圖進行簡要說明。

（1）開發人員把最初開發出來的 XYC 電子郵件命名為 XYC 電子郵件 V1.0 版本。測試人員就會針對 XYC 電子郵件 V1.0 版本進行第一輪測試。第一輪測試執行完成後，測試人員一共發現了 100 個 Bug，其中存在多個嚴重問題，XYC 電子郵件無法達到上線標準。

（2）開發人員隨後對 XYC 電子郵件 V1.0 版本的這 100 個 Bug 進行修復。Bug 修復完成後，就把修復後的軟體命名為 XYC 電子郵件 V1.1 版本，以區別於 V1.0 版本。接著測試人員就會在 V1.1 版本上進行第二輪的回歸測試，以驗證開發人員是否修復了這 100 個 Bug。結果發現，100 個 Bug 中有 15 個 Bug 並沒有修復好，另外還新引入了 25 個 Bug，相當於 XYC 電子郵件 V1.1 版本還會有 40 個 Bug，且存在多個嚴重問題，故達不到上線標準。

7-27

（3）開發人員隨後對 XYC 電子郵件 V1.1 版本的這 40 個 Bug 進行修復，Bug 修復完成後，就把修復後的軟體命名為 XYC 電子郵件 V1.2 版本，以區別於 V1.1 版本。接著測試人員就會在 V1.2 的版本上進行第三輪的回歸測試，以驗證開發人員是否修復了這 40 個 Bug。結果發現，40 個 Bug 中有 2 個 Bug 並沒有修復好，另外還新引入了 10 個 Bug，相當於 XYC 電子郵件 V1.2 版本存在 12 個 Bug，且存在 1 個嚴重問題，故達不到上線標準。

（4）開發人員隨後對 XYC 電子郵件 V1.2 版本的這 12 個 Bug 進行修復，Bug 修復完成後，就把修復後的軟體命名為 XYC 電子郵件 V1.3 版本，以區別於 V1.2 版本。接著測試人員就會在 V1.3 的版本上進行第四輪的回歸測試，以驗證開發人員是否修復了這 12 個 Bug。結果發現，僅有 2 個 Bug 存在，且這 2 個 Bug 都是建議性的問題，並不影響使用者對功能的使用和體驗，達到上線標準，此時 XYC 電子郵件 V1.3 版本就可以上線讓使用者使用了。

以上展示的就是一個回歸測試的基本流程，從中可以看到：

（1）即使上一輪的 Bug 被修復了，在下一輪的測試中還可能發現新的 Bug，並不是說上一輪的 Bug 修復好了就不會再出現其他問題了。

（2）軟體測試並不是測試一輪就完成了，一般情況下，一個軟體產品可能需要經過多輪反覆測試和驗證才能達到上線標準。

7.5.2 回歸測試的基本策略

回歸測試的策略一般由測試經理或測試組長制訂，初級軟體測試人員只要按照相應的策略執行測試即可。現以 XYC 電子郵件的測試為例，簡介一下回歸測試的基本策略。

（1）回歸測試時執行全部的測試用例。

XYC 電子郵件 V1.0 版本的第一輪測試中發現 100 個 Bug，那麼在第二輪的回歸測試中，除了測試這 100 個 Bug 之外，其他所有功能點的測試用例需要重新再執行一遍，這樣做的原因在於，回歸測試的 V1.1 版本是在修改了

7.5 回歸測試的策略

V1.0 版本存在的 100 個 Bug 的基礎上建立起來的。修復大量的 Bug，就表示要改動大量的程式，當多處程式被改動後誰也不能保證其他功能點不受影響，所以對所有的功能點進行測試是比較保險的，也是比較周密的，不會遺漏任何測試點。使用此策略的時間週期和人力成本也是比較高的，一般情況下，在第一輪測試發現的 Bug 數量過多的情況下，第二輪回歸測試應該執行全部的測試用例。

（2）選擇重要的功能點、常用的功能點、與 Bug 相連結的功能點進行回歸測試。

XYC 電子郵件的第二輪回歸測試中又發現了 40 個 Bug，那麼在第三輪的回歸測試過程中，除了要測試這 40 個 Bug，還應當把重要的功能點、常用的功能點、與 Bug 相連結的功能點的測試用例再執行一遍，其他次要的測試用例可在時間充足的情況下選擇性執行。

（3）選擇性執行關鍵功能點的測試用例。

XYC 電子郵件的第三輪回歸測試中又發現了 12 個 Bug，那麼在第四輪的回歸測試過程中，除了測試這 12 個 Bug，還可以選擇性地執行一些關鍵功能點的測試用例，其他測試用例可在時間充足的情況下選擇性執行。

（4）僅測試出現 Bug 的功能點。

如果測試組認為軟體的功能點已經十分穩定了，回歸測試的時候可選擇僅測試出現 Bug 的功能點。

每個策略都有其適應的場景，不能一概而論，應當以 Bug 的數量和嚴重程度為導向，深入分析，然後得出適合本專案的回歸測試策略。

回歸測試是在系統測試人員完成了需求評審、測試計畫、用例設計、環境架設、Bug 提交等關鍵性的測試工作之後所要開展的工作，可以說此時的測試人員已經完全融入測試系統中，也完全可以勝任相應的測試工作了。至於回歸測試的策略，初級軟體測試人員可先學習測試經理制訂的策略，再在執行回歸測試策略過程中進一步提升自己的測試經驗。

7 測試執行

◎ 7.6 本章小結

7.6.1 學習提醒

（1）本章介紹 Bug 所包括的基本資訊、測試管理工具的基本使用流程、Bug 的提交與轉發、回歸測試等內容，目的是讓初級軟體測試人員儘快融入測試的流程中。

（2）發現 Bug 並提交 Bug 是初級軟體測試人員最主要的任務之一。而測試管理工具（本書以禪道為例）是測試人員最為重要的工具之一，測試人員發現的所有 Bug 都要在禪道系統上詳細描述，然後提交給開發人員，開發人員需要從禪道系統上獲取 Bug 資訊，然後進行修改，可以說 Bug 是測試人員和開發人員的互動中心。

（3）初級軟體測試人員入職後，應儘快地熟悉測試管理工具、Bug 的處理流程、測試組溝通協作方式等細節問題，以便讓自己更快地進入工作狀態。

7.6.2 求職指導

一｜本章面試常見問題

問題 1：一個完整的 Bug 包括哪些內容？

參考回答：請參考 7.2.1 節。

問題 2：一個 Bug 包括哪些常用狀態？

參考回答：請參考 7.2.1 節。

問題 3：Bug 的處理流程是怎樣的？

參考回答：請參考 7.3.3 節。

問題 4：如何提交一個高品質的 Bug？

參考回答：我個人覺得提交一個高品質的 Bug，以下幾點很重要：

第一點是 Bug 的摘要，透過 Bug 摘要可以讓專案小組其他成員知道這個 Bug 單描述的是什麼問題；第二點是 Bug 的具體描述，也就是 Bug 重現的步驟，Bug 記錄的細節越詳細越好，包括出錯前後所執行的操作步驟、所涉及的具體資料等；第三點是附上相應的截圖和日誌，特別是截圖，清晰和正確的截圖能為此 Bug 提供有力的說明和證據；第四點是所測軟體的版本編號及測試的環境，不同的版本、不同的環境都可能造成不同的測試結果。當然 Bug 的其他資訊點都應當正確描述。

問題 5：如果你發現的這個 Bug 的操作步驟在測試用例中沒有提到，你怎麼處理？

參考回答：這就需要把發現的這個 Bug 的操作步驟補充到測試用例中，以便下一次測試時能注意到這個問題。

問題 6：如果你和開發人員對 Bug 發生了爭議，你怎麼處理？

參考回答：請參考 7.4 節。

問題 7：如果你發現了一個 Bug，但之後再也無法重現，你怎麼辦？

參考回答：遇到這類問題，我首先會截圖，並搜集日誌，以保留好測試現場。沒有重現，可能是因為沒有觸發引起此 Bug 發生的某個點，所以作為測試人員，我會想方設法盡可能地讓這個 Bug 重現。如果實在無法重現，我還是會提交此 Bug 給開發人員，如果有截圖和日誌，也將一併附上。如果開發人員要求重現，那我就會在後期繼續觀察，如果最終還是無法重現，則會把此問題反映給測試經理，由測試經理同開發人員進行評審並商量解決的方法。雖然現在沒有重現，但是不能保證 Bug 在使用者那裡不會出現。

問題 8：如果開發人員不修改你發現的 Bug，舉出的原因是修改的成本比較高，這個 Bug 只是影響使用者體驗而已，你怎麼辦？

參考回答：首先，我覺得凡是影響使用者體驗的問題都是大問題，如果使用者體驗沒有做好，我覺得這就不是一款好的產品。其次，如果每個問題都因修改成本高而不去修改的話，是無法持續提升產品品質的，我覺得只要是問題，

7 測試執行

無論大小，測試人員都應當要求開發人員去修改。這是對產品負責，也是對使用者負責。

問題 9：你所了解的測試管理工具有哪些，你用的是什麼？

參考回答：我所了解的測試管理工具有 TD、QC、禪道、Mantis、JIRA 等。我之前的專案小組所使用的測試管理工具是禪道。

問題 10：一個軟體版本，你們一般要測試多長時間？

參考回答：一般情況下，一個軟體版本要測試三到五輪，每一輪的測試時間也不能一概而論，受很多因素的影響，例如會受需求規模、測試人員、測試技術、軟體品質等各方面因素的影響，具體要視實際情況而定。

問題 11：能講一下回歸測試的基本策略嗎？

參考回答：請參考 7.5.2 節。

二 | 面試技巧

初級軟體測試人員在面試過程中千萬不要面試官問一句，就答一句。面試的時候要積極主動地與面試官交流你對此問題的看法，如果面試官問到了你熟悉的問題，此時更要抓住機會主動深入展開對該問題的回答，如果熟悉的領域你不深入展開，不熟悉的領域你又不知道，你覺得面試會通過嗎？

如果面試過程中由於緊張，本來能回答的內容一下子全忘了，此時可以跟面試官說：「不好意思，有點緊張，我可以重新說一次嗎？」或說：「不好意思，有點緊張，能不能待會兒再回答你這個問題？」這些都是可以的。

8

軟體測試報告

　　回歸測試工作完成後，就代表產品即將上線，此時每個測試人員都需要針對自己所測試的模組出具一份測試報告，以此來總結測試結果。可以說測試報告是測試人員在測試階段的最後一份輸出文件。那麼初級軟體測試人員應如何撰寫測試報告呢？本章將對此進行簡介。

8 軟體測試報告

ɑ 8.1 軟體測試報告的定義

如何理解軟體測試報告呢？其實很簡單，測試報告是一份描述軟體的測試過程、測試環境、測試範圍、測試結果的文件，用來分析總結系統存在的風險以及測試結論。接下來，本節簡單描述一下這些內容的含義。

（1）測試過程：測試過程需要對測試人員、測試時間、測試地點、測試版本等資訊進行描述。其他測試過程中發生的關鍵資訊均可在這裡進行描述。

（2）測試環境：測試環境指的是軟體環境和硬體環境（主要描述前臺環境，此環境同測試計畫中的環境），其他相連結的輔助環境均可在這裡進行描述。

（3）測試範圍：測試範圍指的是具體所測模組及分佈在該模組上的所有功能點。與之有連結的資訊也可在這裡進行描述。

（4）測試結果：測試結果主要指測試用例執行情況的整理、執行結果通過率、Bug 的整理、Bug 的分佈情況等。其他有連結的測試結果均可在這裡進行描述。

（5）系統存在的風險：系統存在的風險主要指的是系統中遺留的 Bug 會對軟體造成什麼風險。其他風險資訊均可以在這裡進行描述。

（6）測試結論：測試結論指在報告的最後舉出一個能否上線（通過）的結論。

（7）附件清單：附件清單主要指測試用例的清單和 Bug 清單，這些清單也需要一併放在測試報告中。

ɑ 8.2 軟體測試報告範本

透過 8.1 節，我們了解到撰寫測試報告需要考慮的內容，那麼測試報告中的這些內容將如何在一份測試報告文件中表現出來呢？本節將對通用的軟體測試報告範本介紹，從而讓讀者了解如何撰寫測試報告文件。

8.2 軟體測試報告範本

以下是一份寫信模組的測試報告範本。

一 | 撰寫目的

測試報告中需要描述撰寫目的。在測試報告中，可以用下面這句話來表現撰寫目的。本次測試報告為公司開發的 XYC 電子郵件寫信模組的系統測試報告，目的在於總結測試

階段的測試情況以及分析測試結果，並檢測系統是否符合需求文件中規定的功能指標。

二 | 模組功能描述

測試報告中需要對測試模組的功能進行整體性描述，如下文。

使用者透過指定收件人位址、主題、附件、正文，增加抄送人位址和密送位址等方式來達到發送郵件的目的，並且測試系統同時支援即時發送、定時發送、存草稿、預覽、新視窗寫信等功能。

三 | 測試過程

範本中採用了表格的形式，將測試過程中的測試時間、測試地點、測試人員、測試版本具體展現出來，見表 8-1。

▼ 表 8-1 測試過程範本

測試時間	測試地點	測試人員	測試版本
2018 年 3 月 1 日—28 日	xx 研發部	王五	XYC 電子郵件 V1.0 XYC 電子郵件 V1.1 XYC 電子郵件 V1.2 XYC 電子郵件 V1.3

四 | 測試環境

表 8-2 和表 8-3 分別為測試報告中描述系統測試軟體環境和硬體環境的範本。

8 軟體測試報告

▼ 表 8-2 測試環境範本（軟體環境）

終端類別	作業系統	應用軟體
PC	Windows 10	Windows 10，IE11

▼ 表 8-3 測試環境範本（硬體環境）

終端類別	機器名稱	硬體規格
PC	聯想商務機	CPU：酷睿 i5，記憶體：三星 8GB，硬碟：三星 500GB

五｜功能點測試範圍

表 8-4 是本例中電子郵件寫信模組測試報告中功能點測試範圍的範本。

▼ 表 8-4 測試範圍範本

一級模組	二級模組	主要功能點	是否通過
寫信	即時發送	按一下「發送」按鈕後郵件發送成功	通過
	定時發送	可以設置郵件發送時間，郵件在指定時間發送成功	通過
	存草稿	郵件發送前可以執行存草稿操作	通過
	預覽	可以預覽郵件	通過
	新視窗寫信	可以正常開啟寫信視窗，並能在新開的寫信視窗輸入收件人位址、主題、附件、正文，增加抄送和密送等資訊	通過

六｜測試執行結果

測試報告中需要對測試執行過程中得到的 Bug 整理情況及分佈情況說明，通常會用一段文字概述，如「本次測試電子郵件寫信模組一共發現 22 個 Bug，這 22 個 Bug 已被開發人員全部修復，現已處於關閉狀態」，並附上分佈表。Bug 整理及 Bug 分佈情況見表 8-5、表 8-6。

▼ 表 8-5 Bug 整理

	致命	嚴重	一般	輕微	建議	總數
總數	0	2	10	6	4	22
已關閉數	0	2	10	6	4	22
遺留 Bug 數	0	0	0	0	0	0

▼ 表 8-6 Bug 分佈

一級模組	二級模組	Bug 數量	其他說明
寫信	即時發送	5 個	無
	定時發送	5 個	無
	存草稿	8 個	無
	預覽	4 個	無

七｜風險評估

測試報告中需要根據測試結果評估本次測試存在的風險以及應對策略，表 8-7 為本例範本中的風險分析。

▼ 表 8-7 風險評估

風險	應對策略
本次測試的版本中，並沒有對上傳的附件進行病毒掃描	建議後期的版本中加入病毒掃描功能

八｜測試結論

測試報告中需要對本次測試進行總結，舉出測試結論，以下文。

本次測試的主要功能是 XYC 電子郵件的寫信模組，本次測試覆蓋了寫信模組的所有測試用例，功能都已實現，符合需求文件的要求，測試成功，具備上線的條件。

九｜附件

測試報告中可以附上測試過程中所產出的各類輸出文件，如本例中的寫信模組的測試用例、寫信模組的 Bug 清單。

本報告範本十分簡單，並沒有引入太多細節性的內容和複雜條件，目的是便於理解。在實際工作中，每個公司都有相應的報告範本，範本格式和內容也不同，只要按照要求去填寫測試過程和測試結果即可。隨著測試工作的不斷深入，初級軟體測試人員便慢慢可以在報告中表現出更多更細的內容。

8.3 本章小結

8.3.1 學習提醒

測試報告是專案測試完成後的總結性文件，大家需要注意的是，通常整個系統的測試報告由測試經理整理完成，測試人員本身只負責自己所測模組的測試報告。在整個測試流程中，初級軟體測試人員並不用過多擔心測試報告怎麼撰寫，而應該把自身領域的兩件關鍵事情做好，一件是測試用例的設計工作，另一件是測試用例的執行工作（包含執行測試用例以及提交測試過程中發現的 Bug）。測試工作做測試報告的撰寫便是水到渠成的事情了。

8.3.2 求職指導

一｜本章面試常見問題

問題 1：你寫過測試報告嗎？

參考回答：寫過，不過我們寫的都是我們自己所負責模組的測試報告，整個系統的測試報告由測試經理整理完成。

問題 2：一份測試報告都包括哪些內容？

參考回答：請參見 8.1 節。

問題 3：軟體測試工作結束的標準是什麼？

分析：軟體測試工作的結束並沒有一個固定的標準，都是相對的，對於初級軟體測試人員而言，可以從大家熟悉的話題進行闡述。

參考回答：我覺得軟體測試結束的標準有以下幾個。

第一，我們已按照測試計畫中的安排完成了所有的測試工作。第二，測試用例已全部執行完成，並且執行通過率達到標準。第三，每個測試人員手上的 Bug 都處於關閉狀態。

第四，回歸測試全部執行完畢，沒有發現會影響產品上線的 Bug，軟體產品達到了上線標準。

第五，每個測試人員所負責的測試報告已完成，並提交給了測試經理。如果上面的工作都已完成，我覺得測試工作就基本結束了。

問題 4：軟體的測試流程是怎麼樣的？

參考回答：一般情況下，一個完整的測試流程包括需求評審、測試計畫制訂、測試用例設計、用例評審、環境架設、測試執行（提交 Bug、回歸測試）、撰寫測試報告等。

問題 5：軟體測試是在什麼階段介入的？

參考回答：一般情況下，對於功能測試人員，我們是在進行系統測試的時候介入的。

問題 6：你如何理解測試這一份工作？

參考回答：首先，我覺得軟體測試的主要任務是發現軟體中的 Bug，所以軟體測試對於軟體的品質有明顯的提高作用。其次，測試人員測試的物件是開發人員開發出來的軟體產品，所以對於開發工作能造成一定監督和推動作用。最後，我覺得軟體測試能縮短軟體開發週期，加速軟體發佈處理程序。

問題 7：如果我們錄取了你，你將如何更快地進入工作狀態？

參考回答：首先，我會熟悉專案小組成員情況，包括開發人員、測試人員、產品人員。其次，我會從熟悉需求文件開始，依次熟悉測試組的測試用例、Bug 管理工具以及 Bug 函數庫裡已提交的 Bug。最後，我會向測試組的老同事或我的導師請教測試組的基本工作流程等細節問題，並結合測試經理分配的任務熟悉整個測試流程和工作要點。

問題 8：軟體測試能否發現所有的 Bug？

參考回答：我覺得軟體測試受測試時間、測試人員數量、測試人員技術等方面的因素影響，是沒有辦法發現所有 Bug 的。有些 Bug 需要在特殊環境下或是長期使用軟體的情況下才能被發現。一般情況下，軟體交付給使用者使用後，都不應該有影響使用者使用和體驗的 Bug 出現。萬一在使用者使用的過程中發現了 Bug，那應該迅速系統更新或是升級軟體。

問題 9：軟體測試應遵循什麼原則？

參考回答：我覺得軟體測試應遵循 80/20 原則，即容易出現問題的模組或是問題較多的模組要重點測試。

二｜面試技巧

以本節問題 2 為例。

問題：一份測試報告都包括哪些內容？

參考回答：測試報告包括的內容有軟體的測試環境、測試依據等。測試環境指的是軟體環境、硬體環境以及其他相連結的輔助環境。測試依據指的是測試用例和需求文件以及相連結的文件等。

請注意，回答問題的時候不要只顧著回答「大標題」，每個「大標題」中包括的主要內容也要進行回答和分析，因為它代表了你做事情的深入程度，也代表了你對此問題的熟悉程度，回答問題越細緻，在面試官那裡越容易加分。

9

Linux 命令列與
被測系統架設

對 Web 系統而言，前臺的大部分服務和請求都是由背景（服務端）處理的。Web 系統功能的實現主要是依賴背景，初級軟體測試人員有必要了解一下背景，這就需要從了解背景的作業系統開始，因為背景的各種元件、服務等都是安裝在作業系統上的。背景的作業系統主要有兩大類，一類是 Windows 系列的作業系統，另一類是 Linux 作業系統。 Linux 因其安全、高效、開放原始碼、免費等特點，被廣泛地應用於背景伺服器。根據作者經驗，將近 90% 的企業在應徵

9 Linux 命令列與被測系統架設

軟體測試人員時都要求面試者了解 Linux 作業系統的相關知識，而近年來雲端運算的發展更是增加了企業對 Linux 人才的需求。由此可見，測試人員掌握 Linux 作業系統非常有必要。本章將闡述測試人員在日常工作中所需熟練掌握的 Linux 命令，並以此為基礎，系統地指導如何架設一套完備的被測系統，確保測試工作的高效進行。

9.1 Linux 的安裝過程

首先，為了學習 Linux 作業系統，選擇一個合適的版本進行安裝是至關重要的。在許多 Linux 發行版本中，Ubuntu、RedHat、CentOS 和 Fedora 等都是常見的選擇。本書將以 CentOS 為例，介紹其安裝過程，因為 CentOS 不僅免費，而且在背景伺服器領域獲得了廣泛應用。作者下載的是 CentOS 7.9 版本，但讀者也可以選擇 7.0 以上的任意版本進行安裝。請注意，下載的檔案應為鏡像檔案（以 .iso 為副檔名），並確保選擇 64 位元作業系統以匹配大多數現代電腦的架構。

由於作者的物理電腦已經安裝了 Windows 10 作業系統，若要在同一台機器上再安裝 Linux，虛擬化軟體將是不可或缺的工具。虛擬化軟體能夠模擬多台電腦的環境，讓使用者在同一台物理機上執行多個作業系統。VMware Workstation 是一款備受推崇的虛擬化軟體，

它功能強大且易於使用。舉例來說，當軟體測試人員需要在 Windows 10 和 Linux 上分別測試軟體時，他們可以透過 VMware Workstation 建立一台虛擬機器，並在其中安裝 Linux 作業系統。這樣，原電腦上的 Windows 10 作業系統不會受到任何影響，兩個作業系統可以同時獨立執行。

安裝完 Linux 作業系統後，為了方便遠端系統管理和操作，測試人員通常需要使用遠端連接工具。在這方面，推薦使用 Xshell。Xshell 是一款高效的終端模擬器，能夠輕鬆連接到遠端 Linux 伺服器並執行各種命令。透過 Xshell，測試人員可以像在本地電腦上一樣便捷地操作 Linux 系統，從而提升軟體測試工作的效率。

為了幫助讀者順利完成 Linux 系統的安裝和配置，本章視訊包含 Linux、虛擬化軟體以及 Xshell 軟體下載和安裝的教學。

∞ 9.2 Linux 入門命令列

Windows 作業系統以其直觀的圖形介面而著稱，讓使用者可以輕鬆地透過按一下和拖曳等操作來完成任務。相對地，CentOS 作業系統則是一個基於命令列的作業系統，使用者主要透過輸入命令來與系統進行互動，完成各種操作。

對剛開始接觸 Linux 的初學者來說，命令列可能會顯得有些陌生和複雜。不過，一旦掌握了常用的基本命令，就會發現它們其實非常強大且高效。在本節中，將介紹一些對初學者來說至關重要的入門命令，這些命令組成了 Linux 系統操作的基礎。

這裡所列出的命令並非全部，但它們是初學者需要優先掌握的，例如 cd（切換目錄）、pwd（顯示當前工作目錄）、ls（列出目錄內容）、cp（複製檔案或目錄）、rm（刪除檔案或目錄）、echo（顯示訊息或輸出文字）、cat（查看檔案內容）、grep（文字搜尋）、tail（查看檔案末尾內容）、find（查詢檔案）。

特別需要注意的是，cd、ls 和 pwd 這 3 個命令在日常操作中使用頻率極高。掌握這些命令，將大大提升你在 Linux 環境下的工作效率。

在接下來的內容中，將對這些命令逐一進行詳細介紹，幫助初學者快速上手並運用它們。

9.2.1 cd 命令的使用場景

為了理解 cd 命令，首先需要了解 Linux 作業系統的目錄結構。在這裡透過對比 Windows 目錄結構的方式幫助大家了解 Linux 作業系統的目錄結構，如圖 9-1 所示。

Linux 作業系統的目錄結構　　　　　Windows 作業系統的目錄結構

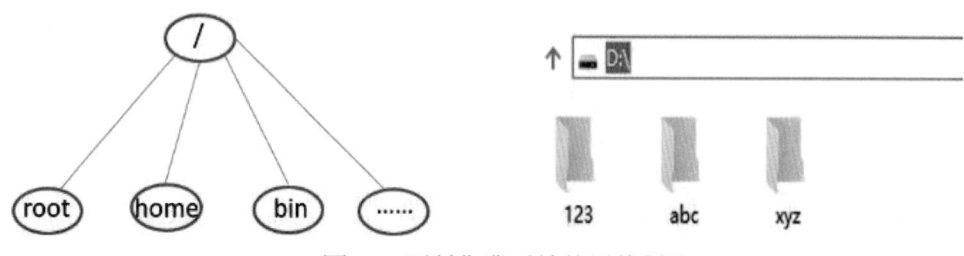

▲ 圖 9-1　兩種作業系統的目錄對比

　　與 Windows 不同，Linux 中的所有目錄和檔案都位於「/」下，這個「/」相當於 Windows 中的磁碟代號（例如 D 碟）。在 Linux 中，這個「/」被稱為根目錄，並且系統中只有一個這樣的根目錄。在根目錄下，你會找到如 root、home、bin 等子目錄。這些子目錄可以類比為 Windows 中 D 碟下的 123、abc、xyz 等資料夾。簡單來說，Linux 中的「目錄」與 Windows 中的「資料夾」概念相同，且目錄中還可以包含其他目錄。特別值得注意的是，根目錄下的 root 目錄，它與超級管理員的使用者名稱相同（在安裝 Linux 作業系統的過程中，系統會自動建立一個名叫 root 的使用者，這個使用者擁有最高許可權，稱為 Linux 的超級管理員）。root 目錄是 Linux 系統為超級管理員 root 使用者自動分配的專用目錄，也被稱為 root 使用者的家目錄。在這個目錄裡，超級管理員 root 可以自由地建立、儲存和管理各種檔案和目錄。

一 ｜ cd 命令

　　在 Windows 作業系統中，通常透過按兩下圖示來存取不同的磁碟或目錄。但在 Linux 作業系統裡，這一切都是透過命令列來實現的。特別是當我們想要進入系統的根目錄「/」時，只需在命令列介面輸入「cd/」命令並按下「Enter」鍵。這裡需要注意的是，cd 命令和根目錄「/」之間需要有一個空格。具體命令如下所示。

```
[root@localhost ~]# cd /
[root@localhost /]#
```

9.2 Linux 入門命令列

【命令分析】

- cd：這是「change directory」的縮寫，意為「切換目錄」。
- /：在 Linux 中，這代表系統的根目錄。所有的檔案和目錄都是從這裡開始的。
- ~：至於「~」目錄代表什麼，後面會講到。可以看到原先在「~」目錄，隨後使用者透過「cd/」命令成功切換到了根目錄。這個操作相當於 Windows 使用者在某個資料夾內，然後直接傳回到 C 碟或 D 碟的根目錄。但在 Linux 中，只有一個統一的根目錄「/」，所有的目錄都位於這個根目錄之下。

二｜命令提示符號

在 Linux 系統中，命令提示符號提供了豐富的資訊，幫助使用者了解當前的系統環境和狀態。命令提示符號如下所示。

```
[root@localhost /]#
```

【命令分析】

- root（使用者名稱）：出現在 @ 符號之前的部分，表示當前登入的使用者。在這個例子中，使用者名稱為 root，表示當前登入的是超級管理員，擁有對系統的完全控制許可權。
- localhost（主機名稱）：緊接在 @ 符號之後的部分，表示當前機器的主機名稱。主機名稱 localhost 通常指代本機，每個主機都會有其獨特的主機名稱。
- /（目前的目錄）：主機名稱之後的部分，表示當前使用者所在的目錄。這裡顯示的目錄是 /，說明使用者當前位於根目錄下。
- #（提示符號符號）：命令提示符號的最後一個字元，用於區分使用者許可權等級。# 符號表示當前登入的是 root 使用者，擁有管理員許可權。如果此處顯示的是 $ 符號，則表示當前登入的是一個普通使用者，其許可權受到一定限制。

9 Linux 命令列與被測系統架設

三丨切換到指定目錄

在 Windows 作業系統中,使用者通常透過按兩下資料夾圖示或磁碟圖示來存取不同的目錄或磁碟。但在 Linux 作業系統裡,當我們想要進入系統的某個特定目錄時(比如先進入根目錄下的 var 目錄,再進入 var 目錄下的 log 目錄),具體步驟如下。

(1)先使用 ls 命令查看根目錄下有沒有 var 目錄(請注意在 Linux 中,目錄一般顯示為藍色),有的話才能進,命令如下。

```
[root@localhost /]# ls
 bin  boot  dev  etc  home  lib  lib64  media  mnt  opt  proc  root
run  sbin  srv  sys  tmp  usr  var
```

(2)從查詢的結果來看,有一個 var 目錄,緊接著使用 cd 命令進入 var 目錄,命令如下。

```
[root@localhost /]# cd var
[root@localhost var]#
```

或執行

```
[root@localhost /]# cd /var
[root@localhost var]#
```

以上這兩個命令沒有區別,都是進入根目錄下的 var 目錄。因為 var 目錄是直接位於根目錄下的,所以可以直接用「cd var」。而「cd/var」的意思是先進入根目錄,再進入它下面的 var 目錄,這也是可以的。

(3)使用 ls 命令查看一下 var 目錄,看 var 目錄下有沒有 log 目錄,有的話才能進入 log 目錄,如下所示。

```
[root@localhost var]# ls
 account   cache   db  games   kerberos   local   log  nis   preserve   spool
tmp  adm  crash  empty  gopher  lib  lock  mail  opt  run  target  yp
```

9.2 Linux 入門命令列

（4）從查詢的結果來看，有一個 log 目錄，緊接著使用 cd 命令進入 log 目錄。

```
[root@localhost var]# cd log
[root@localhost log]#
```

可以看到已成功進入 log 目錄。

但此時不能使用「cd/log」進入 log 目錄，如下所示。

```
[root@localhost var]# cd /log
-bash: cd: /log: 沒有那個檔案或目錄
```

執行「cd/log」命令後，系統提示了沒有那個檔案或目錄。「cd/log」表達的意思是進入根目錄下的 log 目錄，但是根目錄下並沒有 log 目錄，因為 log 目錄是在 var 目錄下面的。

（5）目前的目錄正處在 log 目錄下，如果此時要傳回到根目錄，可以直接執行「cd/」命令，如下所示。

```
[root@localhost log]# cd /
[root@localhost /]#
```

可以看到成功地傳回到了根目錄。目前的目錄不管在什麼目錄下，只要執行「cd/」，都會直接傳回到根目錄。

（6）現在在根目錄下，如果想一次性進入根目錄下的 var 目錄下的 log 目錄，那應該怎麼進呢？可以執行以下命令。

```
[root@localhost /]# cd /var/log
[root@localhost log]#
```

或使用

```
[root@localhost /]# cd var/log
[root@localhost log]#
```

可以看到成功地進入 log 目錄。「/var/log」中的第一個「/」代表的是根目錄，第二個「/」代表的是一個分隔符號，它代表的路徑就是根目錄下的 var 目錄、var 目錄下的 log 目錄。對於「var/log」這種寫法，是因為 var 目錄

9 Linux 命令列與被測系統架設

本來就在根目錄下,所以第一個「/」可以省略不寫。需要說明的是,var 目錄下一定要存在 log 目錄才行。

四│使用 .. 表示傳回上級目錄

(1)當前正處在 log 目錄下,如下所示。

```
[root@localhost log]#
```

(2)如果要傳回到 log 目錄的上一級目錄,可以使用 cd.. 命令,如下所示。

```
[root@localhost log]# cd ..
[root@localhost var]#
```

可以看到已成功傳回到 log 的上一級目錄 var 目錄中。

(3)如果要傳回到 var 目錄的上一級目錄呢?同樣可以執行 cd.. 命令,如下所示。

```
[root@localhost var]# cd ..
[root@localhost /]#
```

可以看到已傳回到 var 的上一級目錄根目錄中。

(4)如果要傳回到根目錄的上一級目錄,會出現什麼情況呢?如下所示。

```
[root@localhost /]# cd ..
 [root@localhost /]#
```

可以看到根目錄的上一級目錄還是根目錄,因為根目錄上面已經沒有目錄了。

五│使用 ../../ 從當前工作目錄向上移動兩級

(1)當前正處在根目錄下,如下所示。

```
[root@localhost /]#
```

(2)一次性進入根目錄下的 var 目錄下的 log 目錄,命令如下。

```
[root@localhost /]# cd /var/log
[root@localhost log]#
```

（3）接下來使用「cd../../」傳回到根目錄，也就是向上移動兩級目錄，命令如下。

```
[root@localhost log]# cd ../../
[root@localhost /]#
```

從結果可以看到，向上移動兩級後就回到了根目錄下。如果使用「cd../../../」，就是從當前工作目錄向上移動三級，依此類推。

六｜切換到上一次存取的目錄

（1）當前正處在根目錄下，如下所示。

```
[root@localhost /]#
```

（2）使用「cd-」切換到上一次存取的目錄，上一次存取的是 log 目錄，命令如下。

```
[root@localhost /]# cd -
/var/log
[root@localhost log]#
```

可以看到已成功切換到上一次存取的目錄，也就是 log 目錄。

七｜切回到當前使用者的家目錄

（1）當前正處在 log 目錄下，如下所示。

```
[root@localhost log]#
```

（2）如果在命令提示符號後面直接執行 cd 命令，會出現什麼樣的情況呢？具體命令如下。

```
[root@localhost log]# cd
[root@localhost ~]#
```

9 Linux 命令列與被測系統架設

可以看到，執行 cd 命令後，root 使用者所處的目錄變成了「～」目錄。那麼這個「～」目錄代表什麼目錄呢？接下來可以執行 pwd 命令，pwd 命令可以顯示當前工作目錄的完整路徑，命令如下。

```
[root@localhost ~]# pwd
/root
```

可以看到「～」目錄代表的是 /root，也就是根目錄下的 root 目錄。前面介紹過，根目錄下的 root 目錄是系統為超級管理員 root 使用者分配的專用目錄，也稱為超級管理員的家目錄。需要說明的是，不管當前使用者是普通使用者還是超級管理員，不管當前使用者是在哪個目錄下，只要直接執行 cd 命令，都會進入當前使用者的家目錄，並且用「～」表示。如果不知道「～」表示的是什麼目錄，使用者可以透過執行 pwd 命令來顯示家目錄的完整路徑。

（3）由於執行了 cd 命令，所以目前的目錄回到 root 使用者的家目錄，如下所示。

```
[root@localhost ~]#
```

（4）接下來執行「cd/var/log」命令，直接進入 log 目錄，如下所示。

```
[root@localhost ~]# cd /var/log
[root@localhost log]#
```

可以看到已成功進入 log 目錄。

（5）接下來想退回到當前使用者的家目錄中，只需要執行 cd 命令即可，如下所示。

```
[root@localhost log]# cd
[root@localhost ~]#
```

如上所示，只要出現了「～」目錄，它就是當前使用者的家目錄。

（6）如果想知道「～」目錄代表的是什麼目錄，就可以使用 pwd 命令來顯示「～」目錄的全路徑，如下所示。

9-10

```
[root@localhost ~]# pwd
/root
```

可以看到，「~」目錄代表的是根目錄下的 root 目錄，也就是超級管理員的家目錄。

9.2.2 pwd 命令的使用場景

pwd（即「print working directory」的縮寫）命令，是一個在 Linux 作業系統中常用的命令列工具。它用於顯示當前工作目錄的完整路徑。

有了 cd 命令的基礎，再來學習 pwd 命令就簡單很多，以下演示 pwd 命令的使用場景。

（1）當前正處在當前使用者的家目錄下，如下所示。

```
[root@localhost ~]#
```

（2）使用「cd/opt/rh」命令直接進入根目錄下的 opt 目錄下的 rh 目錄，如下所示。

```
[root@localhost ~]# cd /opt/rh
[root@localhost rh]#
```

可以看到已經進入 rh 目錄。

（3）如果此時你忘記了 rh 目錄的上一級目錄，想顯示 rh 目錄的全路徑，就可以使用 pwd 命令，如下所示。

```
[root@localhost rh]# pwd
/opt/rh
```

從命令輸出的結果可以看到 rh 目錄的完整路徑。

這裡需要說明的是，當前使用者不管處在什麼目錄下，只要執行 pwd 命令，都能顯示該目錄的完整路徑。

9.2.3 ls 命令的使用場景

ls 是「list」的縮寫，意為「列出」。它是 Linux 系統中常用的命令，用於列出指定目錄下的檔案和目錄。接下來以 cd 命令和 pwd 命令作為基礎，來學習 ls 命令的使用場景。

一｜列出目前的目錄下的檔案和目錄

（1）當前正處在 /opt/rh 目錄中，如下所示。

```
[root@localhost rh]#
```

（2）使用 cd 命令退回到當前使用者的家目錄，如下所示。

```
[root@localhost rh]# cd
[root@localhost ~]#
```

（3）使用 pwd 命令顯示目前的目錄的完整路徑，如下所示。

```
[root@localhost ~]# pwd
/root
[root@localhost ~]#
```

（4）此時如果想知道 /root 目錄下有哪些內容，就可以使用 ls 命令來查看，如下所示。

```
[root@localhost ~]# ls
anaconda-ks.cfg initial-setup-ks.cfg 公共 範本 視訊 圖片 文件 下載 音樂 桌面
```

可以看到，透過 ls 命令列出 /root 目錄下所有的檔案和目錄。

二｜列出指定目錄下的檔案和目錄

（1）當前正處在 /root 目錄中，如下所示。

```
[root@localhost ~]#
```

9.2 Linux 入門命令列

（2）如果想在 /root 目錄中查看 /var/log 目錄下的檔案及目錄，可以使用「ls /var/log」命令查看，如下所示。

```
[root@localhost ~]# ls /var/log
anaconda chrony firewalld lastlog ntpstats rhsm speech……
```

由於查詢到的內容太多，省略了一部分。

可以看到，雖然當前使用者處在 /root 目錄下，但是透過 ls 命令加上要查詢目錄的全路徑，一樣可以查詢到該目錄下的所有檔案和目錄資訊。

三｜列出詳細資訊

（1）當前正處在 /root 目錄下，如下所示。

```
[root@localhost ~]#
```

（2）如果想查看 /root 目錄中所有的檔案及目錄的詳細資訊，可以使用「-l」選項查看，如下所示。

```
[root@localhost ~]# ls -l
總用量 8
-rw-------. 1 root root 1571 1 月 28 23:05 anaconda-ks.cfg
-rw-r--r--. 1 root root 1619 1 月 28 23:09 initial-setup-ks.cfg
drwxr-xr-x. 2 root root    6 1 月 29 10:47 公共
drwxr-xr-x. 2 root root    6 1 月 29 10:47 範本
drwxr-xr-x. 2 root root    6 1 月 29 10:47 視訊
drwxr-xr-x. 2 root root    6 1 月 29 10:47 圖片
drwxr-xr-x. 2 root root    6 1 月 29 10:47 文件
drwxr-xr-x. 2 root root    6 1 月 29 10:47 下載
drwxr-xr-x. 2 root root    6 1 月 29 10:47 音樂
drwxr-xr-x. 2 root root    6 1 月 29 10:47 桌面
```

【命令分析】

- -l：是 ls 命令的選項，用於顯示詳細資訊，包括所有者、大小、修改時間、許可權等詳細資訊。

- 「ls-l」命令可以簡寫成「ll」。

四 | 顯示檔案和目錄大小

（1）當前正處在 /root 目錄中，如下所示。

```
[root@localhost ~]#
```

（2）如果想查看 /root 目錄中所有的檔案及目錄的大小，可以使用「-sh」選項查看，如下所示。

```
[root@localhost ~]# ls -sh
總用量 8.0k
4.0k anaconda-ks.cfg  4.0k initial-setup-ks.cfg    0 公共   0 模板   0 視
訊   0 圖片   0 文件   0 下載   0 音樂   0 桌面
```

【命令分析】

- -sh：是 ls 命令的選項，用於顯示檔案和目錄大小。可以看到，以上每個檔案和目錄的前面都列出了其大小。

五 | 列出隱藏檔案和目錄

（1）當前正處在 /root 目錄中，如下所示。

```
[root@localhost ~]#
```

（2）如果想查看 /root 目錄中的隱藏檔案和隱藏目錄，可以使用「-a」選項查看，如下所示。

```
    [root@localhost ~]# ls -a
   .  anaconda-ks.cfg  .bash_profile  .cache  .cshrc  .esd_auth
initial-setup-ks.cfg  .tcshrc  .Xauthority  範本  圖片  下載  桌面
   ..  .bash_logout  .bashrc  .config  .dbus  .ICEauthority  .local
.xauth2N8dQq  公共  視訊  文件  音樂
```

【命令分析】

- -a：是 ls 命令的選項，用於顯示隱藏檔案和隱藏目錄，以點「.」為首碼的後面帶字串的檔案和目錄都是隱藏檔案和隱藏目錄。

9.2.4 cp 命令的使用場景

cp 命令是 Linux 系統中常用的命令，用於複製檔案和目錄。接下來以 cd 命令、pwd 命令以及 ls 命令作為基礎，學習 cp 命令的使用場景。

一 | 複製檔案到指定目錄

（1）當前正處在 /root 目錄中，如下所示。

```
[root@localhost ~]#
```

（2）如果想查看 /root 目錄中所有的檔案及目錄，可以使用 ls 命令，如下所示。

```
[root@localhost ~]# ls
anaconda-ks.cfg initial-setup-ks.cfg  公共  模板  視頻  圖片  文件  下載
音樂 桌面
```

（3）如果想把 /root 目錄中 anaconda-ks.cfg 檔案（在 Linux 系統中，檔案一般用黑色字型表示）複製到 /opt/rh 目錄下，可以使用「cp anaconda-ks.cfg/opt/rh」命令進行複製，如下所示。

```
[root@localhost ~]# cp anaconda-ks.cfg /opt/rh
```

cp 命令後面直接跟要複製的檔案，這個檔案要複製到哪個目錄呢？檔案後面直接跟上目標目錄即可，此時就可以將 anaconda-ks.cfg 檔案複製到 /opt/rh 目錄下。請注意，cp 命令與檔案之間、檔案與目錄之間都有空格。

（4）接下來可以透過「ls/opt/rh」命令來查看 /opt/rh 目錄下是否有 anaconda-ks.cfg 檔案，如下所示。

```
[root@localhost ~]# ls /opt/rh
anaconda-ks.cfg
```

可以看到，/opt/rh 目錄下存在 anaconda-ks.cfg，這說明文件複製成功。

二｜複製檔案並重新命名

（1）當前正處在 /root 目錄中，如下所示。

```
[root@localhost ~]#
```

（2）如果想查看 /root 目錄中所有的檔案及目錄，使用「ls」命令查看，如下所示。

```
[root@localhost ~]# ls
anaconda-ks.cfg  initial-setup-ks.cfg  公共  模板  視頻  圖片  文件  下載  音樂  桌面
```

（3）如果想把 /root 目錄中 anaconda-ks.cfg 檔案在目前的目錄中備份一下，並重新命名，可以使用「cp anaconda-ks.cfg anaconda-ks.cfg.backup」命令，如下所示。

```
[root@localhost ~]# cp anaconda-ks.cfg anaconda-ks.cfg.backup
```

透過執行 cp 命令，將名為 anaconda-ks.cfg 的檔案進行備份，並將備份檔案命名為 anaconda-ks.cfg.backup。

（4）接下來可以透過 ls 命令查看 /root 目錄下是否新增了備份檔案，如下所示。

```
[root@localhost ~]# ls
anaconda-ks.cfg  anaconda-ks.cfg.backup  initial-setup-ks.cfg  公共  範本  視訊  圖片  文件  下載  音樂  桌面
```

可以看到，/root 目錄下存在 anaconda-ks.cfg.backup 這個新的備份檔案。

三｜遞迴複製目錄

（1）當前正處在 /root 目錄中，如下所示。

```
[root@localhost ~]#
```

（2）使用「cd/」命令進入根目錄，如下所示。

9.2 Linux 入門命令列

```
[root@localhost ~]# cd /
[root@localhost /]#
```

（3）使用 ls 命令查看根目錄的檔案和目錄，如下所示。

```
[root@localhost /]# ls
bin   boot  dev  etc  home  lib  lib64  media  mnt  opt  proc  root
run   sbin  srv  sys  tmp   usr  var
```

可以看到根目錄下存在一個叫 opt 的目錄。

（4）接下來想把 opt 目錄（包括目錄下的所有檔案和子目錄）複製到 /root 目錄下，可以使用「-r」選項，如下所示。

```
[root@localhost /]# cp -r opt /root
```

【命令分析】

- -r：是 cp 命令的選項，代表遞迴複製，也就是複製的時候會把目錄下的所有檔案和子目錄一起複製。

（5）複製完成後，可以使用「ls/root」和「ls/root/opt」這兩筆命令來查看是否複製成功，如下所示。

```
[root@localhost /]# ls /root
anaconda-ks.cfg      anaconda-ks.cfg.backup   initial-setup-ks.cfg   opt
公共  範本  視訊  圖片  文件  下載  音樂  桌面
[root@localhost /]# ls /root/opt
rh
```

從以上兩筆命令執行的結果可以看到，opt 目錄以及它下面的子目錄都成功複製到了 /root 目錄下。

這裡需要說明一下，使用「-r」選項時，cp 命令會遞迴地複製目錄及其內容。如果目錄下還有子目錄，子目錄內的檔案和目錄也會被複製。這樣可以實現將整個目錄樹複製到目標目錄中。不帶「-r」選項時，cp 命令預設只複製檔案，不複製目錄。如果嘗試複製目錄而不使用「-r」選項，cp 命令會顯示錯誤。

9-17

9.2.5 rm 命令的使用場景

rm 命令是 Linux 系統中常用的命令，用於刪除檔案和目錄。下面是 rm 命令一些常用的場景及相應的例子。

一｜刪除單一檔案

（1）當前正處在根目錄中，如下所示。

```
[root@localhost /]#
```

（2）直接執行 cd 命令進入當前使用者的家目錄，也就是 /root 目錄，如下所示。

```
[root@localhost /]# cd
[root@localhost ~]#
```

（3）使用 ls 命令查看 /root 目錄下的所有檔案和目錄，如下所示。

```
[root@localhost ~]# ls
anaconda-ks.cfg anaconda-ks. cfg. backup  initial-setup-ks.cfg   opt
公共  範本  視訊  圖片  文件  下載  音樂  桌面
```

（4）接下來想刪除 /root 目錄下的 anaconda-ks.cfg.backup 檔案，可以使用「rm anaconda-ks.cfg.backup」，如下所示。

```
[root@localhost ~]# rm anaconda-ks.cfg.backup
rm：是否刪除普通檔案 "anaconda-ks.cfg.backup" ? y
[root@localhost ~]#
```

刪除單一檔案時，直接在 rm 命令後面跟檔案名稱即可。從以上命令可以看到，刪除過程中系統舉出了確認資訊，輸入 y 表示繼續刪除，輸入 n 表示不刪除。本次範例中選擇了 y，這代表要刪除它。

（5）刪除完成後可以使用 ls 命令來驗證是否刪除了，如下所示。

```
[root@localhost ~]# ls
anaconda-ks.cfg  initial-setup-ks.cfg  opt  公共  模板  視頻  圖片  文
件  下載  音樂  桌面
```

從輸出的結果可以看到，/root 中已不存在 anaconda-ks.cfg.backup 檔案，這說明它已被刪除了。

另外，如果要刪除多個檔案，只需要在 rm 命令後增加多個檔案名稱即可。請注意，rm 命令與檔案名稱之間、檔案名稱與檔案名稱之間都有空格，舉例來說，rm file1.txt file2.txt file3.txt。

二 | 遞迴刪除目錄

（1）當前正處在根目錄中，如下所示。

```
[root@localhost ~]#
```

（2）使用 ls 命令查看 /root 目錄下的所有檔案和目錄，如下所示。

```
[root@localhost ~]# ls
anaconda-ks.cfg  initial-setup-ks.cfg  opt  公共  模板  視頻  圖片  文
件  下載  音樂  桌面
```

可以看到，/root 目錄包括了 opt 目錄以及它裡面的子目錄和檔案。

（3）可以使用「-r」選項來刪除 opt 目錄，如下所示。

```
[root@localhost ~]# rm -r opt
rm：是否進入目錄 "opt"? y
rm：是否進入目錄 "opt/rh"? y
rm：是否刪除普通空檔案 "opt/rh/anaconda-ks.cfg" ? y
rm：是否刪除目錄 "opt/rh" ? y
rm：是否刪除目錄 "opt" ? y
[root@localhost ~]#
```

9 Linux 命令列與被測系統架設

【命令分析】

- -r：是 rm 命令的選項，代表遞迴刪除（目錄下的所有檔案和子目錄也都要刪除）。在刪除的過程中，一步一步詢問是否要進入，是否要刪除，到最後把 opt 目錄及其檔案和子目錄給全部刪除。刪除目錄時必須使用「-r」選項，如果直接使用 rm 刪除目錄，則會顯示出錯。

（4）刪除完成後可以使用 ls 命令來驗證是否刪除了 opt 目錄，如下所示。

```
[root@localhost ~]# ls
anaconda-ks.cfg  initial-setup-ks.cfg  公共  模板  視頻  圖片  文件  下載  音樂  桌面
```

從執行的結果可以看到，opt 目錄已被刪除了。

三｜強制刪除檔案或目錄

（1）當前正處在 /root 目錄中，如下所示。

```
[root@localhost ~]#
```

（2）使用 ls 命令查看 /root 目錄下的所有檔案和目錄，如下所示。

```
[root@localhost ~]# ls
anaconda-ks.cfg  initial-setup-ks.cfg  公共  模板  視頻  圖片  文件  下載  音樂  桌面
```

（3）可以使用「-rf」選項來強制刪除音樂這個目錄，如下所示。

```
[root@localhost ~]# rm -rf 音樂
[root@localhost ~]#
```

【命令分析】

- -rf：是 rm 命令的選項，前面講過「-r」選項是用於遞迴刪除目錄，而「-f」選項代表強制刪除，「-rf」聯合起來使用就是強制刪除目錄。刪除過程中不會有任何提示，直接刪除，包括音樂這個目錄下的所有檔案和子目錄都會刪除。

9-20

9.2 Linux 入門命令列

（4）刪除完成後可以使用 ls 命令來驗證是否刪除了音樂這個目錄，如下所示。

```
[root@localhost ~]# ls
anaconda-ks.cfg  initial-setup-ks.cfg  公共  模板  視頻  圖片  文件  下載  桌面
```

從輸出的結果可以看到，音樂目錄已被刪除了。

這裡要特別強調的是，強制刪除檔案，同樣可以使用「-rf」選項，如「rm-rf 　檔案名稱」。

9.2.6 echo 命令的使用場景

echo 命令是 Linux 系統中常用的命令，可以用於顯示文字或變數的內容。下面是 echo 命令使用的一些常見的場景及相應的例子。

一｜回顯字串

（1）當前正處在 /root 目錄中，如下所示。

```
[root@localhost ~]#
```

（2）如果想查看或回顯一個字串的內容，可以使用 echo 命令來顯示，如下所示。

```
[root@localhost ~]# echo "Hello, World!"
Hello, World!
```

可以看到，透過 echo 命令將字串「Hello,World!」列印輸出到終端。

二｜回顯變數

（1）當前正處在 /root 目錄中，如下所示。

```
[root@localhost ~]#
```

9-21

（2）如果想顯示一個變數的內容，例如定義了一個名為「message」的變數，可以使用 echo 命令加上「$」符號來引用該變數，如下所示。

```
[root@localhost ~]# message = "Welcome to Linux"
[root@localhost ~]# echo $message
Welcome to Linux
```

可以看到，透過執行「echo $message」命令，將變數「message」的值「Welcome to Linux」顯示出來。

以上都是 echo 命令的使用場景，透過靈活運用 echo 命令，可以方便地顯示文字和變數的內容，並滿足不同的輸出需求。

9.2.7 cat 命令的使用場景

cat 命令是 Linux 系統中常用的命令，主要用於查看檔案內容。下面是 cat 命令使用的一些常見的場景及相應的例子。

一｜查看檔案的全部內容

（1）當前正處在 /root 目錄中，如下所示。

```
[root@localhost ~]#
```

（2）如果想查看 /root 目錄下 anaconda-ks.cfg 檔案的內容，可以使用 cat 命令來顯示檔案內容，如下所示。

```
[root@localhost ~]# cat anaconda-ks.cfg
```

透過該命令，anaconda-ks.cfg 檔案的所有內容將在終端上顯示。

二｜逐頁顯示檔案內容

（1）當前正處在 /root 目錄中，如下所示。

```
[root@localhost ~]#
```

（2）由於 anaconda-ks.cfg 檔案較大，如果想逐頁顯示 anaconda-ks.cfg 檔案的內容，可以使用 cat 命令與 less 命令進行配合，如下所示。

```
[root@localhost ~]# cat anaconda-ks.cfg | less
```

【命令分析】

- 「|」為管道命令，管道命令的作用是將一個命令的輸出作為另一個命令的輸入。當你在一個命令後面加上管道符和另一個命令時，第一個命令執行的結果（也就是它本來要顯示在螢幕上的資訊），會被當作第二個命令的輸入資料。這裡的操作就是將 cat 命令執行的結果傳遞給 less 命令。

- less 命令則提供了一個互動式的文字瀏覽環境，允許使用者查看檔案內容時一頁一頁地捲動，而非一次性全部輸出。這樣你就不需要擔心螢幕溢位或無法導回查看前面內容的問題。

另外，在分頁瀏覽檔案的內容時，如果要退出瀏覽，直接按 q 鍵即可退出。

三│顯示檔案內容的行號

（1）當前正處在 /root 目錄中，如下所示。

```
[root@localhost ~]#
```

（2）除了簡單地顯示檔案內容，cat 命令還支援其他選項，例如「-n」選項，如下所示。

```
[root@localhost ~]# cat -n anaconda-ks.cfg
```

【命令分析】

- -n：是 cat 命令的選項，可以在顯示檔案內容的同時顯示每一行的行號。

以上都是 cat 命令的使用場景，透過靈活運用 cat 命令，可以方便地顯示檔案內容，並根據需要進行分頁、增加行號等操作。

9.2.8 grep 命令的使用場景

grep 命令是 Linux 系統中常用的命令，用於過濾檔案的內容。下面是 grep 命令使用的一些常見的場景及相應的例子。

一 | 搜尋並顯示所有匹配到的行

（1）當前正處在 /root 目錄中，如下所示。

```
[root@localhost ~]#
```

（2）如果想查看 /root 目錄下 anaconda-ks.cfg 檔案中是否包含特定的字串，可以使用 grep 命令來進行搜尋和匹配，如下所示。

```
[root@localhost ~]# grep "java" anaconda-ks.cfg
```

該命令會在 anaconda-ks.cfg 檔案中搜尋並顯示所有匹配到的行，其中「java」是要搜尋的字串。

如果想從一組檔案中搜尋匹配的內容，可以使用萬用字元來指定檔案名稱模式，如下所示。

```
[root@localhost ~]# grep "java" *.cfg
```

這個命令將在目前的目錄下所有以「.cfg」結尾的文字檔中搜尋並顯示匹配到的行，其中「java」是要搜尋的字串。

二 | 不區分大小寫的搜尋

（1）當前正處在 /root 目錄中，如下所示。

```
[root@localhost ~]#
```

（2）除了簡單地搜尋和匹配文字，grep 命令還支援使用不同的選項來實現更複雜的匹配方式和輸出格式。舉例來說，可以使用「-i」選項進行不區分大小寫的搜尋，如下所示。

```
[root@localhost ~]# grep -i "java" anaconda-ks.cfg
```

【命令分析】

- -i：是 grep 命令的選項，透過增加「-i」選項，可以忽略大小寫，從而實現不區分大小寫的搜尋。

以上都是 grep 命令的使用場景，透過靈活運用 grep 命令，可以方便地以不同模式匹配和搜尋文字內容，並滿足不同的查詢需求。

9.2.9 tail 命令的使用場景

tail 命令是 Linux 系統中常用的命令，用於顯示檔案的末尾部分內容。下面是 tail 命令使用的一些常見的場景及相應的例子。

一｜查看檔案末尾十行

（1）當前正處在 /root 目錄中，如下所示。

```
[root@localhost ~]#
```

（2）如果想查看 /root 目錄下 anaconda-ks.cfg 檔案的末尾部分內容，可以使用 tail 命令來顯示，如下所示。

```
[root@localhost ~]# tail anaconda-ks.cfg
```

透過該命令，anaconda-ks.cfg 檔案的末尾內容將在終端上顯示，預設情況下顯示檔案的最後 10 行。

二｜動態顯示檔案資訊

（1）當前正處在 /root 目錄中，如下所示。

```
[root@localhost ~]#
```

（2）如果想即時監視一個記錄檔的變化，可以使用「-f」選項，如下所示。

```
[root@localhost ~]# tail -f /var/log/messages
```

【命令分析】

- -f：是 tail 命令的選項，用於即時追蹤檔案的變化。

messages 這個記錄檔就是系統的記錄檔，它存放在 /var/log 目錄下，透過增加「-f」選項，tail 命令將持續輸出檔案新增的內容，適用於即時查看記錄檔更新或監控系統日誌。如果要退出即時查看，直接按「Ctrl+C」快速鍵終止。

三｜顯示指定的行數

（1）當前正處在 /root 目錄中，如下所示。

```
[root@localhost ~]#
```

（2）除了查看檔案末尾內容，tail 命令還支援使用各種選項，例如「-n」選項，如下所示。

```
[root@localhost ~]# tail -n 20 anaconda-ks.cfg
```

【命令分析】

- -n：是 tail 命令的選項，用於指定顯示行數。

透過增加「-n 20」選項，可以顯示 anaconda-ks.cfg 檔案末尾的最後 20 行內容。以上都是 tail 命令的使用場景，透過靈活運用 tail 命令，可以方便地查看檔案末尾內容，也可以即時監視檔案變化或篩選需要的行數。

9.2.10 find 命令的使用場景

find 命令是 Linux 系統中非常實用的命令，它可以幫助你在檔案系統中搜尋符合條件的檔案。以下是 find 命令使用的一些常見的場景及相應的例子。

9.2 Linux 入門命令列

一｜透過檔案名稱查詢

（1）當前正處在 /root 目錄中，如下所示。

```
[root@localhost ~]#
```

（2）如果你需要在根目錄下查詢名為「anaconda-ks.cfg」的檔案，可以使用 find 命令，如下所示。

```
[root@localhost ~]# find / -name anaconda-ks.cfg
```

【命令分析】

- -name：是 find 命令的選項，用於匹配檔案名稱。
- /：代表的是根目錄。

本命令會在整個檔案系統中搜尋名為「anaconda-ks.cfg」的檔案，並將其結果展示在終端上。

（3）如果你需要找到所有在 10 天前被修改的 .txt 檔案，可以使用 find 命令結合「-mtime」選項，如下所示。

```
[root@localhost ~]# find / -name "*.txt" -mtime +10
```

此命令會在檔案系統中搜尋所有副檔名為 .txt 且最後修改日期超過 10 天的檔案。「-mtime +10」表示搜尋修改時間超過 10 天的檔案。

二｜透過檔案類型查詢

（1）當前正處在 /root 目錄中，如下所示。

```
[root@localhost ~]#
```

（2）find 命令還支援按照檔案類型進行搜尋，如下所示。

```
[root@localhost ~]# find / -type d
```

9 Linux 命令列與被測系統架設

【命令分析】

- -type d：是 find 命令的選項，表示我們只查詢目錄類型的檔案。
- 如果要查詢非目錄檔案，可以使用「-type f」選項。

三│透過檔案大小查詢

（1）當前正處在 /root 目錄中，如下所示。

```
[root@localhost ~]#
```

（2）如果你想找出檔案大小超過 10MB 的檔案，可以使用 find 命令結合「-size」選項，如下所示。

```
[root@localhost ~]# find / -size +10M
```

【命令分析】

- -size：是 find 命令的選項，表示透過檔案的大小來查詢。

此命令會找出所有大小超過 10MB 的檔案。「-size +10M」表示搜尋大於 10MB 的檔案。如果要找出所有小於 10MB 的檔案，可以使用「-size-10M」的選項。

透過靈活應用 find 命令，你可以輕鬆地在檔案系統中搜尋符合各種條件的檔案。

☯ 9.3 Linux 高級命令列

對已經熟練掌握 Linux 基礎命令的測試人員來說，進一步學習和運用一些高級命令將極大地提升他們的系統管理與故障排除能力。雖然這裡列舉的命令並非 Linux 系統中所有的高級命令，但它們在實際工作中具有很高的實用價值。這些命令包括：wget（檔案下載的命令）、yum（軟體安裝卸載的命令）、systemctl（系統服務啟停的命令）、netstat（查看監聽通訊埠資訊的命令）、ps（查看系統處

9-28

理程序的命令）、kill（終止處理程序的命令）、top（即時查看處理程序資源佔用的命令）。本章視訊包含所有高級命令的使用教學。

9.3.1 wget 命令的使用場景

wget 命令是 Linux 系統中常用的命令，用於從網路上下載檔案。下面是 wget 命令使用的一些常見的場景及相應的例子。

一｜從網路上下載檔案

（1）當前正處在 /root 目錄中，無論目前的目錄是哪個目錄，都可以執行 wget 命令，因為它是系統級的命令。

```
[root@localhost ~]#
```

（2）如果想從網路上下載一個 .rpm 格式的檔案，可以使用 wget 命令，如下所示。

```
[root@localhost ~]# wget http://dev.mysql.com/get/mysql57-community-release-el7-10.noarch.rpm
```

該命令將從指定的下載網址下載檔案到目前的目錄，下載完成後可以透過 ls 命令查看是否下載成功。

二｜下載檔案到指定目錄

如果想將下載的檔案儲存到特定目錄，可以使用「-P」選項，如下所示。

```
[root@localhost ~]# wget -P /opt / rh  http://dev.mysql.com/get/mysql57-community-release-el7-10.noarch.rpm
```

【命令分析】

- -P（大寫）：是 wget 命令的選項，透過增加「-P」選項以及目標目錄，可以將下載的檔案儲存到指定的目錄。

本例中下載的 .rpm 格式檔案將儲存到指定的目錄 /opt/rh 目錄下。

三｜下載檔案後重新命名

除了基本的下載功能，wget 命令還支援其他選項，例如「-O」選項，如下所示。

```
[root@localhost ~]# wget -O mysql57 .rpm http://dev.mysql.com/get/mysql57-community-release-el7-10.noarch.rpm
```

【命令分析】

- -O（大寫）：是 wget 命令的選項，透過增加「-O」選項可以將下載的檔案儲存為新的檔案名稱。

本例中下載之後的檔案被重新命名為 mysql57.rpm。

以上都是 wget 命令的使用場景，透過靈活運用 wget 命令，可以方便地從網路上下載檔案，並儲存到指定的目錄。

9.3.2 yum 命令的使用場景

yum 是 Linux 系統中常用的軟體管理工具，用於安裝、卸載軟體等。下面是 yum 命令使用的一些常見場景及相應的例子。

一｜線上安裝伺服器軟體

（1）當前正處在 /root 目錄中，無論目前的目錄是哪個目錄，都可以執行 yum 命令，因為它是系統級的命令。

```
[root@localhost ~]#
```

（2）如果想安裝一個軟體，比如 httpd（Apache 伺服器軟體，Apache 伺服器是一個廣泛使用的 Web 伺服器軟體，也可稱為網頁伺服器，主要是用於接收來自瀏覽器的請求，並根據這些請求提供相應的網頁內容給瀏覽器），可以使用 yum 命令來安裝，如下所示。

```
[root@localhost ~]# yum -y install httpd
```

9.3 Linux 高級命令列

【命令分析】

- -y：是 yum 命令的選項，使用 yum 命令安裝軟體時，系統會自動從網上下載軟體，隨後進行自動安裝，在安裝軟體時，系統通常會詢問使用者是否繼續操作，使用者需要手動輸入「yes」或「no」來確認。而使用 -y 選項後，系統會自動確認並繼續執行操作，使用者無須手動干預。這可以大大簡化安裝過程。
- install：是 yum 命令的子命令，用於指示 yum 要執行安裝操作。本例中 install 指示 yum 要安裝的軟體是 httpd。

二｜卸載伺服器軟體

除了安裝軟體，yum 命令還支援其他選項，如 remove 選項，如下所示。

```
[root@localhost ~]# yum -y remove httpd
```

【命令分析】

- remove：是 yum 命令的子命令，用於指示 yum 要卸載的軟體。
- 加了「-y」選項的作用就是卸載過程中不會有任何提示，直接一步卸載完成。本例中要卸載的軟體是 httpd。

以上是 yum 命令的兩個基本使用場景，透過靈活運用 yum 命令，可以方便地管理 Linux 系統中的軟體，包括安裝、卸載等操作。

9.3.3 systemctl 命令的使用場景

systemctl 是 Linux 系統中常用的伺服器管理工具，用於啟動、停止系統服務等。下面是 systemctl 命令使用的一些常見場景及相應的例子。

一｜啟動伺服器

（1）當前正處在 /root 目錄中，無論目前的目錄是哪個目錄，都可以執行 systemctl 命令，因為它是系統級的命令。

```
[root@localhost ~]#
```

（2）可以使用「systemctl start httpd」命令啟動 Apache 伺服器，如下所示。

```
[root@localhost ~]# systemctl start httpd
```

Apache 伺服器安裝好，需要啟動它才能執行，如果你的 Apache 伺服器已刪除，請使用「yum-y install httpd」命令重新安裝。使用「systemctl start httpd」命令啟動 Apache 伺服器之後，系統不會舉出任何提示。

二｜查看伺服器執行狀態

如果想查看 Apache 伺服器是否被成功啟動，可以使用「systemctl status httpd」命令來查看，如下所示。

```
[root@localhost ~]# systemctl status httpd
```

該命令將顯示 Apache 伺服器的詳細狀態資訊，包括是否正在執行、最後一次啟動的時間等。

三｜停止伺服器執行

如果想停止 Apache 伺服器的執行，可以使用「systemctl stop httpd」命令，如下所示。

```
[root@localhost ~]# systemctl stop httpd
```

該命令將停止 Apache 伺服器執行。停止之後，系統不會舉出任何提示。此時你可以再次使用「systemctl status httpd」來查看 Apache 伺服器的執行狀態，以驗證 Apache 伺服器是否已停止。

這些是 systemctl 命令的使用場景，透過靈活運用 systemctl 命令，可以方便地管理 Linux 系統中的各種服務，包括啟動、停止、重新啟動服務等操作。

9.3.4 netstat 命令的使用場景

netstat 是 Linux 系統中常用的網路工具，常用於查看伺服器通訊埠等資訊。下面是伺服器通訊埠的介紹以及 netstat 命令使用的一些簡單場景和例子。

一 | 什麼是伺服器的通訊埠

在 Linux 系統中，可以部署多種伺服器軟體，如 Apache 伺服器和 MySQL 資料庫伺服器等。這些伺服器軟體就像 Linux 系統中的獨立房間，當它們啟動後，每個房間的門都會開啟，而每扇門上的獨特編號即為伺服器的通訊埠編號。

想像一下，當你想要瀏覽一個網頁時，瀏覽器會向 Linux 系統發送一個網頁請求。然而，Linux 上執行著多個伺服器軟體，每個伺服器都有自己的通訊埠編號。因此，選擇正確的通訊埠編號至關重要，因為錯誤的通訊埠編號會導致請求無法被正確處理。

Apache 伺服器是一個專注於提供網頁服務的伺服器軟體。它的預設通訊埠編號是 80，這就像是 Apache 伺服器的門牌號碼。只有當你的網頁請求被發送至 80 通訊埠時，Apache 伺服器才會接收並處理該請求，從而為你呈現所需的網頁內容。在請求到達 80 通訊埠時，Apache 伺服器就會監聽自己的通訊埠，並檢查該請求是否合法，只有在確認請求合法後，才會進行後續的處理工作。

簡而言之，每個伺服器軟體都有自己的通訊埠編號，伺服器的通訊埠編號就像是每個房間的門牌號碼，它指示了請求應該進入哪個伺服器軟體進行處理。

二 | 查看所有被監聽的通訊埠

（1）當前正處在 /root 目錄中，無論目前的目錄是哪個目錄，都可以執行 netstat 命令，因為它是系統級的命令。

```
[root@localhost ~]#
```

（2）可以使用 netstat 命令查看正在被監聽的通訊埠，如下所示。

```
[root@localhost ~]# netstat -nltup
```

【命令分析】

- -nltup：是 netstat 命令的選項，用於顯示當前系統上所有正在執行的伺服器，以及該伺服器所對應的通訊埠編號等資訊。

三｜查看指定的通訊埠是否被監聽

如果想查看某個通訊埠是否被特定伺服器監聽，可以結合使用管道命令「｜」和 grep 命令來查詢，如下所示。

```
[root@localhost ~]# netstat -nltup | grep 80
```

此命令首先透過「netstat-nltup」查詢出所有正在執行的伺服器和對應的通訊埠資訊，然後透過管道符號「｜」將結果傳遞給 grep 命令，篩選出包含 80 通訊埠的相關資訊。

透過靈活運用 netstat 命令，可以方便地查看系統上正在監聽的通訊埠，監控通訊埠的使用情況等。

9.3.5　ps 命令的使用場景

ps 是 Linux 系統中常用的處理程序查看工具，用於顯示當前系統上執行的處理程序資訊。下面是處理程序的介紹以及 ps 命令使用的一些簡單場景和例子。

一｜什麼是處理程序

在 Linux 系統安裝了 Apache 伺服器之後，Apache 伺服器可以被形象地比喻為一間房子。當 Apache 伺服器啟動後，這間房子的「門」就開啟了，而它的門牌號碼是 80。這就像是在告訴所有想要存取這個房子的「客人」（瀏覽器）：「請透過 80 號門進入。」

9.3 Linux 高級命令列

一旦「客人」通過 80 號門進入這個房間，他們會發現裡面有四五個「工人」正在忙碌地工作。其中，一個「工人」擔任著「主管」的角色，他負責監聽 80 號門，檢查每一個進入的請求是否合法。這就像是一個門衛，確保只有合法的請求才能進入這個房間。

其他的三到四個「工人」則忙於接收和處理這些請求。他們根據請求的內容，在房間裡尋找相應的網頁，並將其傳回給「客人」。這就像是一個服務員，根據客戶的需求，找到正確的物品並交付給他們。

這些「工人」和「主管」在 Linux 系統中被稱為「處理程序」。當 Apache 伺服器啟動時，它會生成五個處理程序：一個是主處理程序，主要負責監聽 80 通訊埠；另外四個是工作處理程序，主要負責接收並回應瀏覽器的請求。

這五個處理程序共同組成了 Apache 伺服器的核心。沒有它們，Apache 伺服器就無法正常執行。它們就像是一個團隊，協作工作，確保每一個請求都能得到及時、準確的回應。

二｜查看系統所有的處理程序

（1）當前正處在 /root 目錄中，無論目前的目錄是哪個目錄，都可以執行 ps 命令，因為它是系統級的命令。

```
[root@localhost ~]#
```

（2）可以使用 ps 命令查看系統的處理程序及其詳細資訊，如下所示。

```
[root@localhost ~]# ps -aux
```

【命令分析】

- -aux：是 ps 命令的常用選項，用於顯示所有的處理程序的詳細資訊，包括處理程序 ID 號碼（類似人的身份證號碼）、CPU 和記憶體佔用率等。

也可以使用「-ef」選項來查看處理程序的相關資訊，「-ef」選項與「-aux」選項的作用大致相同。

三│篩選特定處理程序的資訊

如果想篩選出特定處理程序的資訊，可以結合使用管道命令「│」和 grep 命令，如下所示。

```
[root@localhost ~]# ps -aux | grep httpd
```

該命令將首先透過「ps-aux」查詢出所有當前執行的處理程序資訊，然後透過管道符號「│」將結果傳遞給 grep 命令，篩選出包含「httpd」的相關處理程序資訊。

透過靈活運用 ps 命令，可以方便地查看系統上執行的處理程序資訊，並進行處理程序管理、資源監控等操作。結合 grep 命令可以更精確地篩選出特定處理程序或相關資訊。

9.3.6 kill 命令的使用場景

kill 命令是 Linux 系統中用於終止執行中處理程序的命令。下面是 kill 命令使用的一些簡單場景及相應的例子。

一│終止指定的處理程序

（1）當前正處在 /root 目錄中，無論目前的目錄是哪個目錄，都可以執行 kill 命令，因為它是系統級的命令。

```
[root@localhost ~]#
```

（2）可以使用 kill 命令來強制終止指定處理程序，如下所示。

```
[root@localhost ~]# kill -9 1234
```

【命令分析】

- -9：是 kill 命令的常用選項，代表的是強制終止的訊號。
- 1234：代表是處理程序的 ID（PID）。

該命令會向 ID 為 1234 的處理程序發送一個強制終止的訊號，該命令執行後，將立即結束該處理程序的執行。使用 kill 命令時需要提供正確的處理程序 ID（PID），否則可能會終止錯誤的處理程序。建議在使用 kill 命令終止處理程序之前，先使用「ps-aux」命令查詢並確認要終止的處理程序的 PID。

二 | 終止特定名稱的處理程序

如果想要終止所有具有特定名稱的處理程序，可以使用 killall 命令，如下所示。

```
[root@localhost ~]# killall -9 httpd
```

【命令分析】

- -9：也是 killall 命令的常用選項，代表的是強制終止的訊號。
- httpd：處理程序的名稱。

該命令將終止所有名稱為 httpd 的處理程序。

總的來說，使用「kill-9 <PID>」命令可以強制終止指定處理程序，而使用「killall-9<process_name>」命令可以終止所有具有特定名稱的處理程序。但要注意謹慎使用，避免意外終止重要的處理程序。

9.3.7 top 命令的使用場景

top 命令是 Linux 系統中用於即時查看系統狀態和執行中的處理程序的命令。下面是 top 命令使用的一些簡單場景及相應的例子。

一 | 即時查看系統的負載狀態

（1）當前正處在 /root 目錄中，無論目前的目錄是哪個目錄，都可以執行 top 命令，因為它是系統級的命令。

```
[root@localhost ~]#
```

9 Linux 命令列與被測系統架設

（2）可以使用 top 命令來即時查看系統的負載情況，如下所示。

```
[root@localhost ~]# top
```

執行該命令後，將開啟一個互動式的介面，會顯示即時的系統概覽資訊，包括 CPU 使用率、記憶體佔用、處理程序數量等。你可以透過 top 命令來監測系統的整體性能，判斷系統是否正常執行並了解資源的利用情況。另外，top 命令還提供了即時監測處理程序狀態的功能。在 top 介面中，你可以看到每個處理程序的 PID、使用者、CPU 佔用率、記憶體佔用、執行時間等資訊。透過觀察這些資訊，你可以了解每個處理程序的執行狀態，如是否在執行、是否佔用過多資源等。

二｜查看處理程序的資源消耗情況

在 top 命令介面中，按「Shift + M」快速鍵，可以按照記憶體使用量對處理程序進行排序，從而找出佔用記憶體最多的處理程序。同理，按下「Shift + P」快速鍵，可以按照 CPU 使用率對處理程序進行排序。這些操作可以幫助你定位造成系統負載較高的處理程序，並採取相應措施最佳化系統性能。

總的來說，top 命令可以用於即時監測系統資源和處理程序的狀態。透過 top 命令，你可以查看系統整體資源使用情況、查詢佔用資源較多的處理程序，並動態監測處理程序的狀態。這對於評估系統性能、定位問題處理程序以及最佳化系統執行非常有幫助。

9.4 架設 ZrLog 部落格系統

在對 Linux 基礎和高級命令列操作有一定了解的基礎上，本節將透過一系列實踐步驟，指導大家逐步架設起一個功能全面且適用於測試實踐的 ZrLog 部落格系統。這一過程不僅能夠幫助大家進一步鞏固和拓展 Linux 命令列的使用技巧，同時還能夠讓大家更加直觀地了解 Web 專案環境架設的基本流程和關鍵環節。

成功架設的 ZrLog 部落格系統，將作為後續本書（第 11 章與第 14 章）探討 Web 自動化與介面自動化測試的重要基礎。我們將以這個實際專案為例，逐步引入並講解自動化測試的各項關鍵技術，以及它們在實際測試場景中的具體應用。透過這樣的學習方式，大家不僅能夠更加深入地理解理論知識，更能夠將所學知識應用到實際操作中，從而真正提升自己的實戰能力。

本節內容主要涵蓋以下 4 個方面：ZrLog 部落格系統的介紹、MySQL 資料庫的部署、Tomcat 伺服器的部署以及 ZrLog 部落格系統專案套件的部署。本章視訊包含 ZrLog 部落格系統整個架設過程的教學，並提供 ZrLog 部落格系統專案套件的下載連結。

9.4.1 ZrLog 部落格系統的簡介

ZrLog 部落格系統是一款用 Java 開發的具有簡潔、易用、免費、開放原始碼等優勢的部落格系統，深受大眾歡迎和喜愛。本書之所以將 ZrLog 部落格系統作為被測環境架設的實例，其原因在於：ZrLog 部落格系統部署過程相對簡單，功能和業務邏輯不複雜，其登入過程簡單，介面資源包含了增刪改查等常用操作，服務端回應的資料也是標準的 JSON 格式，這些條件均為學習 Web 自動化和介面自動化測試框架提供了便利。

9.4.2 部署 MySQL 資料庫

鑑於 MySQL 資料庫的廣泛應用、開放原始碼特性以及易於學習的優勢，本書決定採用 MySQL 作為 ZrLog 部落格系統的資料庫支援。MySQL 存在多個版本，其中 5.6、5.7 和 5.8 等社區版是主流選擇，尤其適合初學者使用。本書特別選取了 MySQL 5.7 社區版作為示範。接下來將介紹 MySQL 5.7 的安裝步驟，以確保你能夠順利架設部落格系統的資料庫環境。

一 ｜ 下載 MySQL 5.7 的倉庫設定檔

（1）當前正處在 /root 目錄中，如下所示。

```
[root@localhost ~]#
```

（2）使用 wget 命令下載 MySQL 5.7 的倉庫設定檔，如下所示。

```
[root@localhost ~]# wget http://dev.mysql.com/get/mysql57-community-release-el7-10.noarch.rpm
```

這筆命令使用 wget 工具從指定的 URL 下載 MySQL 5.7 的倉庫設定檔，檔案副檔名為 .rpm，.rpm 是一種檔案格式。為什麼要下載這個設定檔？因為這個設定檔知道該從哪裡下載 MySQL 5.7 資料庫。

二｜安裝 MySQL 5.7 的倉庫設定檔

使用 yum 命令安裝 MySQL 5.7 的倉庫設定檔，如下所示。

```
[root@localhost ~]# yum -y install mysql57-community-release-el7-10.noarch.rpm
```

只有先安裝 MySQL 5.7 的倉庫設定檔，系統才能從 MySQL 5.7 的倉庫設定檔中找到 MySQL 5.7 資料庫的下載路徑。

三｜下載並安裝 MySQL 5.7 資料庫

使用 yum 命令下載並安裝 MySQL 5.7 資料庫，如下所示。

```
root@localhost ~]# yum -y install mysql-community-server --nogpgcheck
```

yum 命令將從 MySQL 5.7 的倉庫設定檔提供的下載路徑中下載並自動安裝 mysql-community-server 軟體套件（即 MySQL 資料庫伺服器）。其中「--nogpgcheck」選項表示不檢查這個安裝套件的來源是否可信。

四｜啟動 MySQL 資料庫

使用「systemctl start mysqld」命令啟動 MySQL 資料庫，如下所示。

```
[root@localhost ~]# systemctl start mysqld
```

9.4 架設 ZrLog 部落格系統

【命令分析】

- mysqld：指的是 MySQL 資料庫的程式名稱，啟動 mysqld 就是啟動 MySQL 資料庫伺服器。

五｜查看 MySQL 執行狀態和通訊埠

（1）使用「systemctl status mysqld」命令查看 MySQL 資料庫的執行狀態，如下所示。

```
[root@localhost ~]# systemctl status mysqld
```

（2）可以使用「netstat-nltup ｜ grep 3306」命令查看 MySQL 資料庫的通訊埠是否被監聽，如下所示。

```
[root@localhost ~]# netstat -nltup | grep 3306
```

MySQL 資料庫的預設通訊埠編號是 3306，如果 3306 這個通訊埠在被 MySQL 資料庫處理程序監聽，這說明 MySQL 資料庫執行是正常的。

六｜查看 MySQL 的初始密碼

使用「grep"password"/var/log/mysqld.log」命令查看 MySQL 資料庫的初始密碼，如下所示。

```
[root@localhost ~]# grep "password" /var/log/mysqld.log
```

在安裝並成功啟動 MySQL 資料庫之後，初始密碼會自動生成並儲存在名為 mysqld.log 的記錄檔中。此記錄檔通常位於系統根目錄下的 var 目錄下的 log 目錄中。使用者可以透過查看這個檔案來檢索資料庫的初始密碼。

七｜使用初始密碼登入資料庫

使用「mysql-uroot-p」命令登入 MySQL 資料庫，如下所示。

```
[root@localhost ~]# mysql -uroot -p"WmY+IdX%u8d&"
```

9-41

【命令分析】

- mysql：是 MySQL 用戶端程式的名稱，用於與 MySQL 伺服器進行互動。

- -uroot：這部分指定了要用於連接的 MySQL 使用者名稱，這裡是 root 使用者。「-u」是一個選項，表示「user」（使用者），後面緊接的是使用者名稱。

- -p"WmY+IdX%u8d&"：這部分指定了要用於連接的 MySQL 密碼，「-p」是一個選項，表示「password」（密碼），後面直接跟了密碼 WmY+IdX%u8d&。

執行上述命令後，將成功登入到 MySQL 資料庫。

八｜修改 MySQL 資料庫的預設密碼

修改密碼命令如下所示。

```
mysql> ALTER USER "root"@"localhost" IDENTIFIED BY"1qaz@WSX";
```

【命令分析】

- ALTER USER：這是一個 SQL 敘述，用於修改資料庫使用者的屬性。在 MySQL 中，你可以使用它來更改使用者的密碼等。

- "root"@"localhost"：這指定了要修改的使用者。root 是使用者名稱，而 localhost 是該使用者被允許從哪個主機連接到 MySQL 伺服器。在這個例子中，root 使用者只能從本地主機（即 MySQL 伺服器自身）連接。

- IDENTIFIED BY：這部分指定了新的密碼。IDENTIFIED BY 後面跟著的字串（在本例中是「1qaz@WSX」）就是新密碼。

- "1qaz@WSX"：這是你為 "root"@"localhost" 使用者設置的新密碼。密碼應該足夠複雜，如包含大寫字母、小寫字母、數字和特殊字元，以提高安全性。

九｜建立一個儲存 ZrLog 部落格系統內容的資料庫

建立資料庫的命令如下所示。

```
mysql> CREATE DATABASE zrlog;
```

【命令分析】

- CREATE DATABASE：這是 SQL 敘述的關鍵部分，用於建立一個新的資料庫。
- zrlog：這是想要建立的新資料庫的名稱。在這個例子中，資料庫被命名為「zrlog」。

十｜查看 zrlog 資料庫是否建立成功

查看命令如下所示。

```
mysql> SHOW DATABASES;
```

輸入「SHOW DATABASES」命令時，MySQL 伺服器將列出所有當前存在的資料庫。

十一｜為 root 使用者增加遠端存取許可權

增加遠端存取許可權的命令如下所示。

```
mysql> GRANT ALL PRIVILEGES ON *.* TO " root " @ " % " IDENTIFIED BY "Test1234." WITH GRANT OPTION;
mysql> FLUSH PRIVILEGES;
```

【命令分析】

- GRANT ALL PRIVILEGES：這表示授予所有權限。也就是說，該使用者可以對資料庫執行任何操作，包括讀取、寫入、修改和刪除資料，以及管理使用者和許可權等。

9-43

- ON*.*：這指定了許可權的作用範圍。星號表示「所有」，所以這個許可權適用於所有資料庫和所有資料表。第一個星號代表資料庫名稱，第二個星號代表資料表名稱。

- TO"root"@"%"：這指定了許可權被授予哪個使用者和從哪些主機可以連接。「root」是使用者名稱，「%」是一個萬用字元，表示任何主機都可以連接。這表示，從任何地方都可以使用 root 使用者和提供的密碼來連接到 MySQL 伺服器。

- IDENTIFIED BY"Test1234."：這設置了使用者的密碼為「Test1234.」。

- WITH GRANT OPTION：這允許該使用者授予或撤銷其他使用者的許可權。也就是說，root 使用者不僅可以管理資料庫內容，還可以管理其他使用者的存取權限。

- FLUSH PRIVILEGES：這筆命令表示刷新 MySQL 的許可權資料表，使更改立即生效。

十二｜退出 MySQL 資料庫

退出資料庫的命令如下所示。

```
mysql> EXIT
```

十三｜關閉 Linux 防火牆

關閉防火牆的命令如下所示。

```
[root@localhost ~]# systemctl stop firewalld
```

【命令分析】

- 「systemctl stop firewalld」命令用於停止 firewalld 服務。firewalld 是 Linux 系統中的防火牆服務，用於管理網路封包過濾規則，以保護系統不受未經授權的存取。

9.4 架設 ZrLog 部落格系統

- 當你想要遠端連接到 MySQL 資料庫時，防火牆可能會阻止遠端電腦與 MySQL 伺服器的通訊。這是因為防火牆通常配置為僅允許特定類型的網路流量通過，以減少潛在的安全風險。
- 關閉防火牆（在這個情況下是 firewalld）可以允許所有類型的網路流量通過，從而可能使遠端連接到 MySQL 資料庫成為可能。

十四｜臨時關閉 SELinux

SELinux（Security-Enhanced Linux）是一個 Linux 核心的安全模組，用於提供強制造訪控制，在實際工作中一般都會將其關閉，以防止它影響網站的正常存取，臨時關閉 SELinux 的命令如下所示。

```
[root@localhost ~]# setenforce 0
```

9.4.3 部署 Tomcat 伺服器

ZrLog 部落格系統是一個基於 Java 語言開發的平臺，因此，為了使其能夠正常執行，我們需要安裝一個能夠解析和執行 Java 程式的伺服器環境。在這裡，我們選擇 Tomcat 伺服器作為 Java 應用伺服器。這樣，當使用者存取我們的部落格時，Tomcat 伺服器將處理請求，並與 ZrLog 部落格系統互動，最終將動態生成的網頁內容傳回給使用者。部署 Tomcat 伺服器的步驟如下。

一｜下載並安裝 Tomcat 伺服器

（1）當前正處在 /root 目錄中，如下所示。

```
[root@localhost ~]#
```

（2）使用 yum 命令直接下載並安裝 Tomcat 伺服器，如下所示。

```
[root@localhost ~]# yum -y install tomcat
```

二｜啟動 Tomcat 伺服器

使用「systemctl start tomcat」命令啟動 Tomcat 伺服器，如下所示。

```
[root@localhost ~]# systemctl start tomcat
```

【命令分析】

- tomcat：指的是 Tomcat 伺服器的程式名稱，啟動 tomcat 就是啟動 Tomcat 伺服器。

三｜查看 Tomcat 伺服器執行狀態和通訊埠

（1）使用「systemctl status tomcat」命令查看 Tomcat 伺服器的執行狀態，如下所示。

```
[root@localhost ~]# systemctl status tomcat
```

（2）可以使用「netstat-nltup ｜ grep 8080」命令查看 Tomcat 伺服器的通訊埠是否被監聽，如下所示。

```
[root@localhost ~]# netstat -nltup | grep 8080
```

Tomcat 伺服器的預設通訊埠編號是 8080，如果 8080 這個通訊埠在被 Tomcat 伺服器處理程序監聽，這說明 Tomcat 伺服器執行是正常的。

9.4.4 部署 ZrLog 部落格系統

接下來，我們要部署的是 ZrLog 部落格系統，它的專案安裝套件以 .war 為檔案副檔名。這個檔案實際上是一個經過壓縮的 Web 應用程式檔案，它包括了組成完整 Web 應用程式所需的所有檔案。

當我們要在 Tomcat 伺服器上部署 ZrLog 部落格系統時，只需將這個 .war 檔案放置到 Tomcat 伺服器的 webapps 目錄中。Tomcat 伺服器會自動檢測到此檔案，並自動將其解壓為一個新的 Web 應用程式目錄。一旦解壓完成，我們就可以透過存取特定的 URL 來存取和執行 ZrLog 部落格系統了。

9.4 架設 ZrLog 部落格系統

部署 ZrLog 專案的流程如下。

（1）將 ZrLog 專案套件（root.war）上傳到當前使用者的家目錄，上傳方法請大家直接觀看本章視訊。

（2）將此套件複製到 Tomcat 伺服器的 /usr/share/tomcat/webapps 目錄下，如下所示。

```
[root@localhost ~]# cp root.war /usr/share/tomcat/webapps
```

（3）透過瀏覽器造訪 http://192.168.81.132:8080/install，進入 ZrLog 專案的安裝頁面，如圖 9-2 所示。

▲ 圖 9-2 ZrLog 部落格系統的安裝精靈

（4）填寫資料庫資訊：需要分別填寫資料庫伺服器的 IP 位址、資料庫名稱、資料庫使用者名稱、資料庫密碼、資料庫通訊埠。填寫資料庫資訊的頁面如圖 9-3 所示。

9-47

9 Linux 命令列與被測系統架設

▲ 圖 9-3 填寫資料庫資訊

（5）填寫網站資訊：需要分別填寫 ZrLog 部落格系統的管理員帳號、管理員密碼、管理員電子郵件、網站標題、網站子標題等資訊。填寫網站資訊的頁面如圖 9-4 所示。

▲ 圖 9-4 填寫網站資訊

9.4 架設 ZrLog 部落格系統

（6）在圖 9-4 中按一下「下一步」按鈕，完成安裝，如圖 9-5 所示。

▲ 圖 9-5 完成安裝

（7）透過 http://192.168.81.132:8080/admin/login 存取 ZrLog 部落格系統背景登入頁面。背景登入頁面如圖 9-6 所示。

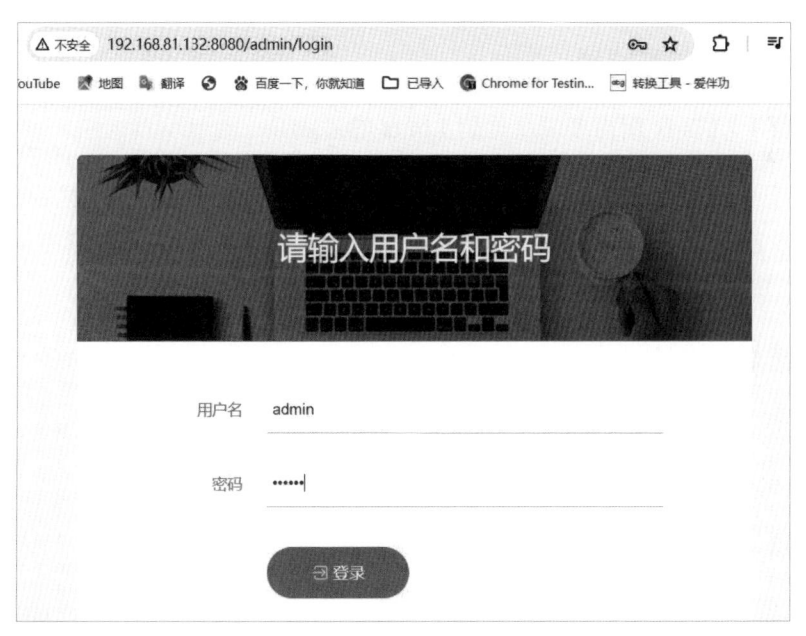

▲ 圖 9-6 背景登入頁面

9 Linux 命令列與被測系統架設

9.5 本章小結

9.5.1 學習提醒

對初級軟體測試人員來說，Linux 以其出色的安全性、高效性及開放原始碼特性，已成為背景伺服器的首選作業系統。掌握 Linux 基礎對軟體測試人員而言，是提升技能、拓寬職業發展道路的關鍵一步。除了基礎命令，還應深入學習如 vim 編輯器、許可權管理（如 chmod 命令、chown 命令）、備份管理（如 tar 命令、zip 命令）、系統監測工具（如 top 命令的更多用法、free 命令、vmstat 命令、df 命令）、shell 指令稿以及常見伺服器的架設（如 Nginx 伺服器、Redis 伺服器、Docker 容器、K8s 容器編排）等，這些都是日常工作中不可或缺的技能。

9.5.2 求職指導

一 | 本章面試常見問題

問題 1：Linux 用得多嗎？你對 Linux 熟悉嗎？

參考回答：我對 Linux 相對還是比較熟悉的，經常會使用一些常見的命令列，例如查看日誌、下載安裝檔案、安裝軟體、啟停服務、查看處理程序、終止處理程序、即時監控處理程序資源佔用情況，等等。

問題 2：你都熟悉 Linux 哪些命令列？

參考回答：cat、grep、tail、find、wget、echo、yum、systemctl、netstat、ps、kill 以及 top 等命令都用過。

問題 3：你是如何分析 Linux 系統中的日誌的？

參考回答：對於 Linux 系統中的日誌分析，我主要使用 grep 和 tail 這兩個命令。grep 命令用於快速篩選出日誌中的關鍵資訊；而 tail 命令則用於即時查看最新的日誌內容，特別適合監控和偵錯。

9.5 本章小結

問題 4：你架設過測試環境嗎？

參考回答：我雖然還沒有獨立完成過整個測試環境的架設，但是我具備在 Linux 環境下進行基本檔案操作和系統管理的能力。比如我能透過 echo、cat 和 grep 命令處理文字信息，以及透過 tail 命令查看記錄檔末尾內容以便進行問題排除。雖然我沒有直接負責過大規模軟體套件的安裝和卸載，但我了解 yum 工具可以用來管理 Linux 系統中的軟體套件，並且我有使用它進行一些基礎軟體安裝的經歷，例如 Apache 伺服器、Tomcat 伺服器和 MySQL 資料庫的安裝。對於服務管理，我掌握了 systemctl 命令的基礎用法，能夠啟動、停止或重新啟動服務。我理解測試環境的架設包括但不限於設置虛擬機器、配置網路環境、部署應用服務以及準備測試資料等多個環節。如果有機會，我希望能夠進一步提升這方面的能力。

問題 5：常見伺服器的通訊埠編號有哪些？

參考回答：Apache 伺服器預設通訊埠編號是 80，nginx 伺服器（類似於 Apache 伺服器的軟體）預設通訊埠編號也是 80，MySQL 資料庫伺服器預設的通訊埠編號是 3306，Tomcat 伺服器（解析 Java 語言的伺服器）預設的通訊埠編號是 8080，Redis 伺服器預設的通訊埠編號是 6379。

二｜求職技巧

對 Linux 作業系統的考查一般有兩種形式，一種是面試官直接問你對 Linux 作業系統的掌握程度，不限於命令列；另一種是筆試，如果有筆試的話，基本上都會有 Linux 命令列的題目，主要考查基礎命令列的基本使用方法。當然，很多面試官有可能直接讓你寫出你所知道的所有命令列。

MEMO

10

MySQL 資料庫 SQL 敘述與索引

　　資料庫在 Web 系統中的重要性不言而喻。測試人員在前臺頁面所做的操作，無論是查詢資料，還是增加資料等其他操作，其實都是對背景資料庫進行的操作。這是因為前臺頁面顯示的這些資料大多是從背景資料庫查詢出來的，在前臺增加的資料最終也是存放在資料庫裡。如果要判斷從前臺傳遞給資料庫的資料是否正確，或說要檢查前臺頁面上顯示的資料與背景資料庫顯示的資料是否一致，就需要透過 SQL 敘述來直接操作資料庫進行求證，這就是初級軟體

10 MySQL 資料庫 SQL 敘述與索引

測試人員要學習資料庫的主要原因。根據作者的經驗，近 95% 的企業在應徵軟體測試人員時都要求求職者對資料庫有所了解。

本章將介紹測試人員在日常工作中需熟練掌握的 SQL 敘述，旨在幫助大家在實際測試過程中熟練運用 SQL 敘述，高效率地進行測試資料的分析和問題的準確定位。

10.1 安裝 Navicat 用戶端工具

9.4.2 節已經詳細介紹了 MySQL 資料庫的安裝及部署流程。然而，對測試人員來說，僅安裝資料庫並不夠，還需要一個方便高效的用戶端工具來進行遠端系統管理和操作。因此，在安裝完 MySQL 資料庫後，測試人員通常會選擇使用專業的 MySQL 用戶端軟體。這些用戶端軟體提供了圖形化介面，使得資料庫管理變得更加直觀和簡單。在這方面，推薦使用 Navicat 作為強大的資料庫管理工具。Navicat 支援連接和管理各種資料庫，包括 MySQL 資料庫。就像 Xshell 對於遠端系統管理和操作 Linux 系統的便捷性，Navicat 提供了類似的便利性，使測試人員能夠輕鬆地管理和操作 MySQL 資料庫。本章視訊包含 Navicat 工具的下載和安裝教學。

10.2 SQL 基礎敘述

對剛開始接觸 MySQL 的初學者來說，SQL（Structured Query Language）查詢敘述可能會顯得有些複雜和難以理解。不過，一旦掌握了常用的基本查詢敘述，就會發現它們其實非常直觀且功能強大。在本節中，將介紹一些對初學者來說至關重要的入門查詢敘述，這些敘述組成了在 MySQL 資料庫中進行資料檢索和操作的基礎。

這裡列出的查詢敘述並非全部，但它們是初學者需要優先掌握的：SELECT（從資料庫資料表中檢索資料）、WHERE（過濾結果集）、ORDER BY（對結果集進行排序）、INSERT INTO（在資料表中插入新資料）、UPDATE（更新資料表中的資料）、DELETE（從資料表中刪除資料）等。

10.2 SQL 基礎敘述

特別需要注意的是，SELECT、WHERE 和 ORDER BY 這 3 個查詢敘述在日常操作中使用頻率極高。SELECT 敘述用於從資料庫資料表中檢索資料，它可以根據需要選擇特定的列或所有列。WHERE 敘述用於過濾結果集，只傳回滿足指定條件的行。而 ORDER BY 敘述則用於對結果集進行排序，可以按照一個或多個列進行昇冪或降冪排列。

掌握這些查詢敘述，將使你能夠操作 MySQL 資料庫中的資料，為測試結果和資料分析提供支援。

10.2.1 資料表和列

想要使用關鍵字 SELECT 來查詢資料，首先就要了解資料庫中兩個比較重要的概念：「資料表」和「列」。「資料表」和「列」在資料庫中代表什麼意義呢？接下來就用實體倉庫和資料倉儲進行對比，幫助大家理解「資料表」和「列」的概念，最後再使用關鍵字 SELECT 來查詢資料庫中的資料。

一｜實體倉庫圖

某工廠是一個 IT 電器的生產商，主要生產手機、筆記型電腦、桌上型電腦等 IT 裝置，該工廠有一個名叫 AB 的實體倉庫，該倉庫存放的是各個裝置的配件，如圖 10-1 所示。

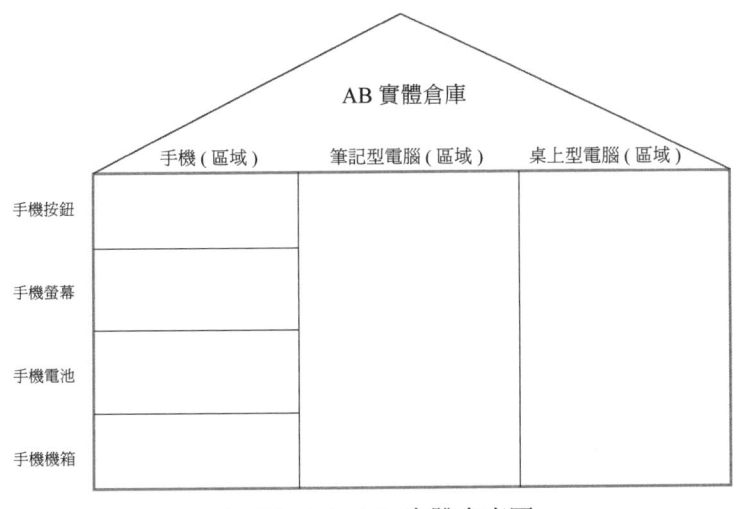

▲ 圖 10-1 AB 實體倉庫圖

10 MySQL 資料庫 SQL 敘述與索引

（1）AB 實體倉庫一共劃分成了 3 個區域，並分別命名為「手機」「筆記型電腦」「桌上型電腦」。

（2）「手機」這個區域又被劃分成了 4 個區域，並分別命名為「手機按鈕」「手機螢幕」「手機電池」「手機機箱」，很明顯「手機按鈕」這個區域是存放手機按鈕的，其他 3 個區域分別存放手機螢幕、手機電池、手機機箱。

（3）「筆記型電腦」區域、「桌上型電腦」區域同樣也會各自劃分出更小的區域，然後在每個社區域中存放相關的配件。

（4）配件存放好之後就可以被生產廠房呼叫，舉例來說，當生產廠房需要用到「手機螢幕」時，只能從「手機」區域才能調到「手機螢幕」這個配件，而不能從「筆記型電腦」區域和「桌上型電腦」區域去調，因為這兩個區域裡面存放的並不是與手機相關的配件。

二│資料倉儲圖

資料倉儲和實體倉庫的區別就在於一個是存放資料的，一個是存放實體產品的。

某公司為了更進一步地管理員薪資訊、部門資訊、薪資級別資訊，特地把這三部分資訊存放在一個名叫 CD 的資料倉儲裡，如圖 10-2 所示。

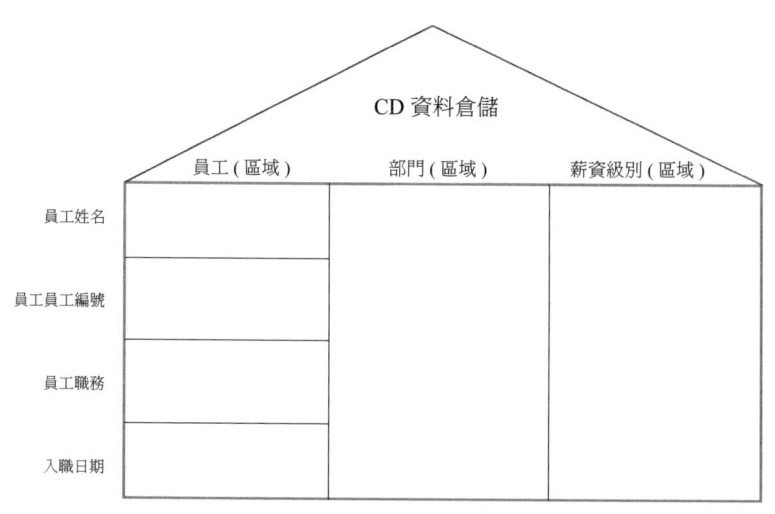

▲ 圖 10-2 CD 資料倉儲圖

10.2 SQL 基礎敘述

（1）CD資料倉儲同樣被劃分成了3個區域，並分別命名為「員工」「部門」「薪資級別」。

（2）「員工」這個區域又被劃分成了4個區域，並分別命名為「員工姓名」「員工員工編號」「員工職務」「入職日期」。「員工姓名」這個區域存放著公司所有員工的姓名資訊，其他3個區域分別存放著公司全體員工的員工編號、職務以及入職日期等資訊。

（3）「部門」「薪資級別」這兩大區域同樣也會各自劃分出更小的區域，然後在每個區域中存放部門及薪資級別的相關資訊。

（4）當資料全部存放好之後，如果公司領導想查看公司所有員工的姓名，那應該如何查看呢？同實體倉庫一樣，要想查看所有員工的姓名，只能在「員工」這個區域才能查到，因為員工的姓名存放在「員工」區域裡，而不能從「部門」區域或「薪資級別」區域查詢。前面介紹過，在資料庫裡是用SQL敘述來操作資料的，在本例中，如果要查詢所有員工的姓名，就要使用SQL敘述，具體的SQL敘述如下。

```
SELECT 員工姓名 FROM 員工；
```

「FROM」是「從」的意思，而「FROM 員工」意思是從「員工」這個區域去查；「SELECT」是「查詢」的意思，而「SELECT 員工姓名」意思是要查詢員工姓名；整個敘述的意思是從「員工」這個區域查詢所有員工的姓名。

（5）在資料庫中，把大區域叫作「資料表」，小區域叫作「列」，那麼在本例的資料倉儲中就有3個資料表，資料表名稱分別為員工、部門、薪資級別。在本例的員薪資料表中，一共有4列，列名稱分別為員工姓名、員工編號、員工職務、入職日期。可以說資料庫就是由若干個資料表（大區域）組成的，而資料表是由若干列（小區域）組成的，SQL敘述其實就是動作資料表和列的過程。那麼從語法的角度看，就可以說，該敘述指的是從員薪資料表中查詢列名為「員工姓名」的資訊。

10 MySQL 資料庫 SQL 敘述與索引

這裡為了方便大家理解,把資料表名稱和列名稱都寫成了中文,在實際工作中,資料庫裡的資料表名稱和列名稱應全部使用英文。

10.2.2 建構查詢的資料

安裝完 MySQL 資料庫後,系統會附帶 4 個用於儲存自身特性資訊的系統資料庫,而其他資料庫則是空的。因此,若要使用 SELECT 敘述,需要先建立一個自己的資料庫,並在其中建立資料表。接下來,需要在資料表中插入資料,這樣資料庫中才會有可供查詢的內容。簡而言之,資料庫中的資料是由我們自行建立的,只有插入了資料,才能進行 SELECT 查詢操作。

一|建立資料庫

建立資料庫的命令如下:

```
CREATE DATABASE test_db;
```

【語法解析】

- CREATE:這是 SQL 的關鍵字,表示建立操作。
- DATABASE:這是 SQL 的關鍵字,表示要建立的是一個資料庫。
- test_db:是資料庫的名稱,你可以根據需要自訂一個有意義的名稱。
- 預設情況下,SQL 關鍵字都要大寫。

簡單來說,這個命令就是告訴資料庫管理系統,要建立一個名為「test_db」的資料庫,以供後續在其中儲存資料和執行相關操作。透過建立資料庫,可以開始在其中建立資料表、插入資料,並使用 SQL 敘述對資料進行查詢、修改和刪除等操作。

二|建立資料庫中的資料表

test_db 資料庫建立完成後,它裡面是空的,需要繼續在裡面建立資料表和列,以便進行各類資料的儲存。

10.2 SQL 基礎敘述

建立資料表的命令如下：

```
CREATE TABLE test_table (
    name VARCHAR(50),
    age INT,
    birthdate DATE
);
```

【語法解析】

- CREATE：這是 SQL 的關鍵字，表示建立操作。
- TABLE：這是 SQL 的關鍵字，表示要建立的是一個資料表。
- test_table：是資料表的名稱，你可以根據需要自訂一個有意義的名稱。
- 在括號內的每一行都代表資料表的列。
- name：列名稱，用於標識該列的名稱。
- VARCHAR(50)：定義列的資料型態的關鍵字，指定該列儲存的資料型態為字元型，並設置最大長度為 50 個字元。
- age：列名稱，用於標識該列的名稱。
- INT：定義列的資料型態的關鍵字，指定該列儲存的資料型態為整數型。
- birthdate：列名稱，用於標識該列的名稱。
- DATE：定義列的資料型態的關鍵字，指定該列儲存的資料型態為日期型。

簡單來說，這個命令就是告訴資料庫管理系統，在資料庫中建立一個名為「test_table」的資料表，並定義了 3 個列，分別是 name（姓名）、age（年齡）和 birthdate（出生日期），指定了這些列各自的資料型態，用於規定資料表中每個欄位所能儲存的資料的類型和格式。

透過建立資料表，可以在其中儲存和組織具有不同屬性的資料，例如姓名、年齡和生日等。隨後，可以使用 SQL 敘述向資料表中插入資料行，並透過查詢敘述檢索、過濾和操作資料。

10 MySQL 資料庫 SQL 敘述與索引

三│在資料表中插入資料

資料庫的資料表建立完成後，就可以在資料表中插入資料。在資料表中插入資料的命令如下：

```
INSERT INTO test_table (name, age, birthdate) VALUES
('Alice', 25, '1998-01-01'),
('Bob', 30, '1993-05-10'),
('Charlie', 35, '1988-09-20'),
('David', 40, '1983-02-15'),
('Eva', 28, '1995-08-08'),
('Frank', 22, '2001-03-17'),
('Grace', 27, '1996-07-07'),
('Henry', 45, '1978-11-11'),
('Isabella', 31, '1992-04-01'),
('Jack', 33, '1990-06-25'),
(Null, 33, '1990-06-25');
```

【語法解析】

- INSERT INTO：這是 SQL 的關鍵字，表示插入操作。
- test_table：表示要插入資料的目標資料表。
- (name,age,birthdate)：指定要插入資料的列，即 name、age 和 birthdate 列。
- VALUES：這是 SQL 的關鍵字，表示接下來要插入的具體數值。
- ('Alice',25,'1998-01-01')：表示第一筆要插入的資料行，其中「Alice」是 name 列的值，25 是 age 列的值，「1998-01-01」是 birthdate 列的值。繼續類似地插入更多的資料行，每個資料行用逗點分隔。

簡單來說，這個命令就是告訴資料庫管理系統，將多個資料行插入名為「test_table」的資料表中。每個資料行都包含了 name、age 和 birthdate 列的值，用於在資料表中建立新的資料行。透過執行這個命令，可以將具體的資料資訊插入資料表中，以便後續使用查詢敘述進行檢索和分析。這樣，資料表就開始擁有了實際的資料內容，可以進行更多有意義的操作和分析。

10.2.3 SELECT 敘述的使用場景

對初級軟體測試人員來說，SELECT 子句是 SQL 敘述中最重要的語法之一，測試人員應該熟練地操作它。以下是一些基於 test_table 資料表的常見 SELECT 查詢敘述範例。

一 | 查詢資料表中所有的資料

查詢敘述如下：

```
SELECT * FROM test_table;
```

【語法解析】

- SELECT：這是 SQL 的關鍵字，表示選擇或提取資料。
- *：星號，表示「所有」。這裡表示選取所有的列。
- FROM：這是 SQL 的關鍵字，指定從哪個資料表提取資料。
- test_table：資料表名稱，即資料的來源。

這個敘述是說，從 test_table 資料表中查詢所有的列和行。執行結果如圖 10-3 所示。

name	age	birthdate
Alice	25	1998-01-01
Bob	30	1993-05-10
Charlie	35	1988-09-20
David	40	1983-02-15
Eva	28	1995-08-08
Frank	22	2001-03-17
Grace	27	1996-07-07
Henry	45	1978-11-11
Isabella	31	1992-04-01
Jack	33	1990-06-25
(Null)	33	1990-06-25

▲ 圖 10-3 執行結果

二 | 查詢資料表中特定列的資料

查詢敘述如下：

```
SELECT name, age FROM test_table;
```

【語法解析】

- name,age：列名稱，用逗點隔開。表示只要選取這兩個列。這個敘述是說，從 test_table 資料表中只查詢 name 和 age 兩列的資料。

執行結果如圖 10-4 所示。

name	age
Alice	25
Bob	30
Charlie	35
David	40
Eva	28
Frank	22
Grace	27
Henry	45
Isabella	31
Jack	33
(Null)	33

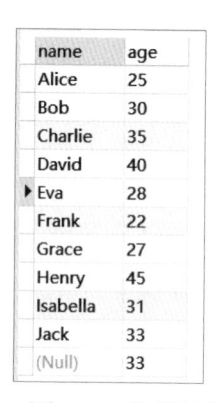

▲ 圖 10-4 執行結果

三 | 帶條件的查詢

查詢敘述如下：

```
SELECT * FROM test_table WHERE age > 30;
```

【語法解析】

- WHERE：這是 SQL 的關鍵字，條件陳述式，指定哪些行應該被選取。
- age > 30：具體的條件，表示年齡大於 30。
- 這個敘述是說，從 test_table 資料表中選取所有年齡大於 30 的行。

執行結果如圖 10-5 所示。

name	age	birthdate
▶ Charlie	35	1988-09-20
David	40	1983-02-15
Henry	45	1978-11-11
Isabella	31	1992-04-01
Jack	33	1990-06-25
(Null)	33	1990-06-25

▲ 圖 10-5 執行結果

四｜排序查詢結果

查詢敘述如下：

```
SELECT * FROM test_table ORDER BY age DESC;
```

【語法解析】

- ORDER BY：這是 SQL 的關鍵字，用作排序，指定按哪個列排序。
- age：列名稱，表示按年齡排序。
- DESC：這是 SQL 的關鍵字，表示降冪，從大到小。如果不寫，預設是昇冪（ASC，即從小到大）。

這個敘述是說，從 test_table 資料表中查詢所有行，並按年齡從大到小排序。

執行結果如圖 10-6 所示。

name	age	birthdate
▶ Henry	45	1978-11-11
David	40	1983-02-15
Charlie	35	1988-09-20
Jack	33	1990-06-25
(Null)	33	1990-06-25
Isabella	31	1992-04-01
Bob	30	1993-05-10
Eva	28	1995-08-08
Grace	27	1996-07-07
Alice	25	1998-01-01
Frank	22	2001-03-17

▲ 圖 10-6 執行結果

五│去重查詢

查詢敘述如下：

```
SELECT DISTINCT age FROM test_table;
```

【語法解析】

- DISTINCT：這是 SQL 的關鍵字，意思是不同的、唯一的。表示只選取不重複的值。

這個敘述是說，從 test_table 資料表中選取所有不重複的年齡。

執行結果如圖 10-7 所示。

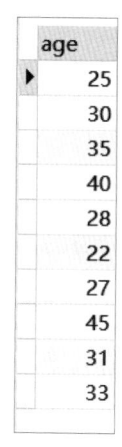

age
25
30
35
40
28
22
27
45
31
33

▲ 圖 10-7 執行結果

六│限制查詢結果的數量

查詢敘述如下：

```
SELECT * FROM test_table LIMIT 3;
```

【語法解析】

- LIMIT：這是 SQL 的關鍵字，限制的意思，指定最多傳回多少行。
- 3：數字，表示只傳回前三行。

這個敘述是說，從 test_table 資料表中只選取前三行。

執行結果如圖 10-8 所示。

name	age	birthdate
▶ Alice	25	1998-01-01
Bob	30	1993-05-10
Charlie	35	1988-09-20

▲ 圖 10-8 執行結果

10.2.4 WHERE 敘述的使用場景

對初級軟體測試人員來說，了解和掌握 SQL 查詢中的 WHERE 子句是非常重要的。以下是一些基於 test_table 資料表的常見 WHERE 查詢敘述範例。

一｜基本條件查詢

查詢敘述如下：

```
SELECT * FROM test_table WHERE name = 'Alice';
```

【語法解析】

- SELECT*：選擇所有列。
- FROM test_table：從 test_table 資料表中選取資料。
- WHERE name = 'Alice'：僅選取 name 列值為「Alice」的行。

這個敘述是說，從 test_table 資料表中選取所有列，但只選取那些 name 列的值是「Alice」的行。

運行結果如圖 10-9 所示。

name	age	birthdate
▶ Alice	25	1998-01-01

▲ 圖 10-9 執行結果

10 MySQL 資料庫 SQL 敘述與索引

二 | 範圍查詢

查詢敘述如下：

```
SELECT * FROM test_table WHERE age BETWEEN 25 AND 30;
```

【語法解析】

- BETWEEN...AND：這是 SQL 的關鍵字，可以通俗地理解為「在……和……之間」。
- BETWEEN 25 AND 30：選取 age 列值在 25 和 30 之間（包括 25 和 30）的行。

這個敘述是說，從 test_table 資料表中選取所有列，但只選取那些 age 列的值在 25 和 30 之間（包括 25 和 30）的行。

執行結果如圖 10-10 所示。

name	age	birthdate
Alice	25	1998-01-01
Bob	30	1993-05-10
Eva	28	1995-08-08
Grace	27	1996-07-07

▲ 圖 10-10 執行結果

三 | 集合查詢（IN）

查詢敘述如下：

```
SELECT * FROM test_table WHERE name IN ('Alice', 'Bob', 'Charlie');
```

【語法解析】

- IN：這是 SQL 的關鍵字，可以通俗地理解為「在……之中」。
- IN('Alice','Bob','Charlie')：選取 name 列值為「Alice」「Bob」或「Charlie」的行。這個敘述是說，從 test_table 資料表中選取所有列，但只選取那些 name 列的值是「Alice」「Bob」或「Charlie」中的之一的行。

執行結果如圖 10-11 所示。

name	age	birthdate
▶ Alice	25	1998-01-01
Bob	30	1993-05-10
Charlie	35	1988-09-20

▲ 圖 10-11　執行結果

四│模糊查詢（LIKE）

查詢敘述如下：

```
SELECT * FROM test_table WHERE name LIKE 'A%';
```

【語法解析】

- LIKE：這是 SQL 的關鍵字，模糊匹配的意思，與萬用字元一起使用。
- A%：這裡的「%」是萬用字元，表示任意數量的任意字元。「A%」表示以「A」開頭的任意字串。

這個敘述是說，從 test_table 資料表中選取所有名稱以「A」開頭的行。

執行結果如圖 10-12 所示。

name	age	birthdate
▶ Alice	25	1998-01-01

▲ 圖 10-12　執行結果

五│空值查詢（IS Null）

查詢敘述如下：

```
SELECT * FROM test_table WHERE name IS Null;
```

【語法解析】

- Null：這是 SQL 的關鍵字，一般指空值、空的、沒有值的。
- name IS Null：選取那些 name 列的值為 Null 的行。注意查詢 Null 值時，不能使用「name=Null」或「name!=Null」，只能用「name IS Null」或「name IS NOT Null」。

這個敘述是說，從 test_table 資料表中選取所有列，但只選取那些 name 列的值為 Null 的行。

執行結果如圖 10-13 所示。因為 name 列只有一行是空值，所以查詢的記錄只有一筆。

name	age	birthdate
(Null)	33	1990-06-25

▲ 圖 10-13 執行結果

10.2.5 ORDER BY 敘述的使用場景

對初級軟體測試人員來說，了解 SQL 中的 ORDER BY 敘述是很基本的。ORDER BY 敘述用於根據一個或多個列對結果集進行排序。以下是一些基於 test_table 資料表的常見 ORDER BY 範例。

一｜按年齡昇冪排序

查詢敘述如下：

```
SELECT * FROM test_table ORDER BY age ASC;
```

【語法解析】

- ORDER BY：這是 SQL 的關鍵字，可以通俗地理解為「按照……排序」。
- ORDER BY age：按照 age 列排序。

- ASC：昇冪（從小到大）。如果省略，預設也是 ASC（昇冪）。

這個敘述是說，從 test_table 資料表中選取所有列和所有行，並按照 age 列的昇冪對結果進行排序。

執行結果如圖 10-14 所示。

name	age	birthdate
Frank	22	2001-03-17
Alice	25	1998-01-01
Grace	27	1996-07-07
Eva	28	1995-08-08
Bob	30	1993-05-10
Isabella	31	1992-04-01
Jack	33	1990-06-25
(Null)	33	1990-06-25
Charlie	35	1988-09-20
David	40	1983-02-15
Henry	45	1978-11-11

▲ 圖 10-14 執行結果

二｜按年齡降冪排序

查詢敘述如下：

```
SELECT * FROM test_table ORDER BY age DESC;
```

【語法解析】

- DESC：降冪（從大到小）。

這個敘述是說，從 test_table 資料表中選取所有列和所有行，並按照 age 列的降冪對結果進行排序。換句話說，它會傳回資料表中的所有資料，但是會根據年齡從大到小的順序來展示結果。

執行結果如圖 10-15 所示。

name	age	birthdate
Henry	45	1978-11-11
David	40	1983-02-15
Charlie	35	1988-09-20
Jack	33	1990-06-25
(Null)	33	1990-06-25
Isabella	31	1992-04-01
Bob	30	1993-05-10
Eva	28	1995-08-08
Grace	27	1996-07-07
Alice	25	1998-01-01
Frank	22	2001-03-17

▲ 圖 10-15　執行結果

三｜先按年齡昇冪排序，若年齡相同則按名稱昇冪排序

查詢敘述如下：

```
SELECT * FROM test_table ORDER BY age ASC, name ASC;
```

【語法解析】

- 首先按照 age 列進行昇冪排序。

- 如果 age 相同，則按照 name 列進行昇冪排序。

這個敘述是說，從 test_table 資料表中選取所有列和所有行，並按照兩個條件對結果進行排序。首先，它會按照 age 列的昇冪（從小到大）來排序行。如果有多行具有相同的年齡值，那麼這些行將按照 name 列的昇冪（根據字母順序，從 A 到 Z）進一步排序。總的來說，這個查詢傳回整個資料表的內容，但是行的排列順序首先考慮年齡，然後在年齡相同的情況下考慮名稱。

執行結果如圖 10-16 所示。

name	age	birthdate
▶ Frank	22	2001-03-17
Alice	25	1998-01-01
Grace	27	1996-07-07
Eva	28	1995-08-08
Bob	30	1993-05-10
Isabella	31	1992-04-01
(Null)	33	1990-06-25
Jack	33	1990-06-25
Charlie	35	1988-09-20
David	40	1983-02-15
Henry	45	1978-11-11

▲ 圖 10-16 執行結果

10.2.6 INSERT INTO 敘述的使用場景

對初級軟體測試人員來說，了解 INSERT INTO 敘述的基本用法是非常重要的。在 10.2.2 節中已講過它的用法，INSERT INTO 敘述主要用於在資料表中插入新的資料行，下面將以 test_table 資料表為例，演示兩種常見的 INSERT INTO 敘述。

一｜插入完整行資料

插入敘述如下：

```
INSERT INTO test_table (name, age, birthdate) VALUES (' John', 32,
'1991-02-14');
```

【語法解析】

- INSERT INTO：這是 SQL 的關鍵字，表示要插入資料到某個資料表中。
- test_table：這是資料表名稱，表示要插入資料的目標資料表。
- (name,age,birthdate)：這是列名稱列表，表示要插入資料的列。
- VALUES：這是 SQL 的關鍵字，後面跟著要插入的具體資料。
- ('John',32,'1991-02-14')：這是要插入的資料行，每個值對應前面列名稱列表中的列。

這個敘述是說，向 test_table 資料表中插入一筆新的資料記錄。

二｜插入多行資料

插入敘述如下：

```
INSERT INTO test_table (name, age, birthdate) VALUES
('Lucy', 24, '1999-03-21'),
('Mike', 34, '1989-10-10'),
('Nina', 26, '1997-05-05');
```

【語法解析】

- 可以在一個 INSERT INTO 敘述中插入多行資料。
- 每行資料之間用逗點分隔。

這個敘述是說，向 test_table 資料表中插入 3 筆新的資料記錄。

10.2.7 UPDATE 敘述的使用場景

對初級軟體測試人員來說，理解 UPDATE 敘述的基本結構和用法是非常重要的。以下是一些基於 test_table 資料表的 UPDATE 敘述範例。

一｜更新特定行的資料

更新敘述如下：

```
UPDATE test_table SET age = 26 WHERE name = 'Alice';
```

【語法解析】

- UPDATE SET：這是 SQL 的關鍵字，用於修改已經儲存在資料庫資料表中的資料。
- UPDATE test_table：指定要更新資料的資料表名稱，這裡是 test_table。
- SET age = 26：指定要更新的列和新的值，這裡是將 age 列的值更改為 26。

- WHERE name = 'Alice'：指定更新的條件，即只更新 name 列值為「Alice」的行。

這個敘述是說，將資料表中 name 為「Alice」的行的 age 欄位更新為 26。

二｜更新多列的資料

更新敘述如下：

```
UPDATE test_table SET age = 32, birthdate = '1992-02-29' WHERE name = 'Bob';
```

【語法解析】

- 可以在 SET 子句中一次更新多列，用逗點分隔。

這個敘述是說，將 name 為「Bob」的行的 age 更新為 32，birthdate 更新為「1992-02-29」。

三｜無條件更新所有行的資料

更新敘述如下：

```
UPDATE test_table SET age = age + 1;
```

【語法解析】

- 如果沒有 WHERE 子句，UPDATE 敘述會更新資料表中的所有行。

這個敘述是說，將資料表中所有行的 age 值增加 1。

10.2.8 DELETE 敘述的使用場景

對初級軟體測試人員來說，了解 SQL 的 DELETE 敘述的基本形式和用法是非常重要的。DELETE 敘述用於從資料庫資料表中刪除記錄。下面將以 test_table 資料表為例，展示一些常見的 DELETE 敘述範例。

⑩ MySQL 資料庫 SQL 敘述與索引

一 | 刪除特定記錄

刪除敘述如下：

```
DELETE FROM test_table WHERE name = 'Alice';
```

【語法解析】

- DELETE：這是 SQL 的刪除命令，表示要從資料表中刪除資料。
- FROM test_table：這指定了要從哪個資料表中刪除資料，即 test_table。
- WHERE name = 'Alice'：這是條件子句，它指定了刪除的具體條件，即只刪除 name 欄位值為「Alice」的記錄。

這個敘述是說，將 name 為「Alice」的記錄刪除。

二 | 刪除滿足多個條件的記錄

刪除敘述如下：

```
DELETE FROM test_table WHERE age > 30 AND birthdate < '1990-01-01';
```

【語法解析】

- age > 30：這是第一個條件，表示要刪除的記錄其 age 欄位的值必須大於 30。
- AND：這是一個邏輯運算子，表示同時滿足前後兩個條件。
- birthdate < '1990-01-01'：這是第二個條件，表示要刪除的記錄其 birthdate 欄位的值必須在「1990-01-01」之前。

這個敘述是說，將資料表中所有 age 大於 30 且 birthdate 早於「1990-01-01」的記錄刪除。

10-22

三｜無條件刪除所有記錄（謹慎使用）

刪除敘述如下：

```
DELETE FROM test_table;
```

【語法解析】

- 沒有 WHERE 子句，表示會刪除資料表中的所有記錄。這個敘述是說，將 test_table 資料表中所有的記錄都刪除。

注意：這種刪除非常危險，因為它會清空整個資料表。在生產環境中，除非你非常確定要這樣做，並且有資料備份，否則不要執行這樣的操作。

10.3 SQL 高級查詢

對於初級軟體測試人員而言，掌握多資料表查詢技術是至關重要的。在實際應用中，資料往往分佈在多個相連結的資料表中，從這些資料表中高效率地提取和整合資訊是一個挑戰。為了應對這一挑戰，測試人員需要熟練掌握常用的多資料表查詢方法，它們分別是：相等連接（也稱為內連接）、左外連接、右外連接、分組子句以及匯總函數。

10.3.1 建構多資料表查詢的資料

首先，需要在 test_db 資料庫中建立兩個資料表：一個是員薪資料表（employees），另一個是部門資料表（departments）。員薪資料表將包含員工的 ID、員工的姓名、部門 ID 以及員工的薪水，而部門資料表將包含部門 ID 和部門名稱。之後，可以向這兩個資料表插入資料，以便在進行多資料表查詢時能夠獲取相關的資料。

MySQL 資料庫 SQL 敘述與索引

一│建立員薪資料表（employees 資料表）

建立資料表的命令如下：

```
CREATE TABLE employees (
    employee_id INT PRIMARY KEY,
    name VARCHAR(50),
    department_id INT,
    salary INT
);
```

這個 employees 資料表（員薪資料表）的含義是：它是一個用於儲存員薪資訊的資料庫資料表，其中包含員工 ID（employee_id）、員工姓名（name）、所屬部門 ID（department_id）以及員工薪水（salary）這 4 個欄位。其中，員工 ID（employee_id）被定義成了主鍵（PRIMARY KEY），定義為主鍵的列（employee_id）具有兩個基本特徵。首先，它不能為空，也就是說每個員工的 ID 都必須有一個有效的值。其次，這一列的值不能重複，也就是說每個員工的 ID 必須是唯一的，不能與其他員工的 ID 相同。

二│建立部門資料表（departments 資料表）

建立資料表的命令如下：

```
CREATE TABLE departments (
    department_id INT PRIMARY KEY,
    department_name VARCHAR(50)
);
```

這個 departments 資料表（部門資料表）的含義是：它是一個用於儲存部門資訊的資料庫資料表。它包含兩個欄位，一個是部門 ID（department_id），另一個是部門名稱（department_name）。其中，部門 ID（department_id）被定義為主鍵（PRIMARY KEY），表示每個部門的 ID 都必須有一個有效的值，不能為空，並且這些 ID 值必須是唯一的，不能與其他部門的 ID 重複。

三 | 向員薪資料表中插入資料

在資料表中插入資料的命令如下：

```
INSERT INTO employees (employee_id, name, department_id, salary)
VALUES
    (1, 'Tom', 1, 5000),
    (2, 'Jerry', 2, 6000),
    (3, 'Spike', 1, 4500),
    (4, 'Tyke', 2, 6500),
    (5, 'Merry', Null, 7500);
```

從插入的資料可以看到，Merry 這個員工是沒有部門編號的，這個員工可能是新來的，還沒有分配部門，所以部門編號是 Null（空的）。

四 | 向部門資料表中插入資料

在資料表中插入資料的命令如下：

```
INSERT INTO departments (department_id, department_name) VALUES
(1, 'Sales'),
(2, 'Engineering'),
(3, 'Marketing');
```

結合員薪資料表的資料可以看到，目前並沒有員工屬於 3 號部門，也就是市場部（Marketing），這個部門可能剛剛成立。

到這裡為止，兩個資料表已建立，資料已填充，除 PRIMARY KEY（主鍵）外，其他所有語法和關鍵內容在 10.2 節中均已涵蓋。

10.3.2 相等連接的使用

相等連接是 SELECT 敘述中一個重要的語法，測試人員應該熟練掌握它。相等連接用於將兩個或多個資料表中的行連接起來，並傳回滿足連接條件的行。

MySQL 資料庫 SQL 敘述與索引

範例：獲取每個員工的姓名及其所在部門的名稱。具體查詢敘述如下：

```
SELECT employees.name, departments.department_name
FROM employees, departments
WHERE employees.department_id = departments.department_id;
```

由於員工和部門的資訊分佈在兩個資料表中，需要一個方法將它們組合在一起。相等連接（這裡使用的是 WHERE 關鍵字）允許我們根據一個共同的欄位（在這裡是 department_id）將兩個資料表的資料整合在一起。這筆查詢敘述的意思是：「從員薪資料表和部門資料表中選取員工的名字和他們所在部門的名字，但只有當員薪資料表中的 department_id 和部門資料表中的 department_id 一樣的時候才選。」這樣，我們就能得到一個列表，裡面列出了每個員工和他們所在的部門。

執行結果如圖 10-17 所示。

name	department_name
Tom	Sales
Jerry	Engineering
Spike	Sales
Tyke	Engineering

▲ 圖 10-17 執行結果

從執行結果中可以看到，由於 Merry 員工的 department_id 是 Null，並且 departments 資料表中沒有 department_id 為 Null 的記錄，因此 Merry 不會出現在結果中。同樣，由於 departments 資料表中 department_id 為 3 的記錄存在，但沒有員工的 department_id 與之匹配，所以市場部（Marketing）也不會出現在結果中。

因此，查詢結果只包括那些 department_id 在兩個資料表中都存在的員工姓名和對應的部門名稱。在這個例子中，就是 Tom、Jerry、Spike 和 Tyke 這 4 位員工的姓名以及他們所在的部門名稱。

另外，相等連接也稱為內連接，也可以使用 INNER JOIN 關鍵字來替換 WHERE 關鍵字進行相等連接，只是在工作中使用 WHERE 關鍵字的情況比較多。

10.3.3 笛卡兒積

在 10.3.2 節的查詢敘述中，如果不使用 WHERE 子句進行相等連接，那麼查詢將執行笛卡兒積（Cartesian product）操作，這是指兩個資料表中的所有行都將被組合在一起，而不僅是那些具有匹配 department_id 的行。笛卡兒積會產生所有可能的行組合，這通常會導致大量的結果集，其中包含大量不相關的資料。

具體查詢敘述如下：

```
SELECT employees.name, departments.department_name

FROM employees, departments;
```

執行結果如圖 10-18 所示。

name	department_name
Tom	Sales
Tom	Engineering
Tom	Marketing
Jerry	Sales
Jerry	Engineering
Jerry	Marketing
Spike	Sales
Spike	Engineering
Spike	Marketing
Tyke	Sales
Tyke	Engineering
Tyke	Marketing
Merry	Sales
Merry	Engineering
Merry	Marketing

▲ 圖 10-18 執行結果

從執行結果中可以看到，不使用 WHERE 子句，查詢將返回 employees 資料表中的每一行與 departments 資料表中的每一行的組合。這表示，如果你有 4 個員工和 3 個部門，你將得到 4 x 3 = 12 行結果，即使某些員工並不屬於某些部門。總的來說，不使用 WHERE 子句進行相等連接會導致傳回大量不相關的資料組合，使得結果集失去意義。正確的做法是使用 WHERE 子句來確保只傳回那些具有匹配連結鍵的行。

10.3.4 左外連接的使用

左外連接（LEFT OUTER JOIN，或簡寫為 LEFT JOIN）是 SQL 中一種非常有用的連接類型，它允許我們從兩個資料表中檢索資料，即使左資料表中的某些行在右資料表中沒有匹配的行。左外連接傳回左資料表（即連接操作符號左邊的資料表）中的所有行，以及滿足連接條件的右資料表（即連接操作符號右邊的資料表）中的匹配行。如果右資料表中沒有匹配的行，則結果集中的對應列將包含 Null 值。

範例：獲取所有員工的姓名及其所在部門的名稱，即使某些員工沒有分配到任何部門。具體查詢敘述如下：

```
SELECT employees.name, departments.department_name
FROM employees
LEFT JOIN departments ON employees.department_id = departments.department_id;
```

在這個查詢中，我們使用了 LEFT JOIN 關鍵字來指定左外連接。連接條件是 employees.department_id = departments.department_id。

運行結果如圖 10-19 所示。

name	department_name
Tom	Sales
Spike	Sales
Jerry	Engineering
Tyke	Engineering
Merry	(Null)

▲ 圖 10-19 執行結果

10.3 SQL 高級查詢

從執行結果中可以看到,即使 Merry 員工的 department_id 是 Null,並且在 departments 資料表中沒有匹配的 department_id,它也仍然會出現在結果中。因為左外連接會傳回左資料表(employees)中的所有行,對於沒有匹配的行,右資料表(departments)的列將包含 Null 值。

因此,左外連接在需要獲取主資料表(通常是左資料表)的所有記錄,並同時獲取與之相關的從資料表(通常是右資料表)的記錄時非常有用,即使有些主資料表的記錄沒有在從資料表中找到匹配項。

10.3.5 右外連接的使用

右外連接(RIGHT OUTER JOIN,或簡寫為 RIGHT JOIN)是 SQL 中另一種重要的連接類型,與左外連接相反,它傳回右資料表(即連接操作符號右邊的資料表)中的所有行,以及滿足連接條件的左資料表(即連接操作符號左邊的資料表)中的匹配行。如果左資料表中沒有匹配的行,則結果集中的對應列將包含 Null 值。

範例:獲取所有部門的名稱及其包含的員工姓名,即使某些部門沒有員工。具體查詢敘述如下:

```
SELECT employees.name, departments.department_name
FROM employees
RIGHT JOIN departments ON employees.department_id = departments.department_id;
```

在這個查詢中,我們使用了 RIGHT JOIN 關鍵字來指定右外連接。連接條件是 employees.department_id = departments.department_id。

執行結果如圖 10-20 所示。

name	department_name
Tom	Sales
Jerry	Engineering
Spike	Sales
Tyke	Engineering
(Null)	Marketing

▲ 圖 10-20 執行結果

10 MySQL 資料庫 SQL 敘述與索引

從執行結果中可以看到，由於 Marketing 部門的 department_id 在 employees 資料表中沒有匹配的員工，因此員工姓名是 Null。然而，因為右外連接會傳回右資料表（departments）中的所有行，即使左資料表（employees）中沒有匹配的行，Marketing 部門也仍然會出現在結果中。

因此，右外連接在需要獲取右資料表的所有記錄，並同時獲取與之相關的左資料表的記錄時非常有用，即使有些右資料表的記錄沒有在左資料表中找到匹配項。

10.3.6 分組子句和匯總函數的使用

分組子句（GROUP BY）和聚合函數（如 SUM、AVG、MAX、MIN、COUNT）在 SQL 中緊密合作，使得我們可以對資料進行分組並計算每個分組的整理資訊。結合先前學習的相等連接，我們可以更靈活地從多個資料表中提取相關資料，並根據需要進行分組和整理。

一｜分組子句和匯總函數的範例

在本節中，我們先透過一個具體的範例來展示如何結合使用分組子句、匯總函數和相等連接。

範例：計算每個部門的薪水總和。具體查詢敘述如下：

```
SELECT departments.department_name, SUM(employees.salary)
FROM employees, departments
WHERE employees.department_id = departments.department_id
GROUP BY departments.department_name;
```

首先，透過相等連接（使用 WHERE 關鍵字）將 employees 資料表和 departments 資料表連接起來，確保獲取到每個員工及其對應的部門資訊。連接的條件是 employees 資料表中的 department_id 列與 departments 資料表中的 department_id 列相等。這樣，我們可以將員工的薪資與其所在部門的名稱相連結。

接下來，使用 GROUP BY 子句按照 departments.department_name 進行分組。這表示查詢結果將按照部門的名稱進行分組，相同部門的所有員工會被歸到同一組中。

在分組後，我們應用匯總函數 SUM 來計算每個部門中所有員工薪水的總和。SUM(employees.salary) 將計算每個部門分組內所有員工薪水的總和，並將其作為結果集中的一列傳回。

另外，需要特別注意的是，SELECT 敘述後面所選擇的列，必須在 GROUP BY 子句中出現。在本例中，由於我們在 SELECT 後選擇了 departments.department_name 這一列，因此相應地，在 GROUP BY 子句中也需要包含這一列，以確保查詢結果的準確性和分組邏輯的正確性。這樣的撰寫方式符合 SQL 查詢的規範，能夠避免潛在的錯誤和歧義。

運行結果如圖 10-21 所示。

department_name	SUM(employees.sala
▶ Engineering	12500
Sales	9500

▲ 圖 10-21 執行結果

綜上所述，透過相等連接和分組子句，可以輕鬆地計算每個部門的薪水總和，並獲得每個部門名稱及其對應的薪水總和的結果集。這樣的查詢對於分析和理解部門間的薪水分佈情況非常有用。

二｜分組子句和匯總函數的關係

分組子句（GROUP BY）：分組子句用於將結果集按照一個或多個列進行分組。透過指定要進行分組的列名稱，相同值的行被歸為一組。分組後，我們可以對每個組應用匯總函數來計算該組內的資料。

MySQL 資料庫 SQL 敘述與索引

匯總函數（SUM、AVG、MAX、MIN、COUNT）：匯總函數用於對一組資料執行計算，並傳回單一結果。這些函數通常與分組子句一起使用，計算每個組的整理值。以下是匯總函數的含義。

SUM：計算指定列中數值的總和。

AVG：計算指定列中數值的平均值。

MAX：查詢指定列中的最大值。

MIN：查詢指定列中的最小值。

COUNT：計算行數或指定列中不可為空值的數量。

分組子句和匯總函數的關係如下：

使用分組子句（GROUP BY）按照指定列進行分組，將具有相同值的行歸為一組。

在每個分組內部，可以使用匯總函數對該組的資料進行計算。

匯總函數將根據分組的結果，對每個組的資料進行計算，並傳回整理值（如總和、平均值、最大值等）。

結果集中的每一行代表一個分組，其中包含分組列的值和匯總函數計算的結果。

透過使用分組子句和匯總函數，我們可以對資料進行更細粒度的分析，按照特定的條件將資料分組，並計算整理值以獲取有關資料集的統計資訊。

三｜分組之後的限制

範例：計算每個部門的平均薪資，並且只顯示平均薪資大於 5000 元的部門的名稱及該部門的平均薪資。

具體查詢敘述如下：

10.3 SQL 高級查詢

```
SELECT departments.department_name, AVG(employees.salary)
FROM employees,departments
WHERE employees.department_id = departments.department_id
GROUP BY departments.department_name
HAVING AVG(employees.salary)>5000;
```

該 SQL 敘述的目的是篩選出那些平均薪資超過 5000 元的部門，並顯示這些部門的名稱及其平均薪資。

這個查詢與前面的範例類似，使用了相等連接，並進行分組，隨後使用了 AVG 匯總函數來計算平均薪資，並且增加了 HAVING 子句來過濾出平均薪資大於 5000 元的部門。需要注意的是，HAVING 子句用於對分組後的結果進行過濾，而非對原始資料進行過濾，分組之後的篩選只能用 HAVING 子句而不能用 WHERE 子句。

執行結果如圖 10-22 所示。

department_name	AVG(employees.sala
▶ Engineering	6250.0000

▲ 圖 10-22 執行結果

10.3.7 子查詢的使用

子查詢，也被稱為內部查詢或巢狀結構查詢，是嵌入在另一個 SQL 查詢中的查詢。外部查詢，也被稱為主查詢或外部選擇，使用子查詢的結果作為其資料來源。子查詢可以用於選擇、插入、更新或刪除操作，並且它們可以傳回單一值、單一行、多個行或完整的資料表。

範例：獲取薪水高於平均薪資的所有員工的姓名和薪水。

具體查詢敘述如下：

```
SELECT name, salary
FROM employees WHERE salary > (
    SELECT AVG(salary)
```

10-33

```
    FROM employees
);
```

在這個查詢中，子查詢 (SELECT AVG(salary)FROM employees) 計算了 employees 資料表中所有員工的平均薪資。主查詢則選擇了那些薪水高於這個平均薪資的員工的姓名和薪水。

運行結果如圖 10-23 所示。

name	salary
Jerry	6000
Tyke	6500
Merry	7500

▲ 圖 10-23 執行結果

從執行結果中可以看到，只有 Jerry、Tyke 和 Merry 的薪水高於平均薪資。子查詢首先執行，計算出平均薪資，然後再執行主查詢，從而過濾出高於平均薪資的員工。

子查詢在處理複雜查詢時非常有用，它們允許你在一個查詢中引用另一個查詢的結果，從而建構出更強大、更靈活的查詢邏輯。然而，需要注意的是，過度使用子查詢可能會導致查詢性能下降，特別是在處理大型態資料集時。因此，在使用子查詢時，應該仔細考慮其對性能的影響，並在可能的情況下尋找更高效的查詢策略。

∞ 10.4 索引

在 MySQL 中，索引是一種至關重要的資料結構，對於最佳化資料庫查詢性能起著決定性作用。在實際應用中，隨著資料量的不斷增長，直接從資料表中檢索資料可能會變得非常緩慢。為了解決這個問題，MySQL 提供了索引機制，以加快對資料表中資料的存取速度。

10.4 索引

對測試人員來說，了解和掌握 MySQL 中的索引機制是十分重要的。索引不僅影響查詢性能，還直接關係到資料庫的整體效率和回應速度。測試人員需要知道如何合理地建立和使用索引，以確保資料庫查詢的高效性和準確性。

接下來將透過實例來演示一個常規索引的建立與使用過程，具體流程如下。

一｜建立資料表並設定主鍵

假設要在 test_db 資料庫中建立一個名為 users 的資料表，其中包含 id、username 和 email 這 3 個欄位，並且希望 id 欄位作為主鍵。建立資料表的命令如下：

```
CREATE TABLE users (
    id INT AUTO_INCREMENT,
    username VARCHAR(50) NOT Null,
    email VARCHAR(100) UNIQUE,
    PRIMARY KEY (id)
);
```

【語法解析】

- id 欄位被定義為一個整數類型（INT），並且設置為自動遞增（AUTO_INCREMENT），這表示每當在資料表中插入新記錄時，id 欄位的值會自動增加，不用手動插入，確保每個使用者都有一個唯一的識別字。

- username 欄位是一個最大長度為 50 的字串，不允許為空。

- email 欄位是一個最大長度為 100 的字串，並且被定義為唯一（UNIQUE），這表示資料表中不能有兩筆記錄具有相同的電子郵寄位址。

- 最後，透過 PRIMARY KEY(id) 敘述將 id 欄位設置為主鍵。前面講過，定義為主鍵的列有兩個基本特徵：首先，它不能為空；其次，這一列的值不能重複。主鍵主要就是用來唯一地標識資料庫資料表中的每一行資料，通俗一點講就是，只要知道 id 號碼，就能知道這一行所有的資訊。就像透過身份證號碼能夠迅速查詢到一個人的姓名、出生年月等詳細資訊一樣，因為身份證號碼是一個人身份的唯一標識。

二│為資料表增加常規索引

假設我們想要提高根據 username 欄位查詢的效率，可以為這個欄位增加一個常規索引，具體命令如下：

```
CREATE INDEX idx_username ON users (username);
```

【語法解析】

- CREATE INDEX 敘述用於建立索引。
- idx_username 是給索引起的名字，這個名字應該是描述性的，以便日後維護和理解。
- ON users(username) 指定了索引將被建立在 users 資料表的 username 欄位上。

三│向 user 資料表中插入資料

在資料表中插入資料的命令如下：

```
INSERT INTO users (username, email) VALUES ( ' john_doe ' , ' john.doe@example.com');
```

由於 id 欄位被設置為自動遞增，不需要手動為其指定值。

四│查詢資料

當根據 username 欄位查詢資料時，資料庫將利用建立的 idx_username 索引來提高查詢效率，查詢命令如下：

```
SELECT * FROM users WHERE username = 'john_doe';
```

由於在 username 這個欄位上增加了常規索引，所以如果以此欄位進行資料查詢，它的查詢速度較沒有增加索引時要快很多，尤其是在處理大量資料時，其效果更為顯著。透過索引，資料庫能迅速定位到與查詢準則匹配的資料行，避免了全資料表掃描的耗時操作，從而大大加快了查詢速度。

雖然索引可以提高查詢效率，但它們也會佔用額外的磁碟空間。因此，在增加索引之前，應該仔細考慮其對性能的影響。另外，除常規索引外，資料庫領域還提供了許多其他類型的索引，如唯一索引、複合索引、全文索引、空間索引等，每一種都有其特定的應用場景和最佳化效果。這些索引在應對不同的查詢需求和資料模式時，能夠顯著提高資料庫的性能和效率。本節的介紹只是索引世界的小小入口，旨在向大家展示索引的基本概念和重要性，以激發大家對 SQL 高級語法的學習和探索興趣。

10.5 本章小結

10.5.1 學習提醒

資料庫作為 Web 系統的資料儲存和查詢中心，其重要性不言而喻。對初級軟體測試人員來說，首先要確保對本章所說明的增、刪、改、查及多資料表查詢等基本操作有深入的理解和實踐。在此基礎上，應繼續深入學習和實踐多資料表聯集查詢、子查詢、主鍵、外鍵、索引以及預存程序等高級 SQL 語法。這些技能將幫助你在處理複雜資料查詢和分析時更加遊刃有餘。

10.5.2 求職指導

一 | 本章面試常見問題

問題 1：資料庫你用得多嗎？你都用過哪些資料庫？工作中，你什麼時候會用到資料庫？

參考回答：在我的工作中，資料庫的使用頻率還是比較高的，尤其是 MySQL 資料庫。在進行功能和介面測試時，例如執行增刪改查操作，我們經常需要與資料庫互動。驗證前臺頁面的資料變動時，我會直接查詢資料庫以確認資料的準確性。此外，當需要在資料庫中修改某些前臺資料的狀態時，我也會使用資料庫。

問題 2：你對 SQL 敘述熟悉嗎？你都用過哪些 SQL 敘述？

參考回答：我對 SQL 敘述相對來說還是比較熟悉的，並且在日常工作中經常使用。常見的 SQL 敘述，如 SELECT 用於從資料庫資料表中檢索資料，WHERE 用於過濾結果集，ORDER BY 用於對結果集進行排序，INSERT INTO 用於在資料表中插入新資料，UPDATE 用於更新資料表中的資料，DELETE 用於從資料表中刪除資料，等等。這些 SQL 敘述都有用過。

另外，多資料表查詢這一塊也經常用到，如多資料表連接查詢、分組子句、匯總函數，以及子查詢都有用到。

問題 3：什麼是左外連接，什麼是右外連接？

參考回答：簡單一點說，左外連接就是左邊資料表的資訊全部顯示，而右邊資料表只顯示與左邊資料表相匹配的資訊。右外連接則相反，右邊資料表的資訊全部顯示，而左邊資料表只顯示與右邊資料表相匹配的資訊。

問題 4（知識擴充）：什麼是資料庫的事務？

參考回答：在 MySQL 資料庫中，事務（transaction）是一組邏輯上相連結的資料庫操作，它們被當作一個單一的執行單元來處理。這些操作不是全部成功執行，就是全部不執行，即它們是一個不可分割的工作單位。事務的主要目的是確保資料庫中資料的完整性和一致性。透過事務，可以在併發存取資料庫時避免資料的不一致和錯誤。

事務具有 4 個屬性，分別如下。

原子性：事務中的所有操作都被視為一個原子操作，它們不是全部成功執行，就是全部導回（撤銷）。

一致性：事務必須保證資料庫從一個一致的狀態轉變到另一個一致的狀態。

隔離性：在併發環境中，事務的執行必須與其他併發事務隔離開來，以防止資料的不一致和衝突。

持久性：一旦事務成功提交，其對資料庫的更改將是永久性的。即使在系統崩潰、故障或重新開機後，這些更改也不會遺失。

問題 5（知識擴充）：悲觀鎖和樂觀鎖的區別是什麼？

參考回答：在多使用者環境中，在同一時間可能會有多個使用者更新相同的記錄，這會產生衝突。這就是著名的併發性問題。悲觀鎖假設資料衝突很可能會發生並採取措施避免衝突；而樂觀鎖則假設資料衝突不太可能發生並在資料提交更新時檢查是否發生了衝突。

問題 6：什麼是索引以及索引有哪些優缺點？

參考回答：索引是一種資料結構，用於快速查詢和檢索資料庫中的資料，類似於圖書的目錄，它提供了對資料項目的快速存取路徑。

索引的優點：可以提高資料檢索的速度。可以幫助實現資料的唯一性約束，保護資料表資料的完整性。

索引的缺點：索引需要佔用額外的磁碟空間和維護成本。當對資料表中的資料進行增加、刪除和修改操作的時候，索引也要動態地維護，降低了資料的維護速度。

二｜求職技巧

對於資料庫的考查也有兩種表現方式：一種是面試官直接問你對資料庫的掌握程度，不限於 SQL 敘述；另一種是筆試，如果有筆試的話，很可能會有 SQL 敘述的題目，主要考查點還是資料表的增、刪、改、查這 4 個方面的內容，大部分 SQL 筆試題都會涉及多資料表查詢、分組子句和匯總函數、子查詢這三塊，初學者尤其要注意，並多加練習。

MEMO

11

Web 自動化測試框架
基礎與實戰

　　初級軟體測試人員不會一直停留在手工測試（功能測試）上，大多數初級軟體測試人員在具有一定的手工測試能力之後都會慢慢接觸 Web 自動化測試技術。自動化測試可以視為透過程式讓電腦自動對軟體進行測試。隨著市場需求的變化，95% 的企業在應徵測試人員時，都會提出對 Web 自動化測試的相關要求，可以說 Web 自動化測試技術是初級軟體測試人員發展的必經之路。

11 Web 自動化測試框架基礎與實戰

自動化測試與手工測試相比，最大的區別是要求測試人員掌握一門指令稿開發語言，這對很多沒有程式設計基礎的人來說也許是一道難題，但其實自動化測試人員的程式設計工作不同於開發人員的程式設計工作，自動化測試的程式設計要容易得多，初學者即使在程式設計能力不是很強的情況下，透過自學也可以勝任相關的自動化測試工作。

本章將介紹 Web 自動化測試框架的建構，包括 HTML 基礎、XPath 定位、Python 物件導向程式設計、pytest 測試框架以及 Selenium 工具的應用，最終透過頁面物件模型實現高效、可維護的自動化測試。

11.1 HTML 基礎

當學習 Selenium 工具時，將 HTML 語言作為入門點是一個很好的選擇。因為 HTML 語法簡單、即學即用，可以提升初學者的信心。

為什麼需要從學習 HTML 語言開始呢？原因很簡單，Selenium 自動化測試工具操作的物件是網頁元素，而網頁元素是由 HTML 語言撰寫的，所以了解 HTML 語言對於理解和操作網頁元素非常重要。

現在讓我們來看幾個實例，來幫助我們更容易地理解 HTML 語言。

例 1：開啟一個文字編輯器（如記事本），建立一個簡單的網頁。

```
<html>
<head>
</head>
<body>
我的第一個網頁
</body>
</html>
```

【程式分析】

- 一個完整的 HTML 文件以 <html> 標籤開始，以 </html> 標籤結束。

11.1 HTML 基礎

- 網頁的內容放在 <body> 和 </body> 標籤之間，<body> 標籤被稱為正文標籤，凡是在網頁正文中直接展示的內容都需要放在 <body> 和 </body> 標籤內。

- <html> 和 </html>、<body> 和 </body> 標籤都是成雙成對的，所以也稱它們為雙標籤。

- 將以上程式儲存為名為「1.html」的檔案，如圖 11-1 所示，透過 Google 瀏覽器開啟該檔案，就可以看到網頁的效果，如圖 11-2 所示，網頁的正文是「我的第一個網頁」，它會顯示在網頁中。

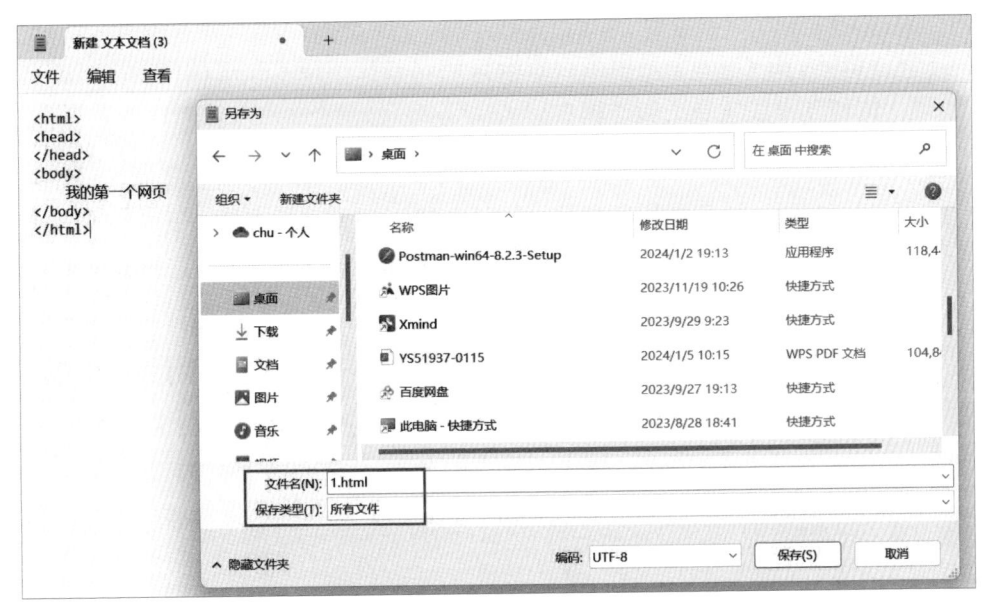

▲ 圖 11-1 儲存為 1.html 檔案

▲ 圖 11-2 網頁正文

例 2：開啟一個文字編輯器（如記事本），建立一個帶有網頁標題的網頁。

```
<html>
<head>
    <title> 製作網頁 </title>
</head>
<body>
我的第一個網頁
</body>
</html>
```

【程式分析】

- <title> 和 </title> 是用來設置網頁標題的雙標籤。在這個例子中，網頁的標題被設置為「製作網頁」。

- <title> 和 </title> 標籤被放置在 <head> 和 </head> 標籤之間。<head> 和 </head> 被稱為頭部標籤，用於存放不需要直接在網頁正文中顯示的內容。由於網頁標題不會直接顯示在網頁正文中，所以將 <title> 和 </title> 標籤放置在頭部標籤內。

- 可以這樣理解一個 HTML 文件的結構：在一個 HTML 文件中，整個文件以 <html> 標籤開始，頭部內容位於 <head> 標籤內，以 </head> 標籤結束。正文內容以 <body> 標籤開始，以 </body> 標籤結束。當看到斜杠 / 時，表示該標籤的內容結束。當看到 </html> 標籤時，表示整個 HTML 文件結束。

將以上程式儲存為名為「2.html」的檔案，透過 Google 瀏覽器開啟後，展示的效果如圖 11-3 所示，頁面上方顯示了標題「製作網頁」，正文內容「我的第一個網頁」顯示在網頁中。

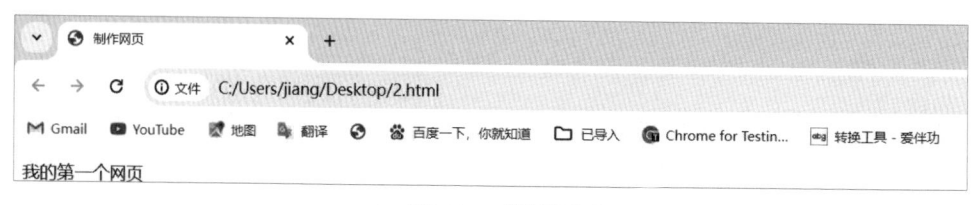

▲ 圖 11-3 網頁正文

11.1 HTML 基礎

例 3：開啟一個文字編輯器（如記事本），建立一個帶有文字輸入框的網頁。

```
<html>
<head>
    <title> 資訊輸入標籤 </title>
</head>
<body>
請輸入使用者名稱：<br>
使用者名稱：<input id = "u2" maxlength = "8" name = "w2" type = "text">
</body>
</html>
```

【程式分析】

-
 標籤是換行標籤，它是單一出現的，所以它被稱為單標籤。如果不使用換行標籤的話，正文所有的資訊都會顯示在一行中。

- <input> 標籤用於提示使用者在此處輸入資料，而 id、maxlength、name、type 這 4 個屬性是 <input> 標籤的屬性。

- type="text" 表示這個輸入框是一個文字輸入框，使用者可以在其中輸入文字資料。

- id="u2" 表示給這個文字輸入框指定一個 id，其 id 是「u2」。當頁面上有多個文字輸入框時，透過這個 id 可以快速辨識出特定的輸入框，類似於人的身份證號碼，具有唯一性。

- name="w2" 表示給這個文字輸入框命名，就像給一個人起名字一樣，其名字為「w2」。

- maxlength="8" 表示這個文字輸入框最多可以輸入 8 個字元。

- <input> 標籤是單一出現的，所以它被稱為單標籤，因為輸入框直接顯示在網頁的正文中，所以將 <input> 標籤放置在 <body> 和 </body> 正文標籤之間。

將以上程式另存為檔案名稱是「3.html」的檔案，透過 Google 瀏覽器開啟後，展示的效果如圖 11-4 所示，「使用者名稱」輸入框顯示在網頁中。

11-5

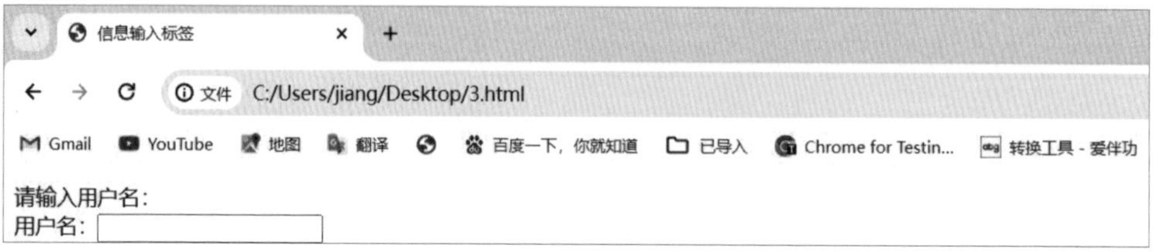

11 Web 自動化測試框架基礎與實戰

▲ 圖 11-4 「使用者名稱」輸入框

例 4：開啟一個文字編輯器（如記事本），建立一個帶有「密碼」輸入框及「登入」按鈕的網頁。

```
<html>
<head>
    <title> 資訊輸入標籤 </title>
</head>
<body>
請輸入使用者名稱和密碼：<br>
使用者名稱：<input id = "u2" maxlength = "8" name = "w2" type = "text"><br>
密碼：<input id = "p2" maxlength = "12" name = "w3" type = "password"><br>
<button type = "submit"> 登入 </button>
</body>
</html>
```

【程式分析】

- type="password" 表示這個輸入框是一個密碼輸入框，使用者輸入的內容會以加密形式顯示，用於保護密碼的安全性。

- id="p2" 表示給這個文字輸入框指定一個 id，其 id 是「p2」。

- name="w3" 表示給這個文字輸入框命名（就像給一個人起名字一樣），其名字為「w3」。maxlength="12" 表示這個文字輸入框最多可以輸入 12 個字元。

- <button> 標籤用來建立按鈕，透過 type="submit" 屬性指定它是一個提交按鈕，按鈕上面會顯示「登入」這兩個字，通常用於提交使用者名稱和密碼的資料。

11.1 HTML 基礎

以上程式中加入了「密碼」輸入框和「登入」按鈕。通常使用者可以在「使用者名稱」輸入框和「密碼」輸入框中輸入相應的資訊,並按一下「登入」按鈕進行提交操作。

將以上程式另存為檔案名稱是「4.html」的檔案,透過 Google 瀏覽器開啟後,展示的效果如圖 11-5 所示。

▲ 圖 11-5 「密碼」輸入框及「登入」按鈕

例 5:開啟一個文字編輯器(如記事本),建立一個帶有超連結的網頁。

```
<html>
<head>
    <title> 資訊輸入標籤 </title>
</head>
<body>
請輸入使用者名稱和密碼:<br>
使用者名稱:<input id = "u2" maxlength = "8" name = "w2" type = "text"><br>
密碼:<input id = "p2" maxlength = "12" name = "w3" type = "password"><br>
<button type = "submit"> 登入 </button><br>
<a href = "https://www.ptpress.com.cn/"> 人民郵電出版社 </a>
</body>
</html>
```

【程式分析】

- <a> 標籤用於建立超連結,透過 href 屬性指定連結的目標位址。href="https://www.ptpress.com.cn/" 指定超連結的目標位址為「https://www.ptpress.com.cn/」。

11-7

- 在 <a> 標籤中填寫文字內容「人民郵電出版社」，將會作為超連結的可按一下文字。以上程式在「登入」按鈕下方增加了一個超連結，使用者按一下該連結時將被導覽到指定的網址。

將以上程式另存為檔案名稱是「5.html」的檔案，透過 Google 瀏覽器開啟後，展示的效果如圖 11-6 所示。

▲ 圖 11-6 超連結

本節中學習了一些常用的 HTML 標籤，包括 <html>、<head>、<body>、<title>、
、<input>、<button>、<a>。需要強調的是，這些標籤在 11.2 節的元素定位中會被具體應用。

11.2 XPath 定位技術

Selenium 是一個用於實現網頁自動化測試的工具，而要進行自動化測試，首先需要能夠準確定位到網頁上的元素。只有找到了目標元素，才能執行相關操作，例如自動填寫使用者名稱和密碼、自動按一下「登入」按鈕等。如果 Selenium 定位不到網頁元素，就無法進行自動化測試。為了實現精確的元素定位，可以使用 XPath 技術。XPath 是一種在 HTML 文件中定位網頁元素的語言。在 11.1 節的基礎上，本節將介紹如何利用 XPath 來進行精準的元素定位，並解析 XPath 定位語言的含義。

11.2.1 利用 XPath 進行元素定位

利用 XPath 定位元素的步驟如下：

（1）使用 Google 瀏覽器開啟在 11.1 節中建立的「5.html」網頁，如圖 11-7 所示。

▲ 圖 11-7　開啟網頁

（2）找到「使用者名稱」輸入框並按右鍵，如圖 11-8 所示。

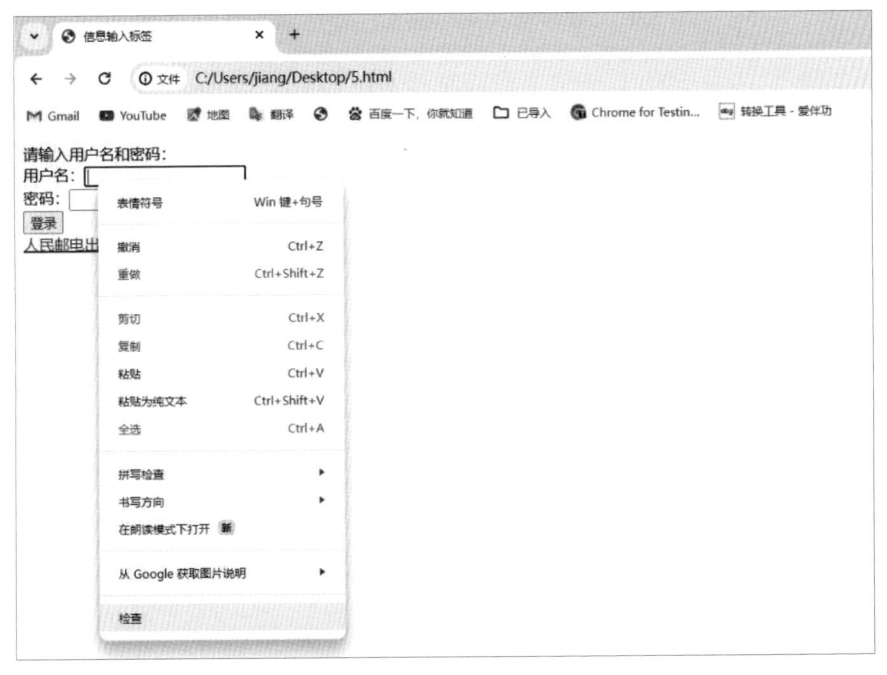

▲ 圖 11-8　按右鍵後的選項

（3）在彈出的快顯功能表中選擇「檢查」命令，瀏覽器底部將顯示「使用者名稱」輸入框對應的 HTML 程式，並反白顯示，如圖 11-9 所示。

▲ 圖 11-9 「使用者名稱」輸入框對應的 HTML 程式

（4）在這段 HTML 程式上按右鍵，在彈出的快顯功能表中選擇「Copy」→「Copy XPath」命令即可，如圖 11-10 所示。

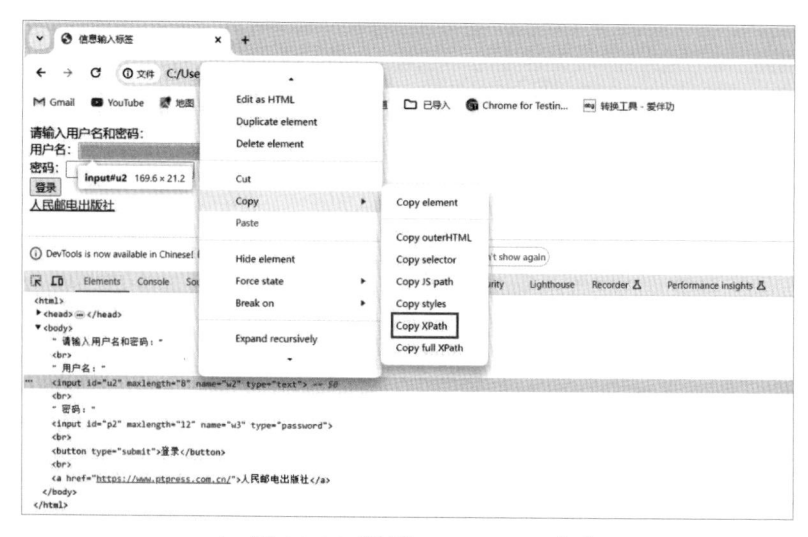

▲ 圖 11-10 選擇 CopyXPath 命令

透過複製「Copy XPath」獲得「使用者名稱」輸入框的元素定位資訊為「//*[@id="u2"]」，這個資訊通常被稱為 XPath 運算式。重複以上步驟，可以分別獲得「密碼」輸入框、「登入」按鈕和「人民郵電出版社」超連結這三個網頁元素的元素定位資訊，即它們的 XPath 運算式分別為「//*[@id="p2"]」「/html/body/button」和「/html/body/a」。透過這些元素的 XPath 運算式，可以直接定位到網頁上的相應元素。11.2.2 節將分析這四個 XPath 運算式，解釋它們如何透過元素的層級結構和屬性特徵來準確定位到網頁上的相應元素。

11.2.2 分析 XPath 運算式的含義

一｜使用者名稱輸入框的 XPath 運算式

```
//*[@id = "u2"]
```

【運算式分析】

- //：這是一個選擇器，表示在整個 HTML 文件中選擇元素，而不管它們在文件樹中的位置。
- *：這是一個萬用字元，代表任何標籤類型的元素。它表示不在乎元素的名稱是什麼，只要它滿足後面的條件就行。
- [@id="u2"]：這是一個條件運算式，用來進一步篩選元素。
- @id：表示正在查詢一個屬性名稱為 id 的元素。在 HTML 文件中，每個元素的 id 都應該是唯一的。
- ="u2"：表示想要找的元素的 id 屬性值必須是 u2。所以，這個條件是在說：「只要它的 id 是 u2。」

將所有這些組合在一起，「//*[@id="u2"]」這個 XPath 運算式的含義就是：在整個網頁文件中查詢任何標籤類型，只要它的 id 屬性值是 u2 的元素。其次，由於 XPath 運算式的精確性，當你指定了 id="u2" 這樣的條件時，瀏覽器或自動化工具就會在整個頁面中搜尋，直到找到那個唯一擁有這個 id 值的元素。

二｜密碼輸入框的 XPath 運算式

```
//*[@id = "p2"]
```

分析過程與使用者名稱輸入框的 XPath 運算式相同，「//*[@id="p2"]」這個 XPath 運算式的含義就是：在整個網頁文件中查詢任何標籤類型的元素，只要它的 id 屬性值是 p2。

三｜登入按鈕的 XPath 運算式

```
/html/body/button
```

【運算式分析】

- /：這是一個路徑分隔符號，在 XPath 中用來表示元素之間的層級關係。它從根項目開始，沿著文件結構向下查詢。在這個運算式中，最前面的 / 表示從整個文件的根項目開始查詢。
- html：這是 HTML 文件的根項目。所有的網頁內容都處於 <html> 元素內部。
- body：這是 HTML 文件的正文部分，包含所有可見的頁面內容，如文字、圖片、連結、按鈕等。指定 body 表示我們想要查詢位於 HTML 正文裡面的元素。
- button：這表示我們正在查詢一個 <button> 元素。在 HTML 文件中，<button> 元素通常用來表示一個可按一下的按鈕。透過這個元素名稱，告訴工具：「正在查詢一個按鈕元素。」

將所有這些部分組合在一起，「/html/body/button」這個 XPath 運算式的含義就是：從 HTML 文件的根開始，沿著文件結構進入 <html> 元素的 <body> 部分，然後查詢第一個出現的 <button> 元素。

四｜人民郵電出版社超連結的 XPath 運算式

```
/html/body/a
```

分析過程與登入按鈕的 XPath 運算式相同。「/html/body/a」這個 XPath 運算式的含義是：從 HTML 文件的根開始，沿著文件結構進入 <html> 元素的 <body> 部分，然後查詢第一個出現的 <a> 元素。

11.2.3 XPath 案例分析

本節會預先展示幾個 XPath 運算式，這些運算式將在 11.4 節和 11.5 節以及後續的自動化測試框架中得到應用。基於已學的 XPath 知識，我們將分析這些運算式，以便更深入地理解其含義。

一｜XPath 運算式

```
//*[@id = "userName"]
```

【運算式分析】

- //*：這部分表示在整個文件中尋找所有的元素，不論它們是什麼類型。這裡的星號（*）是一個萬用字元，意思是「任何元素名稱」。

- [@id="userName"]：這部分是對前面找到的所有元素進行進一步篩選。具體來說，它只選擇那些具有一個名為 id 的屬性，並且這個屬性的值恰好是「userName」的元素。

綜上所述，整個 XPath 運算式的含義是：在整個文件中找到所有元素，但只保留那些 id 屬性值為「userName」的元素。在實際應用中，這樣的運算式通常用於定位網頁上的特定元素，比如一個使用者名稱輸入框，它的 id 屬性被設置為「userName」，以便我們能夠準確地與之互動，比如輸入文字或進行其他操作。

二 | XPath 運算式

```
//*[@id = "login_form"]/div[2]/input
```

【運算式分析】

- //*[@id="login_form"]：此部分表示從文件的任意位置開始查詢具有特定 id 屬性的元素。具體來說，它會找到 id 屬性值為「login_form」的元素，無論這個元素在 XML 或 HTML 文件中的哪個層級。
- /div[2]：緊接著，在找到的元素之後，此運算式進一步指定要查詢該元素下的第二個 div 子元素。這裡的數字 2 表示在所有 div 子元素中的索引位置（假設索引從 1 開始）。
- /input：最後，運算式指定要查詢前面提到的 div 元素下的 input 子元素。

綜上所述，整個 XPath 運算式的含義是：在文件中找到 id 為「login_form」的元素，然後在這個元素下找到第二個 div 子元素，最後在這個 div 元素下找到 input 子元素。

三 | XPath 運算式

```
//*[@id = "sidebar-menu"]/div/ul/li[3]/a
```

【運算式分析】

- //*[@id="sidebar-menu"]：此部分表示從 HTML 文件的任意位置開始查詢具有特定 id 屬性的元素。具體地，它會找到 id 屬性值為「sidebar-menu」的元素。
- /div：在找到 id 為「sidebar-menu」的元素之後，此運算式進一步指定要查詢該元素下的 div 子元素。
- /ul：接下來，運算式指定要查詢前面提到的 div 元素下的 ul 子元素。
- /li[3]：在 ul 元素中，此運算式指定要查詢第三個 li 子元素。這裡的數字 3 表示在所有 li 子元素中的索引位置（索引從 1 開始）。

- /a：最後，運算式指定要查詢前面提到的 li 元素下的 a 子元素。這通常表示一個連結。

綜上所述，整個 XPath 運算式的含義是：在文件中找到 id 為「sidebar-menu」的元素，然後在這個元素下找到 div 子元素，接著在這個 div 元素下找到 ul 子元素，再在這個 ul 元素下找到第三個 li 子元素，最後在這個 li 元素下找到 a 子元素。這樣的運算式通常用於網頁的導覽選單自動化測試，其中精確定位到特定的選單項連結是至關重要的。

11.3 Python 物件導向的程式設計思想

Selenium 依賴 HTML 提供的 XPath 運算式來精確定位網頁上的元素，比如定位使用者名稱輸入框或密碼輸入框。然而，Selenium 本身就像是一把無人操持的工具，它無法自主地向這些輸入框輸入內容。這時，Python 就扮演了關鍵的角色，Python 透過撰寫指令稿來控制 Selenium，決定何時使用它以及如何使用它。因此，在學習了 HTML 及 XPath 運算式之後，學習 Python 語言就成了自動化測試中的核心環節。

為了後續框架建構的順利進行，本節精心安排了涵蓋類別與實例、函數及其呼叫、異常處理、繼承以及 pytest 工具等關鍵基礎知識的講解。

11.3.1 類別和實例

在學習類別和物件之前，請確保電腦已安裝 Python 3.11.5 及以上的解譯器，以及 PyCharm 社區免費版的 Python 編輯器。這兩者是進行指令稿撰寫和輸出的必備工具。本章視訊包含 Python 解譯器和 PyCharm 編輯器的下載、安裝、專案新建及執行程式的基本使用教學。Python 是物件導向的程式語言，本節將透過實例來簡述 Python 中兩個重要的概念——類別和物件。

一 | 新建類別

請大家先看一段程式，具體程式如下所示。

Web 自動化測試框架基礎與實戰

```
1  class Ck:
2      def bs_01(self):
3          print(' 我是 bs_01')
4      def qz_02(self):
5          print(' 我是 qz_02')
```

【程式分析】

- class 的含義是類別,可以將類別(class)理解為一個倉庫的標籤,打上了 class 標籤的就是一個「倉庫」。在本例的第 1 行程式中,因為「Ck」前面打上了 class 標籤,這表明 Ck 是一個倉庫,在後面的學習中,你可以把 Ck 這個倉庫看作存放「工具」的地方。

- 要判斷倉庫中存放的是否為工具,只需觀察工具前面是否打上了 def 標籤。如果打上了,那它就是一把工具。在本例中,「Ck」這個倉庫就有兩把工具,它們的名稱分別是「bs_01」和「qz_02」,因為它們的前面都打上了 def 標籤。

- 那麼這兩把工具具體是幹什麼的呢?就看它們下一行的程式。print 是列印的意思,「bs_01」這把工具的作用就是列印出「我是 bs_01」這幾個字。同理,「qz_02」這把工具的作用就是列印出「我是 qz_02」這幾個字。

- 最終,這兩把工具被放置在 Ck 倉庫中,等待外部呼叫。

【注意事項】

- 在 Python 語言中,將倉庫稱為類別(class),將工具稱為方法(method)。所以「Ck」這個類別中存放了兩個方法。Ck 是類別名稱,使用 class 這個關鍵字來定義,bs_01() 和 qz_02() 是方法,使用 def 這個關鍵字來定義。在後續的討論中,不再使用倉庫和工具來描述類別和方法,而是統一使用類別、方法等相關術語。如果在學習過程中忘記了類別和方法的含義,可以透過回想倉庫和工具的概念來幫助理解。

- 類別名稱、方法名稱後面需要加「:」(英文冒號),這個不要丟了。

- 方法名稱後面括號內的 self 參數暫時可以不用理解,後面會重點討論。

11.3 Python 物件導向的程式設計思想

- 由於這兩個方法屬於 Ck 類別，所以它們與 Ck 類別處於不同的層級。為了在程式中明確表示這個層級關係，在 def 關鍵字前面會使用縮進，通常是一個 Tab 鍵的距離。這樣的縮進方式可以清楚地表明這兩個方法是屬於 Ck 類別的，是放在 Ck 類別內部的。print 是方法要執行的動作，它是屬於方法的一部分。因此，為了保持程式層級關係及結構的一致性，在 print 前面同樣會使用縮進，也是一個 Tab 鍵的距離。

- Python 程式對大小寫非常敏感，並且要在全英文模式下輸入（包括標點符號），初學者要特別需要注意，以免在出現語法錯誤時找不到原因。

二｜新建實例

如果要呼叫 Ck 類別裡面的方法，那就需要生成一個能拿到方法的「人」，如何生成呢？具體程式如下所示。

```
1  class Ck:
2      def bs_01(self):
3          print(' 我是 bs_01')
4      def qz_02(self):
5          print(' 我是 qz_02') 6
6  ck_son = Ck()
```

【程式分析】

- 第 6 行程式：只需要在 Ck 這個類別後面加一對括號，即 Ck()，就可以生成一個拿方法的「人」，而 ck_son 就是這個「人」的名字。既然 ck_son 是 Ck 類別所生成的，那它當然可以呼叫 Ck 類別裡面的方法。

- 【注意事項】

- 在 Python 語言中，通常把類別生成的這個拿方法的「人」叫實例，或稱為物件，這兩個概念是互通的。在本例中 ck_son 就是一個實例，它是由類別生成的，生成實例的語法很簡單，只需要類別後面加一對括號就可以，即「實例 = 類別名稱 ()」。在後文的討論中，不再以「人」相稱，將統一使用實例或物件這樣的術語。如果在學習過程中忘記了實例的含義，可以透過回想拿方法的「人」的概念來幫助理解實例的概念。

- 第 1 行程式和第 6 行程式處於同一層級,並沒有縮進。也就是說,ck_son = Ck() 這行程式並不在 Ck 類別的內部,這表明 ck_son 實例是在 Ck 類別的外部。

三│呼叫實例的方法

既然 ck_son 實例是 Ck 類別生成的,那自然 ck_son 實例就可以呼叫 Ck 類別裡面的方法,具體程式如下所示。

```
1 class Ck:
2     def bs_01(self):
3         print(' 我是 bs_01')
4     def qz_02(self):
5         print(' 我是 qz_02') 6
6 ck_son = Ck()
7 ck_son.bs_01()
```

【程式分析】

- 在第 7 行程式中,ck_son.bs_01() 表示實例 ck_son 呼叫了 Ck 類別中的 bs_01() 方法。可以看到它是透過實例名稱後面加上點(.)再加上具體的方法來實現呼叫。呼叫 bs_01() 方法後系統就會執行這個方法,而 bs_01() 這個方法的功能是列印出「我是 bs_01」這幾個字。

- 在第 2 行和第 4 行程式中,方法名稱後面緊接著一個 self 標籤,這個 self 標籤可以視為 ck_son 這個實例的外號,可以這麼說,self 和 ck_son 指向的是同一個「人」,之所以在方法名稱後面打上 ck_son 實例的外號,就是為了明確這個方法屬於 ck_son 實例。在本例的程式中,bs_01() 和 qz_02() 方法都屬於 ck_son 實例。根據 Python 的語法規則,在類別中,凡是在方法名稱後面打上了 self 標籤的方法都是實例方法。請大家牢記這一常規規則。

【注意事項】

- 雖然 self 和 ck_son 是同一個「人」,但當實例被建立後,在 Ck 類別的內部要使用 self 代表這個實例,在 Ck 類別的外部要使用 ck_son 代表這個實例。

11.3 Python 物件導向的程式設計思想

- 程式的執行方式：在最後一行程式的下一行或是最後一行程式下方的空行按右鍵，在彈出的快顯功能表中選擇「執行」命令進行執行即可（一定是最後一行程式下行或是下面的空行），本章所有的程式都是此種執行方式。

【程式執行結果】

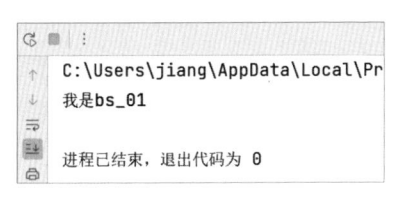

執行結果如圖 11-11 所示。

▲ 圖 11-11 執行結果

從執行結果可以看到，程式成功列印了「我是 bs_01」這幾個字，表明程式執行正常。

然而，如果在程式執行過程中發生錯誤，應該如何處理呢？如圖 11-12 所示，程式的執行結果出現了錯誤。

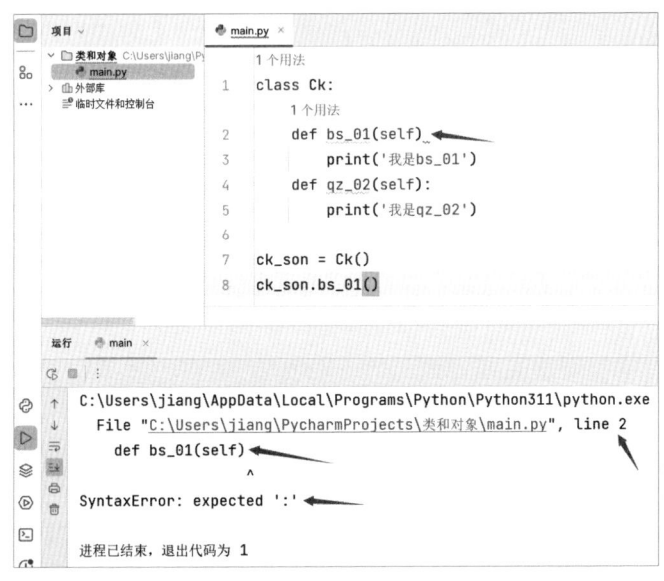

▲ 圖 11-12 程式執行發生錯誤

11-19

此時，可以根據錯誤訊息來解決問題。圖 11-12 中的錯誤訊息指出了語法錯誤，並指明了錯誤的位置，即在定義 bs_01() 方法後面缺少了一個冒號。因此，可以根據提示及時增加冒號來修復這個錯誤。

四｜實例的屬性及呼叫

透過 Ck 類別生成 ck_son 實例後，ck_son 實例就擁有自己的一些屬性。這句話可以視為，當父母生了孩子，那孩子就會展現出自己的一些特徵資訊，例如身高、體重、皮膚顏色等。在建構一個類別時，如果要給後續產生的實例分配某些屬性，這些屬性會被儲存在 init() 這個特殊方法中。反之，如果沒有給實例分配特定屬性的計畫，則不需要使用 init() 方法。具體程式實現過程如下所示。

```
1  class Ck:
2      def  init (self):
3          self.height = 160
4          self.weight = 65
5          self.colour = 'yellow'
6      def bs_01(self):
7          print(' 我是 bs_01')
8      def qz_02(self):
9          print(' 我是 qz_02') 10
10 ck_son = Ck()
11 print(ck_son.height)
12 print(ck_son.weight)
```

【程式分析】

- 從以上程式可以看到，Ck 類別定義了三個方法，其中就使用了 init() 這個特殊的方法，這說明 init() 方法裡面所定義的屬性將要分配給後續產生的實例。

- 從第 10 行程式可以看到，Ck 類別建立了 ck_son 實例，當實例 ck_son 被建立之時，系統會自動執行 init() 方法，從第 3 行程式到第 5 行程式

11.3 Python 物件導向的程式設計思想

可以看到，這個方法主要是給屬性「height」（身高）、屬性「weight」（體重）以及屬性「colour」（顏色）賦值。而且這三個屬性的前面使用了「self.」首碼，這說明程式正在替實例 ck_son 的屬性賦值，這些屬性是屬於 ck_son 實例的，因為 self 和 ck_son 是同一個「人」。

- 在 Ck 類別中，既然屬性和方法都屬於 ck_son 實例，或說實例 ck_son 將自己的屬性和方法都存放在 Ck 類別中，那麼 ck_son 實例就可以隨時呼叫它們。呼叫屬性的方式與呼叫方法的方式是一樣的，第 11 行程式 print(ck_son.height) 表示實例 ck_son 呼叫了「height」屬性，也是透過實例名稱後面加上點（.）再加上具體的屬性名稱來實現呼叫，最後透過 print 將實例屬性值列印出來。在第 12 行程式中，用同樣的方式呼叫了「weight」屬性。

【注意事項】

- init() 方法的主要作用是給實例屬性賦予初始值，該方法在建立實例時會自動執行，無須透過實例名稱加點號（.）的方式來手動呼叫這個方法，此外，init() 是一個特殊方法，其名稱是固定的，不可更改。這一規則對於理解和使用 Python 物件導向的程式設計至關重要。

- 在 Ck 類別的外部可以使用 self 來呼叫「height」屬性嗎？如 print(self.height)。不行，前面講過，self 只能在類別的內部使用，在類別的外部只能使用實例 ck_son 來呼叫。

- 在 Python 中，單引號（"）和雙引號（""）都可以用來表示字串，且它們在大多數情況下是可以互換的。Python 並不區分單引號和雙引號在定義字串時的差別。

比如：

```
s1 = 'Hello, World!'
s2 = "Hello, World!"
```

這兩行程式是完全等價的，s1 和 s2 都表示同樣的字串。

11-21

【程式執行結果】

運行結果如圖 11-13 所示。

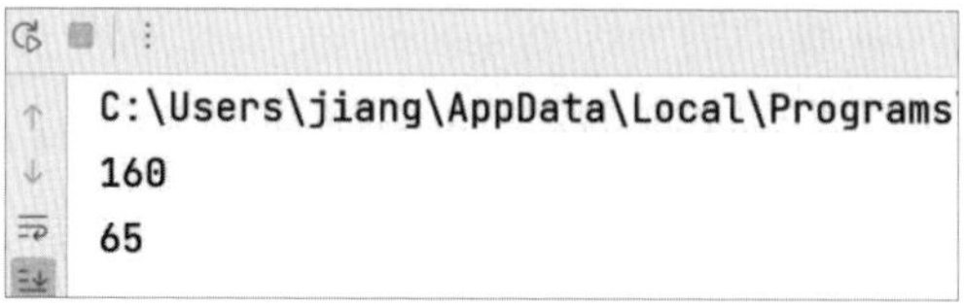

```
C:\Users\jiang\AppData\Local\Programs
160
65
```

▲ 圖 11-13 執行結果

五 | 關於 init () 方法自動執行的問題

為了直觀地展示 init() 方法是在實例被建立時自動執行的，我們在該方法內部嵌入了列印程式。當實例被建立時，這段程式將自動執行並輸出相應資訊，從而清晰地揭示 __init() 方法的工作機制。具體程式如下所示。

```
1 class Ck:
2     def  init (self):
3         self.height = 160
4         self.weight = 65
5         self.colour = 'yellow'
6         print(' 我是自動執行的 ') 7
7 ck_son = Ck()
```

【程式分析】

- 從以上程式可以看到，Ck 類別只定義了 init() 這個特殊的方法。
- 在第 7 行程式中，建立了 Ck 類別的實例 ck_son，前面講過，當實例 ck_son 被建立之時，系統會自動執行 init() 方法，這表示 init() 方法除了給三個實例屬性賦值，還會列印出「我是自動執行的」這幾個字。

為了驗證這個結論，接下來執行這段程式。

11.3 Python 物件導向的程式設計思想

【程式執行結果】

運行結果如圖 11-14 所示。

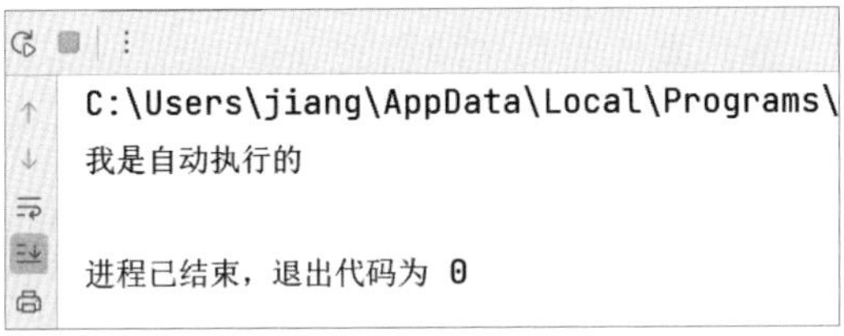

```
C:\Users\jiang\AppData\Local\Programs\
我是自动执行的

进程已结束，退出代码为 0
```

▲ 圖 11-14 執行結果

從執行結果可以看到，Ck 類別只是建立了 ck_son 實例，但並沒有呼叫 init() 方法，為什麼它輸出了「我是自動執行的」這幾個字？原因就在於當 ck_son 實例被建立時，系統會自動執行 init() 方法。

六│定義類別的屬性

除了實例的屬性，類別本身也可以擁有屬性，這些屬性被稱為類別屬性。類別屬性是直接定義在類別層面的，它們不屬於任何一個特定的實例，而是被類別的所有實例共用，並且可以透過類別名稱或實例名稱來存取。具體程式如下所示。

```
1  class Ck:
2      x = 10
3      y = 'abc'
4      def  init (self):
5          self.height = 160
6          self.weight = 65
7          self.colour = 'yellow'
8      def bs_01(self):
9          print(' 我是 bs_01') 10 ck_son = Ck()
10 print(Ck.x)
11 print(Ck.y)
12 print(ck_son.y)
```

【程式分析】

- 在這段程式中，x 和 y 這兩個屬性（變數）被定義在類別 Ck 的頂層，而非在任何方法內部。而且它們沒有使用 self 首碼，使用了 self 首碼的都是實例屬性，實例屬性通常在類別的 init() 方法中定義。在這種情況下，x 和 y 是在類別定義中直接舉出的，沒有使用 self，因此它們被歸類為類別的屬性（也可以稱為類別的變數），而非實例屬性。
- 類屬性可以透過類別名稱加點號（.）加類別屬性名稱的方式直接呼叫，如第 11 行和第 12 行程式所示，其中 Ck.y 和 Ck.x 分別列印出類屬性 y 和 x 的值。此外，雖然這些屬性屬於類別本身，但也被類別的實例所共用，所以實例也可以訪問它們，如第 13 行程式 print(ck_son.y) 所示。

【程式執行結果】

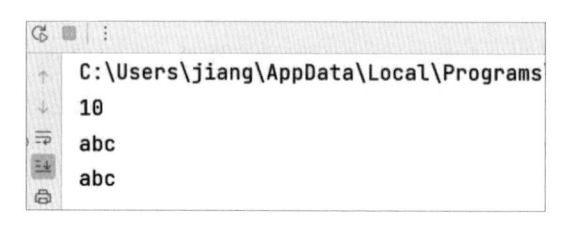

執行結果如圖 11-15 所示。

▲ 圖 11-15　執行結果

11.3.2 函數及其呼叫

本節將講解什麼是函數、函數的呼叫以及函數的傳回值。

一│定義無參函數並呼叫

在 Python 中，無參函數指的是在定義時不需要任何（變數）參數的函數。這表示當你在呼叫這個函數時，不需要提供任何輸入值。

11.3 Python 物件導向的程式設計思想

以下是無參數函數的範例，具體程式如下所示。

```
1   class Ck:
2       def  init (self):
3           self.height = 160
4           self.weight = 65
5           self.colour = 'yellow'
6       def bs_01(self):
7           print(' 我是 bs_01')
8   def love():
9       print(' 我愛你 ') 10
10  ck_son = Ck()
11  ck_son.bs_01()
12  print(ck_son.height)
13  print(ck_son.weight)
14  love()
```

【程式分析】

- 第 8 行程式使用關鍵字 def 定義了一個名為 love() 的方法。值得注意的是，該方法沒有帶 self 參數，這表示它不屬於任何特定的實例。此外，love() 方法位於 Ck 類別的同一等級，並沒有進行縮進，這表明它是獨立於 Ck 類別之外的。根據慣例，通常將這樣的方法稱為函數，也就是說，類別外面的方法可以稱為函數。

- 呼叫類別裡面的方法時，首先需要在類別中建立一個實例，例如第 10 行程式建立了一個實例。然後可以透過實例來呼叫類別內的方法，就像第 11 行程式一樣。然而，函數位於類別外部，也就是公共的，不需要使用實例來呼叫。因此，可以直接透過函數名稱加括號來呼叫 love() 函數，就像第 14 行程式一樣（當然，如果不呼叫這個函數的話，它自己是不會主動執行的）。

Web 自動化測試框架基礎與實戰

【程式執行結果】

執行結果如圖 11-16 所示。

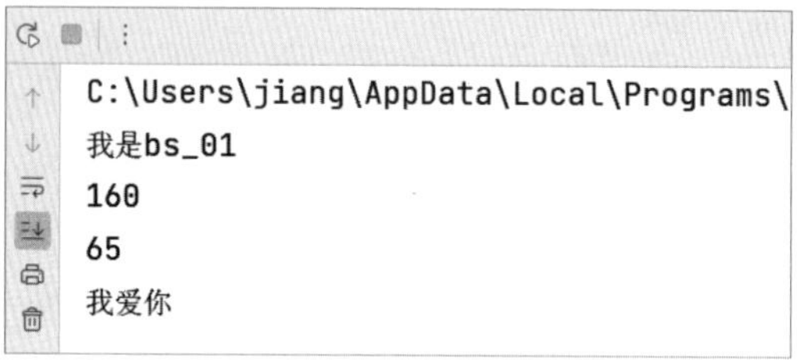

```
C:\Users\jiang\AppData\Local\Programs\
我是bs_01
160
65
我爱你
```

▲ 圖 11-16 執行結果

二 | 定義有參函數並呼叫

在 Python 中，有參函數指的是在定義時需要指定變數（參數）的函數。這些變數在函數被呼叫時必須提供相應的值，除非參數有預設值。

以下是有參數函數的範例，具體程式如下所示。

```
1  class Ck:
2      def bs_01(self):
3          print(' 我是 bs_01')
4      def qz_02(self):
5          print(' 我是 qz_02')
6  def love():
7      print(' 我愛你 ')
8  def love2(x,y):
9      print(x+y)
10 ck_son = Ck()
11 ck_son.bs_01()
12 love()
13 love2(1,2)
```

【程式分析】

11.3 Python 物件導向的程式設計思想

- 在第 8 行程式中，使用關鍵字 def 定義了一個名為 love2() 的函數。值得注意的是，love2() 函數的括號裡跟了 x,y 這兩個變數，既然是變數那肯定要有值才可以，也就是說，如果要呼叫 love2() 函數，就要給 x 和 y 這兩個變數傳值。
- 使用函數名稱加括號就可以直接呼叫 love2() 函數，如果函數有變數，將變數的值帶上即可，有幾個變數就要帶上幾個值，如第 13 行程式所示，呼叫 love2() 時分別傳了 1 和 2 給 x 和 y，按順序一一對應，也就是 x=1,y=2。函數呼叫後就要執行 love2() 函數，而這個函數的功能就是列印出 a 加 b 的值。

【注意事項】

- 一般情況下，函數的變數稱為函數的參數，因此，love2() 函數就是一個有參函數。

【程式執行結果】

執行結果如圖 11-17 所示。

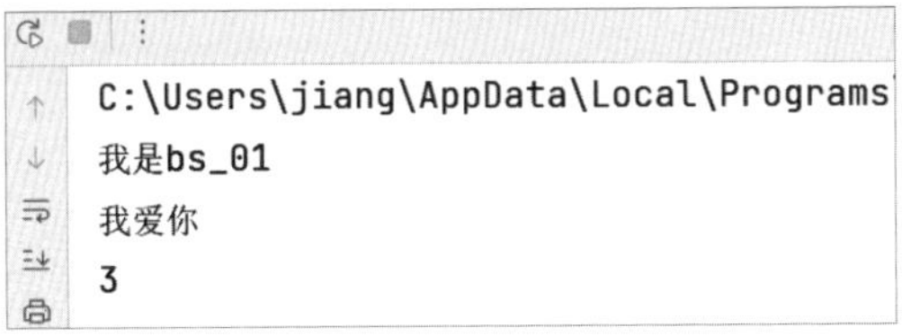

▲ 圖 11-17 執行結果

三｜函數傳值的另一種方式

以下是函數傳值的另一種方式，具體程式如下所示。

```
1 def love2(x,y):
2     print(x+y) 3
3
4 love2(x = 1,y = 2)
```

【程式分析】

- 這段程式定義了一個名為 love2() 的函數，該函數接受兩個變數（參數），即 x 和 y。函數的功能非常簡單，就是列印出這兩個變數的和。這表示呼叫 love2() 函數時，需要為這兩個變數提供具體的值。

- 在第 4 行程式中，直接呼叫了 love2() 函數，並透過 x=1,y=2 的方式為 x 和 y 分別賦值為 1 和 2，就是在傳值時明確指出每個變數的名稱和對應的值，這樣可以讓程式更加清晰易懂。呼叫函數後，love2 函數內部的程式將被執行，也就是列印出變數 x 和 y 的和。

【程式執行結果】

執行結果如圖 11-18 所示。

▲ 圖 11-18 執行結果

四｜函數的傳回值

在 Python 中，函數的傳回值是指函數執行完畢後傳回給呼叫者的結果。當函數被呼叫時，它會執行一系列操作，並在結束時（遇到 return 敘述）傳回一個值。

以下是函數傳回值的範例，具體程式如下所示。

```
1 def love3(x):
2     if x == 3:
3         return x
4     else:
5         return 0
6 c = love3(3)
7 print(c)
```

11-28

11.3 Python 物件導向的程式設計思想

【程式分析】

- 第 1 行到第 5 行程式的含義：定義了名為 love3() 的函數，它有一個變數 x（參數 x）。在函數內部，使用條件陳述式 if...else 判斷參數 x 的值是否等於 3。如果相等，函數就會執行 return x 這行敘述，把 3 這個「包裹」送回來。如果 x 的值不是 3，函數就會執行 return 0 這行敘述，把 0 這個「包裹」送回來。這個「送回來」就是 return 敘述的作用。

- 第 6 行程式的含義：首先呼叫了 love3() 函數，並且將數字 3 傳給了 x。然後，函數開始執行，它檢查 x 的值是否為 3，結果發現 x 的值是 3，於是它透過 return 敘述把 3 這個「包裹」送回來，送到函數呼叫的地方。但是，這個結果並沒有直接顯示在螢幕上，而是被存放在了一個叫作 c 的變數中，用來儲存函數傳回的結果。

- 第 7 行程式的含義：使用 print 列印出 c 的值，最終你會在螢幕上看到數字 3。

- 總結一下，return 敘述在函數中的作用就是「打包」函數的結果，並且把這個「包裹」送到呼叫函數的地方。而呼叫函數的地方可以用一個變數來「接收」這個「包裹」，也就是儲存函數傳回的結果。

【程式執行結果】

執行結果如圖 11-19 所示。

```
C:\Users\jiang\AppData\Local\Programs
3
```

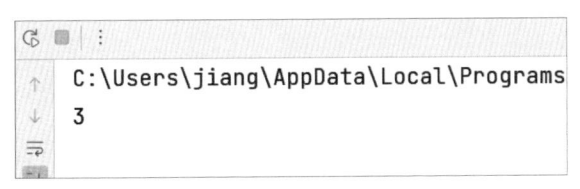

▲ 圖 11-19 執行結果

11.3.3 異常處理機制

在 Python 程式設計中，當程式中某行程式發生錯誤時，整個程式可能會因此中斷執行。為了避免這種情況，並確保其他程式能夠繼續執行，Python 引入了異常處理機制來解決這一問題。接下來將透過程式具體分析異常處理的過程。

一｜程式中沒有加入異常處理的範例

具體程式如下所示。

```
1 x = 10/0
2 print(x)
3 def love():
4     print(' 我愛你 ')
5 love()
```

【程式分析】

- 在第 1 行程式中，x 的值等於 10 除以 0，很明顯分母不能為零，所以當 10 除以 0 時系統會產生一個異常。由於第 1 行程式產生了異常，所以後面的第 2、3、4、5 行程式均不能執行。

【程式執行結果】

執行結果如圖 11-20 所示。

```
C:\Users\jiang\AppData\Local\Programs\Python\Python311\python.exe C:\Users\ji
Traceback (most recent call last):
  File "C:\Users\jiang\PycharmProjects\Selenium\main.py", line 2, in <module>
    x = 10 / 0
        ~~~^~~
ZeroDivisionError: division by zero
```

▲ 圖 11-20 執行結果

從執行結果可以看到，系統並沒有執行第 2 行到第 5 行的程式，而是直接拋出了例外，並提示「ZeroDivisionError:division by zero」（分母不能為零）。

二｜程式中加入了異常處理的範例

具體程式如下所示。

```
1 try:
2     x = 10/0
3     print(x)
4 except:
5     print('x 的值發生了錯誤 ')
6 def love():
7     print(' 我愛你 ')
8 love()
```

【程式分析】

- 程式從第 1 行程式開始循序執行。當執行到 try 區塊時，表示接下來的程式有可能產生異常。在執行到 try 區塊中的第 2 行程式 x = 10/0 時，由於分母為零，Python 會拋出一個 ZeroDivisionError 例外。此時，try 區塊中後續的 print(x) 敘述將不會被執行。一旦異常被拋出，程式會立即跳躍到與之對應的 except 區塊來處理這個例外。在這個例子中，except 區塊捕捉了 try 區塊中拋出的任何類型的例外，並執行了 print('x 的值發生了錯誤 ') 敘述來通知使用者發生了錯誤。異常處理完成後，程式繼續執行 try...except 結構之後的程式。在這裡，第 6 行到第 8 行的程式定義了一個名為 love() 的函數，並透過第 8 行的 love() 呼叫了這個函數，輸出了「我愛你」。

- 整體來說，這段程式展示了如何使用 try...except 結構來捕捉和處理異常，以及如何定義和呼叫函數。當發生除以零的異常時，程式就能夠優雅地處理它，並繼續執行後續的程式。

【程式執行結果】

執行結果如圖 11-21 所示。

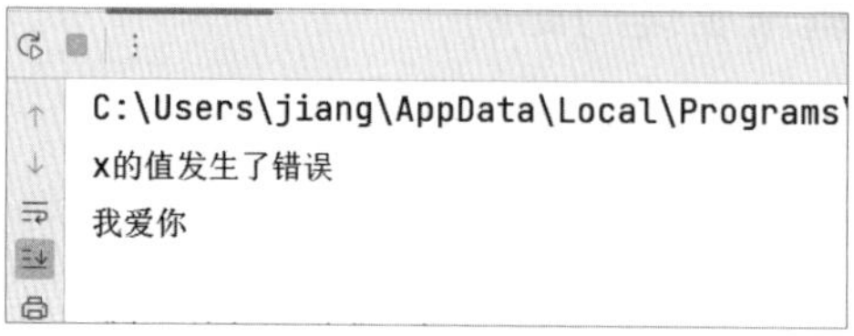

▲ 圖 11-21 執行結果

從程式的執行結果可以清晰地看到，系統準確地捕捉並提示了發生異常的具體原因，並且在異常處理之後，程式成功地繼續執行了後續的程式。

11.3.4 繼承

在 Python 中，繼承是物件導向程式設計的重要概念，它允許一個類別（子類別）繼承另一個類別（父類別）的屬性和方法。

一 | 類別與類別之間的繼承

具體程式如下所示。

```
1  class Ck:
2      def  init (self):
3          self.height = 160
4          self.weight = 65
5          self.colour = 'yellow'
6      def bs_01(self):
7          print(' 我是 bs_01')
8      def qz_02(self):
9          print(' 我是 qz_02')
10 class Cy(Ck):
11     def cz_03(self):
12         print(' 我是 cz_03')
```

11.3 Python 物件導向的程式設計思想

【程式分析】

這段程式定義了兩個類別：Ck 類別和 Cy 類別。特別地，在定義 Cy 類別時，括號中包含了 Ck 類別，這表明 Cy 類別（子類別）繼承了 Ck 類別（父類別）。因此，Cy 類別不僅擁有自己定義的方法，還繼承了 Ck 類別的所有屬性和方法。一旦在 Cy 類別中建立了實例，該實例就可以直接呼叫 Ck 類別中的屬性和方法，這表現了物件導向程式設計中的繼承機制。

二｜子類別呼叫父類別屬性和方法

具體程式如下所示。

```
1  class Ck:
2      def __init__(self):
3          self.height = 160
4          self.weight = 65
5          self.colour = 'yellow'
6      def bs_01(self):
7          print(' 我是 bs_01')
8      def qz_02(self):
9          print(' 我是 qz_02')
10 class Cy(Ck):
11     def cz_03(self):
12         print(' 我是 cz_03')
13 cy_son = Cy()
14 cy_son.bs_01()
15 print(cy_son.weight)
16 cy_son.cz_03()
```

【程式分析】

- 在第 13 行程式中，建立了 Cy 類別的實例 cy_son。由於 Cy 類別作為子類別繼承了 Ck 類別（其父類別），所以 cy_son 實例能夠存取並呼叫 Ck 類別中定義的所有屬性和方法，如第 14 行和第 15 行程式。同時，cy_son 實例也能夠呼叫 Cy 類別中自己定義的方法，如第 16 行程式。

Web 自動化測試框架基礎與實戰

【程式執行結果】

執行結果如圖 11-22 所示。

三│關於繼承 init () 方法的說明

具體程式如下所示。

```
1  class Ck:
2      def  init (self):
3          self.height = 160
4          self.weight = 65
5          self.colour = 'yellow'
6          print(' 我是自動執行的 ')
7      def bs_01(self):
8          print(' 我是 bs_01')
9      def qz_02(self):
10         print(' 我是 qz_02')
11 class Cy(Ck):
12     def cz_03(self):
13         print(' 我是 cz_03')
14 cy_son = Cy()
```

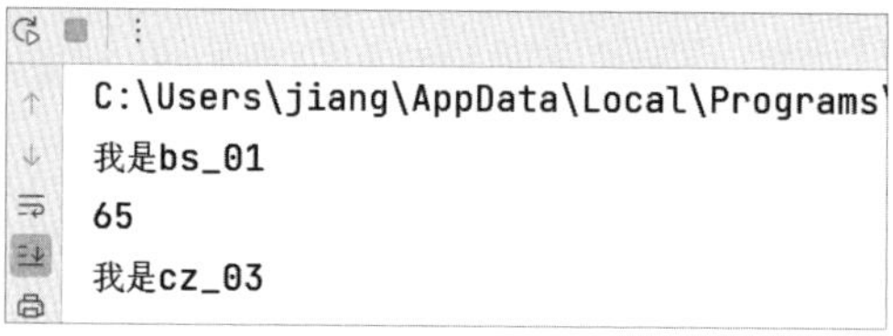

▲ 圖 11-22 執行結果

【程式分析】

- 從以上程式可以看到，在 Cy 類別中並沒有定義自己的 __init__() 方法，但是因為 Cy 類別繼承了 Ck 類別，也就等於 Cy 類別隱式地繼承了 Ck 類別的 __init__() 方法，所以在 Cy 類別中建立 cy_son 實例時，也會自動執行 Ck 類別中的 init() 方法，這一規則請大家牢記。

11.3 Python 物件導向的程式設計思想

【程式執行結果】

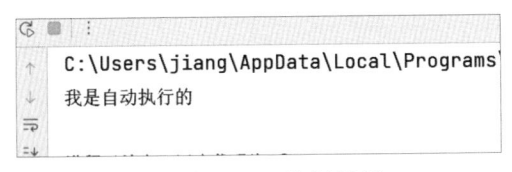

運行結果如圖 11-23 所示。

▲ 圖 11-23 執行結果

從執行結果可以看到，cy_son 實例並沒有做任何的呼叫，但系統卻輸出了「我是自動執行的」這幾個字，這說明 cy_son 實例被建立時，Ck 類別中的 __init__() 方法是自動執行的。

11.3.5 強制等待

為了控製程式執行速度，有時候我們會希望程式暫停一段時間。這對於模擬使用者互動、偵錯和調整程式執行順序等非常有用。

具體程式如下所示。

```
1 import time
2 print('aaa')
3 time.sleep(3)
4 print('fff')
```

【程式分析】

- 在第 1 行程式中，使用了 import 關鍵字彙入了 time 工具，time 是 Python 內建的工具，無須額外安裝，直接匯入便可。
- 在第 2 行程式中，使用 print 列印字串「aaa」到主控台。
- 在第 3 行程式中，呼叫了 time 工具中的 sleep() 方法，它的作用是使程式暫停執行 3 秒。也就是說，在這裡程式會停頓 3 秒，不進行任何其他操作。具體停頓幾秒由使用者根據需要自行設置，直接將停頓的秒數填寫到 sleep 的括號中即可。

11-35

- 在第 4 行程式中，使用 print 列印字串「fff」到主控台。

【程式執行結果】

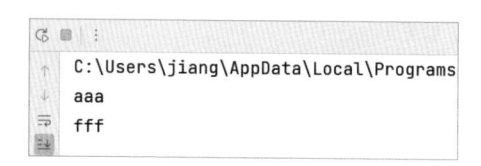

執行結果如圖 11-24 所示。

▲ 圖 11-24 執行結果

11.3.6 pytest 框架的學習

使用 pytest 框架可以自動執行測試用例並執行多組測試資料，同時提供了斷言功能來驗證自動化執行的結果是否符合預期。

一 | pytest 的安裝

pytest 是 Python 的第三方應用框架，所以需要另外安裝，在 PyCharm 整合式開發環境中，你可以透過其「終端」選項來輕鬆安裝 pytest。輸入命令「pip3 install pytest」，即可開始安裝。安裝過程中的介面如圖 11-25 所示。pytest 的安裝教學詳見本書配套資源。

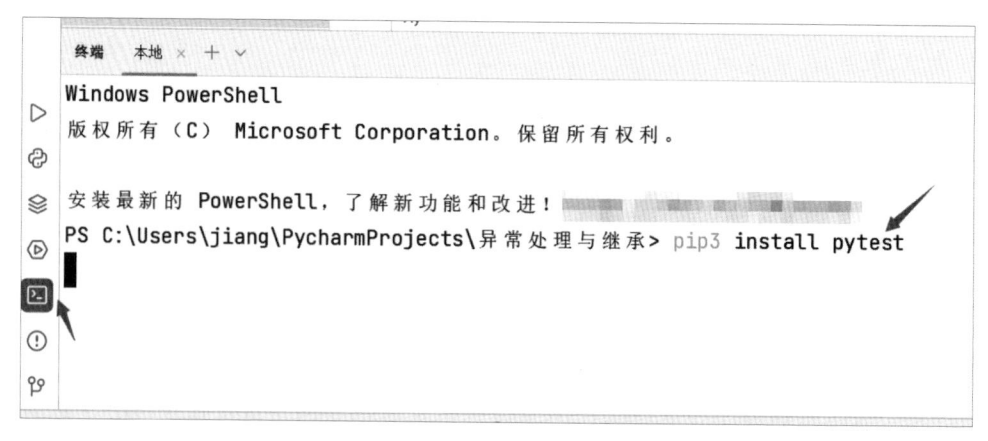

▲ 圖 11-25 安裝 pytest

安裝完成後，當介面底端出現「Successfully installed pytest-7.4.4」時，則代表 pytest 安裝成功（透過此方式安裝的任何 pytest 版本都可以使用）。其他提示可以忽略。

二｜pytest 的預設規則一

pytest 框架安裝成功後，pytest 將遵循一套預設的執行規則：所有以「test」開頭的函數都將被自動執行，無須手動呼叫；相反，不以「test」開頭的函數則不會被自動執行，需要手動呼叫。

具體程式如下所示。

```
1  def test_login():
2      print(' 此函數是自動執行的 ') 3 def testlogin():
4          print(' 此函數也是自動執行的 ')
5  def logintest():
6      print(' 此函數不會自動執行 ')
7  def login_test():
8      print(' 此函數不會自動執行 ')
9  def logintesting():
10     print(' 此函數不會自動執行 ')
```

【程式分析】

- 這段程式定義了五個函數（每個函數可以看作一個測試用例），但只有 test_login() 和 testlogin() 兩個函數是以「test」開頭的。根據 pytest 的預設執行規則，僅當函數名稱以「test」為首碼時，它們才會自動被執行。因此，當執行這段程式時，test_login() 和 testlogin() 兩個函數會自動執行並列印相應的訊息，而其他三個函數（logintest()、login_test() 和 logintesting()）則不會自動執行，除非被顯式地手動呼叫。儘管它們都包含了「test」這個單字，但因為不是以「test」開頭，所以不符合 pytest 的自動執行規則。

【程式執行結果】

執行結果如圖 11-26 所示。

```
✓ 測試 已通過: 2共 2 个測試 – 0毫秒
============================ test session starts =============================
collecting ... collected 2 items

main.py::test_login PASSED                                    [ 50%]此函數是自動執行的

main.py::testlogin PASSED                                     [100%]此函數也是自動執行的

============================= 2 passed in 0.03s ==============================
```

▲ 圖 11-26 執行結果

執行結果中的「collecting...collected 2 items」代表只收集到了兩個要執行的函數。「[50%] 此函數是自動執行的」代表執行進度以及此函數列印出來的內容，「2 passed in 0.03s」代表這兩個函數執行通過了並且只用了 0.03 秒。

三 | pytest 的預設規則二

預設情況下，對於類別名稱以「Test」開頭（其中「T」為大寫字母）的類別，pytest 會自動執行其內部所有以「test」為首碼的方法。相反，不以「test」開頭的方法則不會被自動執行。

具體程式如下所示。

```
1  class TestRun:
2      def test_login(self):
3          print(' 正在登入 ')
4      def test_add(self):
5          print(' 正在增加 ')
6      def test_del(self):
7          print(' 正在刪除 ')
8      def one_test(self):
9          print(' 正在刪除 ')
10     def twotest(self):
11         print(' 正在刪除 ')
```

11.3 Python 物件導向的程式設計思想

【程式分析】

- 這段程式定義了一個名為 TestRun 的類別,其名稱以「Test」開頭(其中「T」為大寫字母)。類別內部包含了五個方法,但只有 test_login()、test_add() 和 test_del() 這三個方法是以「test」為首碼的。根據 pytest 的預設執行規則,僅當方法名稱以「test」開頭時,它們才會自動執行。因此,當執行這段程式時,test_login()、test_add() 和 test_del() 這三個方法會自動執行並列印相應的訊息,而其他兩個方法(one_test() 和 twotest())則不會自動執行,除非重新建立實例手動呼叫。儘管它們都包含了「test」這個單字,但因為不是以「test」開頭,所以不符合 pytest 的自動執行規則。

【程式執行結果】

執行結果如圖 11-27 所示。

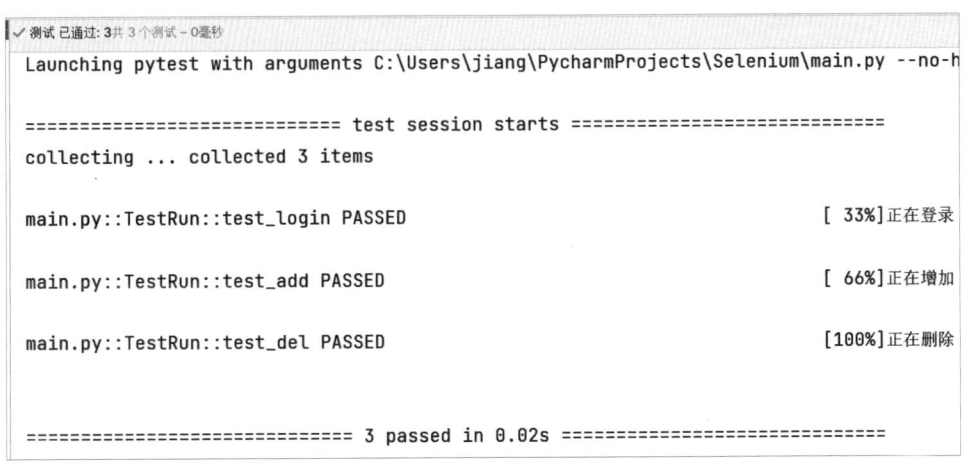

```
測試 已通过:3共 3 个测试 - 0毫秒
Launching pytest with arguments C:\Users\jiang\PycharmProjects\Selenium\main.py --no-h

============================ test session starts =============================
collecting ... collected 3 items

main.py::TestRun::test_login PASSED                                     [ 33%]正在登錄

main.py::TestRun::test_add PASSED                                       [ 66%]正在增加

main.py::TestRun::test_del PASSED                                       [100%]正在刪除


============================== 3 passed in 0.02s =============================
```

▲ 圖 11-27 執行結果

從執行結果可以看到,只有三個以「test」開頭的方法被執行成功了。

四│pytest 的參數化

pytest 的參數化是一種測試技術,也稱為資料驅動測試。它透過將測試過程中的測試資料提取出來,以參數的形式傳遞給測試用例,從而實現使用不同

11-39

的資料來驅動測試用例的執行。在 pytest 中，參數化透過裝飾器 @pytest.mark. parametrize 實現。

以下是 pytest 參數化的範例，具體程式如下所示。

```
1 import pytest
2 @pytest.mark.parametrize('username,password',
3                          [('xiaozhang','a123'),
4                           ('xiaoliu','b456')]
5                         )
6 def test_logging(username,password):
7     print(f' 登入成功,使用者名稱為 {username}, 密碼為 {password}')
```

【程式分析】

- 由於 pytest 是第三方應用框架，所以要使用它裡面的功能，需要先把 pytest 匯入 Python 系統中，在第 1 行程式中使用 import 關鍵字進行匯入操作，匯入之後就可以使用 pytest 這個框架裡面的功能。

- 第 2 行到第 5 行程式的含義：@pytest.mark.parametrize 是 pytest 的裝飾器，它是放在 test_logging() 函數上面的，可以視為它裝飾的物件就是 test_logging() 函數，簡單來講就是要給 test_logging() 函數來點什麼。在這個例子中，這個裝飾器的作用是給 test_logging() 函數的變數（函數的參數）傳遞多組不同的值。其中，("username,password",[("xiaozhang","a123"),("xiaoliu","b456")]) 就是要傳給 test_logging() 函數的值，這裡面有兩組值，也就是說，它為 test_logging() 函數的兩個變數（username,password）提供了兩組值：第一組是 ("xiaozhang","a123")，第二組是 ("xiaoliu","b456")。這表示 test_logging() 函數會被執行兩次：第一次使用第一組值，第二次使用第二組值。當你執行這個指令稿時，pytest 會自動找到以「test」開頭的函數並執行它。

【注意事項】

當使用 @pytest.mark.parametrize 裝飾器來傳遞多組資料時，需要根據 test_logging(username,password) 函數中的變數數量提供相應的變數，裝飾器中的變數 username 和變數 password 與 test_logging(username,password) 函數中的變數

是一一對應的。裝飾器中資料應該按照以下格式進行組織：(" 變數 1, 變數 2,…",[(值組合 1),(值組合 2),…])。每個值組合都需要用小括號括起來，並且不同的值組合之間以逗點分隔。整個資料組合放在方括號中。請嚴格按這種格式提供資料。

【程式執行結果】

執行結果如圖 11-28 所示。

```
測試 已通過: 2共 2 个测试 - 0毫秒
Launching pytest with arguments C:\Users\jiang\PycharmProjects\Selenium\main.py --no-header --no-summary -q in C:

============================= test session starts =============================
collecting ... collected 2 items

main.py::test_logging[xiaozhang-a123] PASSED             [ 50%]登录成功, 用户名为xiaozhang,密码为a123

main.py::test_logging[xiaoliu-b456] PASSED               [100%]登录成功, 用户名为xiaoliu,密码为b456


============================= 2 passed in 0.02s =============================
```

▲ 圖 11-28　執行結果

從執行結果可以看到，test_logging() 函數被執行了兩次，因為 pytest 裝飾器傳了兩次值給 test_logging() 函數，傳一次執行一次。需要注意的是，雖然這個測試函數只是簡單地列印了訊息，並沒有真正地測試任何功能（舉例來說，檢查登入過程是否成功），但它演示了如何使用 pytest 的傳值功能來執行多次測試，每次使用不同的輸入資料。在實際的測試場景中，你可能會在函數內部增加更多的邏輯來驗證功能的正確性。

五｜使用 assert 關鍵字驗證結果

在使用 pytest 框架時，可以使用 assert 關鍵字進行測試結果的驗證。如果發現程式執行的實際結果和預期結果一致，則表明測試執行通過；如對比發現不一致，則表明測試執行不通過。接下來講解驗證方式，具體程式如下所示。

```
1 x = 'th'
2 y = 'python'
3 z = 'python'
4 def test_str_001():
```

11-41

```
5     assert x in y
6 def test_str_002():
7     assert y == z
8 def test_str_003():
9     assert x == z
```

【程式分析】

- 這段程式定義了三個以「test」為首碼的函數，在自動化領域，一個測試函數可以視為一個測試用例。

- test_str_001() 函數的功能是使用 assert 關鍵字檢查字串 y 是否包含字串 x。這裡結合了 in 敘述來判斷 x 是否為 y 的子字串。由於 x 的值為「th」，而 y 的值為「python」，顯然「th」是「python」的子字串，因此這個測試用例會執行通過。

- test_str_002() 函數的功能是使用 assert 關鍵字檢查字串 y 是否等於字串 z。這裡使用了 == 操作符號來進行比較。由於 y 和 z 的值都是「python」，它們是相等的，因此這個測試用例會執行通過。

- test_str_003() 函數的功能是使用 assert 關鍵字檢查字串 x 是否等於字串 z。同樣使用了 == 操作符號來進行比較。由於 x 的值為「th」，而 z 的值為「python」，顯然它們不相等，因此這個測試用例會執行失敗，而且會拋出例外。

- 根據前面所講的函數執行規則，這三個函數無須使用函數名稱加括號的方式進行手動呼叫，直接右鍵執行就可以。

【程式執行結果】

執行結果如圖 11-29 所示。

11.4 Selenium 工具的安裝和使用

```
main.py::test_str_001 PASSED                                    [ 33%]
main.py::test_str_002 PASSED                                    [ 66%]
main.py::test_str_003 FAILED                                    [100%]
main.py:11 (test_str_003)
'th' != 'python'

预期:'python'
实际:'th'
<点击以查看差异>

def test_str_003():
>       assert x == z
E       AssertionError: assert 'th' == 'python'
E         - python
E         + th

main.py:13: AssertionError
```

▲ 圖 11-29 執行結果

從執行結果中可以看到，總共執行了三個測試用例。其中，test_str_001() 和 test_str_002() 兩個測試用例成功通過，而 test_str_003() 測試用例則失敗了。

失敗的原因在於 test_str_003() 函數中的驗證敘述 assert x == z 沒有通過。

這裡期望 x 的值（即「th」）能夠與 z 的值（即「python」）相等，但實際上它們並不相等。因此，程式拋出了 AssertionError 例外，並輸出了詳細的比較資訊和錯誤位置。

這個測試結果展示了使用 assert 進行結果驗證的重要性。透過 assert，可以在測試用例中明確地指定期望的結果，並與實際結果進行比較。如果比較失敗，程式會立即停止執行並拋出例外，從而提醒存在問題。

⌘ 11.4 Selenium 工具的安裝和使用

使用 Selenium 工具，可以讓它自動開啟瀏覽器、載入網頁、定位元素、輸入文字、按一下按鈕、獲取網頁原始程式等。在本節中，將介紹如何安裝和使用 Selenium，為學習後續內容奠定基礎。

11-43

11.4.1 Selenium 的安裝

Selenium 也是 Python 的第三方應用工具，所以需要額外安裝，在 PyCharm 整合式開發環境中，你可以透過其「終端」選項來輕鬆安裝 Selenium。只需輸入命令「pip3 install selenium」，即可開始安裝過程，安裝過程如圖 11-30 所示。本章視訊包含 Selenium 安裝教學。

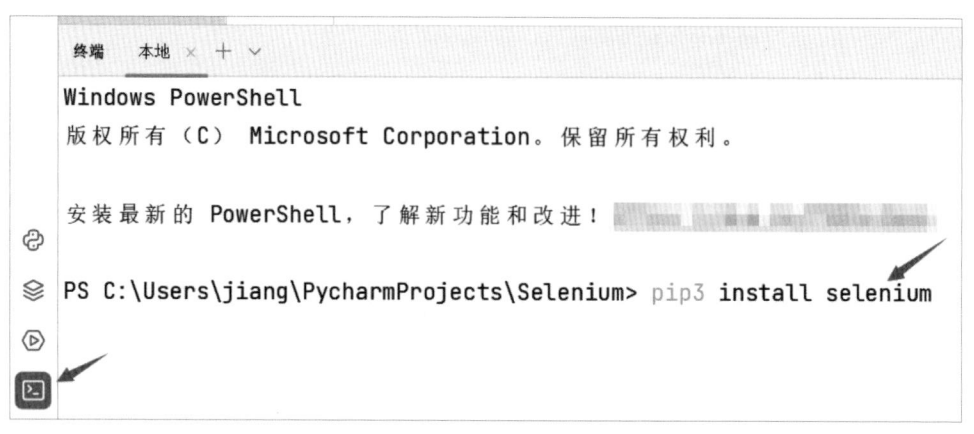

```
終端  本地 × + ∨
Windows PowerShell
版權所有（C） Microsoft Corporation。保留所有權利。

安裝最新的 PowerShell，了解新功能和改進！

PS C:\Users\jiang\PycharmProjects\Selenium> pip3 install selenium
```

▲ 圖 11-30 安裝 Selenium

安裝完成後，當底行出現「Successfully installed selenium-4.17.1」時，則代表 Selenium 安裝成功（透過此方式安裝的任何 Selenium 版本都可以使用）。其他提示可以忽略。

11.4.2 瀏覽器驅動程式的安裝

Selenium 本身並不直接與瀏覽器「對話」，而是透過一個特殊的「翻譯通道」——瀏覽器的驅動程式，來實現與瀏覽器的互動和控制。因為瀏覽器並不能直接理解 Selenium 發出的指令，所以這些指令需要被轉換成瀏覽器能辨識的語言。驅動程式就扮演了這個關鍵角色，它像是一位精通兩種語言的翻譯官，確保 Selenium 的「命令」能夠準確無誤地傳達給瀏覽器，並促使瀏覽器執行相應的操作。

因此，為了讓 Selenium 能夠流暢地控制瀏覽器，進行各種自動化操作，必須先下載與瀏覽器相匹配的驅動程式，下載完成後，將瀏覽器驅動程式複製並貼上到 PyCharm 專案的根目錄下即可，如圖 11-31 所示。

圖 11-31 中的 chromedriver.exe 就是 Google 瀏覽器的驅動程式。需要說明的是，下載的瀏覽器驅動程式的版本要跟瀏覽器本身的版本相對應。只有使用相對應的版本，才能有效地模擬使用者操作。

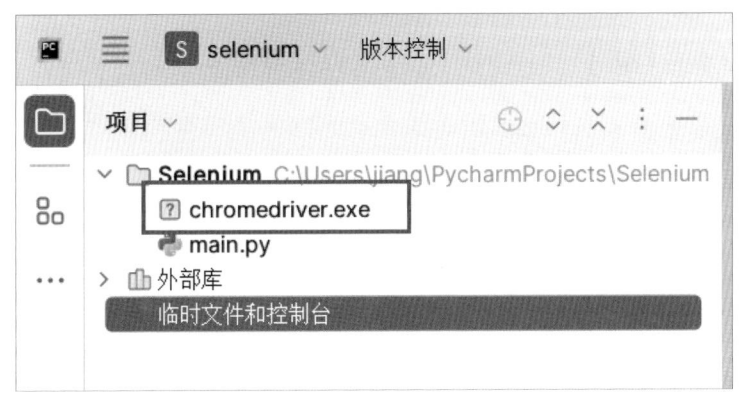

▲ 圖 11-31 安裝瀏覽器的驅動程式

11.4.3 建立瀏覽器的控制者並啟動瀏覽器

具體程式如下所示。

```
1 from selenium import webdriver
2 driver = webdriver.Chrome()
```

【程式分析】

- Selenium 是一個 Python 的第三方工具，要使用它提供的功能，需要進行匯入操作。在程式中，使用了 from...import 敘述來實現匯入操作，這個敘述的意思是從指定的套件或模組中引入所需的特定功能或物件。

11 Web 自動化測試框架基礎與實戰

- 第 1 行程式的含義：從一個叫作 selenium 的工具套件中匯入一個叫作 webdriver 的模組。你可以把 selenium 想像成一個大的倉庫，裡面存放著很多與自動化網頁操作相關的方法，而 webdriver 就是倉庫裡的工具。
- 第 2 行程式的含義：透過 webdriver 這個工具啟動一個叫作 Chrome 的瀏覽器，同時建立一個瀏覽器的控制者 driver，此後，你可以使用瀏覽器的控制者 driver 來呼叫 webdriver 這個工具裡面的方法，從而實現如開啟網頁、查詢元素、填寫表單、按一下按鈕等操作。

【程式執行結果】

執行結果如圖 11-32 所示。

▲ 圖 11-32 執行結果

從執行結果可以看到，系統自動啟動了 Chrome 瀏覽器。需要注意的是，啟動瀏覽器後很快會自動退出，退出的原因在於，程式中沒有進一步的操作（如開啟網頁、等待使用者輸入或執行其他任務），並且程式執行完畢，那麼瀏覽器通常會立即關閉，因為它已經完成了被分配的任務。

11.4.4 讓 Google 瀏覽器視窗最大化

具體程式如下所示。

11.4 Selenium 工具的安裝和使用

```
1 from selenium import webdriver
2 driver = webdriver.Chrome()
3 driver.maximize_window()
4 input(' 請輸入任何內容並確認以繼續 ')
```

【程式分析】

- 第 3 行程式的含義：瀏覽器的控制者 driver 呼叫 webdriver 工具中的 maximize_window() 方法將瀏覽器的當前視窗最大化。

- 瀏覽器的視窗最大化之後，由於程式中沒有進一步的操作，瀏覽器可能會自動退出，且速度很快。這一點在 11.4.3 節已有說明。為了能看到瀏覽器最大化的效果，在第 4 行程式中加入了 input() 函數進行阻塞，當瀏覽器視窗最大化之後，程式會暫停執行，等待使用者在下方主控台中輸入任意內容並按下確認鍵。這個阻塞操作給了使用者足夠的時間去觀察頁面上的變化，確認瀏覽器的視窗是否已經最大化。之後，使用者可以在下方主控台輸入任意內容並按下確認鍵，程式會繼續執行後續的程式（如果有的話）或正常結束。這種方法常用於偵錯或展示自動化操作的中間結果。

【程式執行結果】

第 3 行程式執行的結果：系統自動將 Chrome 瀏覽器的視窗最大化。

11.4.5 開啟指定的網頁

具體程式如下所示。

```
1 from selenium import webdriver
2 driver = webdriver.Chrome()
3 driver.maximize_window()
4 driver.get('http://192.168.81.132:8080/admin/login')
5 input(' 請輸入任何內容並確認以繼續 ')
```

Web 自動化測試框架基礎與實戰

【程式分析】

- 第 4 行程式的含義：瀏覽器的控制者 driver 呼叫 webdriver 工具中的 get() 方法打開指定的網址。
- 第 5 行程式設置了一個阻塞，這個阻塞操作是為了給使用者一個機會去觀察自動化指令稿執行到這一點時瀏覽器的狀態。在使用者輸入任意內容並按下確認鍵之前，程式將不會繼續執行。

【注意事項】

- 系統開啟的網址「http://192.168.81.132:8080/admin/login」是 ZrLog 部落格系統的登入頁面。在本書的後續內容中，將以這個 ZrLog 部落格系統的登入模組作為例子來展示自動化測試框架的設計。

【程式執行結果】

第 4 行程式執行的結果：系統自動開啟 ZrLog 部落格系統的登入頁面，如圖 11-33 所示。

▲ 圖 11-33 執行結果

11.4.6 獲取網頁原始程式

具體程式如下所示。

```
1 from selenium import webdriver
2 driver = webdriver.Chrome()
3 driver.maximize_window()
4 driver.get('http://192.168.81.132:8080/admin/login')
5 print(driver.page_source)
6 input(' 請輸入任何內容並確認以繼續 ')
```

【程式分析】

- 第 5 行程式的含義：瀏覽器的控制者 driver 呼叫 webdriver 工具中的 page_source 屬性獲取登入頁面的原始程式資訊（即 driver.page_source）。
- 第 6 行程式設置了一個阻塞，這個阻塞操作是為了給使用者一個機會去觀察自動化指令稿執行到這一點時瀏覽器的狀態。在使用者輸入任意內容並按下確認鍵之前，程式將不會繼續執行。

【注意事項】

- webdriver 工具中既有方法，也有屬性，屬性是不帶括號的，本例中 page_source 屬性就沒有括號。

【程式執行結果】

第 5 行程式執行的結果：系統自動列印出 ZrLog 部落格系統登入頁面的原始程式資訊，如圖 11-34 所示。

11-49

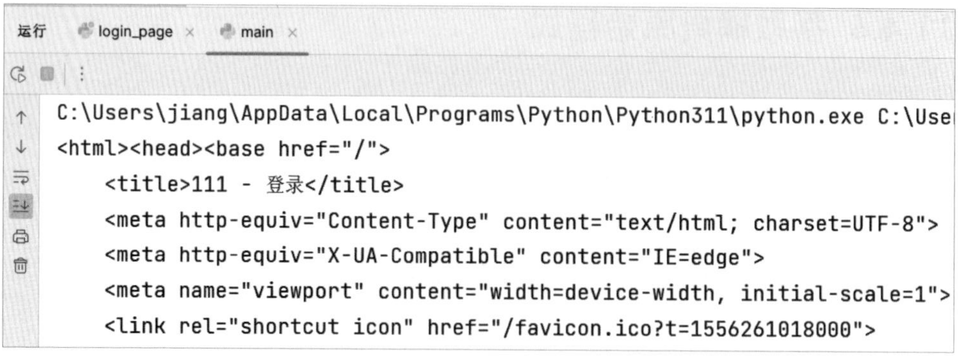

Web 自動化測試框架基礎與實戰

```
運行    login_page ×    main ×

C:\Users\jiang\AppData\Local\Programs\Python\Python311\python.exe C:\Use
<html><head><base href="/">
    <title>111 - 登入</title>
    <meta http-equiv="Content-Type" content="text/html; charset=UTF-8">
    <meta http-equiv="X-UA-Compatible" content="IE=edge">
    <meta name="viewport" content="width=device-width, initial-scale=1">
    <link rel="shortcut icon" href="/favicon.ico?t=1556261018000">
```

▲ 圖 11-34 執行結果

11.4.7 查詢網頁元素並清理文字

具體程式如下所示。

```
1 from selenium import webdriver
2 driver = webdriver.Chrome()
3 driver.maximize_window()
4 driver.get('http://192.168.81.132:8080/admin/login')
5 driver.find_element("xpath",'//*[@id = "userName"]').clear()
6 input(' 請輸入任何內容並確認以繼續 ')
```

【程式分析】

- 第 5 行程式的含義：瀏覽器的控制者 driver 利用 webdriver 提供的 find_element() 方法，結合 XPath 定位方式，在網頁上精確查詢一個元素。XPath 運算式「//*[@id="userName"]」表示在整個頁面範圍內搜尋具有 id 屬性且屬性值為 userName 的元素。這個 XPath 運算式專門指向登入頁面的使用者名稱輸入框。緊接著呼叫 clear() 方法，清除使用者名稱輸入框中的文字資訊（如果使用者名稱輸入框原本有文字資訊，則會清理掉）。

【注意事項】

- 第 5 行程式中 find_element() 方法只需要寫入「xpath」和具體的 XPath 運算式就可以，中間用逗點隔開。

11.4 Selenium 工具的安裝和使用

- 在 11.3.1 節的注意事項中提到，單引號和雙引號在 Python 中大多數情況下是可以互換的，用於定義字串時效果相同。比如：s1 = 'Hello,World!' 和 s2 = "Hello,World!" 這兩行程式是完全等價的，s1 和 s2 表示同樣的字串。然而，有一個重要的例外需要注意：當字串內部已經包含了某種引號時，外部就不能再使用同種引號。具體來說，如果一個字串內容中包含了單引號，那麼為了避免衝突和混淆，應該使用雙引號來包圍這個字串；反之，如果字串內容中包含了雙引號，則應該使用單引號來包圍這個字串。這裡以第 5 行程式的 XPath 運算式為例，如果運算式中已經使用了雙引號來標記屬性或值，那麼整個運算式在 Python 程式中就應該用單引號包圍起來。這樣做是為了確保 Python 解譯器能夠正確解析字串的邊界，而不會將內部的雙引號誤認為是字串結束的標識。同樣地，如果 XPath 運算式中使用了單引號，那麼 Python 程式中就應該使用雙引號來包圍整個運算式。

【程式執行結果】

第 5 行程式執行結果：如果使用者名稱輸入框有文字資訊，則會自動清理。

11.4.8 查詢網頁元素並發送內容

具體程式如下所示。

```
1 from selenium import webdriver
2 driver = webdriver.Chrome()
3 driver.maximize_window()
4 driver.get('http://192.168.81.132:8080/admin/login')
5 driver.find_element("xpath",'//*[@id = "userName"]').send_keys('admin')
6 input(' 請輸入任何內容並確認以繼續 ')
```

【程式分析】

- 第 5 行程式的含義：瀏覽器的控制者 driver 利用 webdriver 提供的 find_element() 方法，結合 XPath 定位方式，在網頁上精確查詢一個元素。XPath 運算式「//*[@id="userName"]」表示在整個頁面範圍內搜尋具有 id 屬性且屬性值為 userName 的元素。這個 XPath 運算式專門指向登入頁面的使用者名稱輸入框。緊接著呼叫 send_keys() 方法，將字串「admin」輸入該輸入框，從而完成了使用者名稱的自動填寫。

【程式執行結果】

第 5 行程式執行結果：系統自動向登入頁面的使用者名稱輸入框輸入使用者名稱「admin」。

11.4.9 使用顯式等待查詢網頁元素並發送內容

webdriver 提供的 find_element() 是一種即時查詢元素的方法，當瀏覽器的控制者 driver 呼叫這個方法後，會立即透過 XPath 運算式在頁面上查詢元素，但是這個方法有一個明顯的缺點，就是如果網頁元素尚未載入（由於網路延遲、頁面跳躍等原因導致元素還沒有載入出來），使用該方法查詢元素時就會抛出 NoSuchElementException 例外（找不到元素的異常）。為了解決這個問題，webdriver 引入顯式等待機制。

顯式等待（Explicit Wait）是 webdriver 中一種智慧的等待方式。簡單來說，它不會盲目地等待一個固定的時間，而是會等待某個特定的條件成立。想像一下，你在網上購物時，按一下一個按鈕後，頁面可能需要一點時間來載入新的內容，比如商品詳情或評論。如果網頁一下子就載入那你就能立刻看到這些資訊；但如果網路有點慢，或伺服器有點忙，你就得等一會兒。顯式等待就是模擬這種「等一會兒，直到看到想要的東西」的行為。它會不斷檢查頁面，看想要的那個元素或條件是不是已經出現了。如果出現了，就繼續執行下一步操作，比如按一下按鈕或輸入文字；如果還沒出現，就再等一會兒，然後再檢查。這種方式的好處是，它只等待必要的時間，不會浪費時間去等那些已經載入好的內容，也不會因為等待時間不夠而錯過那些載入稍微慢一點的內容。這樣，自動化指令稿就能更穩定、更可靠地執行，不會因為網路波動或伺服器回應慢而輕易失敗。總的來說，顯式等待就是一種聰明的等待方式，它知道什麼時候該等，什麼時候該繼續，讓自動化測試更加靈活和高效。

11.4 Selenium 工具的安裝和使用

接下來,將透過程式來實際演示顯式等待的工作過程,具體程式如下所示。

```
1   from selenium import webdriver
2   from selenium.webdriver.support.wait import WebDriverWait
3   from selenium.webdriver.support import expected_conditions as EC
4   driver = webdriver.Chrome()
5   driver.maximize_window()
6   driver.get('http://192.168.81.132:8080/admin/login')
7   # driver.find_element("xpath",'//*[@id = "userName"]').send_keys('admin')
8   (WebDriverWait(driver,timeout = 5).
9    until(EC.presence_of_element_located(("xpath",'//*[@id = "userName"]'))).
10   send_keys('admin'))
11  input(' 請輸入任何內容並確認以繼續 ')
```

【程式分析】

- 第 2 行、第 3 行、第 8 行、第 9 行、第 10 行程式為新增的程式,如上所示,透過引入顯式等待機制,替換了原先直接使用 find_element() 查詢網頁元素的方式。這樣做的主要目的是提升程式的強固性和可靠性。接下來對這 5 行程式進行分析。

- 第 2 行程式的含義:從 webdriver 工具中匯入 WebDriverWait 這個小工具。這行程式是在告訴 Python,要使用一個叫作 WebDriverWait 的工具。這個工具非常有用,因為當你讓瀏覽器去做一些事情(比如開啟一個網頁)時,有時因為網路慢或其他原因,頁面上的東西不是一下子就全部載入出來的。WebDriverWait 可以幫你等待某個東西(比如一個按鈕或一個輸入框)出現之後再繼續執行後面的程式。你可以把它想像成你在餐廳等菜,直到你的菜上桌了,你才會開始吃。

- 第 3 行程式的含義:繼續從 webdriver 工具中匯入 expected_conditions 這個小工具,並且用 EC 這個簡寫來代替它。它主要是用來告訴 WebDriverWait 你要等什麼。比如,你可以告訴 WebDriverWait「我要等一個輸入框出現在頁面上」。你可以把它想像為你在等一個紅綠燈變綠,只有變綠了,你才能過馬路。

- 第 8 行到第 10 行本來是一行程式,但是因為程式太長所以分成了三行來寫。完整的程式是:

11 Web 自動化測試框架基礎與實戰

```
    WebDriverWait(driver,timeout = 5).until(EC.presence_of_element_located
(("xpath",'//*[@id = "userName"]'))).send_keys('admin')
```

可以看到，這行程式的最外層並沒有加上括號，但是當程式分成三行來寫時，最外層自動多加了一對括號，多加一對括號的目的就是保持程式在邏輯上連續，這一點需要大家注意。

- WebDriverWait(driver,timeout=5)：這部分程式是在說「我要讓瀏覽器等一會兒，最多等 5 秒」。如果 5 秒內你要等的東西出現了，它就會停止等待；如果超過 5 秒還沒出現，它就會抛出一個錯誤，告訴你它等得太久了。其中，WebDriverWait 這個工具中傳入了瀏覽器的控制者 driver。

- .until(...)：這部分程式是在說「我要一直等，直到……」後面的條件滿足為止。

- EC.presence_of_element_located(("xpath",'//*[@id="userName"]'))：這部分程式是在說「我要等的是一個元素，這個元素的位置可以透過 XPath 方式來找到，XPath 運算式是「//*[@id="userName"]」。換句話說，它就是在找一個 id 為 userName 的輸入框。

- .send_keys('admin')：一旦找到了那個輸入框，這部分程式就會往那個輸入框裡輸入文字「admin」。

- 整行程式的意思就是讓瀏覽器最多等 5 秒，在這 5 秒之內會不斷查詢 id 為 userName 的輸入框是否出現（預設情況下每隔 0.5 秒查詢一次），如果出現了，立即執行使用者名稱輸入的操作，如果沒有出現，就一直等待這個元素的出現，如果超過了 5 秒該元素還是沒有出現，就直接抛出例外。

【注意事項】

- 對 Selenium 的新手來說，其實顯式等待大部分程式是固定且可重複使用的，只需對特定部分進行微調。

- 第 2 行和第 3 行程式是匯入敘述，用於引入 WebDriverWait 和 expected_conditions（EC），這兩者是實現 Selenium 顯式等待功能的核心元件，用的時候直接按標準流程匯入就行。

- 第 8 行到第 10 行程式是實現顯式等待的關鍵部分。在這裡，大部分程式結構也是固定的，主要用於設置等待時間（timeout）和定義要等待的條件（在這個例子中是某個元素的出現）。唯一需要根據實際情況調整的是等待時間（以適應不同的網路或伺服器回應速度）和 XPath 運算式（以準確定位頁面上的元素）。
- 對新手來說，透過重複使用這些固定的程式結構，並根據需要調整少數幾個參數，就可以輕鬆應對各種網頁自動化任務。這種方法的靈活性和可擴充性正是 Selenium 的強大之處。

【程式執行結果】

第 8 行到第 10 行程式執行的結果：系統自動向登入頁面的「使用者名稱」輸入框輸入使用者名稱「admin」。

11.4.10 按一下「提交」按鈕

具體程式如下所示。

```
1  from selenium import webdriver
2  from selenium.webdriver.support.wait import WebDriverWait
3  from selenium.webdriver.support import expected_conditions as EC
4  driver = webdriver.Chrome()
5  driver.maximize_window()
6  driver.get('http://192.168.81.132:8080/admin/login')
7  # driver.find_element("xpath",'//*[@id = "userName"]').send_keys('admin')
8
9  (WebDriverWait(driver,timeout = 5).
10    until(EC.presence_of_element_located(("xpath",
11   '//*[@id = "userName"]']))).send_keys('admin'))
12
13 (WebDriverWait(driver,timeout = 5).
14    until(EC.presence_of_element_located(("xpath",
15   '//*[@id = "login_form"]/div[2]/input'))).send_keys('123456'))
16
17 (WebDriverWait(driver,timeout = 5).
18    until(EC.presence_of_element_located(("xpath",
19   '//*[@id = "login_btn"]/span'))).click())
```

11 Web 自動化測試框架基礎與實戰

```
20
21  input(' 請輸入任何內容並確認以繼續 ')
```

【程式分析】

- 上一節已經詳細解釋了第 9 行到第 11 行程式的功能：它利用顯式等待策略精確地定位到「使用者名稱」輸入框，並順利地輸入了相應的使用者名稱資訊。

- 第 13 行到第 15 行程式的含義：使用顯式等待和 XPath 運算式來定位並輸入密碼資訊。XPath 運算式「//*[@id="login_form"]/div[2]/input」被用於精確定位網頁上的特定元素，即 id 屬性值為「login_form」的元素下的第二個「div」子元素中的「input」元素。在這裡，XPath 運算式對應的是部落格登入頁面的「密碼」輸入框。一旦找到「密碼」輸入框，程式繼續呼叫 send_keys() 方法來模擬鍵盤輸入，將字串「123456」作為密碼填充到該輸入框中。這一步是自動化登入流程中的關鍵步驟，它允許指令稿自動填寫密碼欄位，並將其傳遞給伺服器進行驗證。如果驗證通過，伺服器將授予使用者存取權限，並可能將其重定向到另一個頁面，從而完成整個登入過程。

- 第 17 行到第 19 行程式的含義：使用顯式等待和 XPath 運算式進行元素定位。XPath 運算式「//*[@id="login_btn"]/span」準確地指向了網頁上 id 為「login_btn」的元素內部巢狀結構的「span」標籤。這裡的 XPath 運算式對應於部落格登入頁面上的「登入」按鈕。一旦找到「登入」按鈕，程式繼續呼叫 click() 方法來模擬使用者按一下該按鈕。這是登入流程的最後一步，因為它觸發了將登入憑據發送到伺服器並驗證使用者的過程。如果使用者名稱和密碼正確，伺服器將允許使用者登入，並可能將其重定向到另一個頁面。透過這段程式，我們實現了自動化登入的最後一步，模擬了使用者按一下「登入」按鈕的動作，使得指令稿能夠與部落格系統進行互動，並完成登入操作。

【程式執行結果】

　　第 9 行到第 11 行程式的執行結果：系統自動向登入頁面的「使用者名稱」輸入框輸入使用者名稱「admin」。

第 13 行到第 15 行程式的執行結果：系統自動向登入頁面的「密碼」輸入框輸入密碼「123456」。

第 17 行到第 19 行程式的執行結果：系統自動按一下登入頁面的「登入」按鈕進行登入。

11.5 POM 設計模式

頁面物件模型（Page Object Model，POM）是 Web 自動化測試的核心設計模式。它的核心思想是將每個頁面看作一個類別，頁面上的元素（如按鈕、文字標籤等）和操作（如按一下、輸入等）則是這個類別中的屬性和方法。

本節將以 ZrLog 部落格系統的登入頁面為例，闡述 POM 的設計想法及其實踐應用，進而最佳化指令稿撰寫。

ZrLog 部落格系統的登入頁面通常包含三個核心元素：使用者名稱輸入框、密碼輸入框以及登入按鈕。為了成功登入，使用者需要依次執行三個動作：輸入使用者名稱、輸入密碼以及按一下登入按鈕。

圖 11-35 展示了這一登入頁面的版面配置。

▲ 圖 11-35 登入頁面

11.5.1 封裝頁面物件的屬性和方法

基於 POM 的思想，可以將頁面元素的定位運算式以及對頁面元素要執行的動作分別封裝成類別中的屬性和方法，並統一儲存在同一個 Python 檔案中，從而實現頁面功能的模組化管理和維護。

為了應用 POM，可以按照以下步驟對登入頁面屬性和方法進行封裝。

（1）建立一個名為「login_page.py」的頁面目的檔，如圖 11-36 所示。

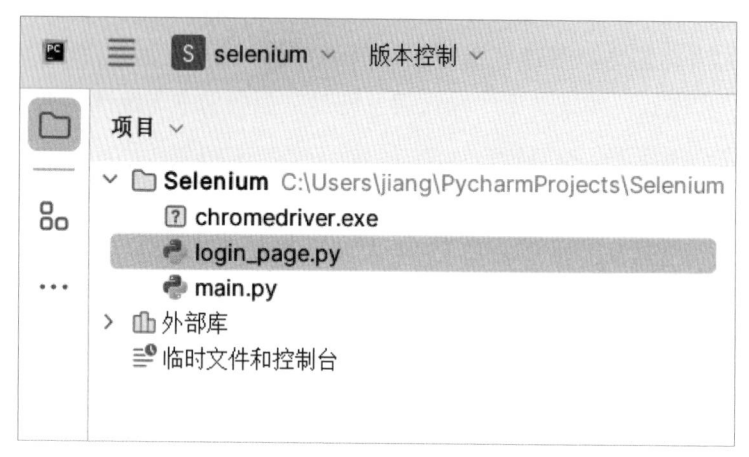

▲ 圖 11-36　建立 login_page.py 檔案

（2）在「login_page.py」檔案中，定義一個名為「LoginPage」的頁面類別，這個類別將代表登入頁面。在 LoginPage 類別中，將頁面上的元素定位資訊以及對元素要執行的動作分別封裝成類別中的屬性和方法，具體程式如下所示。

```
1  from selenium import webdriver
2  from selenium.webdriver.support.wait import WebDriverWait
3  from selenium.webdriver.support import expected_conditions as EC
4
5  class LoginPage:
6      username_input = '//*[@id = "userName"]'
7      password_input = '//*[@id = "login_form"]/div[2]/input'
```

11.5 POM 設計模式

```
8        click_button = '//*[@id = "login_btn"]/span'
9
10    def  init (self):
11        self.driver = webdriver.Chrome()
12        self.driver.get('http://192.168.81.132:8080/admin/login')
13        self.driver.maximize_window()
14
15    def enter_username(self):
16        (WebDriverWait(self.driver,timeout = 5).
17         until(EC.presence_of_element_located(("xpath",
18        LoginPage.username_input))).send_keys('admin'))
19
20    def     enter_password(self):
21        (WebDriverWait(self.driver,timeout = 5).
22         until(EC.presence_of_element_located(("xpath",
23        LoginPage.password_input))).send_keys('123456'))
24
25    def click_login_button(self):
26        (WebDriverWait(self.driver,timeout = 5).
27         until(EC.presence_of_element_located(("xpath",
28        LoginPage.click_button))).click())
29
30 login = LoginPage()
31 input(' 請輸入任何內容並確認以繼續  ')
```

【程式分析】

- 第 1 行程式的含義：匯入 webdriver 這個工具，這個工具將用於啟動瀏覽器和建立瀏覽器的控制者。

- 第 2 行和第 3 行程式的含義：分別匯入 WebDriverWait 和 expected_conditions 這兩個工具，這兩個工具主要用於在查詢元素時引入顯式等待。

- 第 5 行程式的含義：定義了 LoginPage 類別，LoginPage 類別代表了 ZrLog 部落格系統的登入頁面，它包含了頁面上的元素（如使用者名稱輸入框、密碼輸入框、登入按鈕）和頁面上的操作（輸入使用者名稱、輸入密碼、按一下登入按鈕）。

11-59

- 第 6 行到第 8 行程式的含義：在 LoginPage 類別內部，定義了三個類別變數，這些變數儲存了登入頁面上不同元素的 XPath 定位運算式：

  username_input：儲存了使用者名稱輸入框的 XPath 運算式。

  password_input：儲存了密碼輸入框的 XPath 運算式。

  click_button：儲存了登入按鈕的 XPath 運算式。

  在呼叫它們時可以使用類別名稱加點（.）加類別屬性名稱的方式進行，如 LoginPage.username_input。

- 第 10 行到第 13 行程式的含義：定義了 init() 方法，在 11.3.1 節中講過，當系統在建立類別實例時（也就是在執行本範例中的第 30 行程式時）會自動執行 init() 方法。這個方法要做的第一件事就是自動啟動 Chrome 瀏覽器，並建立瀏覽器的控制者 self.driver，要做的第二件事是瀏覽器的控制者 self.driver 呼叫 get() 方法開啟部落格系統的登入頁面，要做的第三件事是瀏覽器的控制者 self.driver 呼叫 maximize_window() 方法將瀏覽器的視窗最大化。也就是這三件事在實例被建立時一併完成。

- 第 15 行到第 28 行程式的含義：把登入時的三個操作（輸入使用者名稱、輸入密碼、按一下登入按鈕）定義為實例的方法，這三個實例的方法分別是 enter_username()、enter_password() 和 click_login_button()，並且這三個方法都使用了顯式等待來查詢元素，最大等待時間為 5 秒，XPath 運算式使用了「類別名稱.屬性名稱」來引入。

- 第 30 行程式的含義：建立 LoginPage 類別的實例，實例名為 login，請大家注意，在建立 login 實例時，會自動執行 init() 方法。

【程式執行結果】

　　開啟 Chrome 瀏覽器，跳躍到 ZrLog 部落格系統的登入頁面，並將瀏覽器的視窗最大化。以上程式的設計符合 POM 的理念。在 POM 中，每一個頁面都會被設計為一個類別，頁面中的元素（如按鈕、輸入框等）會被定義為類別或實例的屬性，而頁面上的操作（如按一下按鈕、輸入文字等）則會被定義為類別或實例的方法。這樣的設計使得程式結構清晰、易於維護。

同時，如果你需要在其他地方重用這個登入頁面的程式，只需要實例化 LoginPage 類別並呼叫相應的方法即可。

11.5.2 建立 base_page.py 檔案

在 Web 自動化測試中，採用 POM 設計模式時，base_page.py 檔案的作用至關重要。以 ZrLog 部落格系統為例，該系統包含多個不同的頁面和功能，這表示在設計自動化測試框架時需要為每個頁面建立相應的頁面類別。在每個頁面中，都需要進行元素查詢和定位，這是測試過程中的關鍵步驟。為了確保元素定位的準確性和穩定性，通常會使用顯式等待。然而，如果在每個頁面類別中都重新匯入顯式等待的工具，並且每次元素定位都使用完整的 WebDriverWait(driver,timeout=5).until(EC.presence_of_element_located(("xpath", 'xxxxx'))) 語法，那麼程式將變得非常容錯和重複。

為了解決這個問題，可以將顯式等待的邏輯封裝在 base_page.py 檔案中的 BasePage 類別中（BasePage 類別一般稱為基礎類別，也稱基礎類別，下文中提到基礎類別時指的就是 BasePage 類別）。這樣，其他頁面類別只需繼承 base_page.py 中的基礎類別，就可以直接使用這些封裝好的等待方法，而無須在每個頁面中重複匯入和撰寫等待邏輯。這種做法不僅簡化了程式結構，還提高了程式的再使用性和可維護性，使得自動化測試框架更加強固和高效。

此外，在 Web 自動化測試中，每個頁面類別的執行通常都需要進行一些通用操作，比如開啟瀏覽器、視窗最大化以及導覽到登入頁面等。這些操作對每個頁面測試來說都是必需的，但如果在每個頁面類別中都單獨實現這些操作，那麼程式將不可避免地出現大量重複。

為了解決這個問題，可以在 base_page.py 檔案中定義一個 init() 方法，並在其中放置這些通用的初始化程式。這樣，其他頁面類別在繼承 base_page.py 中的基礎類別時，就會自動獲得這個初始化方法，無須在每個頁面類別中重新定義。

為了進一步提高程式的再使用性和簡化頁面物件的設計，現將 LoginPage 類別中的 init() 方法和顯式等待的方法抽離出來，並放置在 base_page.py 檔案中的 BasePage 中。這樣做的好處是，未來在建立其他頁面類別時，它們都可以透過繼承 BasePage 來共用這些通用功能，而無須在每個類別中重複實現。

接下來，將新建 base_page.py 檔案，如圖 11-37 所示。

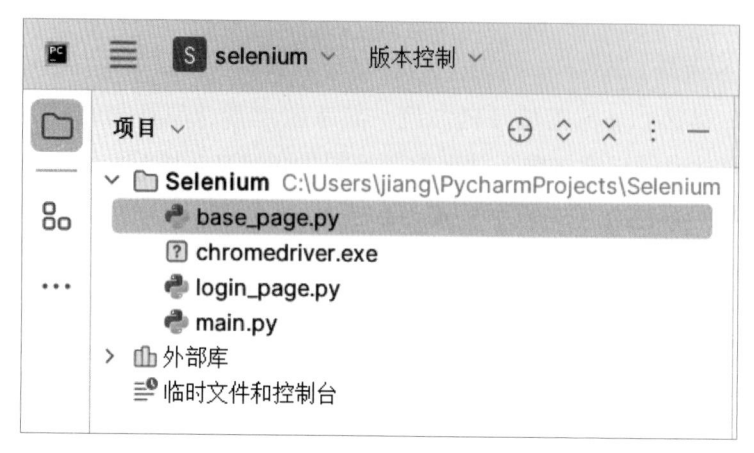

▲ 圖 11-37 新建 base_page.py 檔案

在 base_page.py 檔案中新建 BasePage 類別，並在其中封裝初始化瀏覽器的控制者 driver、開啟頁面、最大化視窗以及執行顯式等待等通用操作。具體程式如下所示。

```
1  from selenium import webdriver
2  from selenium.webdriver.support.wait import WebDriverWait
3  from selenium.webdriver.support import expected_conditions as EC
4
5  class BasePage:
6      def init (self):
7          self.driver = webdriver.Chrome()
8          self.driver.get('http://192.168.81.132:8080/admin/login')
9          self.driver.maximize_window()
10 self.wait = WebDriverWait(self.driver, timeout = 5)
11
12     def find_element(self, locator):
13         try:
14             return self.wait.until(EC.presence_of_element_located
```

11.5 POM 設計模式

```
                     (('xpath', locator)))
15           except:
16                 print(' 元素定位失敗，請檢查元素運算式和查詢方法有無問題 ')
```

【程式分析】

- 第 1 行程式的含義：匯入 webdriver 工具，這個工具將用於啟動瀏覽器和建立瀏覽器的控制者。

- 第 2 行和第 3 行程式的含義：分別匯入 WebDriverWait 和 expected_conditions 這兩個工具，主要是用於在查詢元素時引入顯式等待。

- 第 5 行到第 16 行程式的含義：定義了 BasePage 類別，作為頁面物件模型（POM）的基石，類別中主要定義了兩個方法：init() 和 find_element()。

- init() 方法的功能非常明確：啟動 Chrome 瀏覽器，並建立瀏覽器的控制者 self.driver。隨後，該方法會導覽至指定的 URL，即 ZrLog 部落格系統的登入頁面，並將瀏覽器視窗最大化，從而提供給使用者更佳的視覺體驗。此外，為了簡化後續的等待機制，該方法還將顯式等待工具 WebDriverWait 賦值給 self.wait 屬性，使得後續的顯式等待程式更加清晰易懂。

- find_element() 定義了使用顯式等待查詢元素的方法。locator 為 find_element() 方法的變數（參數），設定這樣一個變數的目的在於，誰要想使用我的顯式等待，就得先把元素的 XPath 運算式傳進來，傳給 locator 變數，傳進來之後才能使用顯式等待進行元素的查詢。

- 在 find_element() 方法中，return 關鍵字扮演著至關重要的角色。它的作用是將查詢到的頁面元素傳回給方法的呼叫者，從而允許呼叫者進行進一步的操作或處理（比如輸入文字、按一下按鈕等）。

- 同時需要注意的是，在 find_element() 方法中加入 try...except 異常處理機制，如果在 try 區塊中的程式執行時發生異常（舉例來說，元素未找到、逾時等），則會執行 except 區塊中的程式。在這個例子中，如果查詢元素失敗（可能是因為元素不存在、XPath 運算式錯誤、頁面未完全載入等），except 區塊會捕捉這個異常，並列印一筆訊息到主控台，通知使用者「元素定位失敗，請檢查元素運算式和查詢方法有無問題」。

11.5.3 頁面類別繼承基礎類別

11.5.2 節中已經成功建立了 BasePage 基礎類別，這個基礎類別提供了基礎的瀏覽器控制功能和顯式等待機制。現在，將利用這個基礎類別來進一步最佳化登入的頁面類別。接下來，在 login_page.py 檔案中，將對 LoginPage 類別進行必要的修改，讓它繼承 BasePage 基礎類別的方法，從而能夠重複使用基礎類別中的方法。這樣的設計將使程式更加模組化和可維護。

具體程式如下所示。

```
1  from base_page import BasePage
2
3  class LoginPage(BasePage):
4      username_input = '//*[@id = "userName"]'
5      password_input = '//*[@id = "login_form"]/div[2]/input'
6      click_button = '//*[@id = "login_btn"]/span'
7
8      def enter_username(self):
9          self.find_element(LoginPage.username_input).send_keys('admin')
10
11     def enter_password(self):
12         self.find_element(LoginPage.password_input).send_keys('123456')
13
14     def click_login_button(self):
15         self.find_element(LoginPage.click_button).click()
16
17 login = LoginPage()
18 login.enter_username()
19 login.enter_password()
20 login.click_login_button()
21 input(' 請輸入任何內容並確認以繼續 ')
```

11.5 POM 設計模式

【程式分析】

- 第 1 行程式的含義：從 base_page.py 檔案中匯入 BasePage 類別，以便 LoginPage 類別可以繼承它。
- 第 3 行程式的含義：LoginPage 類別繼承自 BasePage 類別。這表示 LoginPage 類別將擁有 BasePage 類別中定義的所有方法。
- 第 4 行到第 6 行程式的含義：在 LoginPage 類別內部，定義三個類別變數，這些變數儲存了登入頁面上不同元素的 XPath 定位運算式：
- username_input：儲存了使用者名稱輸入框的 XPath 運算式。password_input：儲存了密碼輸入框的 XPath 運算式。click_button：儲存了登入按鈕的 XPath 運算式。
- 第 8 行和第 9 行程式的含義：定義了 enter_username() 方法，它是一個實例方法，因為它帶有 self 標籤，這個方法的主要目的是自動在登入頁面的使用者名稱輸入框中輸入使用者名稱。為了實現這一功能，enter_username() 方法內部呼叫了 BasePage 類別中的 find_element() 方法。由於 LoginPage 類別是 BasePage 類別的子類別，並且透過繼承關係獲得了 BasePage 類別中的所有方法和屬性，因此 LoginPage 類別的實例（即 self）可以無縫地呼叫 BasePage 類別中的方法。在呼叫 find_element() 方法時，由於 find_element() 方法裡面有變數，所以要傳值，這裡把用於定位使用者名稱輸入框的 XPath 運算式傳了過去（透過 LoginPage.username_input 來獲取這個 XPath 運算式）。find_element() 方法接收到這個 XPath 運算式後，會使用顯式等待的機制來查詢頁面上的元素。一旦找到元素，find_element() 方法會透過 return 敘述將這個元素的引用傳回給呼叫者，即 enter_username() 方法。緊接著，enter_username() 方法呼叫了傳回元素的 send_keys() 方法，將使用者名稱「admin」輸入使用者名稱輸入框中。透過這兩行程式的協作，實現了在登入頁面上自動輸入使用者名稱的功能。這段程式的設計表現了物件導向程式設計的封裝和繼承原則，使得程式結構清晰、易於維護和擴充。

- 第 11 行和第 12 行程式的含義：在 LoginPage 類別中定義了另一個方法，名為 enter_password。這個方法的目的與 enter_username() 方法類似，但是它用於自動在網頁的密碼輸入框中輸入密碼。

- 第 14 行和第 15 行程式的含義：在 LoginPage 類別中定義了另一個方法，名為 click_login_button。這個方法的目的與 enter_username() 方法類似，但是它用於自動按一下登入按鈕。

- 第 17 行程式的含義：這行程式建立了一個 LoginPage 類別的實例，實例名為 login。但由於 LoginPage 類別繼承了 BasePage 類別，所以在建立 login 實例時，也會自動執行 BasePage 類別中的 init() 方法（在 11.3.4 節中講過）。而 init() 方法負責啟動 Chrome 瀏覽器、建立瀏覽器控制者 self.driver、開啟指定的網頁，並執行如最大化瀏覽器視窗等一系列操作。這些操作為後續的頁面元素定位和自動化互動提供了基礎環境。透過繼承機制，LoginPage 類別能夠重複使用 BasePage 類別中的這些初始化設置，從而簡化程式並提高可維護性。

- 第 18 行程式的含義：這行程式呼叫了 login 實例的 enter_username() 方法。enter_username() 方法是在 LoginPage 類別中定義的，它的作用是找到頁面上的使用者名稱輸入框（通過 XPath 運算式定位），並在其中輸入使用者名稱「admin」。

- 第 19 行程式的含義：同理，這行程式呼叫了 login 實例的 enter_password() 方法。enter_password() 方法也是在 LoginPage 類別中定義的，它的作用是找到頁面上的密碼輸入框（同樣透過 XPath 運算式定位），並在其中輸入密碼「123456」。

- 第 20 行程式的含義：這行程式呼叫了 login 實例的 click_login_button() 方法。這個方法負責找到登入按鈕（使用另一個 XPath 運算式）並模擬按一下它，從而觸發登入操作。

【程式執行結果】

開啟 Chrome 瀏覽器，跳躍到 ZrLog 部落格系統的登入頁面，並將瀏覽器的視窗最大化，自動輸入使用者名稱和密碼，並自動按一下登入按鈕進行登入。

11.5.4 POM 圖

經過上述各節的學習與探討，可以將 POM 的特徵進行以下歸納，其概要展示在圖 11-38 中。

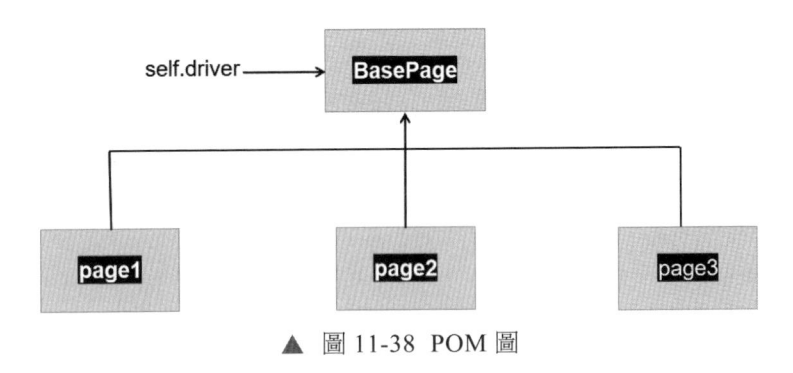

▲ 圖 11-38 POM 圖

BasePage 這個基礎類別為專案中所有其他頁面類別提供了一套通用的方法和屬性。透過繼承這個基礎類別，其他頁面類別可以便捷地重用這些已經定義好的通用方法和屬性。這種繼承機制不僅顯著減少了程式容錯，還提高了程式的可維護性和可讀性。

11.6 使用 pytest 框架進行資料驅動

隨著測試需求的不斷增加，單一的登入測試已經不能滿足對於功能覆蓋和邊界條件檢查的需求。為了提高測試的效率和靈活性，需要引入 pytest 測試框架，並利用其參數化功能來實現資料驅動測試。透過參數化，可以輕鬆地為登入模組提供多群組不同的使用者名稱和密碼組合，以驗證系統的登入邏輯是否正確處理了各種情況，包括正確的憑證、錯誤的憑證、空憑證等。接下來，將對 login_page.py 進行改造，以適應 pytest 的測試結構，並新增測試用例檔案來展示如何透過參數化來增強登入功能測試。

11.6.1 改造頁面類別

當前的 login_page.py 檔案雖然提供了基本的登入操作功能，但缺乏一定的靈活性和擴充性。為了更進一步地支援參數化的資料驅動測試，並適應未來可能的測試場景變化，需要對 login_page.py 檔案進行改造。改造的重點將放在以下幾個方面：首先，將為 enter_username() 和 enter_password() 方法增加變數（參數），使其能夠接受外部傳入的使用者名稱和密碼，從而支援不同的登入憑證組合。其次，將新增一個 get_error_message() 方法，用於獲取登入失敗時的錯誤資訊，將會有助我們更準確地判斷登入結果並進行斷言。

透過這些改造，login_page.py 將變得更加靈活和強大，不僅能夠滿足當前的測試需求，還能夠為未來的測試工作奠定良好的基礎。

login_page.py 檔案改造之後的程式如下所示。

```
1   from base_page import BasePage
2
3   class LoginPage(BasePage):
4       username_input = '//*[@id = "userName"]'
5       password_input = '//*[@id = "login_form"]/div[2]/input'
6       click_button = '//*[@id = "login_btn"]/span'
7       login_error_mgs = '/html/body/div[2]/div/h4'
8
9       def enter_username(self,username):
10          element = self.find_element(LoginPage.username_input)
11          element.clear()
12          element.send_keys(username)
13
14      def enter_password(self,password):
15          element = self.find_element(LoginPage.password_input)
16          element.clear()
17          element.send_keys(password)
18
19      def click_login_button(self):
20          element = self.find_element(LoginPage.click_button)
21          element.click()
22
```

```
23      def get_error_message(self):
24          return self.find_element(LoginPage.login_error_mgs).text
```

【程式分析】

- 第 1 行程式的含義：這行程式從 base_page.py 檔案中匯入了 BasePage 類別，以便 LoginPage 類別可以繼承它。
- 第 3 行程式的含義：LoginPage 類別繼承自 BasePage 類別。這表示 LoginPage 類別將擁有 BasePage 類別中定義的所有方法和屬性。
- 第 4 行到第 7 行程式的含義：在 LoginPage 類別內部，定義了四個類別變數，這些變數儲存了登入頁面上不同元素的 XPath 定位運算式。

username_input：儲存了使用者名稱輸入框的 XPath 運算式。

password_input：儲存了密碼輸入框的 XPath 運算式。

click_button：儲存了登入按鈕的 XPath 運算式。

login_error_mgs：儲存了顯示錯誤訊息的元素的 XPath 運算式。

請注意，login_error_mgs 元素專門指的是在登入過程中，當使用者輸入錯誤的使用者名稱或密碼時，系統顯示出的錯誤訊息信息，如圖 11-39 所示。

▲ 圖 11-39 錯誤訊息資訊

- 第 9 行到第 12 行程式的含義：定義了 enter_username() 方法，它是一個實例方法，因為它帶有 self 標籤，這個方法有一個變數 username，這個變數用來接收不同的使用者名稱。在方法內部，它首先呼叫 find_element() 方法（從 BasePage 類別繼承而來）來定位使用者名稱輸入框這個元素，找到這個元素之後就把這個元素儲存在了方法的變數 element 中（這個變數是在方法內部定義的變數，只在方法的內部有效，也只能在方法內部使用，而且它不屬於實例的變數，因為沒有帶 self 標籤）。然後呼叫 clear() 方法清理使用者輸入框的文字資訊。接著呼叫 send_keys() 方法將 username 的值輸入使用者名稱輸入框。總的來說，enter_username() 方法使得在自動化測試過程中能夠靈活地輸入不同的使用者名稱，只需在呼叫時提供相應的值即可。

- 第 14 行到第 17 行程式的含義：定義了 enter_password() 方法，它是一個實例方法，因為它帶有 self 標籤，這個方法有一個變數 password，這個變數用來接收不同的使用者密碼。在方法內部，它首先呼叫 find_element() 方法（從 BasePage 類別繼承而來）來定位密碼輸入框這個元素，找到這個元素之後就把這個元素儲存在了方法的變數 element 中。然後呼叫 clear() 方法清理密碼輸入框的文字資訊。接著呼叫 send_keys() 方法將 password 的值輸入密碼輸入框。總的來說，enter_password() 方法使得在自動化測試過程中能夠靈活地輸入不同的密碼，只需在呼叫時提供相應的值即可。

- 第 19 行到第 21 行程式的含義：定義了 click_login_button() 方法，它是一個實例方法，因為它帶有 self 標籤。在方法內部，它首先呼叫 find_element() 方法（從 BasePage 類別繼承而來）來定位登入按鈕，然後透過 click() 方法進行登入操作。

- 第 23 行和第 24 行程式的含義：定義了 get_error_message() 方法，它是一個實例方法，因為它帶有 self 標籤。在方法內部，它首先呼叫 find_element() 方法（從 BasePage 類別繼承而來）來定位顯示錯誤訊息的元素，然後呼叫 text 這個特殊屬性來獲取該元素的文字資訊，例如：「使用者名稱或密碼錯誤」。最後，使用 return 關鍵字將獲取到的文字資訊傳回給呼叫者。透過呼叫 get_error_message() 方法，可以方便地獲取錯誤訊息並進行進一步的斷言，以驗證系統的錯誤訊息功能是否正常執行。

11.6.2 新增測試檔案並進行資料驅動

　　一個頁面類別會對應一個測試用例的檔案，透過新增測試用例的檔案，可以讓測試程式和程式的功能程式分開寫在不同的檔案裡，使得測試用例更加清晰、易於理解和擴充。同時，檔案中將包含斷言敘述，用於驗證登入後的系統狀態是否符合預期，從而確保軟體的品質。接下來在專案中新建測試用例檔案 test_case.py，如圖 11-40 所示。

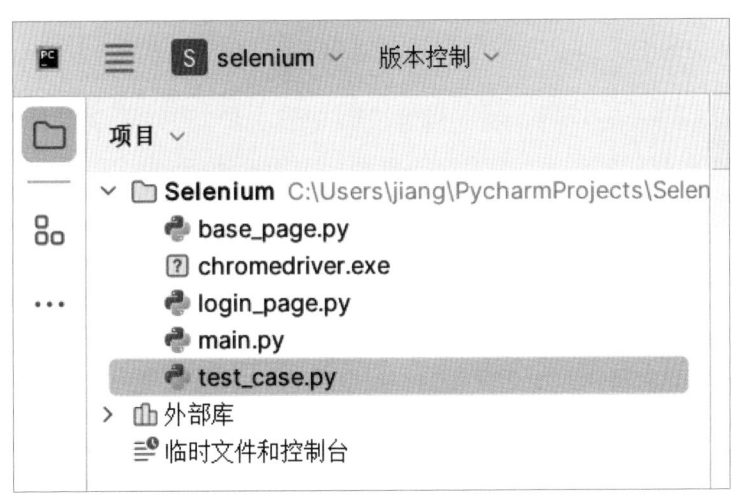

▲ 圖 11-40 新增 test_case.py 檔案

檔案的具體程式如下所示。

```
1  import time
2  import pytest
3  from login_page import LoginPage
4  login = LoginPage()
5
6  @pytest.mark.parametrize(
7      "username, password, assert_msg",
8      [('admin','111',' 使用者名稱或密碼錯誤 '),
9       ('abc','123456',' 使用者名稱或密碼錯誤 '),
10      ('admin','',' 使用者名稱和密碼都不能為空 '),
11      ('admin','123456',' 主控台 ')])
```

11-71

```
12 def test_login(username, password, assert_msg):
13     login.enter_username(username)
14     login.enter_password(password)
15     login.click_login_button()
16     time.sleep(2)
17     if assert_msg == " 主控台 ":
18         assert ' 主控台 ' in login.driver.page_source
19     else:
20         assert login.get_error_message() == assert_msg
```

【程式分析】

- 第 1 行程式的含義：匯入 Python 的 time 工具，用於讓程式暫停執行。

- 第 2 行程式的含義：匯入 pytest 模組，用於執行測試用例和資料驅動。

- 第 3 行程式的含義：從 login_page.py 檔案中匯入 LoginPage 類別。

- 第 4 行程式的含義：建立一個 LoginPage 類別的實例 login，由於 LoginPage 類別繼承自 base_page.py 檔案中的 BasePage 類別，當實例 login 被建立時，程式會自動執行 BasePage 類別的 init() 初始化方法（在 11.3.4 節中講過）。具體來說，當程式執行到 login = LoginPage() 這行程式時，背後發生了一系列自動化的步驟：首先，會啟動一個新的瀏覽器實例，並透過 self.driver 來控制這個瀏覽器；其次，瀏覽器會自動導覽到 ZrLog 部落格系統的登入頁面；再次，瀏覽器的視窗會被最大化；最後，將 WebDriverWait 這個工具物件賦值給 self.wait，用於在後續的測試步驟中等待頁面元素的載入。

- 第 6 行到第 11 行程式的含義：@pytest.mark.parametrize 是一個裝飾器，它用於裝飾 test_login() 函數，裝飾器提供了三個變數。這三個變數分別是使用者名稱（username）、密碼（password）和預期訊息（assert_msg），它們與 test_login() 函數中的三個變數一一對應。@pytest.mark.parametrize 裝飾器為 test_login() 函數提供了以下四組資料，這表示 test_login() 函數將被執行四次，每次使用不同的資料組合。

11.6 使用 pytest 框架進行資料驅動

第一組：('admin','111',' 使用者名稱或密碼錯誤 ')，這組資料表示輸入正確的使用者名稱和錯誤的密碼，系統應該提示「使用者名稱或密碼錯誤」。

第二組：('abc','123456',' 使用者名稱或密碼錯誤 ')，這組資料表示輸入錯誤的使用者名稱但密碼正確，系統應該提示「使用者名稱或密碼錯誤」。

第三組：('admin','',' 使用者名稱和密碼都不能為空 ')，這組資料表示輸入正確的使用者名稱但密碼為空，系統應該提示「使用者名稱和密碼都不能為空」。

第四組：('admin','123456',' 主控台 ')，這組資料表示輸入正確的使用者名稱和密碼，系統成功登入並在頁面中顯示有「主控台」這一標識性的訊息。

透過使用 @pytest.mark.parametrize 裝飾器，test_login() 函數能夠以不同的資料組合執行多次，從而驗證系統在不同情況下的行為和回應。這樣可以更全面地測試登入功能的各個方面，確保其正確性和穩定性。

- 第 12 行到第 16 行程式的含義：定義 test_login() 函數，並設定了三個變數，分別是 username、password 以及 assert_msg，這三個變數用於接收裝飾器傳遞過來的值。在函數內部，login 實例呼叫自己的方法來模擬登入過程，首先呼叫 enter_username() 方法來輸入使用者名稱（username 的值），再呼叫 enter_password() 方法來輸入密碼（password 的值），最後呼叫 click_login_button() 方法按一下登入按鈕。enter_username() 方法、enter_password() 方法以及 click_login_button() 方法都是在 LoginPage 類別中建立的方法，而 login 是 LoginPage 類別建立的實例，所以 login 當然可以呼叫這三個方法。緊接著使用 time.sleep(2) 方法暫停程式兩秒，等待頁面載入或回應。這樣做是為了確保頁面有足夠的時間來顯示結果。

- 第 17 行到第 20 行程式的含義：如果預期的訊息是「主控台」，它會檢查當前頁面的原始程式碼（login.driver.page_source）中是否包含「主控台」這個詞。這通常表示登入成功，使用者進入了主控台頁面。如果預期的訊息不是「主控台」，它會呼叫 login.get_error_message() 方法來獲取頁面上的錯誤訊息，並檢查這個錯誤訊息是否與預期的訊息相符。這是為了確認當登入失敗時，頁面是否顯示了正確的錯誤訊息。

【程式執行結果】

執行結果如圖 11-41 所示。

```
============================= test session starts =============================
collecting ... collected 4 items

testcase.py::test_login[admin-111-\u7528\u6237\u540d\u6216\u5bc6\u7801\u9519\u8bef]
testcase.py::test_login[abc-123456-\u7528\u6237\u540d\u6216\u5bc6\u7801\u9519\u8bef]
testcase.py::test_login[admin--\u7528\u6237\u540d\u548c\u5bc6\u7801\u90fd\u4e0d\u80fd\u4e3a\u7a7a]
testcase.py::test_login[admin-123456-\u63a7\u5236\u53f0]

============================= 4 passed in 12.84s ==============================
PASSED [ 25%]PASSED [ 50%]PASSED [ 75%]PASSED        [100%]
进程已结束,退出代码为 0
```

▲ 圖 11-41 執行結果

從執行的結果可以看到，四個測試用例全部執行通過，達到了預期的效果。

11.6.3 完善 POM 圖

經過上述學習與探討，可以進一步歸納 POM 的特徵，其概要展示在圖 11-42 中。

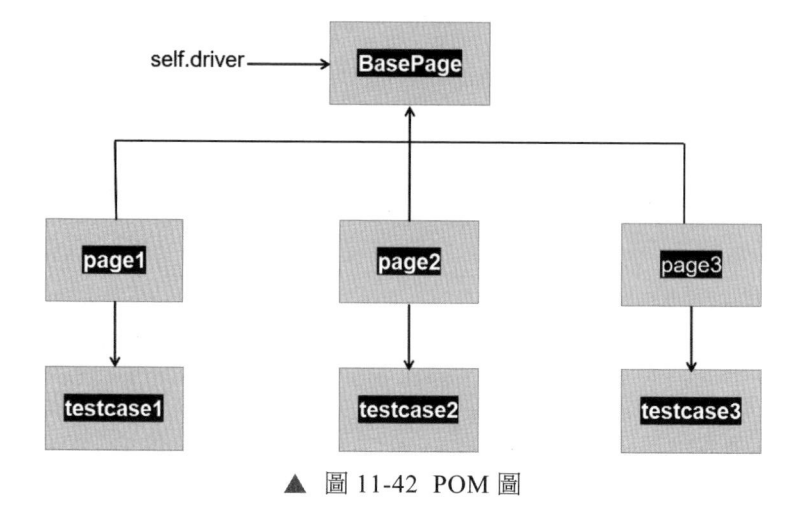

▲ 圖 11-42 POM 圖

每個頁面類別繼承 BasePage 類別並對應一個測試用例的好處在於，它實現了程式的重複使用和模組化，提高了測試的可維護性和可擴充性。Base-Page 類別封裝了頁面操作的通用方法，使得每個頁面類別可以專注於實現特定頁面的功能，而無須重複撰寫基礎程式。同時，每個頁面類別與相應的測試用例一一對應，確保了測試的針對性和完整性，便於定位問題並快速進行回歸測試。這種設計模式簡化了測試程式的撰寫和管理過程，提高了測試效率和品質。

最後提醒大家，本章視訊包含了完整程式的執行教學。

11.7 本章小結

11.7.1 學習提醒

對初級軟體測試人員來說，Web 自動化測試技術是一個必須要掌握的技能。掌握一門指令稿開發語言，對自動化測試人員來說，是完全可以透過自身的學習和實踐來達成的，強烈建議初學者把 Python 語言作為首要的指令碼語言進行系統和深入的學習。

在學習 Web 自動化測試的過程中，HTML 基礎、JavaScript 技術（本書暫未涉及）、元素定位技術、Python 物件導向的思想、pytest 框架的應用以及 Selenium 工具的使用等都是必須要掌握的基礎知識。這些基礎知識在實際的自動化測試工作中都會頻繁用到，因此，初學者需要花足夠的時間和精力去深入學習和實踐。

在掌握了基礎知識後，還需要學會如何應用這些知識來建構可維護、可擴充的自動化測試框架。POM 是一個非常好的實踐方法，它可以幫助測試人員寫出更清晰、更易於維護的測試程式。同時，結合 pytest 工具和資料驅動技術，可以進一步提高測試效率和品質。

當建構一個自動化測試框架時，僅實現自動化測試指令稿的執行是遠遠不夠的。一個完整的自動化測試框架還應該包括日誌記錄、報告生成以及後期的持續整合等一系列關鍵功能。這些組成部分在提高框架的可靠性、可維護性以及整體效率方面扮演著至關重要的角色。它們也是大家日後需要深入學習和掌握的重點內容。

11.7.2 求職指導

一│本章面試常見問題

問題 1：Web 自動化測試何時介入？什麼情況下適合開展自動化測試工作？

參考回答：

專案週期長，迭代頻繁：當專案預計會有多個版本迭代，且每次迭代都有大量重複的功能驗證時，應在早期階段就引入自動化測試，以便在後續的回歸測試中節省時間。

需求相對穩定的功能模組：對於那些需求變動不頻繁、功能相對穩定的模組，可以優先進行自動化測試指令稿的撰寫與維護。

關鍵業務流程：如使用者登入、註冊、購物車操作等核心功能，因其對系統穩定性和使用者體驗的影響重大，應儘早實現自動化測試覆蓋。

回歸測試階段：每當有新功能上線或 Bug 修復後，都需要進行回歸測試來確保其他老功能不受影響，此時自動化測試可以作為回歸測試的一部分。

整體來說，當一個功能模組趨於穩定或需要頻繁回歸時，就是最適合開展自動化測試的時候。

問題 2：有做過自動化測試嗎？你使用過哪些自動化測試工具？

參考回答：我對自動化測試有一定的了解，也實踐過一些自動化測試專案。在工具方面，我主要使用的是 Selenium，同時，也熟悉 pytest 測試框架，可以用它來撰寫維護測試用例，並透過它來實現資料驅動。

問題 3：請介紹 Selenium WebDriver 的工作原理。

參考回答：它的基本原理是，Selenium WebDriver 透過發送命令給瀏覽器驅動，驅動瀏覽器執行操作並傳回結果。

11.7 本章小結

問題 4：什麼是 POM 模式？

參考回答：POM 是一種自動化測試設計模式，它將每個頁面作為一個類別來處理，將頁面上的元素和操作封裝在對應的頁面類別中。在專案中，我使用了 POM 思想來建構自動化測試框架，將每個頁面的元素和操作封裝在對應的頁面類別中。這樣使得測試用例更加清晰、易於維護，並提高了測試效率。

問題 5：你都用過哪些測試框架？它們有什麼特點？unittest 與 pytest 框架有什麼區別？

參考回答：我最常用的測試框架就是 pytest 框架，據我了解，其特點有以下幾點。第一是可以自動發起測試：pytest 能夠自動檢測並執行符合特定命名約定（如以「test」開頭或在測試類別中定義的方法）的測試用例。

第二是參數化測試：支援多種方式的參數化測試，允許一個測試函數接受不同的輸入資料集進行多次執行，提高程式重複使用性。

第三是有豐富的第三方外掛程式：可以輕鬆擴充功能，例如可使用能生成詳細的 HTML 測試報告的外掛程式等（本書並未涉及此基礎知識，建議各位讀者透過親身實踐進行探索和學習）。我對於 unittest 用得並不多。（相對於推薦使用 pytest 框架而言，unittest 框架在新手學習時並不是首選，因為它的使用並不如 pytest 廣泛，且對測試功能的實現和擴充性來說，pytest 提供了更為強大和靈活的支援。因此，我們建議新人在學習測試框架時，優先考慮掌握 pytest，以便更進一步地應對實際專案中的測試需求。當然，對已經熟悉 unittest 的人員來說，也可以根據實際情況選擇使用，但在新專案或新功能的測試中，我們仍然推薦使用更為優秀的 pytest 框架。）

問題 6：什麼是資料驅動？你在測試中是如何使用資料驅動的？

參考回答：資料驅動是一種自動化測試方法，它透過外部資料來源（如 pytest 參數化等）來提供測試用例的輸入資料和預期結果。在測試中，我使用了資料驅動技術來撰寫測試用例，將測試資料和預期結果儲存在 pytest 裝飾器中，並透過讀取裝飾器裡的資料來生成測試用例。

問題 7：元素的定位方式有哪些？你通常使用哪種方式進行元素定位？

參考回答：在自動化測試中，元素的定位方式有多種，如 ID、Name、Class Name、Tag Name、Link Text、Partial Link Text、XPath 和 CSS Selector 等，在實際應用中，我經常會使用 XPath 來定位元素。

問題 8：網頁元素定位不到的原因一般有哪些？

參考回答：第一，元素屬性動態變化：Web 頁面的元素屬性（如 ID 等）可能會因為頁面刷新等原因而動態變化。如果測試指令稿中使用固定的元素屬性進行定位，那麼當這些屬性發生變化時，就可能導致元素定位失敗。

第二，元素載入延遲：由於網路延遲、伺服器回應慢、頁面著色時間長等原因，頁面上的元素可能不會立即載入完成。如果測試指令稿在元素載入完成之前就嘗試進行定位操作，那麼就會因為元素還未載入到而定位失敗。

問題 9：等待的方式有哪些？它們各自有什麼特點？

參考回答：在自動化測試中，等待的方式主要有隱式等待和顯式等待兩種。隱式等待是設置一個全域的等待時間，用於等待頁面載入完成或元素出現。它的特點是簡單易用，但不夠靈活，可能會浪費不必要的等待時間。顯式等待則是針對某個特定的元素或條件進行等待，直到元素出現或條件滿足為止。它的特點是更加靈活和高效，在實際應用中，我經常會使用顯式等待來查詢元素。

問題 10（知識拓展）：如何定位屬性動態變化的元素？

參考回答：第一，可以使用穩定不變的屬性，查詢該元素周圍有無其他穩定的屬性，例如類別名稱（class）、標籤名稱（tag name）、名稱（name）屬性，這些屬性在頁面載入或互動過程中可能保持不變。第二，如果目標元素本身屬性不穩定，但其父級或父項目的屬性是穩定的，可以定位到這些父元素，然後使用相對路徑來定位到目標元素。第三，根據元素與頁面上其他固定元素的關係來定位，比如它們之間的鄰近關係或邏輯順序。

問題 11：如何提高 Selenium 指令稿的穩定性和執行速度？

參考回答：就我了解到的，第一是可以使用顯式等待：確保頁面元素完全載入後再操作，可以使用 WebDriverWait 結合 expected_conditions 來等待特定條件成立。第二是可以使用異常處理：透過 try...except 敘述捕捉和處理潛在的異常，確保指令稿能夠優雅地處理錯誤情況，而非直接崩潰。第三是應該避免使用固定時間的 time.sleep() 函數，因為它可能導致過長或過短的等待時間，影響指令稿效率和穩定性。

問題 12：Selenium 中常見的異常有哪些？

參考回答：我碰到的最常見的異常就是元素定位失敗，一般會拋出「NoSuchElement Exception」例外。另外，當一個斷言（Assertion）失敗時，會拋出 AssertionError 例外，這也是我經常見到的。

問題 13：如何撰寫簡單的 pytest 測試用例和斷言？

參考回答：撰寫 pytest 測試用例很簡單。首先，你需要建立一個以「test」開頭的 Python 函數，然後在函數中使用 assert 敘述進行斷言。

問題 14（知識拓展）：在做 Web 自動化時，如何處理驗證碼的問題？

參考回答：

處理驗證碼的問題可以有以下幾種方法。

避免驗證碼：儘量在測試環境中避免使用驗證碼，或請求開發團隊提供測試專用的驗證碼，這樣可以直接繞過驗證碼的驗證。

手動輸入：如果無法避免驗證碼，且驗證碼較為簡單（如數字、字母等），可以考慮在自動化指令稿中加入手動輸入驗證碼的步驟。但這會降低自動化的效率。

使用第三方服務：有一些第三方服務能夠辨識特定類型的驗證碼。但這種方法可能涉及隱私和安全問題，且並非所有驗證碼都能被成功辨識。

請求開發協助：與開發團隊溝通，看是否可以提供驗證碼的介面或其他方式，使得測試指令稿能夠獲取到正確的驗證碼。

標記為不穩定：如果驗證碼的處理成為自動化的阻礙，且目前無法找到合適的解決方案，可以將相關的測試用例標記為不穩定，後續尋求更好的解決方案。

問題 15（知識拓展）：Web 自動化中如何處理 alert 彈出視窗？

參考回答：可以透過 driver.switch_to 方法切換到彈出視窗，然後透過 alert.accept() 和 alert.dismiss() 方法來確認彈出視窗和取消彈出視窗。

問題 16（知識拓展）：在 Selenium 中如何處理多視窗？

參考回答：Selenium 透過 WindowHandle 來處理多個視窗。當新的視窗或標籤頁被開啟時，可以使用 WindowHandles 集合來獲取所有視窗的控制碼，並切換到需要的視窗。

問題 17（知識拓展）：你是如何處理 iframe 裡的元素定位的？

參考回答：在 Selenium 中，可以使用 driver.switchTo().frame() 方法來切換到 iframe 中，然後進行元素的定位。

問題 18（知識拓展）：在 Selenium 中如何進行附件上傳？

參考回答：可以透過 send_keys() 方法模擬鍵盤輸入，直接傳遞檔案的完整路徑給該方法，Selenium 會自動將檔案上傳到對應的輸入框中。也可以使用第三方自動化工具如 AutoIt 來處理這些對話方塊。AutoIt 可以撰寫指令稿來模擬鍵盤和滑鼠操作，從而選擇檔案和確認上傳。

問題 19：你能解釋一下在 Python 中類別（Class）和實例（Instance）的區別嗎？

參考回答：在 Python 中，類別就好比是一個製造「物品」的模具或配方，它描述了這個「物品」應有的特徵（屬性）和功能（方法）。而實例則是我們根據這個模具或配方實際做出來的「物品」。

問題 20：能否舉出一個簡單的類別定義和建立該類別實例的範例？參考回答：請直接參考 11.3 節中的內容。

問題 21：Python 中的 self 關鍵字有什麼作用？

參考回答：在 Python 中，self 是一個指向實例本身的引用，相當於實例的外號。它用於在類別的方法中存取該實例的屬性和其他方法。

問題 22：在 Python 中函數和方法的區別是什麼？

參考回答：在 Python 中，函數是獨立的程式區塊，可以被呼叫執行特定任務。而方法是類別的成員，它定義在類別的內部，並且至少需要一個參數（通常是 self）來引用實例本身。

問題 23：在 Python 中單引號、雙引號、三引號的區別是什麼？

參考回答：在 Python 中，單引號和雙引號用於表示字串，它們是等價的。而三引號（可以是三個單引號或三個雙引號）用於表示多行字串或文件字串。

問題 24（知識拓展）：Python 的資料型態有哪些？

參考回答：Python 的基底資料型態包括整數（int）、浮點數（float）、布林值（bool）、字串（str）、串列（list）、元組（tuple）、字典（dict）和集合（set）等。

問題 25：Python 中的異常處理機制是怎樣的？

參考回答：Python 使用 try、except 等敘述來處理異常。try 區塊包含可能引發異常的程式，except 區塊用於捕捉並處理異常。

問題 26：什麼是繼承？在 Python 中如何實現繼承？

參考回答：繼承是物件導向程式設計的重要特性，它允許一個類別（子類別）繼承另一個類別（父類別）的屬性和方法。在 Python 中，可以透過在類別定義時指定父類別來實現繼承。

Web 自動化測試框架基礎與實戰

問題 27：繼承有哪些好處？

參考回答：繼承可以提高程式的重用性，減少程式容錯，並使程式結構更清晰、更易於維護。透過繼承，子類別可以重用父類別的程式，同時還可以增加或覆蓋父類別的行為。

二｜面試技巧

儘管本章涵蓋了許多內容，但僅是以點帶面地介紹了 Web 自動化測試技術的核心要點。透過這一章的學習，讀者雖然能夠建立起自動化測試技術的基礎框架，但要達到熟練掌握並從容應用的水準，顯然還需要更多的實踐經驗和深入學習。此外，自動化測試領域的面試題目種類繁多，本章所提供的面試指導雖然重要且實用，但仍難以覆蓋所有可能的面試場景和問題。因此，讀者在準備面試時，還需結合個人經驗和其他資料進行全面準備，以便更進一步地展現自己的自動化測試技能。

在面試中，除了回答面試官的問題，還可以主動展示自己對自動化測試的熱情和學習能力。比如可以說：「我非常喜歡自動化測試這個領域，也一直在學習和實踐新的知識和技術。我相信，透過不斷學習和實踐，我可以勝任更高級的自動化測試工作。」

12

HTTP 介面測試
基礎與案例分析

  大多數初學者入職之後，會形成以手工測試（功能測試）為主、自動化測試為輔的工作模式，但初學者在面試的過程中難免會被問到一些與介面測試相關的問題。因為許多的用人單位在應徵測試人員時，都希望求職者對介面測試有所了解。而這些介面測試相關的問題，可能會讓初學者在面試的過程中感到陌生。

12 HTTP 介面測試基礎與案例分析

本章將介紹 HTTP 介面測試的基本概念和實踐應用，包括參數傳遞、請求方式選擇、JSON 資料處理和 HTTP 請求標頭構造，並透過案例分析展示具體測試步驟和注意事項，幫助讀者掌握 HTTP 介面測試的關鍵技術，並能夠獨立開展相關的測試工作。

12.1 HTTP 介面測試基礎

本節將介紹 HTTP 介面測試的基礎知識和要點，包括什麼是 HTTP 介面、為 HTTP 介面增加參數、HTTP 介面測試的實質、HTTP 介面測試參數傳遞的兩種方式、HTTP 介面測試的兩種請求方式、JSON 格式的資料以及 HTTP 請求標頭。這些內容將幫助你理解和進行 HTTP 介面測試。

12.1.1 HTTP 介面的概念

其實大家每天都在跟介面打交道，因為大家每天都可能透過一個網址來開啟一個網頁，而一個介面可以被看作一個網址（URL），它由三個主要部分組成。讓我們以人民郵電出版社官網（後文統一簡稱為人郵網）為例來說明（請注意，此處舉出的網址僅用於說明目的，實際可用性不能保證），網址如下：

https://www.ptpress.com.cn/search

【網址解析】

- https：URL 中冒號（:）之前的部分通常表示所採用的協定。在此範例中，HTTPS 是一種協定。HTTPS 是 HTTP 的安全版本，它透過對傳輸的資料進行加密和簽名來確保資料傳輸的安全性。我們通常在開啟網頁時會看到 URL 前面有一個 HTTP 或 HTTPS 的首碼，這是告訴我們在與伺服器進行通訊時要遵循的協定規則。

- //www.ptpress.com.cn：以雙斜杠（//）開頭的部分表示伺服器的位址，實際上對應一個 IP 位址。

- /search：表示所請求的資源位於伺服器上的 /search 路徑下。

12.1 HTTP 介面測試基礎

整個 URL 的含義是：我們向位址為 www.ptpress.com.cn 的伺服器發送請求，並要求獲取位於該伺服器的 /search 路徑下的資源。如果我們想搜尋其中的內容，首先需要找到這個入口，也就是「https://www.ptpress.com.cn/search」，然後透過這個入口才能搜尋到人郵網的資源。因此，可以將此 URL（https://www.ptpress.com.cn/search）稱為人郵網對外提供的一個介面，也稱為介面位址。

12.1.2 為 HTTP 介面增加參數

一｜為介面位址增加單一參數

對於 HTTP 介面，為了明確請求的內容，需要在介面位址上增加參數。以人郵網介面為例，如果要搜尋「電腦」這個內容，可以在介面位址上附加請求參數，形成以下 URL 結構，如下所示。

https://www.ptpress.com.cn/search?keyword= 電腦

【網址解析】

- 增加參數的過程很簡單，只需在介面位址後面加上一個問號（？），問號後面是要附加的參數。在這裡，問號只造成分隔符號的作用。

- 在 URL 中附加的參數為「keyword」，表示要搜尋的關鍵字，參數值為「電腦」。它的含義是要在伺服器的 /search 目錄下查詢關鍵字為「電腦」的所有圖書。

透過附加參數的方式可以使得請求更具體。

二｜為介面位址增加多個參數

在介面位址後面，還可以增加多個參數，URL 結構如下所示。

https://www.ptpress.com.cn/search?keyword= 電腦 &rn=3

12 HTTP 介面測試基礎與案例分析

【網址解析】

- 當增加多個參數時，使用「&」符號連接多個參數。因此，該 URL 附加的所有參數為「keyword= 電腦 &rn=3」。其中，「rn」參數表示每頁顯示的搜尋結果數量。整個參數的含義是，在伺服器的 /search 路徑下查詢關鍵字為「電腦」的所有圖書，並且只顯示查詢到的前 3 組結果資訊。

- 對於參數等於參數值（例如 keyword= 電腦 &rn=3）的形式，我們稱為「鍵值對」，英文表示為 key-value，即一個鍵（key）對應一個值（value）。在該範例中，第一組鍵是「keyword」，它的值是「電腦」；第二組鍵是「rn」，它的值是 3。鍵和值用等號連接。對於鍵值對的表達形式，大家簡單了解一下。

12.1.3　HTTP 介面測試實質

在為介面增加參數後，需要將這個 HTTP 請求（https://www.ptpress.com.cn/search?keyword= 電腦 &rn=3）發送給伺服器，並檢查伺服器傳回的資訊是否與預期相符。如果傳回了正確的相關資訊，則說明系統模組正常執行；如果傳回了錯誤的資訊，則說明該模組存在問題。下面是發送 HTTP 請求到伺服器的步驟。

（1）開啟任意瀏覽器。

（2）在瀏覽器的網址列中輸入網址（https://www.ptpress.com.cn/search?keyword= 電腦 &rn=3），然後按下確認鍵。

（3）開啟網址後，瀏覽器會顯示伺服器傳回的回應內容，如圖 12-1 所示。

從圖 12-1 中可以看出，伺服器傳回了正確的資訊。這樣就完成了一次介面的測試。在這次測試中，只做了一件事情：透過 URL 直接傳遞要請求的參數「keyword= 電腦 &rn=3」給伺服器。因此，簡單來說，介面測試的本質就是參數的傳遞，即將要查詢的參數透過瀏覽器或其他工具傳遞給伺服器，然後檢查伺服器返回的內容是否與預期一致。

12.1 HTTP 介面測試基礎

▲ 圖 12-1 伺服器傳回的內容

12.1.4 HTTP 介面參數傳遞的兩種方式

在 12.1.3 節中提到，介面測試的本質就是參數的傳遞，在 HTTP 介面測試中，參數的傳遞方式有兩種常見的方式，分別如下。

一 | 透過網址直接傳遞參數

第一種參數傳遞的方式是將參數直接附加到介面位址的後面，如「https://www.ptpress.com.cn/search?keyword= 電腦 &rn=3」，可以看到請求參數「keyword= 電腦 &rn=3」是直接附加在「https://www.ptpress.com.cn/search」這個介面位址的後面的。不過，這種傳遞參數的方式存在兩個弊端。

首先，將請求的參數直接暴露在 URL 中可能導致安全性問題。如果請求的參數包含敏感資訊，那麼將其直接暴露在 URL 中可能會造成資訊洩露的風險。需要注意的是，如果參數中沒有敏感資訊，則不會存在此弊端。

HTTP 介面測試基礎與案例分析

其次，如果要傳遞的參數量很大，URL 中的參數會變得非常冗長且難以維護。例如「https://www.ptpress.com.cn/search?keyword= 電腦 &rsv_spt=1&rsv_iqid=0xa24014ba00 42e9c8&issp=1&f=8&rsv_bp=1&rsv_idx=2&ie=utf-8&tn=baiduhome_pg&rsv_enter=0&rsv_dl=tb&rsv_sug3=2&rsv_sug1=2&rsv_sug7=101&rsv_btype=i」這個請求，可以看到，「？」後面的所有內容都是要傳遞的參數，多參數之間用「&」符號連接。然而，如果參數的資料量不大，則這個弊端也不成立。

二｜透過請求正文傳遞參數

在 HTTP 介面測試中，除了將參數直接附加到介面位址後面進行傳遞，還有一種常見的參數傳遞方式，即將參數放置在請求正文中進行傳遞，這種傳遞方式適用於需要傳遞大量參數資料或包含敏感資訊的場景。

上述範例「https://www.ptpress.com.cn/search?keyword= 電腦 &rsv_spt=1&rsv_iqid= 0xa24014ba0042e9c8&issp=1&f=8&rsv_bp=1&rsv_idx=2&ie=utf-8&tn=baiduhome_pg&rsv_enter=0&rsv_dl=tb&rsv_sug3=2&rsv_sug1=2&rsv_sug7=101&rsv_btype=i」，其請求參數的資料量就很大，不適合將其附加在介面位址後面進行傳遞。相反，可以使用請求正文來傳遞這些參數。

在請求正文中傳遞參數通常需要使用專業的介面測試工具，其中廣受歡迎的工具是 Postman（本章視訊包含了 Postman 的下載、安裝及基本使用的教學）。透過 Postman，可以輕鬆地建立 HTTP 請求，並在請求的正文中傳遞參數。接下來，將以傳遞「keyword= 電腦 &rsv_spt=1&rsv_iqid=0xa24014ba0042e9c8&issp=1&f=8&rsv_bp=1&rsv_idx=2&ie=utf-8&tn=baiduhome_pg&rsv_enter=0&rsv_dl=tb&rsv_sug3=2&rsv_sug1=2&rsv_sug7=101&rsv_btype=i」這些參數為例，展示如何在 Postman 中的請求正文中進行參數傳遞，如圖 12-2 所示。

12.1 HTTP 介面測試基礎

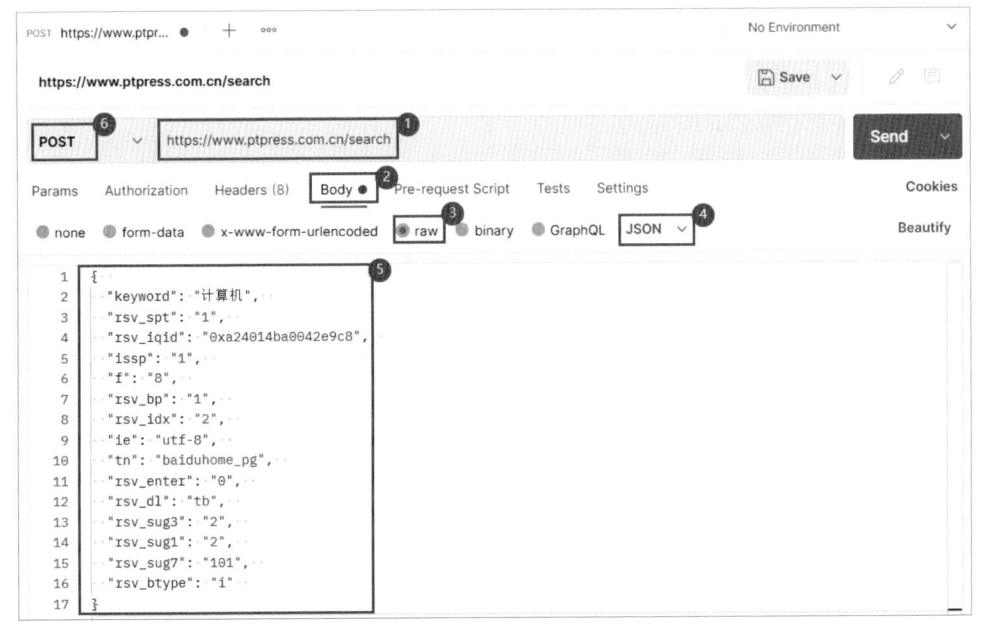

▲ 圖 12-2 參數傳遞

【請求解析】

- 序號①輸入的是介面位址，這是請求發送的基礎。

- 序號②選擇的是「Body」選項，也就是請求正文的選項，這個選項允許你進一步訂製請求的內容格式。

- 序號③選定的是「raw」選項，選擇了「raw」格式，這表示

- 你可以手動輸入參數值並選擇參數格式。

- 序號④選擇的是「JSON」選項。也就是在「raw」格式下，你可以選擇 JSON 格式的資料作為參數傳遞的資料格式。

- 序號⑤是參數輸入框，在選擇了 JSON 格式後，你需要將參數 keyword=電腦 &rsv_spt=1&rsv_iqid=0xa24014ba0042e9c8&issp=1&f=8&rsv_bp=1&rsv_idx=2&ie=utf-8&tn= baiduhome_pg&rsv_enter=0&rsv_dl=tb&rsv_sug3=2&rsv_sug1=2&rsv_sug7=101&rsv_btype=i」寫成以下的 JSON 格式：

12-7

12 HTTP 介面測試基礎與案例分析

```
{
    "keyword": " 電腦 ",
    "rsv_spt": 1,
    "rsv_iqid": "0xa24014ba0042e9c8",
    "issp": 1,
    "f": 8,
    "rsv_bp": 1,
    "rsv_idx": 2,
    "ie": "utf-8",
    "tn": "baiduhome_pg",
    "rsv_enter": 0,
    "rsv_dl": "tb",
    "rsv_sug3": 2,
    "rsv_sug1": 2,
    "rsv_sug7": 101,
    "rsv_btype": "i"
}
```

- 寫成 JSON 格式之後,參數才能被傳遞,在介面測試中,如果是在請求正文中傳遞參數,那麼百分之九十的情況下都會使用 JSON 格式的資料進行參數傳遞。至於什麼是 JSON 格式的資料等問題,將在 12.1.6 節中說明。

- 序號⑥選擇「POST」請求方式,該請求方式將在 12.1.5 節中說明。完成以上操作後,按一下發送按鈕就可以將參數傳遞給伺服器。

以上簡要說明了在請求正文中進行參數傳遞的基本過程。這個過程並不複雜,只需選擇幾個選項,並以 JSON 格式的資料進行參數傳遞即可。需要注意的是,本節的目的是展示如何設置 Postman 的選項以在請求正文中傳遞參數,而不要求驗證回應結果的正確性。

三 | 請求前關閉 SSL 憑證驗證

在進行請求發送之前,請注意,預設情況下 Postman 會開啟 SSL 憑證驗證選項。如果憑證驗證不通過,伺服器將拒絕回應結果。因此,發送介面請求之前建議關閉 Postman 中的「Settings」選項中的「SSL certificate verification」(SSL 憑證驗證)選項,如圖 12-3、圖 12-4 所示。

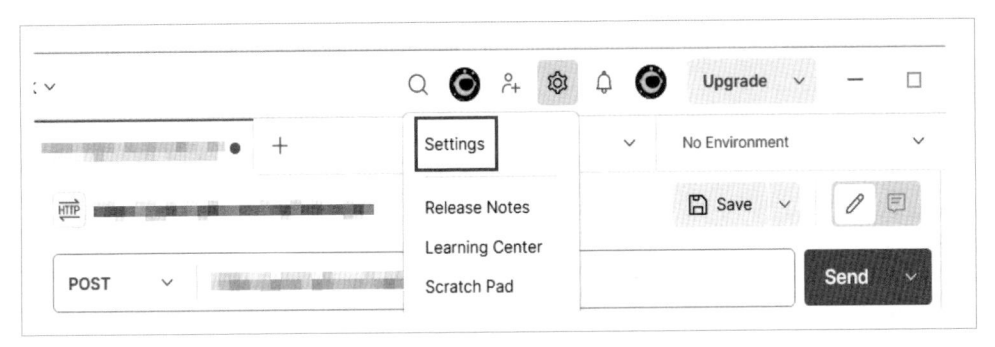

▲ 圖 12-3 Settings 選項

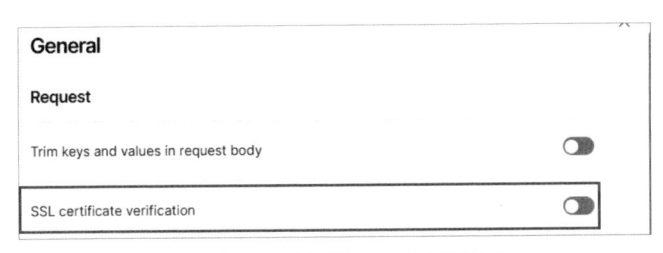

▲ 圖 12-4 關閉 SSL 憑證驗證

你可以在掌握一定的基礎後，根據需要再來透過其他方式了解和學習 SSL 憑證的相關知識。在實際工作中，一般都會將 SSL 憑證驗證選項關閉，除非專案有特殊要求。

12.1.5 HTTP 介面請求的兩種方法

12.1.4 節講到參數傳遞的方式有兩種，一種是附加在介面位址後面進行傳遞，另一種是放在請求正文中進行傳遞。

在 HTTP 介面測試中，把請求的參數直接附加到介面位址後面的請求方式一般稱為 GET 請求。透過在 URL 中附加參數，可以向伺服器發送特定的請求，以獲取相應的資料。

在 HTTP 介面測試中，把請求的參數放在請求正文中的請求方式一般稱為 POST 請求。與 GET 請求不同，POST 請求將參數放在請求的正文中，這樣可以傳輸更大量的資料，並且相對於 GET 請求更加安全。

12 HTTP 介面測試基礎與案例分析

Postman 介面測試工具提供了 GET 和 POST 等請求方法，如圖 12-5 所示。

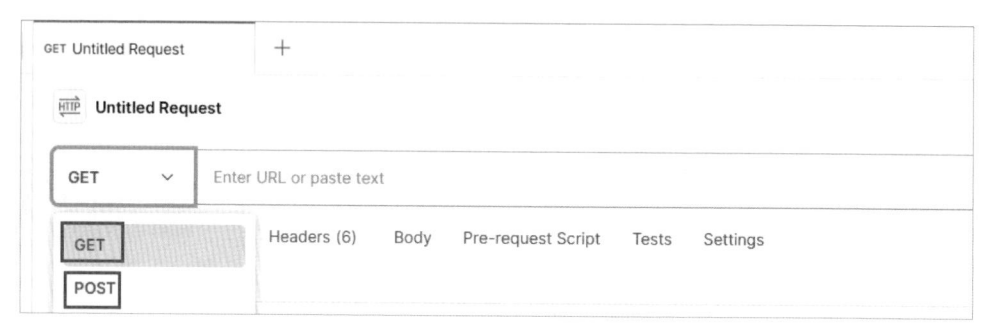

▲ 圖 12-5 Postman 提供的請求方法

GET 和 POST 是最常用的請求方法，所以本書只描述這兩種請求方法。如選擇 GET 請求，則表示參數被附加在介面位址後面進行傳遞；如選擇 POST 請求，則表示參數被放置在請求正文中進行傳遞。

重要的是，一個介面請求是採用 GET 方法還是 POST 方法，是由介面文件決定的。因此，在執行介面測試時，需要根據介面文件的說明來設定請求方式。本書將在 12.3 節介紹這一要點。

12.1.6 JSON 格式的資料

12.1.4 節講到，在請求正文中傳遞參數時，若選擇「JSON」選項，需要將傳遞的參數轉換成 JSON 格式。接下來將透過範例來分析字串參數與 JSON 格式的參數之間的區別。

一 | 字串參數

```
keyword = 電腦 &rn = 3
```

12.1 HTTP 介面測試基礎

【參數解析】

- 以上格式的字串參數是以鍵值對應（key-value）的表示方式來表達的。其中第一組的鍵是 keyword（鍵可以視為變數的意思），鍵的值（變數的值）是電腦；另一組鍵為 rn，鍵的值是 3。這裡的鍵和值之間用「＝」連接，不同的鍵值對之間用「&」連接。

二｜JSON 格式的參數

```
{"name":" 小明 ","age":20}
```

【參數解析】

- JSON 格式的資料也是以鍵值對應（key-value）的表示方式來表達的。其中第一組的鍵是 name（鍵可以視為變數的意思），鍵的值（變數的值）是小明；另一組鍵是 age，它的值是 20。這裡的鍵和值之間用「：」連接，這裡的「：」等於字串參數中的「＝」。不同的鍵值對之間用「，」分隔，鍵本身需要用雙引號括起來，鍵的值如果是數字的話可以不用雙引號，如果是字元（比如中文和英文等字元）則需要用雙引號括起來。它們表示的含義可以視為 name= 小明，age=20；最後外面加一對大括號把鍵值對包括在裡面。這裡把這種鍵值對應並外加大括號格式的資料就稱為 JSON 格式的資料，簡單來說，JSON 格式只不過是具有一定格式的字串而已。

- 如果這組資料放在請求正文中進行傳遞的話，它所表達的意思就是需要將小明的名字和年齡提交給伺服器，至於提交給伺服器要幹什麼，由需求規格說明書來定義。需求規格說明書定義什麼樣的回應結果，大家就驗證什麼樣的結果。

三｜巢狀結構 JSON 的參數

巢狀結構的 JSON 資料如下所示。

```
{
    "name": " 小明 ",
    "age": 18,
    "address": " 北京 ",
    "tel": {
        "tel1": 123,
        "tel2": 456
    },
    "email": "abc@abc.com"
}
```

【參數解析】

- 這個例子中的 JSON 資料包括了 5 個鍵值對。與上一個例子不同的是，鍵「tel」的值又是一個完整的 JSON 格式的資料。在這個巢狀結構的 JSON 資料中，鍵「tel」包含了兩個鍵值對：鍵「tel1」對應的值是 123，鍵「tel2」對應的值是 456。可以視為「tel」這個鍵表示小明的聯繫電話，他有兩個號碼，分別是 123 和 456。透過這樣的巢狀結構使用，可以將相關的資訊組織在一起，使得資料結構更加靈活和豐富，並能夠更清晰地表達出這種連結關係。

總而言之，JSON 格式的資料不僅可以簡單地表示鍵值對，還支援巢狀結構的使用。透過巢狀結構的 JSON 資料，我們可以建構出更複雜、更具表達能力的資料結構。這使得在介面測試中處理各種複雜場景變得更加靈活和方便，這也是鼓勵在介面測試中使用 JSON 格式來傳遞參數的原因。

12.1.7 HTTP 請求標頭

HTTP 請求標頭是輔助說明請求參數的重要部分。在介面測試中，可以使用請求標頭來提供關於資料型態、身份驗證等資訊，以幫助伺服器正確解析請求。接下來我們建構一個 HTTP 請求並說明請求標頭的作用，步驟如下。

12.1 HTTP 介面測試基礎

（1）在 Postman 介面測試工具中建構一個 POST 請求，如圖 12-6 所示。

▲ 圖 12-6　POST 請求

【請求解析】

- 序號①選擇的是 POST 請求，說明請求參數需要在請求正文中傳遞。
- 序號②輸入的是介面位址，這是請求發送的基礎。
- 序號③輸入的是 JSON 格式的資料，說明這些資料將以 JSON 格式提交給伺服器進行處理。

（2）完成上述操作後，是否可以直接發送該請求呢？實際上，對許多請求而言，還需要對請求的參數做出相應的輔助說明。這些輔助說明的內容需要填寫在序號④的選項中，此選項代表的就是 HTTP 請求標頭，如圖 12-7 所示。

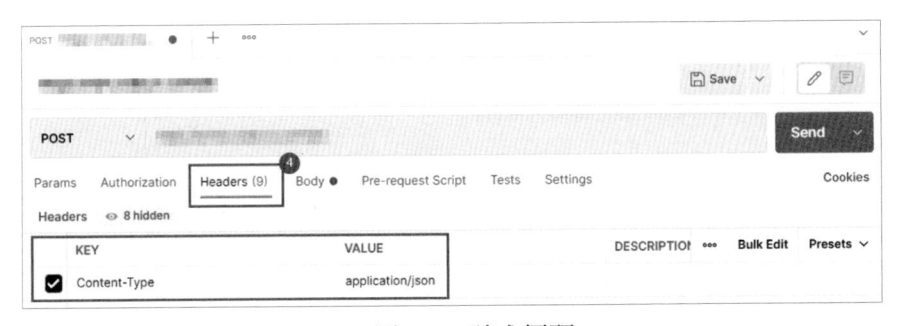

▲ 圖 12-7　請求標頭

12 HTTP 介面測試基礎與案例分析

【請求解析】

- 請求標頭的資訊以鍵值對應（key-value）的方式出現，其中鍵為「Content-Type」，表示的意思是資料型態，值為「application/json」，表示的意思是請求的資料格式為 JSON 格式。

- 在填寫此請求標頭時，目的是告訴伺服器此次提交的參數類型是基於 JSON 格式的資料型態。

- 在實際的介面測試中，在請求標頭中要填寫哪些鍵值對資訊取決於需求規格說明書的定義。

最後需要說明的是，上述建構的介面位址和請求參數僅是為了讓大家理解相應的流程和概念而設定的，並不是真實的資料，大家無須查看回應結果的正確性。

12.2 介面測試與 Web 功能測試的區別

介面測試與 Web 功能測試在軟體測試領域中各自扮演著重要的角色，但它們之間存在著明顯的區別。

在傳統的 Web 功能測試中，測試人員透過直觀的網頁介面與伺服器進行互動。他們透過網頁介面將請求參數傳遞給伺服器的介面，如圖 12-8 所示，伺服器接收這些請求並傳回相應的資料，最終展示在網頁上供使用者查看。這種測試方式偏重於驗證整個應用程式的功能是否符合預期。

▲ 圖 12-8 透過網頁介面傳遞參數

12.2 介面測試與 Web 功能測試的區別

然而，在介面測試中，測試人員並不直接面對網頁介面，而是使用專業的介面測試工具，如 Postman 或 JMeter，直接向伺服器的介面發送請求參數，如圖 12-9 所示。伺服器接收這些請求後，將回應資料傳回給測試工具。透過這種方式，介面測試能夠直接檢查伺服器介面是否存在問題，而無須涉及前端頁面的展示。

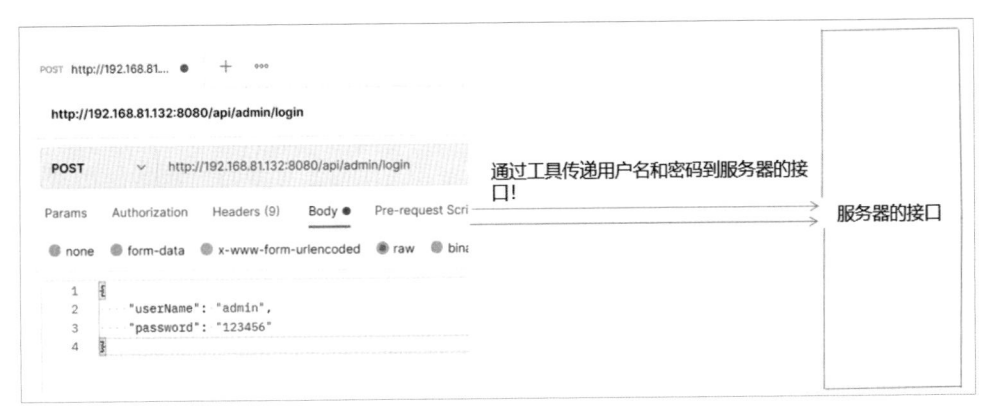

▲ 圖 12-9 透過工具傳遞參數

一旦介面測試無誤，開發人員就可以將前端頁面與伺服器介面進行整合。這時，測試人員可以透過網頁介面直接發送參數給伺服器，進行功能測試。也就是說，介面測試是功能測試的前置條件。只有在確保介面沒有問題後，才能進行後續的功能測試，以確保整個應用程式的正常執行。

既然介面測試並不直接面對網頁介面，那介面測試的依據是什麼呢？實際工作中，介面測試的依據通常是由開發人員提供的詳細介面文件。這份文件就像是一份介面的使用指南，詳細描述了介面的各種屬性和行為。它包括了介面的位址、請求方式、所需參數、請求標頭資訊、可能的錯誤程式以及預期的回應內容等資訊。測試人員根據介面文件進行相應的測試，以驗證伺服器介面是否正常執行。

綜上所述，介面測試與 Web 功能測試在測試方法、側重點和測試依據上存在差異。

12 HTTP 介面測試基礎與案例分析

介面測試注重驗證伺服器介面的正確性和穩定性，而 Web 功能測試則更偏重於驗證整個應用程式的功能是否符合使用者需求。兩者相互補充，共同確保軟體的品質和使用者體驗。

12.3 HTTP 介面測試案例分析

本節將以一個「軟體交付平臺」專案作為範例，深入展示其介面文件中的兩個關鍵介面。我們將對這兩個核心介面進行詳盡的剖析，包括其功能、要點以及相關參數說明，確保讀者能夠全面理解其運作機制。同時，我們還將提供針對性的測試策略以及相應的測試用例，旨在透過實際操作來加深讀者對介面測試流程和方法的理解。

12.3.1 介面文件之獲取 Token 介面

以下是「軟體交付平臺」介面文件中關於「獲取 Token」介面的詳細規格資訊展示。

一｜介面描述

- Token 是外部系統存取軟體交付平臺的唯一憑證，調用軟體交付平臺業務介面時必須攜帶。
- 正常情況下 Token 有效期為 7200 秒，服務端可能會出於安全需要，提前使 Token 失效，介面調用方應該實現 Token 失效時重試獲取的邏輯。

二｜介面位址

- 此介面的位址是：https://xxxx.xxxx.com/api/token/get，由於軟體交付平臺是一個正式的業務系統，所以這本書不能提供正式的連結，希望大家能理解。

三｜請求方法

- 此介面的請求方法是：POST。

12.3 HTTP 介面測試案例分析

四｜請求標頭

- 此介面請求需要攜帶的請求標頭是：Content-Type:application/json。

五｜請求參數

- 此介面需要攜帶的請求參數如下。

```
{
 "appid":"id",
 "appsecret":"secret"
}
```

- 請求參數說明如表 12-1 所示。

▼ 表 12-1　請求參數說明

參數名稱	必須	類型	說明
appid	是	string	介面呼叫方系統 id
appsecret	是	string	介面呼叫方系統金鑰

六｜正確的 JSON 傳回範例

- 當此介面請求處理成功後，伺服器將以 JSON 的格式傳回 Token 等相關的資訊，回應範例如下。

```
{
 "success": true,
 "errorCode": 0000,
 "errorMsg": "ok",
 "result":{
    "token": "token0000001",
    "expires_in": 7200,
 }
}
```

- 回應的參數說明如表 12-2 所示。

12-17

▼ 表 12-2 回應參數說明

參數名稱	必須	類型	說明
token	否	string	獲取到的憑證。長度為 64 到 512 位元組
expires_in	否	int	憑證的有效時間（秒）
success	是	boolean	處理結果：true ｜ false
errorCode	是	int	錯誤編號：0000：請求處理成功 1000：請求參數錯誤 9999：伺服器內部發生錯誤
errorMsg	是	string	錯誤資訊

七｜錯誤的 JSON 傳回範例

- 當此介面請求處理失敗後，伺服器將以 JSON 格式傳回錯誤資訊，回應範例如下。

```
{
"success": false,
"errorCode": 9999,
"errorMsg": " 伺服器內部發生錯誤 ",
"result": null,
}
```

12.3.2 詳細分析獲取 Token 的介面

接下來將對「獲取 Token」的介面進行詳細分析與說明。

一｜介面描述分析

（1）Token 是外部系統存取軟體交付平臺的唯一憑證：想像 Token 就像電影院的票。只有持有這張票，你才能進入電影院看電影。沒有票，你就不能進去。

12.3 HTTP 介面測試案例分析

（2）呼叫軟體交付平臺業務介面時必須攜帶 Token：這就像你進入電影院的時候，檢票員會檢查你的票。如果沒有票或票過期了，你就不能進去看電影。

（3）正常情況下 Token 有效期為 7200 秒：就像電影院的票有時間限制。如果超過了電影結束的時間，票就作廢了，你就不能進去。

（4）服務端可能會出於安全需要，提前使 Token 失效：就像如果電影院懷疑你的票是透過非正規通路獲得的，他們可能會不讓你進，即使還未到票面上顯示的有效期。

（5）介面呼叫方應實現 Token 失效時重試獲取的邏輯：如果你發現電影院的票過期了，你會去售票處重新買一張新的。同樣，如果呼叫方發現 Token 過期了，它需要有一種方法去重新獲取一個新的 Token。

總的來說，Token 就像是一個金鑰或通行證，用於向軟體交付平臺系統發送介面請求時進行身份驗證。只有在請求中攜帶有效的 Token，軟體交付平臺伺服器才會回應並提供相應的內容。如果沒有攜帶 Token，軟體交付平臺伺服器將拒絕回應或拒絕請求。另外，Token 具有時效性，即有一個固定的有效期。一旦 Token 超過了有效期，它將失效，無法再被用於身份驗證。因此，在 Token 過期之後，需要重新獲取一個新的 Token。此外，出於安全考慮，軟體交付平臺伺服器可能會提前使 Token 失效。

二｜介面位址分析

「https://xxxx.xxxx.com/api/token/get」是介面的完整位址。在這個 URL 路徑下，可以獲取 Token 資訊。在使用 Postman 測試此介面時，就需要輸入此介面位址，如圖 12-10 所示。

12 HTTP 介面測試基礎與案例分析

▲ 圖 12-10 輸入介面位址

三｜請求方法分析

該介面採用的是 POST 請求方法，這表示請求參數是放在請求正文中傳遞給伺服器的。在使用 Postman 測試此介面時，需要選擇 POST 請求方法，如圖 12-11 所示。

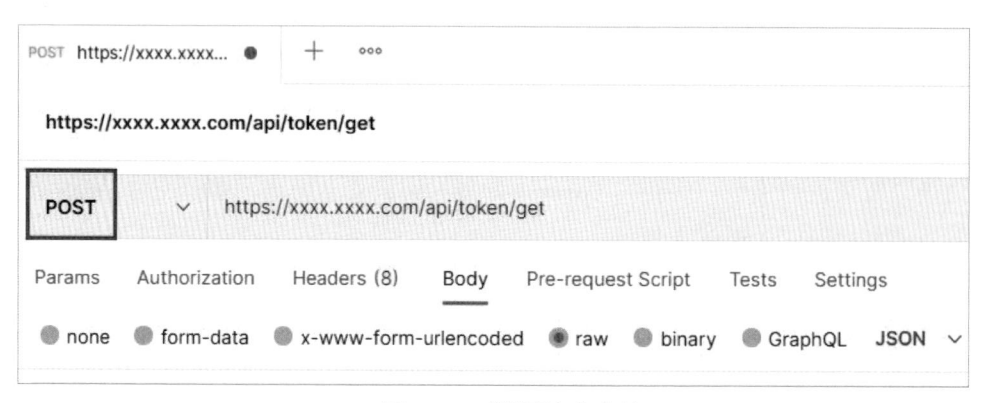

▲ 圖 12-11 選擇請求方法

四｜請求標頭分析

該介面指定的請求標頭資訊為「Content-Type:application/json」，12.1.7 節講過，請求標頭的作用是對請求的參數資訊作輔助說明，

12-20

12.3 HTTP 介面測試案例分析

這裡就是要告訴伺服器，我發給你的參數資料是基於 JSON 格式的資料。在使用 Postman 測試此介面時，應在 Headers 選項中增加此鍵值對資訊，具體增加方式如圖 12-12 所示。

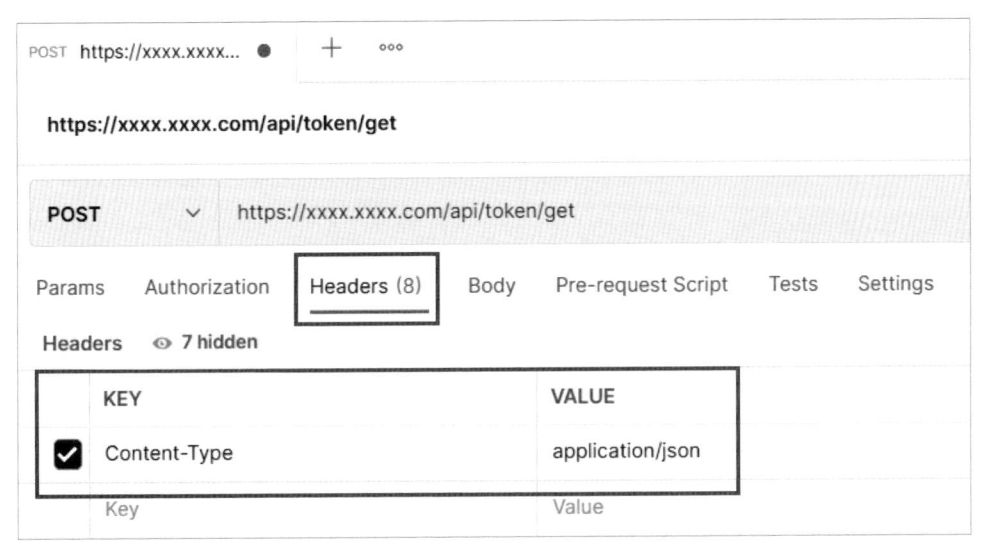

▲ 圖 12-12 增加請求標頭資訊

五｜請求參數分析

在這個介面中，請求參數以 JSON 格式的資料表示，具體請求參數如下。

```
{
"appid":"id",
"appsecret":"secret"
}
```

它包含兩個鍵值對，其中鍵分別為 appid 和 appsecret。為了成功獲取 Token 資訊，需要將對應的 appid 和 appsecret 的值放在請求正文中傳遞給伺服器。

從表 12-1 中可以看出，appid 和 appsecret 都是必傳的參數，它們的值都是字串類型（string 指的就是字串類型）。appid 代表了介面呼叫方的系統 id，類似於一個人的身份證號碼，用於唯一標識介面呼叫方的身份。而 appsecret 則代表了介面呼叫方系統的金鑰，相當於與身份證號碼對應的密碼。

12 HTTP 介面測試基礎與案例分析

關於如何獲取 appid 和 appsecret 這兩個參數的值，直接問開發人員便可，開發人員會提供獲取這兩個參數值的方法和流程。當獲取到對應的 appid 和 appsecret 值後，確保正確填寫並傳遞這些參數值，就能順利獲得所需的 Token 資訊。由於本專案是一個正式的業務系統，所以這本書不能提供相關的連結來獲取正確的 appid 和 appsecret 的值，希望大家能理解。在這裡假設 appid 的值為「a123456」，appsecret 的值為「abc123xyc」，在使用 Postman 測試此介面時，就需要在請求正文中傳遞這兩個鍵值對資訊，如圖 12-13 所示。

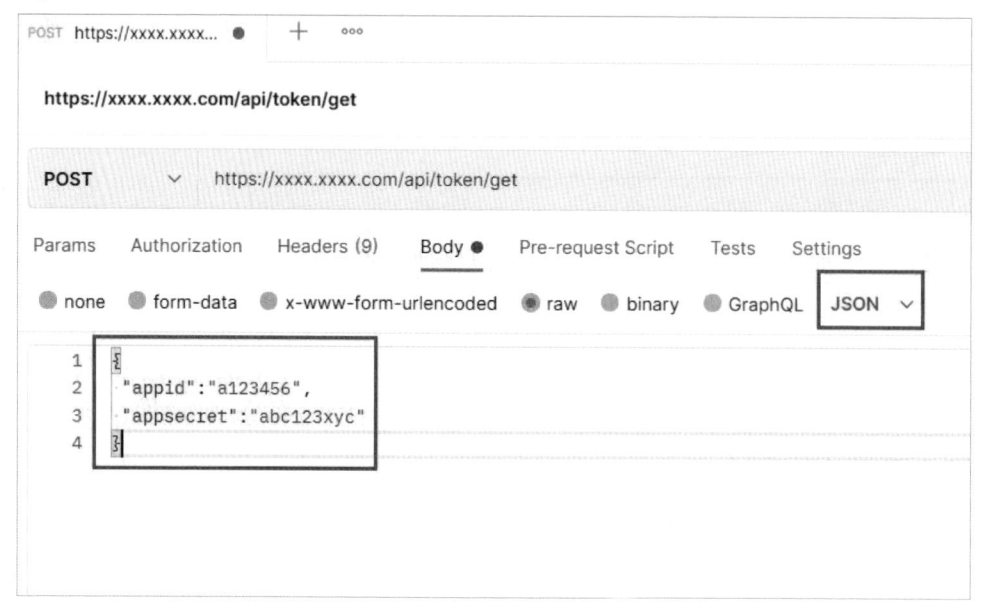

▲ 圖 12-13 輸入請求參數

六｜正確的 JSON 傳回範例分析

如果獲取 Token 的介面處理成功，那麼伺服器將成功地傳回 Token 資訊，回應的範例如下。

```
{
 "success": true,
 "errorCode": 0000,
 "errorMsg": "ok",
```

12-22

12.3 HTTP 介面測試案例分析

```
"result":{
"token": "token0000001",
"expires_in": 7200,
}
}
```

　　從回應結果中可以明顯看出，整個回應內容嚴格遵循了 JSON 格式。當請求參數以 JSON 格式呈現時，通常對應的回應內容也會採用相同的格式（JSON 格式）。此外，回應結果中包含了一些關鍵資訊，如 Token 資訊、Token 過期時間以及其他參數。這些參數在表 12-2 中均有各自的描述。接下來，我們將逐一深入解析這些參數，並闡明它們之間的內在邏輯關係，以確保對其功能和相互作用的全面理解。

　　（1）success：表示介面呼叫是否成功，值為 true 表示成功，false 表示失敗，其資料型態為布林類型（boolean），布林類型只有兩個值，即真（true）與假（false），並且在回應結果中一定會顯示此參數。

　　（2）errorCode：表示錯誤程式，也稱為業務狀態碼，其中「0000」代表請求處理成功，「1000」代表請求參數錯誤，「9999」代表伺服器內部錯誤，其資料型態為整數類型（int），並且在回應結果中一定會顯示此參數。

　　（3）errorMsg：表示錯誤資訊，當發生錯誤時，會提供相應的錯誤描述資訊。其資料型態為字串類型（string），並且在回應結果中一定會顯示此參數。

　　（4）result：表示實際的回應結果資料。在這個範例中，它是一個巢狀結構的物件，包含兩個參數，分別是 token 和 expires_in。token 代表獲得的 Token 資訊，用於後續介面存取的身份認證。expires_in 代表 Token 的過期時間，單位為秒。在 7200 秒（2 小時）後，Token 將失效。token 和 expires_in 都不是必選參數，因為當介面呼叫失敗時，系統就不會傳回 Token 的值，result 欄位可能為 null（空）。

success、errorCode、errorMsg、result 這四個參數的邏輯關係如下。

（1）當 success 的值為 true 時，代表介面呼叫成功，errorCode 的錯誤程式（業務狀態碼）應該為 0000，代表請求處理成功，此時 errorMsg 的值應該顯示為 ok，由於介面呼叫成功，系統將成功傳回 Token 金鑰資訊，所以 result 的值中應該包含 Token 及 Token 過期的資訊。

（2）當 success 的值為 false 時，代表介面呼叫失敗，errorCode 的錯誤程式（業務狀態碼）可能報 1000，也可能報 9999，報 1000 代表請求參數錯誤，報 9999 代表伺服器內部發生錯誤，也有可能報其他的錯誤程式，如介面文件沒有定義，可以直接諮詢開發人員。此時 errorMsg 的值應該顯示錯誤描述資訊（如請求參數錯誤或伺服器內部錯誤等），由於介面呼叫失敗，系統不會傳回 Token 金鑰資訊，所以 result 的值中不會包含 Token 及 Token 過期的資訊。

綜上所述，這些參數在回應結果中發揮著至關重要的作用。它們不僅確保了系統的安全性，還提供給使用者了有用的回饋資訊，幫助使用者了解請求的狀態和結果。在處理此類回應時，務必仔細檢查這些參數，以確保正確地使用和解析它們。

七｜錯誤的 JSON 傳回範例分析

如果獲取 Token 介面呼叫失敗，那麼伺服器將傳回錯誤資訊，回應的範例如下。

```
{
 "success": false,
 "errorCode": 9999,
 "errorMsg": " 伺服器內部發生錯誤 ",
 "result": null,
}
```

根據第六筆的回應參數分析，對於這個回應結果就應該很清楚了，首先是介面呼叫失敗了，然後錯誤程式是 9999，錯誤的資訊是伺服器內部發生了錯誤，所以回應的資料為 null（空）。

12.3.3 設計獲取 Token 介面的測試用例

在本測試用例設計中,設計想法主要基於以下考慮。

(1)正常場景覆蓋:首先,需要驗證在正常的情況下,使用正確的 appid 和 appsecret 能否成功獲取到 Token。這是介面的基本功能,需要確保其正常執行。

(2)異常場景覆蓋:考慮到 Token 可能因為各種情況(如伺服器端主動失效、用戶端請求頻率過高、逾時等)而失效,需要設計 Token 失效後的重試獲取用例。

(3)錯誤參數覆蓋:為了驗證介面的強固性,還需要測試當提供錯誤的 appid 或 appsecret 時,介面能否傳回相應的錯誤資訊。

(4)重複測試:為了確保結果的穩定性和可靠性,對於異常場景和錯誤參數的測試,需要多次重複進行。

上述用例設計想法能夠較全面地覆蓋 Token 獲取功能,確保其在各種場景下都能夠正常、穩定地工作。

具體用例設計如下。

用例 1:獲取 Token 的介面測試,如表 12-3 所示。

▼ 表 12-3 獲取 Token 的介面測試

用例編號	TC001-1
用例名稱	正常場景 - 獲取 Token 的介面測試
前置條件	(1)已安裝和配置好測試工具(如 Postman、JMeter 等)。 (2)已獲取 appid 和 appsecret 的值
測試目標	驗證通過正確的 appid 和 appsecret 呼叫獲取 Token 介面,能夠成功獲取到 Token

(續表)

測試步驟	（1）使用 Postman 或其他測試工具，向 https://xxxx.xxxx.com/api/token/get 發送一個 POST 請求。 （2）在請求的 Body 部分，填寫正確的 appid 和 appsecret。 （3）發送請求，並查看回應結果。 （4）檢查回應結果中的 success 欄位是否為 true，errorCode 是否為 0000，以及 errorMsg 是否為「ok」。 （5）檢查回應結果中的 result 欄位，確認包含有效的 Token 和對應的過期時間（expires_in）
預期結果	介面傳回成功的回應，並包含有效的 Token 和過期時間

用例 2：Token 失效後重試獲取的介面測試，如表 12-4 所示。

▼ 表 12-4 Token 失效後重試獲取的介面測試

用例編號	TC001-2
用例名稱	異常場景 -Token 失效後重試獲取介面測試
前置條件	完成 TC001-1 的正常場景測試，確保已經成功獲取了 Token
測試目標	驗證在 Token 失效後，介面呼叫方能夠實現重試獲取 Token 的邏輯
測試步驟	（1）等待直到 Token 過期（超過 7200 秒後） （2）重複 TC001-1 的測試步驟，再次向介面發送請求 （3）檢查能否成功獲取到新的 Token
預期結果	介面傳回成功的回應，並包含新的 Token 和過期時間

用例 3：提供錯誤的 appid 或 appsecret 的介面測試，如表 12-5 所示。

▼ 表 12-5 提供錯誤的 appid 或 appsecret 的介面測試

用例編號	TC001-3
用例名稱	異常場景 - 提供錯誤的 appid 或 appsecret 介面測試
前置條件	無需特定前置條件
測試目標	驗證當提供錯誤的 appid 或 appsecret 時，介面傳回相應的錯誤碼和錯誤資訊

（續表）

12.3 HTTP 介面測試案例分析

測試步驟	（1）在請求的 Body 部分，使用錯誤的 appid 或 appsecret。
	（2）可以選擇以下幾種情況進行測試：
	`{"appid":"wrong_appid","appsecret":"your_appsecret"}`
	`{"appid":"your_appid","appsecret":"wrong_appsecret"}`
	`{"appid":"wrong_appid","appsecret":"wrong_appsecret"}`
	（3）發送請求，並查看回應結果。

預期結果	（1）檢查回應結果中的 success 欄位是否為 false。 （2）根據 errorCode 的值判斷是哪種錯誤，並檢查對應的 errorMsg 是否提供了相應的錯誤資訊。舉例來說，如果使用錯誤的 appid，那麼 errorCode 應為 1000，errorMsg 應為「請求參數錯誤」。如果使用錯誤的 appsecret，那麼 errorCode 和 errorMsg 也應與上述情況相符。 （3）檢查回應結果中的 result 欄位是否為 null（空）。

用例 4：提供錯誤的 appid 或 appsecret 重複測試，如表 12-6 所示。

▼ 表 12-6 提供錯誤的 appid 或 appsecret 重複測試

用例編號	TC001-4
用例名稱	異常場景 - 提供錯誤的 appid 或 appsecret 重複測試
前置條件	無需特定前置條件
測試目標	驗證當提供錯誤的 appid 或 appsecret 時，介面傳回相應的錯誤碼和錯誤資訊

測試步驟	（1）在請求的 Body 部分，使用錯誤的 appid 或 appsecret。
	（2）可以選擇以下幾種情況進行測試：
	`{"appid":"wrong_appid","appsecret":"your_appsecret"}`
	`{"appid":"your_appid","appsecret":"wrong_appsecret"}`
	`{"appid":"wrong_appid","appsecret":"wrong_appsecret"}`
	（3）重複上述步驟進行多次測試，以確保結果的穩定性

預期結果	（1）檢查回應結果中的 success 欄位是否為 false。 （2）根據 errorCode 的值判斷是哪種錯誤，並檢查對應的 errorMsg 是否提供了相應的錯誤資訊。舉例來說，如果使用錯誤的 appid，那麼 errorCode 應為 1000，errorMsg 應為「請求參數錯誤」。如果使用錯誤的 appsecret，那麼 errorCode 和 errorMsg 也應與上述情況相符。 （3）檢查回應結果中的 result 欄位是否為 null（空）

注意：以上用例是基於介面描述和常見的測試場景設計的，實際測試時可能需要根據實際情況進行調整和補充。

12.3.4 介面文件之需求介面

以下是「軟體交付平臺」介面文件中關於「需求」介面的詳細規格資訊展示。

一｜介面描述

- 實現軟體交付平臺的需求錄入或更新。
- 需求編號為空，則資料錄入平臺，成功後傳回需求的編號。
- 需求編號不為空，判斷平臺是否已存在該編號的資料，有則傳回提醒資料已存在，無則資料錄入。
- 介面請求時要求在 Authorization 頭部使用 Bearer 模式攜帶 Token。

二｜介面位址

- 此介面的介面位址是：https://xxxx.xxxx.com/api/business/create-req，由於軟體交付平臺是一個正式的業務系統，所以這本書不能提供正式的連結，希望大家能理解。

三｜請求方法

- 此介面的請求方法是：POST。

四｜請求標頭

- 此介面請求需要攜帶的請求標頭是：Content-Type:application/json 和 Authorization:Bearer <token>。

五｜請求參數

- 此介面需要攜帶的請求參數如下。

12.3 HTTP 介面測試案例分析

```
{
"code": " ",
"demandName": "xxxx 最佳化需求 ",
"regionName": " 青海 ",
"demandClassName": " 日常性需求 ",
"contractInOutName": " 合約外 ",
"demandSourceName": " 集團檔案 ",
"urgentDegreeName": " 緊急 ",
"demandEnteringTime": "2023-08-12",
"dicDemandPersonName": "D3071",
"demandExplain": " 需求內容概述 ...",
"dicDemandManagerName": "D0873",
"expectFinishTime": "2023-10-02",
"implementProjectName": "xxxx 需求專案 "
}
```

- 請求參數說明如表 12-7 所示。

▼ 表 12-7 請求參數說明

參數名稱	必須	類型｜長度	說明
code	是	string ｜ 100 位元組	需求編號
demandName	是	string ｜ 500 位元組	需求名稱
regionName	是	string	所屬區域，設定值：陝西、甘肅、青海、寧夏等
demandClassName	是	string	需求分類，設定值：日常性需求、建設性需求，預設為日常性需求
contractInOutName	是	string	合約內外，設定值：合約內、合約外，預設為合約內
demandSourceName	是	string	需求來源，設定值：集團檔案、省公司、分公司、其他，預設為省公司

（續表）

參數名稱	必須	類型｜長度	說明
urgentDegreeName	是	string	緊急程度，設定值：緊急、一般，預設為一般
demandEnteringTime	是	date	輸入時間，日期格式：yyyy-MM-dd
dicDemandPersonName	是	string	需求輸入人員的員工編號
demandExplain	是	string	功能概述
dicDemandManagerName	是	string	需求分析確認人員的員工編號
expectFinishTime	是	date	期望上線時間，日期格式：yyyy-MM-dd
implementProjectName	是	string	需求發起專案（實施專案）名稱

六｜正確的 JSON 傳回範例

- 當此介面請求處理成功後，伺服器將以 JSON 的格式傳回需求編號等資訊，回應範例如下。

```
{
 "success": true,
 "errorCode": 0000,
 "errorMsg": "ok",
 "result": {
     "code": "REQ-202310-00002",
     "name": "xxx 最佳化需求 "
 }
}
```

- 回應的參數說明如表 12-8 所示。

▼ 表 12-8 回應參數說明

參數名稱	必須	內容	說明
success	是	boolean	業務處理結果：true ｜ false
errorCode	是	int	錯誤編號：0000：請求處理成功 1000：請求參數錯誤 1101：屬性值為空 1102：屬性值包含非法字元 1103：屬性值最大長度為 xx 1104：屬性值資料型態不匹配 1106：列舉類型不存在 1200：編號的資料已存在 1210：資料輸入平臺失敗 1211：身份認證失敗 9999：伺服器內部錯誤
errorMsg	是	string	錯誤資訊
result	是	object	傳回結果物件：需求的編號 code、名稱 name

七｜錯誤的 JSON 傳回範例

- 當此介面請求處理失敗後，伺服器將以 JSON 格式傳回錯誤資訊，回應範例如下。

```
{
 "success": false,
 "errorCode": 1000,
 "errorMsg": " 需求名稱超過 500 個位元組 "
}
```

12.3.5 詳細分析需求的介面

接下來將對「需求」這個介面進行詳細分析與說明。

HTTP 介面測試基礎與案例分析

一│介面描述分析

（1）實現軟體交付平臺的需求錄入或更新：這是介面的主要功能描述。它表示這個介面允許使用者在軟體交付平臺上輸入或更新某個需求。

（2）需求編號為空，則資料錄入平臺，成功後傳回需求的編號：如果使用者在請求中沒有提供需求編號，系統會認為使用者想要建立一個新的需求，並在成功建立後傳回這個新需求的編號。

（3）需求編號不為空，判斷平臺是否已存在該編號的資料，有則傳回提醒資料已存在，無則資料錄入：如果使用者在請求中提供了需求編號，系統會檢查是否已經存在這個編號的需求。如果已經存在，系統會傳回一個提示告訴使用者資料已存在；如果不存在，系統會將新的需求資料輸入平臺。

（4）介面請求時要求在 Authorization 頭部使用 Bearer 模式攜帶 Token：這裡可以打個比方來解釋這句話的含義，假設你要進入一個私密場所，門衛是需要驗證你身份的。那麼 Authorization 就相當於你的證件，Token 則是證件上的內容，Bearer 模式就是一種驗證方式，它的特點是，每次驗證你身份資訊時只驗證你證件上的 Token 資訊，而不要求你提供額外的資訊（如 appid 和 appsecret 等憑據）。只有 Token 驗證通過，才能進入私密場所。在介面請求中，也是類似的情況。你需要在請求標頭的 Authorization 欄位中以 Bearer 模式攜帶有效的 Token，伺服器直接驗證 Token 的正確性和有效性來判斷是否允許你進行介面操作，其攜帶方式請查看後續的標頭分析。

二│介面位址分析

「https://xxxx.xxxx.com/api/business/create-req」是需求介面的完整位址。在這個 URL 路徑下可以進行需求建立的相關操作。在使用 Postman 測試此介面時，就需要要輸入此介面位址，如圖 12-14 所示。

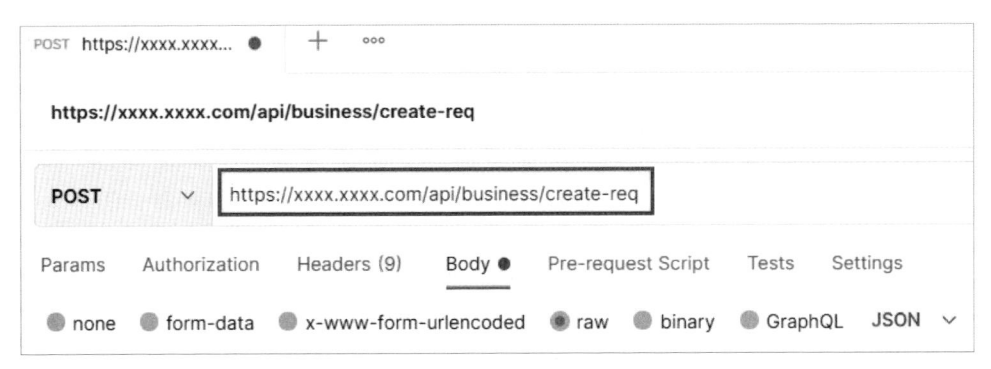

12.3 HTTP 介面測試案例分析

▲ 圖 12-14 輸入介面位址

三｜請求方法分析

該介面採用的是 POST 請求方法，這表示請求參數是放在請求正文中傳遞給伺服器的。在使用 Postman 測試此介面時，需要選擇 POST 請求方法，如圖 12-15 所示。

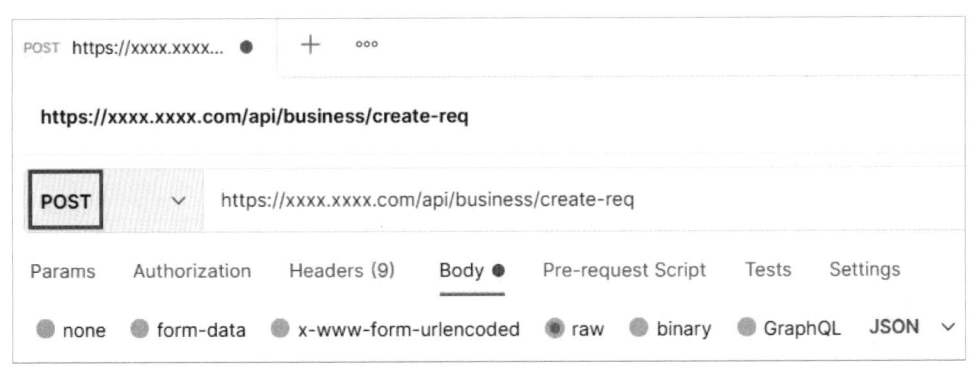

▲ 圖 12-15 選擇請求方法

四｜請求標頭分析

「Content-Type:application/json」為請求標頭的一部分，以鍵值對的形式儲存在其中，用於告訴伺服器使用者發送的是 JSON 格式的資料，「Authorization:Bearer <token>」也是請求標頭的一部分，以鍵值對的形式儲存

12 HTTP 介面測試基礎與案例分析

在其中，主要用於身份驗證，由於上一個介面中已獲取到 Token 資訊，這裡假設 Token 資訊為「token0000001」。在使用 Postman 測試此介面時，應在 Headers 選項中增加這兩組鍵值對資訊，具體增加方式如圖 12-16 所示。

請務必將 <token> 替換為實際的 Token 值，並確保 Bearer 後面有一個空格。

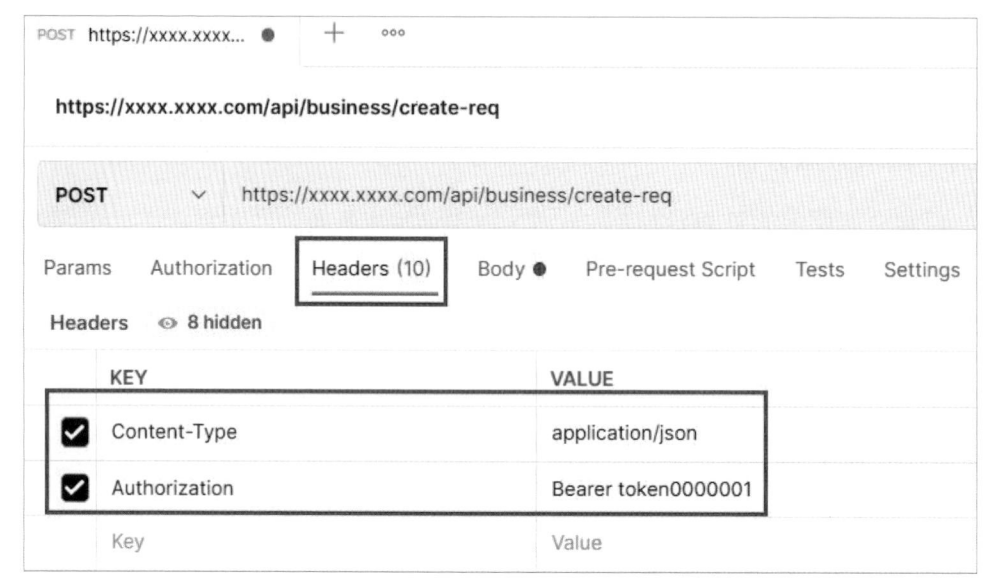

五｜請求參數分析

▲ 圖 12-16 增加請求標頭資訊

在這個介面中，請求參數以 JSON 格式的資料表示，具體請求參數如下。

```
{
"code": " ",
"demandName": "xxxx 最佳化需求 ",
"regionName": " 青海 ",
"demandClassName": " 日常性需求 ",
"contractInOutName": " 合約外 ",
"demandSourceName": " 集團檔案 ",
"urgentDegreeName": " 緊急 ",
"demandEnteringTime": "2023-08-12",
"dicDemandPersonName": "D3071",
"demandExplain": " 需求內容概述 ...",
```

12.3 HTTP 介面測試案例分析

```
"dicDemandManagerName": "D0873",
"expectFinishTime": "2023-10-02",
"implementProjectName": "xxxx 需求專案 "
}
```

該請求參數包含了 13 個鍵值對，用於描述建立一個新需求所需的各個欄位。這些參數在表 12-7 中均有簡單的描述。接下來，我們將逐一深入解析這些參數。

（1）code（需求編號）：這是需求的唯一識別碼。一般來說它由系統自動生成或由使用者建立。這個編號用於在系統中追蹤和檢索特定需求。

（2）demandName（需求名稱）：這是需求的名稱或標題。它應該簡潔地描述需求的主要內容或目標。

（3）regionName（所屬區域）：這個欄位標識了需求所屬的地理區域。它有助對需求進行地區性的分類和管理。

（4）demandClassName（需求分類）：這個欄位用於將需求分類為日常性或建設性需求。不同的分類可能會影響需求的處理和優先順序。

（5）contractInOutName（合約內外）：這個欄位標識了需求是否與外部合約有關。它有助確定需求的來源和可能的合約義務。

（6）demandSourceName（需求來源）：這個欄位標識了需求的來源或提出者。它有助了解需求的發起部門或組織。

（7）urgentDegreeName（緊急程度）：這個欄位標識了需求的緊急程度。緊急需求可能需要更快或優先地處理。

（8）demandEnteringTime（輸入時間）：這個欄位記錄了需求被輸入系統的時間。它有助追蹤和管理需求的生命週期。

（9）dicDemandPersonName（需求輸入人員的員工編號）：這個欄位標識了輸入該需求的員工或人員的員工編號。它有助追蹤需求的輸入和處理人員。

（10）demandExplain（功能概述）：這個欄位提供了對需求的詳細描述或功能概述。它有助理解需求的具體內容和要求。

（11）dicDemandManagerName（需求分析確認人員的員工編號）：這個欄位標識了負責需求分析和管理的人員的員工編號。它有助確保需求得到適當的關注和分析。

（12）expectFinishTime（期望上線時間）：這個欄位表示了需求的期望完成時間或上線時間。它有助安排開發和實施計畫。

（13）implementProjectName〔需求發起項目（實施項目）名稱〕：這個欄位標識了與該需求相關的專案或實施計畫的名稱。它有助將需求與具體的專案或計畫相連結。以上 13 個參數提供了詳細的背景資訊，有助系統準確地處理和追蹤軟體需求。

在 Postman 中測試此介面時，你需要將上述參數以 JSON 格式放在請求正文中傳遞，以便系統能夠準確處理和追蹤軟體需求。具體傳遞方式可參考圖 12-17。

```
{
  "code": " ",
  "demandName": "×××× 优化需求 ",
  "regionName": " 青海 ",
  "demandClassName": " 日常性需求 ",
  "contractInOutName": " 合同外 ",
  "demandSourceName": " 集团文件 ",
  "urgentDegreeName": " 紧急 ",
  "demandEnteringTime": "2023-08-12",
  "dicDemandPersonName": "D3071",
  "demandExplain": " 需求内容概述 ...",
  "dicDemandManagerName": "D0873",
  "expectFinishTime": "2023-10-02",
  "implementProjectName": "×××× 需求项目 "
}
```

▲ 圖 12-17 參數傳遞

六丨正確的 JSON 傳回範例分析

如果建立需求的介面處理成功,那麼伺服器將成功地傳回需求編號和需求名稱等資訊,回應的範例如下。

```
{
 "success": true,
 "errorCode": 0000,
 "errorMsg": "ok",
 "result": {
     "code": "REQ-202310-00002",
     "name": "xxx 最佳化需求 "
 }
}
```

從回應結果中可以清晰地看到,整個內容依然遵循了 JSON 格式。其中,result 欄位表示實際的回應結果資料。在此範例中,它是一個巢狀結構的物件,包含了 code 和 name 兩個參數,code 參數表示需求的編號,而 name 參數則表示需求的名稱,同時 result 也代表了此需求被建立成功。

此外,回應結果中還包含了一些關鍵資訊,如 success、errorCode 和 errorMsg。這些參數的邏輯關係已經在之前的介面分析中詳細闡述過了。請參考之前的分析來了解它們之間的連結和作用。

七丨錯誤的 JSON 傳回範例分析

如果建立需求的介面處理失敗,那麼伺服器將傳回錯誤資訊,回應的範例如下。

```
{
 "success": false,
 "errorCode": 1000,
 "errorMsg": " 需求名稱超過 500 個位元組 "
}
```

12 HTTP 介面測試基礎與案例分析

從以上範例可以看到，建立需求的介面呼叫失敗了。錯誤程式 1000 指示請求的參數存在問題。具體來說，錯誤資訊提示了「需求名稱超過 500 個位元組」，這表示在請求中提供的名稱參數超過了允許的最大長度限制。

12.3.6 設計需求介面的測試用例

在本測試用例設計中，設計想法主要基於以下考慮。

（1）正常輸入驗證：測試系統能否正確處理符合要求的參數，確保基本功能無誤。

（2）邊界情況測試：透過挑戰參數的最大值、最小值等邊界條件，檢查系統是否存在處理上的疏漏。

（3）錯誤輸入處理：故意引入錯誤，如遺漏參數、參數類型不匹配等，以驗證系統的錯誤監測和回應能力。

（4）安全性考慮：測試系統對於潛在惡意輸入（如包含非法字元或指令稿）的防禦能力，確保使用者資料的安全。

介面測試用例設計的核心原則與功能測試用例設計相通，主要依賴經典的方法論，如等價類劃分法、邊界值分析法、錯誤推測法以及正交資料表分析法等策略。

具體用例設計如下。

用例 1：輸入新需求成功，如表 12-9 所示。

▼ 表 12-9 輸入新需求成功

用例編號	TC002-1
用例名稱	輸入新需求成功
前置條件	已獲取有效的 Token，且平臺中不存在相同編號的需求
測試目標	驗證新需求可以成功輸入並傳回需求編號

（續表）

12.3 HTTP 介面測試案例分析

測試步驟	（1）發送 POST 請求到 https://xxxx.xxxx.com/api/business/create-req 介面。
	（2）在請求標頭增加 Content-Type 和 Authorization。
	（3）請求封包結構參數設置如下：
	{
	    "code":"",
	    "demandName":"測試最佳化需求 01",
	    "regionName":"青海",
	    "demandClassName":"日常性需求",
	    "contractInOutName":"合約外",
	    "demandSourceName":"集團檔案",
	    "urgentDegreeName":"緊急",
	    "demandEnteringTime":"2023-12-01",
	    "dicDemandPersonName":"D3071",
	    "demandExplain":"測試需求內容概述 01...",
	    "dicDemandManagerName":"D0873",
	    "expectFinishTime":"2024-01-01",
	    "implementProjectName":"測試需求專案 01"
	}
	（4）發送 POST 請求。
	（5）驗證回應結果

預期結果	{
	    "success":true,
	    "errorCode":0000,
	    "errorMsg":"ok",
	    "result":{
	        "code":"REQ-XXXXXX",
	        "name":"測試最佳化需求 01"
	    }
	}

HTTP 介面測試基礎與案例分析

用例 2：輸入已存在的需求編號，如表 12-10 所示。

▼ 表 12-10 輸入已存在的需求編號

用例編號	TC002-2
用例名稱	輸入已存在的需求編號
前置條件	已獲取有效的 Token，且平臺中存在相同編號的需求
測試目標	驗證系統能否正確處理已存在的需求編號

測試步驟	（1）發送 POST 請求到 https://xxxx.xxxx.com/api/business/create-req 介面。
	（2）在請求標頭增加 Content-Type 和 Authorization。
	（3）請求封包結構參數設置如下：
	{
	    "code":"EXISTING_CODE",
	    "demandName":" 測試最佳化需求 02",
	    "regionName":" 青海 ",
	    "demandClassName":" 日常性需求 ",
	    "contractInOutName":" 合約外 ",
	    "demandSourceName":" 集團檔案 ",
	    "urgentDegreeName":" 緊急 ",
	    "demandEnteringTime":"2023-12-02",
	    "dicDemandPersonName":"D3071",
	    "demandExplain":" 測試需求內容概述 02...",
	    "dicDemandManagerName":"D0873",
	    "expectFinishTime":"2024-01-02",
	    "implementProjectName":" 測試需求專案 02"
	}
	其中，「EXISTING_CODE」是已知存在於平臺中的需求編號。
	（4）發送 POST 請求。
	（5）驗證回應結果

預期結果	{
	    "success":false,
	    "errorCode":1200,
	    "errorMsg":" 編號的資料已存在 "
	}

12.3 HTTP 介面測試案例分析

用例 3：輸入需求時參數不完整，如表 12-11 所示。

▼ 表 12-11 輸入需求時參數不完整

用例編號	TC002-3
用例名稱	輸入需求時參數不完整（缺少需求名稱）
前置條件	已獲取有效的 Token
測試目標	驗證系統能否正確處理缺少必填參數的情況

測試步驟	（1）發送 POST 請求到 https://xxxx.xxxx.com/api/business/create-req 介面。
	（2）在請求標頭增加 Content-Type 和 Authorization。
	（3）請求封包結構參數設置如下：
	{
	    "code":"",
	    "regionName":"青海",
	    "demandClassName":"日常性需求",
	    "contractInOutName":"合約外",
	    "demandSourceName":"集團檔案",
	    "urgentDegreeName":"緊急",
	    "demandEnteringTime":"2023-12-03",
	    "dicDemandPersonName":"D3071",
	    "demandExplain":"測試需求內容概述 03...",
	    "dicDemandManagerName":"D0873",
	    "expectFinishTime":"2024-01-03",
	    "implementProjectName":"測試需求專案 03"
	}
	在請求參數中，故意遺漏 demandName 欄位。
	（4）發送 POST 請求。
	（5）驗證回應結果

預期結果	{
	    "success":false,
	    "errorCode":1000,
	    "errorMsg":"請求參數錯誤"
	}

12　HTTP 介面測試基礎與案例分析

用例 4：輸入需求時參數超出長度限制，如表 12-12 所示。

▼ 表 12-12　輸入需求時參數超出長度限制

用例編號	TC002-4
用例名稱	輸入需求時參數超出長度限制（超長需求名稱）
前置條件	已獲取有效的 Token
測試目標	驗證系統能否正確處理超出長度限制的參數

測試步驟	（1）發送 POST 請求到 https://xxxx.xxxx.com/api/business/create-req 介面。
	（2）在請求標頭增加 Content-Type 和 Authorization。
	（3）請求封包結構參數設置如下：
	{
	　"code":"",
	　"demandName":" 一個非常非常非常非常非常非常非常非常非常非常非常非常非常非常非常長的需求名稱 ...",
	　"regionName":" 青海 ",
	　"demandClassName":" 日常性需求 ",
	　"contractInOutName":" 合約外 ",
	　"demandSourceName":" 集團檔案 ",
	　"urgentDegreeName":" 緊急 ",
	　"demandEnteringTime":"2023-12-04",
	　"dicDemandPersonName":"D3071",
	　"demandExplain":" 測試需求內容概述 04...",
	　"dicDemandManagerName":"D0873",
	　"expectFinishTime":"2024-01-04",
	　"implementProjectName":" 測試需求專案 04"
	}
	（4）發送 POST 請求。
	（5）驗證回應結果

預期結果	{
	　"success":false,
	　"errorCode":1103,
	　"errorMsg":" 屬性值最大長度為 xx"
	}

12-42

12.3 HTTP 介面測試案例分析

用例 5：輸入需求時參數類型不匹配，如表 12-13 所示。

▼ 表 12-13 輸入需求時參數類型不匹配

用例編號	TC002-5
用例名稱	輸入需求時參數類型不匹配（日期格式錯誤）
前置條件	已獲取有效的 Token
測試目標	驗證系統能否正確處理類型不匹配的參數

測試步驟	（1）發送 POST 請求到 https://xxxx.xxxx.com/api/business/create-req 介面。
	（2）在請求標頭增加 Content-Type 和 Authorization。
	（3）請求封包結構參數設置如下：
	{
	    "code":"",
	    "demandName":"測試最佳化需求 05",
	    "regionName":"青海",
	    "demandClassName":"日常性需求",
	    "contractInOutName":"合約外",
	    "demandSourceName":"集團檔案",
	    "urgentDegreeName":"緊急",
	    "demandEnteringTime":"非日期格式",
	    "dicDemandPersonName":"D3071",
	    "demandExplain":"測試需求內容概述 05...",
	    "dicDemandManagerName":"D0873",
	    "expectFinishTime":"2024-01-05",
	    "implementProjectName":"測試需求專案 05"
	}
	demandEnteringTime 參數的值為非日期格式
	（4）發送 POST 請求。
	（5）驗證回應結果

預期結果	{
	    "success":false,
	    "errorCode":1104,
	    "errorMsg":"屬性值資料型態不匹配"
	}

12 HTTP 介面測試基礎與案例分析

用例 6：未授權存取，如表 12-14 所示。

▼ 表 12-14　未授權存取

用例編號	TC002-6
用例名稱	未授權存取（無 Token）
前置條件	不增加 Authorization 頭部或提供無效的 Token
測試目標	驗證系統能否正確處理未授權存取

測試步驟	（1）發送 POST 請求到 https://xxxx.xxxx.com/api/business/create-req 介面。
	（2）在請求標頭增加時只增加 Content-Type，故意不增加 Authorization。
	（3）請求封包結構參數設置如下：
	{
	　"code":"",
	　"demandName":"測試最佳化需求 06",
	　"regionName":"青海",
	　"demandClassName":"日常性需求",
	　"contractInOutName":"合約外",
	　"demandSourceName":"集團檔案",
	　"urgentDegreeName":"緊急",
	　"demandEnteringTime":"2023-12-06",
	　"dicDemandPersonName":"D3071",
	　"demandExplain":"測試需求內容概述 06...",
	　"dicDemandManagerName":"D0873",
	　"expectFinishTime":"2024-01-06",
	　"implementProjectName":"測試需求專案 06"
	}
	（4）發送 POST 請求。
	（5）驗證回應結果

預期結果	{
	　"success":false,
	　"errorCode":1211,
	　"errorMsg":"身份證失敗"
	}

12.3 HTTP 介面測試案例分析

用例 7：輸入需求時參數值為空字串，如表 12-15 所示。

▼ 表 12-15 輸入需求時參數值為空字串

用例編號	TC002-7
用例名稱	輸入需求時參數值為空字串（需求名稱為空）
前置條件	已獲取有效的 Token
測試目標	驗證系統能否正確處理空字串參數值

測試步驟	（1）發送 POST 請求到 https://xxxx.xxxx.com/api/business/create-req 介面。
	（2）在請求標頭增加 Content-Type 和 Authorization。
	（3）請求封包結構參數設置如下：
	{
	    "code":"",
	    "demandName":"",
	    "regionName":" 青海 ",
	    "demandClassName":" 日常性需求 ",
	    "contractInOutName":" 合約外 ",
	    "demandSourceName":" 集團檔案 ",
	    "urgentDegreeName":" 緊急 ",
	    "demandEnteringTime":"2023-12-07",
	    "dicDemandPersonName":"D3071",
	    "demandExplain":" 測試需求內容概述 07...",
	    "dicDemandManagerName":"D0873",
	    "expectFinishTime":"2024-01-07",
	    "implementProjectName":" 測試需求專案 07"
	}
	demandName 參數的值為空字串。
	（4）發送 POST 請求。
	（5）驗證回應結果

預期結果	{
	    "success":false,
	    "errorCode":1101,
	    "errorMsg":" 需求名稱不能為空 "
	}

第 12 章 HTTP 介面測試基礎與案例分析

用例 8：輸入需求時參數值包含非法字元，如表 12-16 所示。

▼ 表 12-16　輸入需求時參數值包含非法字元

用例編號	TC002-8
用例名稱	輸入需求時參數值包含非法字元（需求內容包含 HTML 標籤）
前置條件	已獲取有效的 Token
測試目標	驗證系統能否正確處理包含非法字元的參數值

測試步驟	（1）發送 POST 請求到 https://xxxx.xxxx.com/api/business/create-req 介面。
	（2）在請求標頭增加 Content-Type 和 Authorization。
	（3）請求封包結構參數設置如下：
	{
	　　"code":"",
	　　"demandName":"",
	　　"regionName":"青海",
	　　"demandClassName":"日常性需求",
	　　"contractInOutName":"合約外",
	　　"demandSourceName":"集團檔案",
	　　"urgentDegreeName":"緊急",
	　　"demandEnteringTime":"2023-12-08",
	　　"dicDemandPersonName":"D3071",
	　　"demandExplain":"<script>alert('XSS');</script>測試需求內容概述 8...",
	　　"dicDemandManagerName":"D0873",
	　　"expectFinishTime":"2024-01-08",
	　　"implementProjectName":"測試需求專案 08"
	}
	demandExplain 參數的值包含 HTML 跨站攻擊指令稿。
	（4）發送 POST 請求。
	（5）驗證回應結果

預期結果	{
	　　"success":false,
	　　"errorCode":1102,
	　　"errorMsg":"需求內容包含非法字元"
	}

12.3 HTTP 介面測試案例分析

用例 9：輸入需求時參數值不符合列舉類型，如表 12-17 所示。

▼ 表 12-17 輸入需求時參數值不符合列舉類型

用例編號	TC002-9
用例名稱	輸入需求時參數值不符合列舉類型（需求類別不存在）
前置條件	已獲取有效的 Token
測試目標	驗證系統能否正確處理不符合列舉類型的參數值

測試步驟	（1）發送 POST 請求到 https://xxxx.xxxx.com/api/business/create-req 介面。
	（2）在請求標頭增加 Content-Type 和 Authorization。
	（3）請求封包結構參數設置如下：
	{
	    "code":"",
	    "demandName":" 測試最佳化需求 09",
	    "regionName":" 青海 ",
	    "demandClassName":" 不存在的需求類別 ",
	    "contractInOutName":" 合約外 ",
	    "demandSourceName":" 集團檔案 ",
	    "urgentDegreeName":" 緊急 ",
	    "demandEnteringTime":"2023-12-09",
	    "dicDemandPersonName":"D3071",
	    "demandExplain":" 測試需求內容概述 09...",
	    "dicDemandManagerName":"D0873",
	    "expectFinishTime":"2024-01-09",
	    "implementProjectName":" 測試需求專案 09"
	}
	demandClassName 參數的值是不存在的需求類別。
	（4）發送 POST 請求。
	（5）驗證回應結果

預期結果	{
	    "success":false,
	    "errorCode":1106,
	    "errorMsg":" 列舉類型不存在 "
	}

12 HTTP 介面測試基礎與案例分析

用例 10：輸入需求時參數順序顛倒，如表 12-18 所示。

▼ 表 12-18 輸入需求時參數順序顛倒

用例編號	TC002-10
用例名稱	輸入需求時參數順序顛倒（參數順序與文件定義不一致）
前置條件	已獲取有效的 Token
測試目標	驗證系統能否正確處理參數順序顛倒的情況

測試步驟	（1）發送 POST 請求到 https://xxxx.xxxx.com/api/business/create-req 介面。
	（2）在請求標頭增加 Content-Type 和 Authorization。
	（3）請求封包結構參數設置如下：
	{
	    "demandName":"測試最佳化需求 10",
	    "regionName":"青海",
	    "demandClassName":"日常性需求",
	    "contractInOutName":"合約外",
	    "demandSourceName":"集團檔案",
	    "urgentDegreeName":"緊急",
	    "demandEnteringTime":"2023-12-10",
	    "dicDemandPersonName":"D3071",
	    "demandExplain":"測試需求內容概述 10...",
	    "dicDemandManagerName":"D0873",
	    "expectFinishTime":"2024-01-10",
	    "implementProjectName":"測試需求專案 10",
	    "code":""
	}
	在請求參數中，code 這個參數的位置放到了最後。
	（4）發送 POST 請求。
	（5）驗證回應結果

（續表）

| 預期結果 | ```
{
    "success":true,
    "errorCode":0000,
    "errorMsg":"ok",
    "result":{
        "code":"REQ-XXXXXX",
        "name":" 測試最佳化需求 10"
    }
}
``` |

以上測試用例覆蓋了輸入需求時的多種場景，包括參數值超出長度限制、參數值為空字串、參數值包含非法字元、參數值不符合列舉類型以及參數順序顛倒等情況。這些測試用例有助確保系統的強固性和容錯能力。大家需要注意的是，以上用例是基於介面描述和常見的測試場景設計的，實際測試時可能需要根據實際情況進行調整和補充。

12.4 本章小結

12.4.1 學習提醒

在學習 HTTP 介面測試時，對 HTTP 協定的基礎知識有深入的了解是至關重要的。這包括介面參數的傳遞方式、請求方法的選擇、JSON 資料的處理以及 HTTP 請求標頭的構造等核心內容。這些基礎知識是進行介面測試時必須掌握的基石，它們為測試人員提供了與系統進行有效互動的基礎。

此外，授權機制也是介面測試中一個重要的基礎知識。隨著對介面了解的加深，測試人員需要進一步探索 Cookies、Token、Session 等授權相關的概念和技術。這些基礎知識將幫助測試人員更進一步地理解系統的安全機制，並在介面測試中確保資料的安全性和完整性。

最後，掌握介面測試工具的使用也是初級軟體測試人員必須掌握的技能之一。Postman 和 JMeter 等主流工具提供了強大的功能，使得測試人員能夠更高
```

12 HTTP 介面測試基礎與案例分析

效率地執行介面測試。透過熟練使用這些工具，測試人員將能夠更快速、更準確地發現和解決系統中的問題。

12.4.2 求職指導

一｜本章面試常見問題

問題 1：你做過介面測試嗎？能舉一個介面測試的例子嗎？

參考回答：在之前的工作中，我確實進行過介面測試。具體來說，我獨立負責了軟體交付平臺的完整介面測試流程，從深入理解介面文件開始，到精心設計並執行介面測試用例。

舉例來說，針對該系統中的重要功能，有一個獲取 Token 的介面。這個 Token 相當於外部系統存取軟體交付平臺系統的通行證，每次呼叫軟體交付平臺的業務介面時都必須攜帶有效 Token。正常情況下，Token 的有效期設定為 7 200 秒，但為了增強安全性，伺服器端可能出於安全性原則提前使 Token 失效。因此，在測試過程中，我特別關注了當 Token 失效時，用戶端應具備自動重試獲取新 Token 的能力。此外，我還測試了一個處理需求輸入與更新的介面。在這個介面上，如果請求時需求編號為空，則表示需要新增一筆需求記錄至平臺，成功後系統會傳回新生成的需求編號；若請求時攜帶了不可為空的需求編號，則需驗證平臺是否已存在對應編號的資料——存在則傳回提示訊息告知資料已存在，不存在則執行資料插入操作。透過這樣的測試設計，確保了介面邏輯正確無誤且滿足實際應用場景的要求。

問題 2：為什麼要做介面測試？

參考回答：介面測試非常重要，原因主要有兩點。首先，透過介面測試可以實現測試前移，即在前端頁面還未開發完成時就可以提前介入測試，從而更早地發現和解決問題。其次，介面測試能夠發現底層的問題，這些問題通常更加深刻和有價值。越早介入測試，我們就越能夠降低測試和開發成本，提高軟體品質。

12.4 本章小結

問題 3：介面測試的流程是什麼？

參考回答：介面測試的流程包括獲取介面規格文件並分析介面業務細節，設計覆蓋全面的測試用例，使用 Postman、JMeter 等工具進行測試，提交 Bug 並進行回歸測試，最後撰寫並提交測試報告。

問題 4：GET 請求與 POST 請求的區別是什麼？

參考回答：首先，在安全性方面，GET 請求是明文傳輸，資料在 URL 中可見，而 POST 請求在表單或 Body 中傳輸，相對更安全。其次，GET 請求有資料長度限制，而 POST 請求沒有此限制。最後，在用途方面，GET 請求通常用於獲取資料，而 POST 請求用於提交資料。

問題 5：除了 GET 請求與 POST 請求，還有哪些請求方式（請求方法）？

參考回答：除了 GET 和 POST 請求，還有以下請求方式。PUT 請求：用於更新資源。

DELETE 請求：用於刪除資源。

HEAD 請求：與 GET 請求類似，但伺服器在回應中只傳回 HTTP 頭部資訊，不傳回實際的資料內容。

OPTIONS：用於獲取目標資源所支援的通訊選項。它可以詢問伺服器支援哪些請求方法等。

PATCH 請求：用於對資源進行部分修改。與 PUT 請求更新整個資源不同，PATCH 請求只需包含需要更新的屬性，這可以減少資料傳輸量。

問題 6：HTTP 與 HTTPS 的區別是什麼？

參考回答：首先，在安全性方面，HTTP 是明文傳輸，而 HTTPS 是加密傳輸，因此 HTTPS 更安全。其次，在通訊埠方面，HTTP 通常使用 80 或 8080 通訊埠，而 HTTPS 使用 443 通訊埠。最後，在速度方面，由於 HTTPS 需要進行加密和解密操作，因此通常比 HTTP 慢一些。

12 HTTP 介面測試基礎與案例分析

問題 7：常用的介面和抓取封包工具有哪些？（本書將在第 13 章中講解抓取封包工具）

參考回答：常用的介面測試工具包括 Postman 和 JMeter 等。而常用的抓取封包工具則包括 Fiddler 和 Charles 等。

問題 8（知識拓展）：請談談 Cookies、Session、Token 的區別和連結。

參考回答：Cookies 就像是一張小紙條，網站（伺服器）會把它發給瀏覽器並讓瀏覽器保管。這張紙條上可以寫一些資訊，比如你的使用者名稱、登入狀態等。每次你造訪同一個網站時，瀏覽器都會自動帶上這張紙條交給網站，這樣網站就知道你是誰了。

Session 就像是一個儲物櫃，當你第一次存取網站並登入成功後，伺服器會在它那裡為你分配一個專屬的儲物櫃。然後伺服器將這個儲物櫃的鑰匙（也就是 Session_id）放在一張紙條（Cookie）裡發送給瀏覽器儲存。下次你來的時候，瀏覽器帶著這張紙條去找伺服器，伺服器透過鑰匙就能找到對應的儲物櫃，取出你在儲物櫃中存放的資訊（如使用者資訊、購物車內容等），以此保持你的狀態。

Token 更像是進入遊樂場的一張門票，當使用者登入驗證通過後，伺服器不再依賴儲物櫃，而是直接發放一個加密過的電子票證（Token）。這個票證包含使用者的部分身份資訊，並且經過簽名確保安全。每次請求服務時，使用者都需攜帶這張票證，伺服器透過驗票就能知道使用者的身份及許可權，而無須在伺服器端儲存使用者狀態。

問題 9：常見的請求標頭有哪些？

參考回答：在介面測試中，一般會根據介面文件的定義來攜帶相應的請求標頭，常見的請求標頭有 Content-Type、Authorization 等。

12.4 本章小結

問題 10：介面測試如何設計測試用例？

參考回答：介面測試用例設計的核心原則與功能測試用例設計相通，主要依賴經典的方法論，如等價類劃分法、邊界值分析法、錯誤推測法以及正交表分析法等策略。在實際應用中，正常輸入測試場景下，需確保覆蓋所有有效且日常常見的參數輸入組合，以驗證介面在正常執行條件下的正確回應。邊界值分析環節，則針對數值型參數進行深度挖掘，特別關注臨界狀態的測試，例如檢查最大長度限制、最小允許值和最大允許值等邊界條件是否得到恰當處理。異常輸入測試用例的設計旨在模擬各種非預期或非法情況，這包括但不限於遺漏必填參數、傳入參數類型不匹配、使用無效的識別字（如 ID）或狀態碼等，以此來檢驗系統在異常狀況下的強固性和容錯能力。組合測試則是對多個參數及其巢狀結構結構進行不同組合的測試，目的是確保在多種參數組合和層級結構下，介面仍能保持其功能性、相容性及資料處理的一致性。

問題 11：介面測試的時候都發現哪些 Bug？

參考回答：

（1）參數驗證問題：介面未對輸入參數進行有效性驗證，如長度、類型、格式等，導致非法輸入或異常請求處理不當。

（2）授權與認證問題：介面存在安全性漏洞，如未授權存取，可能導致敏感性資料洩露或非法操作。

（3）回應處理不當：介面傳回的資料格式不正確、缺失必要欄位或包含錯誤的狀態碼。

（4）伺服器傳回的狀態碼不是預期值：舉例來說，成功操作應該傳回 200，但實際傳回了 4xx 或 5xx 系列的狀態碼，表示請求錯誤或伺服器端錯誤。

（5）資料不一致：介面查詢的結果與資料庫中儲存的資料不一致。

HTTP 介面測試基礎與案例分析

問題 12（知識拓展）：Postman 和 JMeter 如何進行參數化？

參考回答：

Postman 參數化方式如下。

（1）環境變數和全域變數：在 Postman 中，可以使用環境變數和全域變數進行參數化。選擇 Postman 左側的「Environments」選項來增加或編輯變數。在請求中使用 {{ 變數名稱 }} 語法來引用這些變數。

（2）資料檔案：Postman 也支援使用資料檔案（如 CSV 或 JSON）進行參數化。在「Runner」視圖中，選擇一個集合，然後按一下「Data」標籤。可以上傳一個資料檔案，並在請求中使用資料檔案中的值。注意，這種方式更適合批次執行測試。

（3）Pre-request Script：對更複雜的參數生成或處理，可以在「Pre-request Script」標籤中使用 JavaScript 撰寫指令稿。舉例來說，可以使用 pm.environment.set() 或 pm.globals.set() 函數來設置變數值。

JMeter 參數化方式如下。

（1）使用者定義的變數：在 JMeter 中，可以使用「使用者定義的變數」來設置參數。這可以在測試計畫層面或 HTTP 請求之前進行定義。按右鍵相應的部分，在彈出的快顯功能表中選擇「增加」→「配置元件」→「使用者定義的變數」命令，然後輸入變數名稱和值。

（2）CSV Data Set Config：對於大量資料，可以使用 CSV 檔案來進行參數化。按右鍵 HTTP 請求，在彈出的快顯功能表中選擇「增加」→「配置元件」→「CSV Data Set Config」命令，指定 CSV 檔案路徑，並設置變數名稱。在 HTTP 請求中使用 ${ 變數名稱 } 來引用 CSV 檔案中的值。

（3）函數幫手：JMeter 還提供了函數幫手來生成或處理參數。舉例來說，我們可以使用 __Random() 函數生成隨機數作為參數。

問題 13（知識拓展）：Postman 中如何實現動態連結？

參考回答：

在 Postman 中實現動態連結，主要涉及以下步驟。

（1）增加環境資訊：在 Postman 中選擇 Environments，按一下「+」按鈕增加一套環境。也可以按一下 New 按鈕，選擇 Environments 來增加。根據實際測試的需要，勾選這套環境，使其為當前的工作環境。

（2）設置動態連結的資料：在前一個請求的 Tests 標籤中，把需要傳遞給下一個請求的資料，賦值給一個環境變數。舉例來說，可以使用指令稿程式將 token 儲存到變數中，如 pm.environment.set("tokenVariable",tokenValue)。

（3）在後一個請求中引用這個變數：在後一個請求中，可以透過 {{tokenVariable}} 雙大括號的形式來引用環境變數。這樣，當第一個請求執行並獲取到 token 後，第二個請求就可以使用這個 token 進行動態連結。

透過這種方式，可以在 Postman 中實現請求的動態連結，使測試更具靈活性。

問題 14（知識拓展）：依賴第三方資料的介面如何進行測試？參考回答：

考慮使用 Mock 資料或服務來模擬第三方介面的回應。可以使用工具（如 Postman）的 Mock 功能來建立模擬介面。

問題 15：介面測試與功能測試的區別是什麼？參考回答：請直接參考 12.2 節的內容。

12 HTTP 介面測試基礎與案例分析

二｜面試技巧

　　當面試官問及你是否熟悉某個特定的介面測試基礎知識時，如果你沒有學習過，不要嘗試去編造或誇大自己的經驗。誠實地告訴面試官你目前學到的內容，以及你為了擴大知識面所做的努力。重點強調你做過的軟體交付平臺系統，你是如何分析介面業務，如何進行用例設計來展示你的用例設計能力以及專案實戰能力。即使沒有直接面對過複雜的問題，你也可以透過描述在學習過程中遇到的挑戰以及你是如何克服它們的來展示你解決問題的能力。舉例來說，你可以談論在模擬 HTTP 請求時遇到的困難，以及你如何透過查閱文件、尋求社區幫助或調整測試策略來解決這些問題。最後，你可以強調你對新知識的渴望和學習能力。你可以提及自己計畫在未來學習哪些額外的介面測試基礎知識（比如授權機制、更多的介面測試工具等），並且說明你已經開始為此做準備，比如參加線上課程、閱讀相關技術文件、參與測試社區交流等。

13

Charles 抓取封包工具的基本使用

在進行功能測試和介面測試時,抓取封包工具是測試人員不可或缺的輔助工具。本章將引導測試人員了解並掌握抓取封包工具的使用,解釋抓取封包必要性以及安裝配置方法,並演示如何捕捉並分析 HTTP/HTTPS 封包以解決前後端通訊問題,助力初級軟體測試人員快速上手抓取封包測試。

13 Charles 抓取封包工具的基本使用

考慮到本章內容涉及的實際操作環節比較多，如果僅透過文字描述，可能難以讓初學者完全理解，我們特別為本章內容配備了全程視訊講解，以便你更直觀地了解整個操作過程。

13.1 什麼是抓取封包

當我們在瀏覽器上按一下一個網頁請求時，該請求會直接發送到伺服器，而伺服器也會直接將回應內容傳回給瀏覽器，如圖 13-1 所示。

在這個請求過程中，我們並不清楚瀏覽器到底攜帶了哪些資料給伺服器，以及發送的資料是什麼格式等。同樣地，伺服器在回應時也無法確定具體的回應內容和格式等。

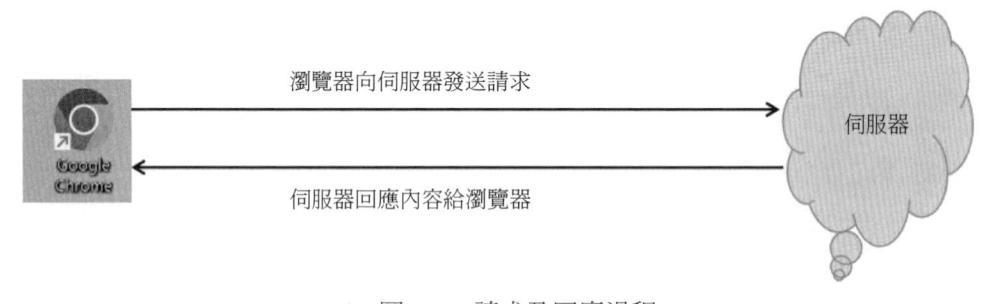

▲ 圖 13-1 請求及回應過程

然而，如果我們在瀏覽器和伺服器之間安裝一個代理伺服器，那麼這個代理伺服器就充當了一個監聽者的角色，它能夠監聽瀏覽器發送的所有內容以及伺服器回應的所有內容。簡單來說，代理伺服器就像一個中間人，瀏覽器首先將請求發送給代理伺服器，代理伺服器再代替瀏覽器將請求轉發給伺服器，並將伺服器回應的內容轉發給瀏覽器。因此，代理伺服器在這裡造成了兩個作用：第一是捕捉內容，它可以捕捉請求和回應的內容；第二是轉發，代理伺服器將請求代為轉發給伺服器，並將伺服器回應的內容代為轉發給瀏覽器。整個流程如圖 13-2 所示。

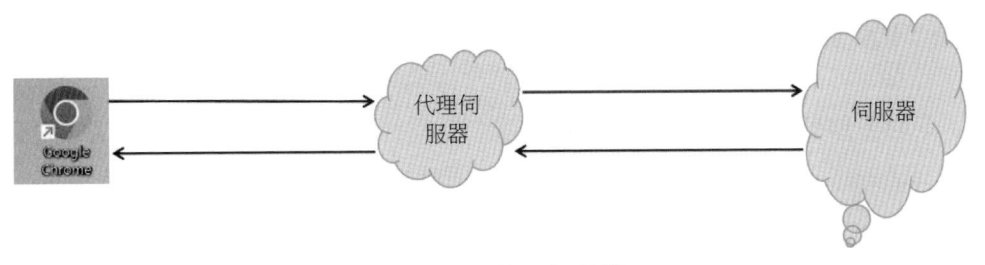

▲ 圖 13-2 代理伺服器

在測試領域，代理伺服器被稱為抓取封包工具，常用的抓取封包工具有 Charles、Fiddler、Wireshark 和 Tcpdump。

Charles：這是一款跨平臺的 HTTP 抓取封包工具，可以捕捉 HTTP/HTTPS 請求和回應，並提供豐富的偵錯和分析功能。

Fiddler：這是一款基於 Windows 平臺的 HTTP 抓取封包工具，可以捕捉 HTTP/HTTPS 請求和回應，並提供多種偵錯和分析功能。

Wireshark：這是一款免費、開放原始碼的網路通訊協定分析工具，支援多種協定解析和篩檢程式設置，適用於各種作業系統。它是世界上使用最廣泛的網路通訊協定分析器，功能強大且通用。

Tcpdump：這是一款命令列工具，可以捕捉網路資料封包並輸出到終端或檔案中，支援多種篩檢程式設置，也適用於各種作業系統。

在實際的測試工作中，初級軟體測試人員通常會優先選擇 Charles 或 Fiddler 這兩款抓取封包工具，因為它們不僅功能強大，而且相對容易上手。掌握其中任意一款工具，都能夠有效地輔助測試人員進行網路請求的捕捉和分析。本書將以 Charles 工具為例，講解它的安裝和基本使用方法，幫助讀者快速掌握這款實用的抓取封包工具。

◎ 13.2 為什麼要抓取封包

13.1 節提到，抓取封包工具可以捕捉請求和回應的內容。為什麼我們需要捕捉這些內容呢？也就是為什麼要進行抓取封包呢？這裡以 ZrLog 部落格系統登入請求為例來說明。圖 13-3 展示了 ZrLog 部落格系統登入請求過程中，使用抓取封包工具捕捉的請求和回應內容。

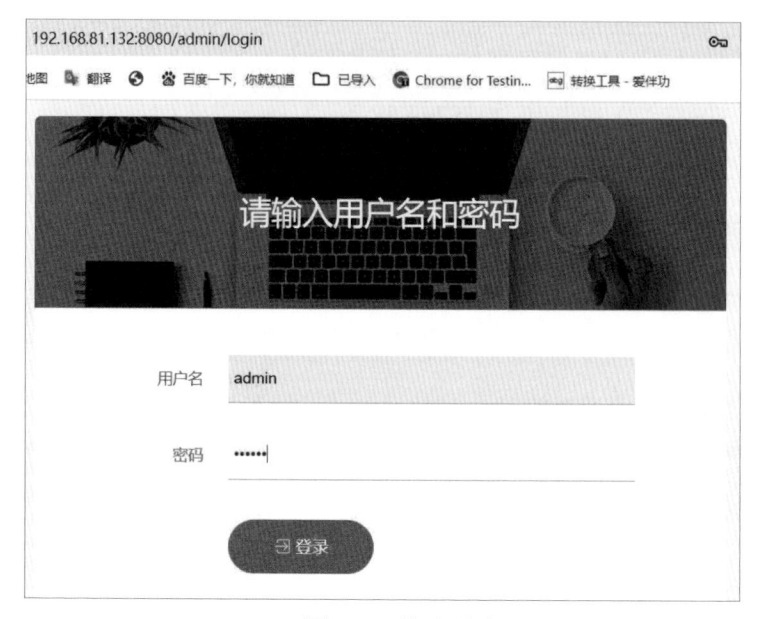

▲ 圖 13-3　登入請求

當使用者按一下登入按鈕時，前端頁面會將使用者名稱（如 admin）和密碼（如 123456）作為請求參數發送給 ZrLog 部落格系統的伺服器進行驗證，此時前端頁面就像 Postman 工具一樣，能夠將請求參數發送給伺服器。然而，由於前端頁面是透過程式撰寫的，如果前端頁面的程式寫得有問題或是存在缺陷，那麼就有可能導致發送給伺服器的請求參數是錯誤的。所以我們不能僅憑前端頁面輸入了 admin 和 123456 就斷定發送給伺服器的參數一定是 admin 和 123456。

同時，使用前端頁面發送登入請求時，測試人員無法直接看到該請求所使用的請求方式（POST 或 GET），也無法查看請求中攜帶的請求標頭等資訊。

13.2 為什麼要抓取封包

為了驗證前端頁面是否正確地發送了請求資料，同時查看請求標頭、請求方式等資訊，測試人員就可以使用抓取封包工具來捕捉前端頁面發送的請求，如圖 13-4 所示。

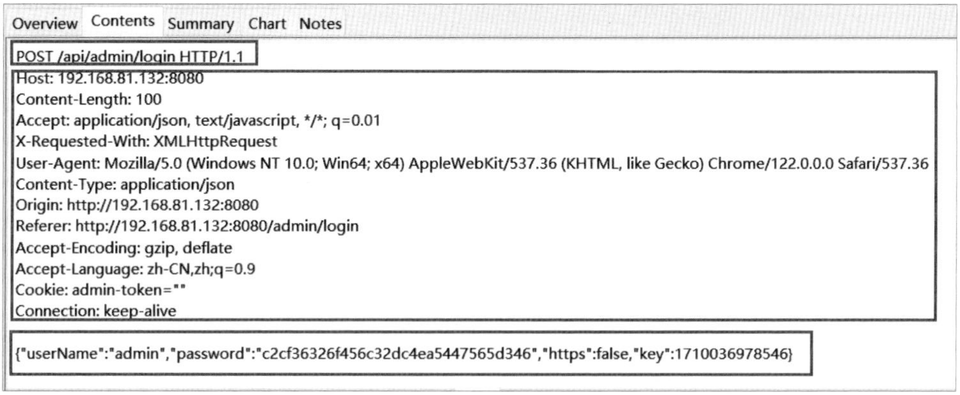

```
Overview  Contents  Summary  Chart  Notes

POST /api/admin/login HTTP/1.1
Host: 192.168.81.132:8080
Content-Length: 100
Accept: application/json, text/javascript, */*; q=0.01
X-Requested-With: XMLHttpRequest
User-Agent: Mozilla/5.0 (Windows NT 10.0; Win64; x64) AppleWebKit/537.36 (KHTML, like Gecko) Chrome/122.0.0.0 Safari/537.36
Content-Type: application/json
Origin: http://192.168.81.132:8080
Referer: http://192.168.81.132:8080/admin/login
Accept-Encoding: gzip, deflate
Accept-Language: zh-CN,zh;q=0.9
Cookie: admin-token=""
Connection: keep-alive

{"userName":"admin","password":"c2cf36326f456c32dc4ea5447565d346","https":false,"key":"1710036978546"}
```

▲ 圖 13-4 抓取封包工具捕捉到的請求內容

圖 13-4 就是抓取封包工具捕捉到的前端頁面發送給 ZrLog 部落格系統伺服器的所有請求內容。其中第一個方框展示了 HTTP 請求的方式，第二個方框則呈現了請求標頭的資訊，第三個方框則詳細列出了請求參數。透過以上三個方框的內容，我們可以清楚地看到前端頁面發送給伺服器的所有真實資料。透過分析這些資料，測試人員可以確認實際發送的請求參數是否與預期一致，從而確保前端頁面與伺服器之間的互動是正確的（對初學者來說，這些內容可能有些複雜，但目前僅需理解抓取封包工具的基本作用即可，至於工具的用法以及上述方框中的具體內容，我們將在後續的學習中逐步探討）。因此，抓取封包工具在這方面具有明顯的優勢。它提供了對於前端頁面難以獲得的請求細節的視覺化和分析能力。透過檢查抓取封包資料，我們可以驗證請求是否按照預期進行，並確保與伺服器之間的互動正確無誤。

以上是使用抓取封包工具的原因，當然，還有其他很多使用抓取封包工具的原因。然而，對初級軟體測試人員來說，目前接觸到的知識範圍較窄，可能沒有涉及抓取封包工具的其他用途。隨著基礎知識的累積和深入學習，我們將逐漸了解更多使用抓取封包工具的原因。

13 Charles 抓取封包工具的基本使用

○ 13.3 抓取封包工具的安裝

Charles 抓取封包工具的安裝非常簡單。首先，你需要從 Charles 的官方網站或其他可信賴的軟體下載平臺下載最新版本的 Charles 安裝套件。然後找到下載的安裝套件並按兩下執行。在安裝精靈中，閱讀並同意軟體授權合約，然後選擇安裝路徑，通常建議保留預設設置以簡化安裝過程，接著按照提示執行下一步操作即可完成安裝。為了方便大家安裝和使用，本章視訊包含了 Charles 抓取封包工具的下載和安裝教學。

○ 13.4 HTTP 封包

在本節中，我們將探討 HTTP 封包的奧秘。首先，我們會解釋什麼是 HTTP 封包。接著，我們將學習如何抓取這些 HTTP 封包，從而能夠分析它們。在此過程中，判定登入的主請求是一項關鍵技能，我們將闡述如何進行這一判斷。當然，僅抓取到封包還不夠，我們將分別探討請求內容和響應內容的解讀方法。透過本節的學習，你將更加深入地理解 HTTP 封包的工作原理，掌握抓取、分析和解讀 HTTP 封包的實際操作技巧。

<u>http</u>://192.168.81.132:8080/admin/login

▲ 圖 13-5 HTTP 協定的網址

13.4.1 什麼是 HTTP 封包

什麼是 HTTP 封包？

從圖 13-5 中可以明顯看到，該網址使用的是 HTTP 協定，而非 HTTPS 協定。因此，當我們需要捕捉這個請求的資料封包時，實際上捕捉的是 HTTP 封包。

13.4.2 抓取 HTTP 封包

使用 Charles 抓取封包工具捕捉 HTTP 請求的資料封包時，通常情況下無須進行複雜的設置即可直接抓取。這裡以 ZrLog 部落格系統登入請求為例來演示抓取封包過程，具體步驟如下。

（1）開啟 Charles 工具，並進入 Sequence 選項，如圖 13-6 所示。

Charles 抓取封包工具中的 Sequence 選項是一種查看封包的視圖方式。在這種方式下，網路請求會按照存取的時間順序進行排序。最新的請求會顯示在最下面，因此使用者可以方便地查看和分析按時間順序排列的所有請求。這對於需要追蹤和偵錯網路請求順序的場景非常有用。

（2）在 Filter 輸入框中設置要抓取封包的 IP 位址（這裡設置的是 ZrLog 部落格系統伺服器的 IP 位址），這樣設置的目的是，可以精確地捕捉你所期望的 HTTP 封包，而不會獲取其他任何 HTTP 封包，如圖 13-7 所示。

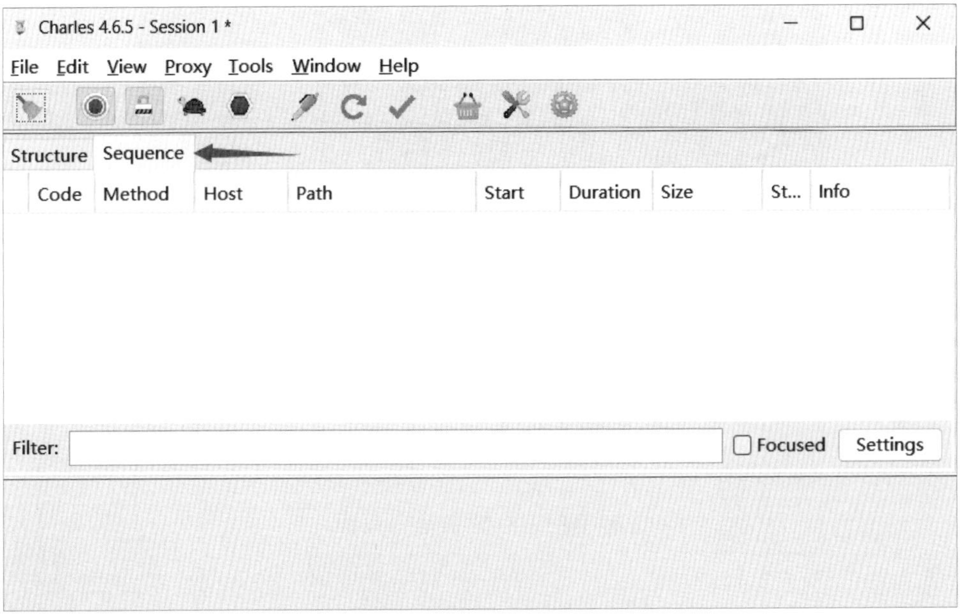

▲ 圖 13-6 進入 Sequence 選項

13　Charles 抓取封包工具的基本使用

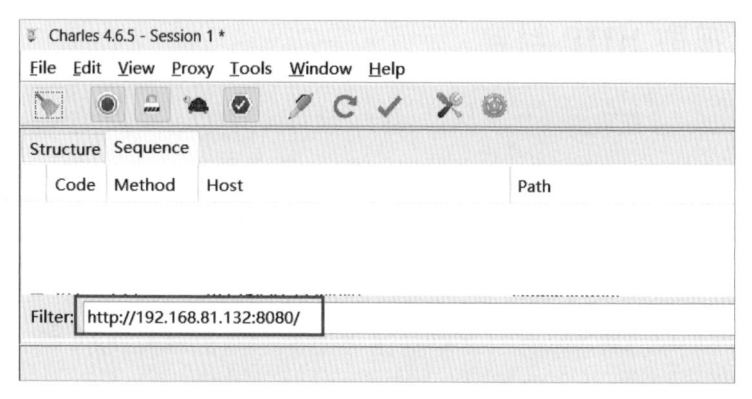

▲ 圖 13-7　設置 IP 過濾

（3）接下來開啟 ZrLog 部落格系統的登入頁面，並輸入使用者名稱（admin）和密碼（123456）進行登入，如圖 13-8、圖 13-9 所示。

▲ 圖 13-8　開啟登入頁面

13.4 HTTP 封包

▲ 圖 13-9 登入成功頁面

（4）登入成功之後，就可以看到 Charles 工具會自動抓取登入請求的所有 HTTP 封包，如圖 13-10 所示。

▲ 圖 13-10 登入請求的 HTTP 封包

13　Charles 抓取封包工具的基本使用

　　抓取封包成功後，在 Charles 工具中的 Sequence 選項下，每個網路請求都會顯示一些關鍵欄位，這些欄位對於理解和分析請求非常有幫助，以下是這些關鍵欄位的含義。

　　Code：HTTP 回應狀態碼。這是由服務器傳回的，用於表示請求的處理結果。舉例來說，200 表示請求成功，404 表示找不到請求的資源，500 表示伺服器內部錯誤等。

　　Method：HTTP 請求方式（請求方法）。這描述了請求的動作類型，常見的有 GET（獲取資源）、POST（提交資料）等。

　　Host：請求的主機名稱。這通常是伺服器的域名或 IP 位址，表示請求發送到的目標伺服器。

　　Path：請求的路徑。這是 URL 中主機名稱之後的部分，用於指定伺服器上的資源位置。這些欄位提供了關於每個 HTTP 請求的基本資訊，對測試人員來說，它們是理解和偵錯網路請求行為的關鍵。透過查看這些欄位，可以了解請求的目標、方式，以及伺服器的回應狀態等資訊。

　　從圖 13-10 中可以看到，Charles 工具已經捕捉到了四筆 HTTP 請求的資料封包。

13.4.3　如何判定登入的主請求

　　要確定圖 13-10 中顯示的四筆請求中哪一筆是登入的主請求，我們可以採用一個簡單的判定方法：檢查每筆請求的參數是否包含使用者名稱和密碼。因為在登入過程中，使用者在前端頁面輸入的使用者名稱和密碼會被提交給 ZrLog 部落格系統伺服器進行驗證。所以，包含了這兩個參數的請求就是登入的主請求。透過這種方式，我們可以輕鬆地從多筆請求中辨識出登入請求。

13.4 HTTP 封包

具體判定步驟如下。

首先，在圖 13-10 所示的四筆請求中，選擇任意一筆請求進行分析。接著，按一下該請求下的「Contents」（內容）選項，並進一步選擇第一個「Raw」（原始資料）選項。在「Raw」選項視圖中，你將能夠查看該請求的所有詳細資訊，包括請求方式、請求標頭以及請求參數等。透過仔細分析這些資訊，你可以判斷該請求是否為登入的主請求，如圖 13-11 所示。

Code	Method	Host	Path
200	GET	192.168.81.132:8080	/admin/login
200	POST	192.168.81.132:8080	/api/admin/login
200	GET	192.168.81.132:8080	/admin/index
200	GET	192.168.81.132:8080	/admin/dashboard

Filter: http://192.168.81.132:8080/

```
POST /api/admin/login HTTP/1.1
Host: 192.168.81.132:8080
Content-Length: 100
Accept: application/json, text/javascript, */*; q=0.01
X-Requested-With: XMLHttpRequest
User-Agent: Mozilla/5.0 (Windows NT 10.0; Win64; x64) AppleWebKit/537.36 (KHTML, like Gecko) Chrome/122.0.0.0 Safa
Content-Type: application/json
Origin: http://192.168.81.132:8080
Referer: http://192.168.81.132:8080/admin/login
Accept-Encoding: gzip, deflate
Accept-Language: zh-CN,zh;q=0.9
Cookie: admin-token=""
Connection: keep-alive

{"userName":"admin","password":"1b72f5d5f94b4fecce8de459b29bfe33","https":false,"key":1710038067867}
```

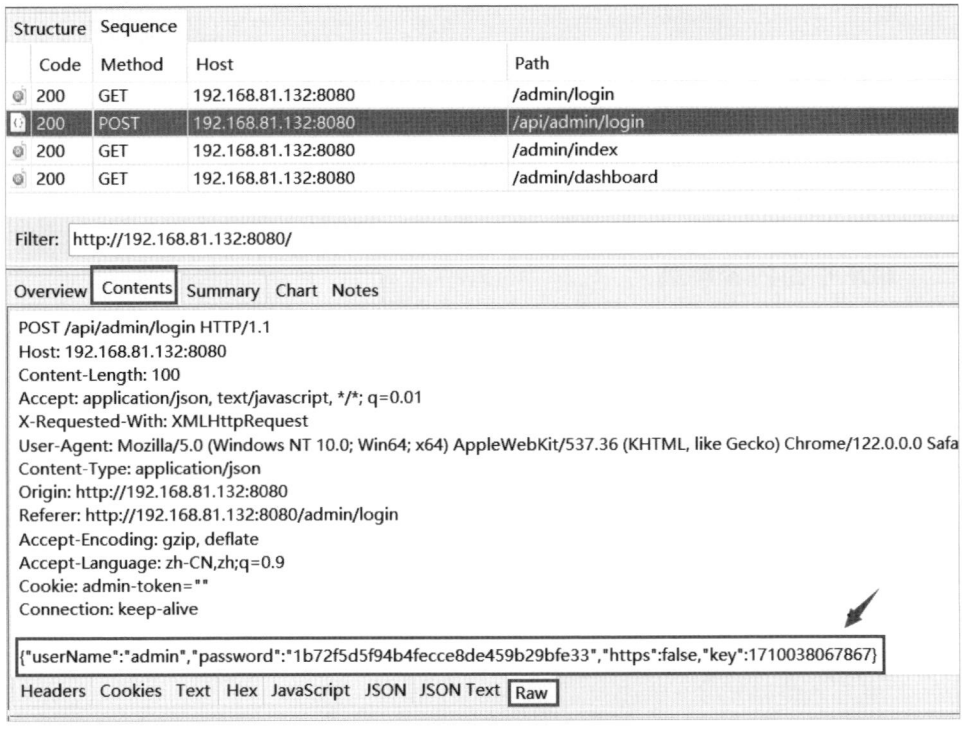

▲ 圖 13-11 請求資料封包解析

在第二個長方框的展示內容中，我們可以清晰地觀察到，該請求的參數列表中不僅包含了使用者名稱和密碼，其中密碼部分還經過了加密處理。由此可見，此請求就是登入的主請求。值得一提的是，除了這些明顯的登入憑據，此請求還附帶了 https 和 key 這兩個重要參數。如果不借助抓取封包工具的力量，這兩個參數對使用者來說是無法直接可見的。抓取封包工具在這裡扮演了關鍵角色，使得我們能夠洞察到這些隱藏在網路請求背後的詳細資訊。

13.4.4 請求內容的解讀

一｜請求行內容解讀

在圖 13-11 的 Contents 選項中的 Raw 選項視圖中，第 1 行內容（POST/api/admin/login HTTP/1.1）被稱為請求行，它們的含義如下。

（1）POST：這是一個 HTTP 請求方法，表示你要向伺服器提交資料。在這裡，你正在提交登入資訊。

（2）/api/admin/login：這是請求的資源路徑，告訴伺服器你想要存取的是哪個具體的功能或服務，這裡是管理員登入介面。

（3）HTTP/1.1：表示 HTTP 協定的版本。

二｜請求標頭內容解讀

在圖 13-11 的 Contents 選項中的 Raw 選項視圖中，第 2 行到第 12 行的內容被稱為請求標頭。由於內容過多，在這裡我們選取了初級軟體測試人員應該了解的三個重要欄位進行解釋。它們的含義如下。

（1）User-Agent：告訴伺服器關於發送請求的用戶端（如瀏覽器類型、版本、作業系統等）的資訊。

（2）Content-Type:application/json：告訴伺服器請求本體中的資料是 JSON 格式的。

（3）Cookie：儲存了一些階段資訊，如身份驗證權杖。在這裡，admin-token 是空的。本章視訊包含了 Cookie 說明的教學。

三｜請求本體內容解讀

在圖 13-11 的 Contents 選項中的 Raw 選項視圖中，第 14 行的內容被稱為請求本體（也就是請求參數），具體內容如下。

```
{"user Name":"admin","password":"1b72f5d5f94b4fecce8de459b29bfe33",
"https":false,"key":1710038067867}
```

它們的含義如下。

（1）這是一個 JSON 格式的資料，包含了登入所需的使用者名稱、密碼以及其他參數。

（2）userName：使用者名稱，這裡是「admin」。

（3）password：密碼，這裡是一個加密的字串，不是純文字密碼，會動態變化。

（4）https：一個布林值，表示是否使用 HTTPS 協定。在這裡是 false，表示不使用 HTTPS。

（5）key：一個額外的參數，可能是用於驗證或加密的金鑰，同樣會動態變化。

總的來說，這個請求是向伺服器的 /api/admin/login 介面發送登入資訊，包括使用者名稱、密碼和其他參數，以 JSON 格式提交。伺服器會根據這些資訊來驗證使用者的身份並傳回相應的回應。

13.4.5 回應內容的解讀

透過 Charles 抓取封包工具的 Contents 選項中的第二個 Raw 選項，使用者可以直觀地查看到登入請求的完整回應內容，如圖 13-12 所示。

Charles 抓取封包工具的基本使用

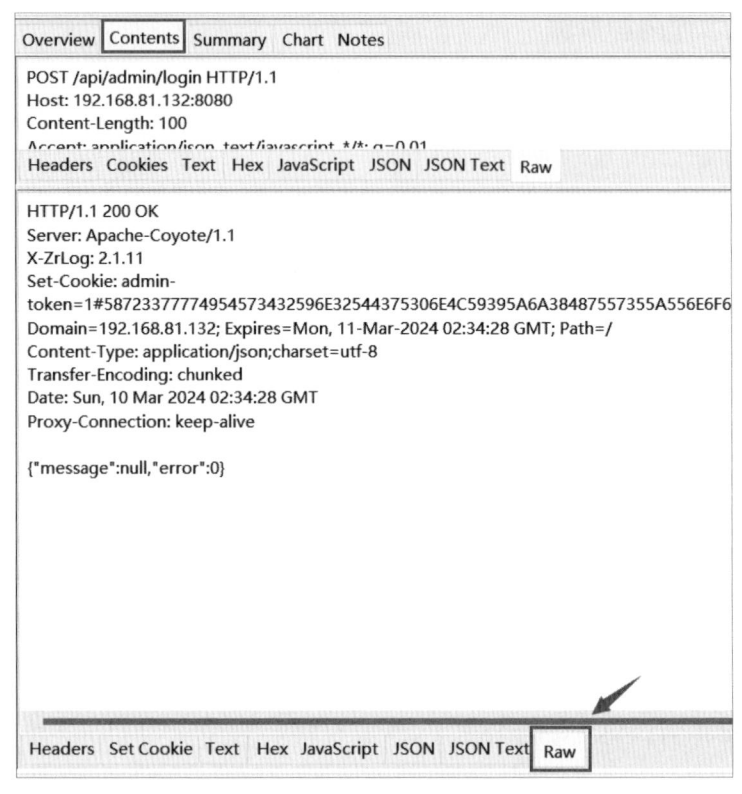

▲ 圖 13-12 回應資料封包解析

一｜HTTP 回應行內容解讀

在圖 13-12 的 Contents 選項中的第二個 Raw 選項視圖中，首行內容被標記為回應行，具體呈現為「HTTP/1.1 200 OK」。這裡，「HTTP/1.1」清晰表明了所使用的 HTTP 協定版本為 1.1。緊接著的「200」是伺服器傳回的協定狀態碼，它扮演著至關重要的角色，直接傳達了請求的處理狀態。當狀態碼為「200」時，表示用戶端的請求已被伺服器成功接收並處理。無論是進行功能測試還是介面測試，協定狀態碼都是測試人員必須密切關注的關鍵資訊，它為我們提供了請求處理結果的直接回饋。

13.4 HTTP 封包

下面是一些常見的 HTTP 協定狀態碼，以及它們的詳細說明。

（1）HTTP 協定狀態碼（HTTP Status Code）是伺服器在回應用戶端請求時傳回的三位數字程式，它為用戶端（這裡的用戶端可以是瀏覽器，也可以是 Postman 等發送請求的工具）提供了關於請求結果的簡明資訊。HTTP 協定狀態碼對測試人員來說十分重要，因為它指出了請求是否成功、需要採取什麼後續操作或發生了何種錯誤。

（2）HTTP 協定狀態碼的主要作用。

通訊狀態回饋：幫助用戶端理解伺服器處理請求的結果，如請求是否成功完成。

問題診斷：當請求失敗時，狀態碼可以幫助開發者快速定位問題所在，比如是用戶端錯誤還是伺服器端錯誤。

重定向指示：某些狀態碼會告訴用戶端需要發起新的請求以獲取資源或完成任務。

（3）常見的 HTTP 協定狀態分碼類別及含義。

- 1xx（臨時回應）

100 Continue：表示用戶端應當繼續其請求，這個臨時回應是用來通知用戶端其部分請求已經被伺服器接收，等待剩餘部分。

其他 1xx 狀態碼並不常見，主要用於實驗性擴充。

- 2xx（成功）

200 OK：最常見的狀態碼，表示請求已成功被伺服器接收、理解和接受，並且伺服器已經成功處理了請求。

201 Created：用於建立操作成功，新資源已經生成。

204 No Content：請求已成功處理，但回應封包不含實體的主體部分，即沒有資源內容傳回。

- 3xx（重定向）

301 Moved Permanently：永久重定向，請求的資源已被分配到新的 URI。

302 Found 或 307 Temporary Redirect：臨時重定向，請求的資源臨時移動到了新的 URI。

304 Not Modified：資源未修改，用戶端可繼續使用快取的版本。

- 4xx（用戶端錯誤）

400 Bad Request：請求語法錯誤，伺服器無法理解請求的原因而未能處理。

401 Unauthorized：未授權，需要通過 HTTP 認證。

403 Forbidden：伺服器理解請求，但是拒絕執行此請求。

404 Not Found：請求的資源（網頁等）未找到。

- 5xx（伺服器錯誤）

500 Internal Server Error：伺服器遇到了一個未曾預料的狀況，發生了內部錯誤，導致它無法完成對請求的處理。

503 Service Unavailable：伺服器當前無法處理請求，可能是由於超載或停機維護等。總結來說，以 2 開頭的 HTTP 協定狀態碼通常表示伺服器已成功處理了請求。以 3 開頭的狀態碼表示請求的 URL 需要重定向。而以 4 開頭的狀態碼通常指示用戶端發送的請求存在問題，而非伺服器的問題。最後，以 5 開頭的狀態碼則通常表明是伺服器出現了問題，而非用戶端的問題。這些狀態碼為開發人員和測試人員提供了關於請求處理結果的重要資訊，有助診斷問題和確保系統的正常執行。

二｜HTTP 回應標頭內容解讀

在圖 13-12 的 Contents 選項中的第二個 Raw 選項視圖中，第 2 行到第 9 行的內容被稱為回應標頭。由於內容過多，在這裡我們選取了初級軟體測試人員應該了解的兩個重要欄位進行解釋。它們的含義如下。

（1）Set-Cookie:admin-token=…：伺服器設置了一個名為 admin-token 的 Cookie。Cookie 的值是一長串看似隨機生成的字元。這個 Cookie 用於後續的請求認證。本章視訊包含了 Set-Cookie 的說明。

13.5 HTTPS 封包

（2）Content-Type:application/json;charset=utf-8：回應的內容是 JSON 格式的，並使用 UTF-8 字元集編碼。

三 | HTTP 回應體內容解讀

在圖 13-12 的 Contents 選項中的第二個 Raw 選項視圖中，第 12 行的內容被稱為回應本體，也就是回應正文。回應正文是以 JSON 格式呈現的，內容為「{"message":null,"error":0}」，包含兩個欄位：message 和 error。

（1）message:null：訊息欄位為空。如果請求成功且沒有額外的資訊要傳回，這通常是符合預期的。但如果請求失敗或需要提供更多資訊，訊息欄位可能會包含有用的錯誤訊息或描述。

（2）error:0：可能表示請求處理沒有錯誤。具體的解釋取決於後端應用的邏輯。從這個正文資訊中，我們可以解讀出登入操作後，伺服器並沒有傳回任何錯誤資訊，

這表明登入已經成功完成。關於回應中各個參數的具體含義和用途，需要參考開發人員提供的介面文件進行深入了解，這裡不再展開詳細討論。

❧ 13.5 HTTPS 封包

13.5.1 什麼是 HTTPS 封包

什麼是 HTTPS 封包？

從圖 13-13 請求中可以明顯看到，該網址使用的是 HTTPS 協定，而非 HTTP 協定。因此，當我們需要捕捉這個請求的資料封包時，實際上捕捉的是 HTTPS 封包。

<u>https</u>://www.ptpress.com.cn

▲ 圖 13-13 HTTPS 協定的網址

13-17

13.5.2 憑證安裝

與抓取 HTTP 封包不同，Charles 工具在抓取 HTTPS 封包時需要安裝憑證，主要是因為 HTTPS 協定是加密的。這種加密確保了資料在傳輸過程中的安全性和私密性，使得第三方軟體（如 Charles）無法輕易窺探或篡改資訊。但是，這也給開發者或測試人員分析、偵錯 HTTPS 請求帶來了困難。為了解決這個問題，Charles 工具提供了一種方法：透過安裝一個它自己生成的憑證到用戶端（如瀏覽器或作業系統），讓用戶端信任 Charles 作為一個「中間人」。這樣，當用戶端與伺服器進行 HTTPS 通訊時，Charles 就可以「插手」其中，簡單來說，安裝 Charles 的憑證就是為了讓用戶端把 Charles 當成一個可信任的「中間翻譯官」，這樣 Charles 才能在不影響資料安全性和完整性的前提下，幫助開發者或測試人員查看和分析 HTTPS 通訊的內容。本章視訊包含了憑證安裝過程的教學。

13.5.3 解決亂碼問題

在安裝憑證後，若使用 Charles 開啟某些頁面出現亂碼，通常是由 HTTPS 網頁的請求預設未被解析所致。不過，你可以透過簡單設置，輕鬆讓 Charles 對 HTTPS 網頁進行解析，從而正常顯示頁面內容。設置步驟如下：

（1）在 Charles 的主選單中，選擇「Proxy」（代理）選項，然後按一下「SSL Proxying Settings」（SSL 代理設置）進入相關設置介面。在這個介面中，找到並選中「Enable SSL Proxying」（啟用 SSL 代理）核取方塊，以啟用 HTTPS 代理功能，如圖 13-14 所示。

（2）按一下「Add」按鈕，在設置視窗的「Host」欄位中填入「*」，這表示 Charles 將代理所有後續的 HTTPS 請求；在「Port」欄位中設置「443」，這表示 Charles 將代理所有通過 443 通訊埠的 HTTPS 請求，如圖 13-15 所示。

13.5 HTTPS 封包

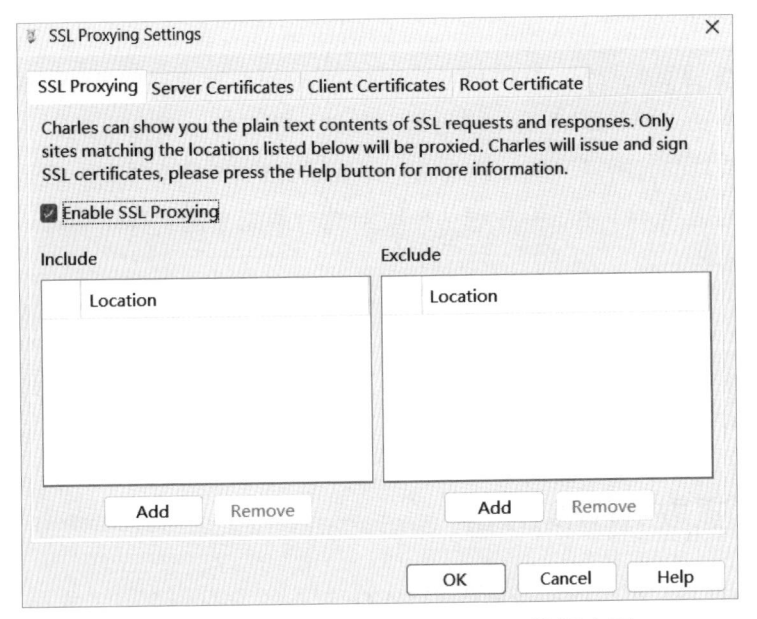

▲ 圖 13-14 SSL Proxying Settings 設置介面

▲ 圖 13-15 設置主機地址和通訊埠

13 Charles 抓取封包工具的基本使用

需要說明的是，443 通訊埠是電腦網路中的「通道」，它專門用來傳輸 HTTPS 協定的資料。HTTPS 是一種加密的網頁瀏覽協定，可以保證我們在網際網路上傳輸的資訊（如信用卡號碼、密碼等）是安全的，不會被別人偷看或篡改。所以，當我們造訪一個使用 HTTPS 的網站時，我們的電腦就會通過這個 443 通訊埠和網站伺服器進行通訊，確保我們的資訊安全地到達目的地。

（3）完成上述設置後，記得重新啟動 Charles 軟體以使設置生效。重新啟動後，你就可以正常抓取並解析 HTTPS 封包，查看 HTTPS 網頁的內容而不會再出現亂碼問題了。

13.5.4 抓取 HTTPS 封包

抓取 HTTPS 封包的過程與抓取 HTTP 封包的過程一樣，開啟 Charles 工具就能抓，以下抓取的是人郵網首頁請求封包，如圖 13-16 所示。

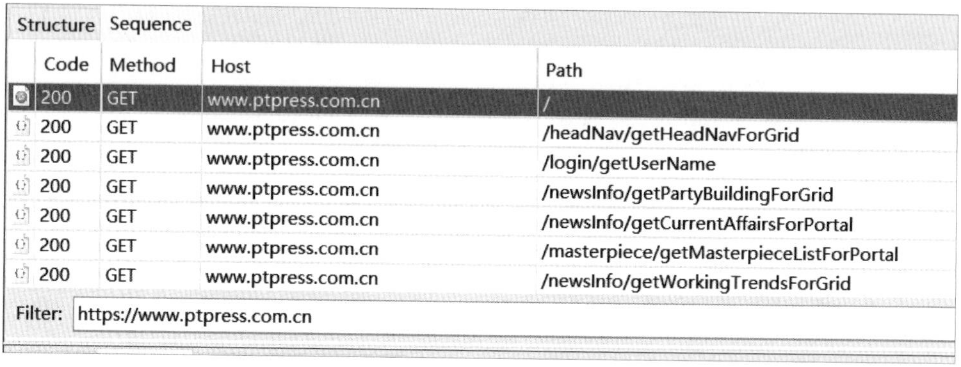

Code	Method	Host	Path
200	GET	www.ptpress.com.cn	/
200	GET	www.ptpress.com.cn	/headNav/getHeadNavForGrid
200	GET	www.ptpress.com.cn	/login/getUserName
200	GET	www.ptpress.com.cn	/newsInfo/getPartyBuildingForGrid
200	GET	www.ptpress.com.cn	/newsInfo/getCurrentAffairsForPortal
200	GET	www.ptpress.com.cn	/masterpiece/getMasterpieceListForPortal
200	GET	www.ptpress.com.cn	/newsInfo/getWorkingTrendsForGrid

Filter: https://www.ptpress.com.cn

▲ 圖 13-16 HTTPS 封包

抓取 HTTPS 封包的過程與抓取 HTTP 封包類似，只需開啟 Charles 工具即可開始捕捉網路請求。對初級軟體測試人員來說，目前主要關注「Contents」選足夠了，如圖 13-17 所示。

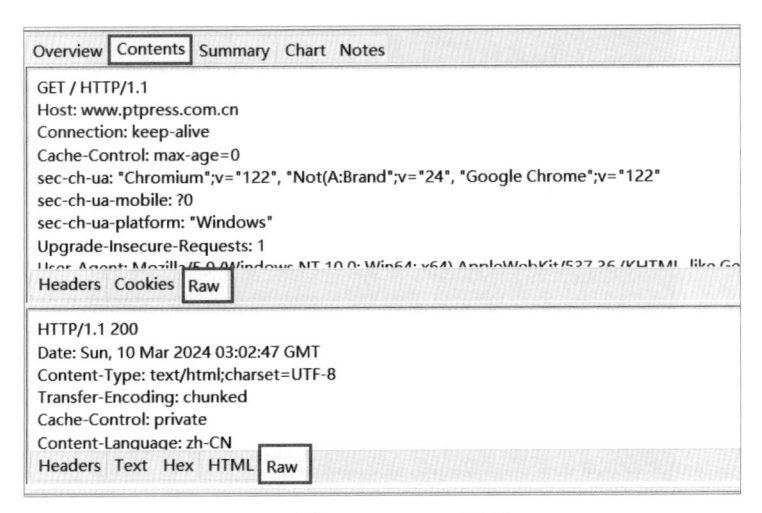

▲ 圖 13-17 Raw 選項

　　項卡下的兩個「Raw」選項中的資料就第一個 Raw 選項展示了請求的全部內容，包括發送給伺服器的資料，這可以幫助我們了解用戶端與伺服器之間的通訊細節。而第二個 Raw 選項則顯示了伺服器回應的全部內容，即伺服器傳回給用戶端的資料，這對於驗證伺服器的響應和處理邏輯至關重要。

　　透過查看這兩個 Raw 選項中的資料，初級軟體測試人員可以初步了解網路請求和回應的基本結構和內容，為後續的網路測試和分析打下基礎。

13.6 透過抓取封包工具定位前後端問題

　　透過抓取封包工具定位前後端問題，這裡舉例說明。例如有一個登入請求，如圖 13-18 所示。原本需要使用編號「600352」，使用者名稱「andy001」和密碼「test1234」才能成功登入。然而，在實際測試中，錯誤地使用了包含非法字元和冗長字串的編號：「600352 sdk sdklskjdkjdkj,,@!#@dfkjdfkjdfkj 右左左」。按常理，這樣的錯誤編號應該導致登入失敗。然而，出乎意料的是，登入竟然成功了。為了深入調查這個問題，進行抓取封包分析，了解是前端頁面出

Charles 抓取封包工具的基本使用

▲ 圖 13-18 登入請求

了問題還是背景伺服器在處理登入請求時出現了問題。以下是抓取封包的內容，如圖 13-19 所示。

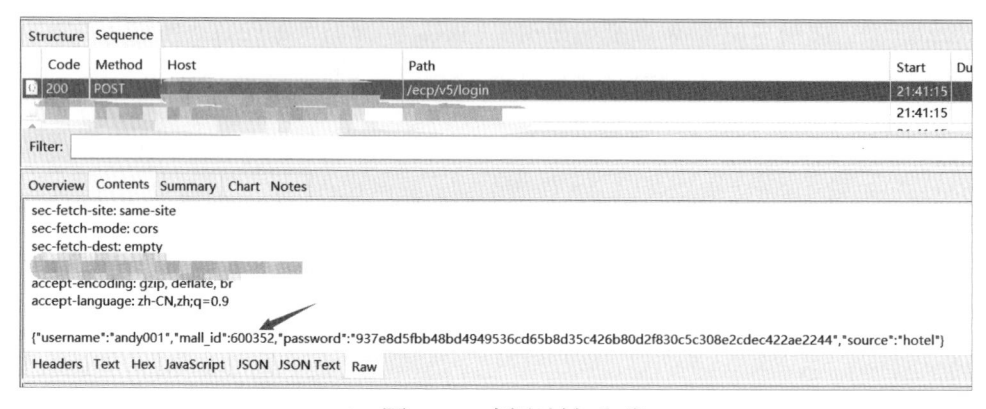

▲ 圖 13-19 抓取封包內容

從抓取封包的內容中，我們觀察到參數 mail_id，即編號的值是「600352」，而並非前端頁面上輸入的「600352 sdk sdklskjdkjdkj,,@!#@dfkjdfkjdfkj 右左左」。這表明前端頁面在處理使用者輸入時，並沒有將完整的輸入字串發送給伺服器，而是僅發送了編號「600352」。這種情況明顯指向前端頁面存在一個問題：它在傳輸資料之前私自截取了使用者輸入的原始字串。這種做法不僅可

13-22

能導致使用者的輸入被意外修改，還可能引發安全隱憂，因為使用者可能無法意識到他們的輸入已被更改。

相比之下，背景伺服器的行為符合預期，它接收到了正確的編號「600352」，以及與之匹配的使用者名稱「andy001」和密碼「test1234」，並因此允許了登入請求。登入成功正是因為這些資料是有效的登入憑證。

綜上所述，問題出在前端頁面的資料處理上，它不應該在使用者不知情的情況下修改或截取輸入資料。為了解決這個問題，前端頁面需要修復其資料處理邏輯，確保使用者的原始輸入能夠完整、準確地發送到伺服器。

如果抓取封包分析顯示請求參數與使用者在前端頁面輸入的完全一致，即編號為冗長且包含非法字元的「600352 sdk sdklskjdkjdkj,,@!#@dfkjdfkjdfkj 右左左」，使用者名稱為「andy001」，密碼為「test1234」，並且這些參數都成功發送到了伺服器，最終還導致了登入成功，那麼這就明確指向了背景伺服器存在問題，而前端並沒有問題，前端頁面只是正常地發送了使用者輸入的資料。

在這種情況下，背景伺服器應該對使用者輸入進行嚴格的驗證和過濾，特別是編號這樣的關鍵欄位，應該確保其符合預期的格式和長度。然而，從當前的結果來看，伺服器並沒有正確地執行這些驗證步驟，而是錯誤地接受了不符合規範的輸入，並允許了登入請求。

這種行為不僅可能導致未經授權的使用者存取系統，還可能暴露系統的安全性漏洞。因此，背景伺服器需要立即修復其驗證邏輯，確保只有符合要求的輸入才能被接受和處理。

13.7 本章小結

13.7.1 學習提醒

對初級軟體測試人員來說，熟練掌握 Charles 或 Fiddler 等重要的抓取封包工具是提升技能的關鍵。這些工具在功能測試和介面測試中發揮著不可或缺的作用，能夠幫助測試人員精準捕捉並分析網路請求，從而更深入地洞察系統行

13 Charles 抓取封包工具的基本使用

為。為了在網路測試領域更進一步，建議除了掌握本章所介紹的基礎知識，還應深入學習抓取封包工具的高級功能，如弱網模擬、行動應用程式（App）抓取封包、資料篡改技巧、精準篩檢程式的設置、資料封包的詳盡解析以及對 HTTP 協定的深入理解等。這些進階技能將讓你在面對更複雜的網路測試挑戰時遊刃有餘，成為團隊中不可或缺的技術能手。

13.7.2 求職指導

一｜本章面試常見問題

問題 1：抓取封包工具（Fiddler 或 Charles）的原理是什麼？

參考回答：簡單來說，抓取封包工具就像是在網路通訊的「電話線」上安裝了一個「竊聽器」，能夠讓我們聽到裝置和伺服器之間的「對話」。透過這些「對話」，我們就可以了解到它們之間到底發生了什麼，比如哪個請求出現了問題，哪個回應傳回了錯誤等。這對測試人員來說非常有用，可以幫助他們快速定位和解決網路相關的問題。

問題 2：抓取封包工具怎麼抓取 HTTPS 封包？

參考回答：為了抓取 HTTPS 封包，我們需要在抓取封包工具中安裝並信任一個根憑證。這個根憑證就像是抓取封包工具的「身份證」，讓我們的裝置認為抓取封包工具是一個可信任的「中間人」。當裝置與伺服器進行 HTTPS 通訊時，抓取封包工具會使用這個根憑證對傳輸的資料進行解密和重新加密，這樣我們就可以在抓取封包工具中看到明文的資料內容了。

問題 3：如何判斷前後端的問題？

參考回答：使用抓取封包工具截獲網路通訊的資料封包，將前端發送的請求參數與抓取封包截獲的參數進行比對。如果參數不一致，則前端可能存在問題。如果參數一致，但服務端傳回了錯誤資訊，那可能就是後端的問題。另外，可以透過傳回的協定狀態碼和日誌進行協助判斷。

問題 4：常見的 HTTP 協定狀態碼有哪些？

參考回答：請直接參考 13.4.5 節的內容。

問題 5：你在工作中都用到了抓取封包工具的什麼功能，分別是在什麼場景下使用的？參考回答：主要用於分析前後端 Bug、設置中斷點、模擬弱網測試、進行介面測試等。

問題 6（知識拓展）：TCP 與 UPD 協定的區別是什麼？

參考回答：

UDP 與 TCP 協定的主要區別如下。

連線性：TCP 是連線導向的協定，而 UDP 是不需連線的協定。這表示 TCP 在傳輸資料前需要建立連接，而 UDP 則無須建立連接。

可靠性：TCP 是一個可靠的傳輸協定，它保證資料傳輸的正確性，確保資料不封包遺失、不重複，且按順序到達。而 UDP 是一個不可靠的協定，它不保證資料能夠可靠完整地到達，只是盡最大努力去完成交付。

傳輸效率：由於 TCP 需要建立連接並保證傳輸的可靠性，因此其傳輸效率相對較低。而 UDP 由於沒有建立連接的過程和複雜的確認機制，其傳輸效率較高。

應用場景：TCP 適用於需要可靠傳輸的場景，如檔案傳輸、網頁瀏覽等。而 UDP 適用於對即時性要求較高或可以容忍一定封包遺失率的場景，如視訊流、即時遊戲等。

問題 7（知識拓展）：什麼是 TCP 協定中的三次交握和四次揮手？

參考回答：

三次交握用於建立 TCP 連接的過程。在這個過程中，用戶端和伺服器透過交換三個資料封包來確認雙方的接收和發送能力。具體步驟如下。

13 Charles 抓取封包工具的基本使用

（1）用戶端發送一個 SYN 封包給伺服器，詢問伺服器是否開啟並準備好接收資料。

（2）伺服器收到 SYN 封包後，發送一個 ACK 封包確認收到 SYN，並同時發送一個 SYN 封包給用戶端。

（3）用戶端收到伺服器的 SYN+ACK 封包後，發送一個 ACK 封包確認收到伺服器的 SYN。至此，TCP 連接建立成功。

四次揮手用於終止 TCP 連接的過程。在這個過程中，雙方透過交換四個資料封包來確保連接的可靠關閉。具體步驟如下。

（1）當一方（如用戶端）決定關閉連接時，它發送一個 FIN 封包給另一方（如伺服器），表示不再發送資料。

（2）另一方收到 FIN 封包後，發送一個 ACK 封包確認收到 FIN，然後也發送一個 FIN 封包給對方，表示自己也準備關閉連接。

（3）當一方收到對方的 FIN 封包並發送 ACK 封包確認後，進入等候狀態，等待一段時間以確保對方收到 ACK。

（4）最後，當等待時間過後，一方（如用戶端）關閉連接，而另一方（如伺服器）在收到 ACK 封包後也立即關閉連接。

透過三次交握和四次揮手的過程，TCP 協定確保了資料的可靠傳輸和連接的可靠關閉。這些過程在電腦網路中非常重要，並被廣泛應用於各種網路通訊場景。

問題 8（知識拓展）：OSI 互聯參考模型有幾層？TCP/IP 協定有哪幾層？

參考回答：OSI 互聯參考模型共有七層，從低到高分別是：物理層、資料連結層、網路層、傳輸層、會談層、展現層、應用層。

問題 9（知識拓展）：怎麼打斷點？

問題 10（知識拓展）：抓取封包工具如何抓 App 的封包？

問題 11（知識拓展）：抓取封包工具如何模擬弱網操作？

說明：本書並未涵蓋問題 9、10、11 所涉及的基礎知識，由於這三個問題涉及的基礎知識具有很強的實際操作性，本章視訊包含了這三個問題的講解與操作，請大家自行總結答案。

二｜面試技巧

當被問及抓取封包工具的高級功能時，即使沒有直接操作過這些功能，也要從問題解決的角度出發，舉出思考和應對策略。可參考以下回答。

首先，我會認真查閱官方文件或社區討論區，深入了解這些高級功能的具體用法和注意事項；其次，我會在測試環境中進行嘗試和操作，以確保我能夠正確地使用這些功能；最後，我也非常願意在業餘時間進一步學習和探索這些高級功能，不斷提升自己的技能水準和解決問題的能力。我相信，透過不斷學習和實踐，我能夠熟練掌握這些抓取封包工具的高級功能，並在未來的工作中發揮出更大的價值。

MEMO

14

使用 Python 進行介面自動化測試

在本書第 12 章中,我們探討了介面測試的基礎概念,並透過生動的實際案例,幫助讀者鞏固了相關知識。不過,當時的討論主要集中在手動測試方法上,尚未涉及介面自動化測試。隨後,在第 13 章中,我們學習了如何利用抓取封包工具來捕捉和分析 HTTP 請求與回應的內容,為讀者揭示了網路通訊背後的細節。透過對第 11 章的學習,我們已經掌握了 Python 物件導向程式設計以及

14 使用 Python 進行介面自動化測試

pytest 測試框架。本章將以此為起點，引導讀者逐步拓展技能邊界，學習如何利用 Python 語言和 pytest 測試框架，實現高效、可靠的介面自動化測試。

考慮到本章內容涉及抓取封包、撰寫程式、執行和偵錯等多個環節，如果僅透過文字描述，可能難以讓初學者完全理解。因此，我們特別為本章內容配備了全程視訊講解，以便你更直觀地了解整個操作過程。希望這些視訊能幫助你更進一步地掌握使用 Python 進行介面自動化測試的技巧。

14.1 存取 Python 字典

在進行介面測試時，我們請求的資料格式的和響應的資料大部分是 JSON 格式的資料，如果用 Python 來做介面自動化測試，就需要發送這些 JSON 格式的資料，而這些 JSON 格式的資料在 Python 中被稱為字典類型的資料。本節將講解字典的一些基本用法，以配合後面介面自動化測試指令稿的完成。

一 | 什麼叫字典？

字典（Dictionary）是 Python 中的一種內建資料型態，用於儲存可變數量的項，每個項由一個鍵（Key）和一個值（Value）組成。鍵和值之間用冒號分隔，每個鍵值對之間用逗點分隔，整個字典由大括號包圍，它的資料格式與 JSON 的資料格式一樣。字典的格式如下：

```
{key1: value1, key2: value2, ...}
```

範例 1：一個簡單的字典，其中包含學生的姓名和年齡。

```
student = {'name': 'Kitty', 'age': 20}
```

範例 2：一個包含多個鍵值對的字典，展示不同水果的顏色。

```
fruits = {'apple': 'red', 'banana': 'yellow', 'grape': 'purple'}
```

二 ｜ 怎麼樣存取字典？

字典中的元素可以透過鍵來存取。使用方括號 [] 並將鍵作為索引來檢索對應的值。如果鍵不存在於字典中，將引發 KeyError 異常。

範例 1：使用鍵來存取字典中的值。

```
student = {'name': 'Kitty', 'age': 20}
print(student['name'])  # 輸出：Kitty
print(student['age'])   # 輸出：20
```

注意：如果嘗試存取不存在的鍵，如 student['grade']，將引發 KeyError。

範例 2：使用 get() 方法存取字典中的值，並提供預設值。

```
fruits = {'apple':'red','banana':'yellow','grape':'purple'}
print(fruits.get('apple'))                # 輸出：red
print(fruits.get('orange',' 鍵不存在 '))  # 輸出：鍵不存在
```

在這個範例中，嘗試存取不存在的鍵 orange 時，get() 方法傳回了提供的預設值字串，而非引發異常。

✿ 14.2 安裝 Requests 函數庫

一 ｜ Requests 簡介

Requests 是一個用 Python 撰寫的 HTTP 用戶端函數庫，它以簡潔和人性化的方式發送 HTTP 請求。使用 Requests，你可以輕鬆地發送 GET、POST 等 HTTP 請求，並獲取回應內容。它還支援增加請求標頭、發送表單資料、上傳檔案、處理 cookies 和階段等高級功能。

二 ｜ Requests 工具的安裝

Requests 也是 Python 的第三方應用工具，所以需要額外安裝，在 PyCharm 整合式開發環境中，你可以透過其「終端」選項來輕鬆安裝 Requests。只需輸入命令「pip3 install requests」，即可開始安裝，如圖 14-1 所示。

14 使用 Python 進行介面自動化測試

```
終端  本地 × + ∨
PS C:\Users\jiang\PycharmProjects\requests> pip3 install requests
```

▲ 圖 14-1 安裝命令

安裝完成後，當底行出現「Successfully installed requests-2.31.0」時，則代表 Requests 安裝成功（透過此方式安裝的任何 Requests 版本都可以使用），其他提示可以忽略。

14.3 建立 session 實例並發送請求

一｜新建 session 實例

session 實例是什麼？為什麼要新建實例？請大家先看一段程式，具體程式如下所示。

```
1 import requests
2 session = requests.Session()
```

【程式分析】

- 第 1 行程式的含義：匯入 requests 這個函數庫。
- 第 2 行程式的含義：在這個 requests 函數庫的 Session 這個類別中新建一個 session 實例。
- 在 Session 這個類別中新建一個 session 實例有什麼作用呢？通俗地說，這就像是你開啟了一個新的網頁瀏覽器視窗或標籤頁，準備開始一系列的網頁瀏覽活動。在這個「視窗」或「階段」（session）中，你可以進行多次的網路請求，比如開啟多個網頁、登入某個網站、提交表單等。

14.3 建立 session 實例並發送請求

而這個 session 實例就像是你手中的那個瀏覽器視窗的控制器，透過它你可以告訴 Python 去進行哪些網路請求操作（類似於 Web 自動化的 driver 控制器一樣）。

- 當你使用這個 session 實例發送網路請求時，它會自動處理一些必要的事情，比如保持某些狀態資訊，使得在多次請求之間可以共用 cookie，從而保持階段的一致性。想像一下，你開啟一個瀏覽器，登入了一個網站，然後瀏覽了一些頁面，你的登入狀態會被瀏覽器記住，你不需要在每次造訪新頁面時都重新登入。requests.Session 類別的作用與此類似，它允許你在發起多次請求時，保留某些重要的資訊，如 cookie，這樣就不用在每個請求中都重新提供這些資訊。這對需要登入驗證、保持階段狀態或處理 cookies 的網站來說特別有用。

二｜使用 session 實例發送 GET 請求

session 實例新建完成後，就可以透過它來發送 GET 請求，具體程式如下所示。

```
1 import requests
2 session = requests.Session()
3 res = session.request(method = 'get',
4                      url = 'http://192.168.81.132:8080/admin/login')
5 print(res.status_code)
6 print(res.text)
```

【程式分析】

- 第 1 行程式的含義：這行程式匯入了 Python 的 requests 函數庫。requests 是一個常用的 HTTP 用戶端函數庫，用於發送所有類型的 HTTP 請求。

- 第 2 行程式的含義：這行程式建立了一個新的 session 實例，session 實例發送 HTTP 請求時可以保持 cookies 的連續性。

- 第 3 行和第 4 行程式的含義：這行程式使用前面建立的 session 實例呼叫了 Session 類別中 request() 方法來發送一個 HTTP 請求。method='get'：指定請求的方法為 GET。HTTP 請求有多種方法，其中 GET 是最常用

14 使用 Python 進行介面自動化測試

的一種，用於從指定的資源請求資料。url='http://192.168.81.132:8080/admin/login'：指定請求的 URL，這個 URL 是 ZrLog 部落格系統的登入頁。最後請求的結果（即 HTTP 回應）被賦值給變數 res。

- 第 5 行程式的含義：這行程式列印 HTTP 回應的協定狀態碼。狀態碼是一個三位數字，表示請求的處理結果。舉例來說，200 表示請求成功，404 表示未找到資源。

- 第 6 行程式的含義：這行程式列印 HTTP 回應的內容，並且以文字（text）形式顯示。如果回應內容不是 JSON 格式的資料，就可以使用 res.text 來獲取它。

【程式執行結果】

執行結果如圖 14-2 所示。

▲ 圖 14-2 執行結果

從執行的結果可以看到，它列印出了協定狀態碼和登入頁面的原始程式資訊。

14.3 建立 session 實例並發送請求

三｜使用 session 實例發送 POST 請求

具體程式如下所示。

```
1   import requests
2   session = requests.Session()
3   res = session.request(
4       method = 'post',
5       url = 'http://192.168.81.132:8080/api/admin/login',
6       json = {"userName": "admin",
7           "password":"592a994bb8e7164471c7b86059838bc0",
8           "https": False,
9           "key": 1710061459081},
10      headers = {"Content-Type": "application/json"})
11  
12  print(res.status_code)
13  print(res.json())
```

【程式分析】

- 第 3 行程式的含義：這行程式使用前面建立的 session 實例呼叫 request() 方法發送一個 HTTP 請求，並將傳回的回應賦值給變數 res。

- 第 4 行程式的含義：method='post'，指定 HTTP 請求方法為 POST。POST 請求通常用於提交表單資料或上傳檔案到伺服器。

- 第 5 行程式的含義：url='http://192.168.81.132:8080/api/admin/login'，定義了請求的 URL，其中包含了 IP 位址、通訊埠編號和路徑。這個 URL 指向了 ZrLog 部落格系統的登入介面位址。

- 第 6 行到第 9 行程式的含義：json={...}，定義了要發送到伺服器的 JSON 格式的資料。這裡的 JSON 資料封包含了四個欄位：userName（使用者名稱）、password（密碼，密碼是加密過的）、https（一個布林值，指示是否使用 HTTPS）、key（一個可能是 API 金鑰或類似的東西的識別字）。

- 第 10 行程式的含義：headers={"Content-Type":"application/json"}，定義了 HTTP 請求標頭，這裡設置了 Content-Type 為 application/json，告訴

14 使用 Python 進行介面自動化測試

伺服器發送的資料是 JSON 格式的。這是必要的，因為伺服器需要知道如何解析請求本體中的資料。

- 第 12 行程式的含義：這行程式列印 HTTP 回應的協定狀態碼。
- 第 13 行程式的含義：嘗試將 HTTP 回應的內容解析為 JSON 格式，並列印結果。如果回應的內容是 JSON 格式的，那麼這行程式將輸出解析後的 JSON 物件（通常是一個 Python 字典）。如果回應的內容不是 JSON 格式的，這行程式可能會引發一個異常。

【程式執行結果】

執行結果如圖 14-3 所示。

```
C:\Users\jiang\AppData\Local\Programs\Python\Python
200
{'error': 0, 'message': None}

进程已结束，退出代码为 0
```

▲ 圖 14-3 執行結果

◎ 14.4 使用 session 實例保持登入狀態

請大家先看一段程式，具體程式如下所示。

```
1  import requests
2  session = requests.Session()
3  res = session.request(
4      method = "post",
5      url = "http://192.168.81.132:8080/api/admin/login",
6      json = {"userName": "admin",
```

14-8

14.4 使用 session 實例保持登入狀態

```
 7              "password":"592a994bb8e7164471c7b86059838bc0",
 8              "https": False,
 9              "key": 1710061459081},
10          headers = {"Content-Type": "application/json"})
11  res_01 = session.request(
12          method = "get",
13          url = "http://192.168.81.132:8080/admin/index")
14  print(res_01.text)
```

【程式分析】

- 這段程式使用了 Python 的 requests 函數庫來發送 HTTP 請求。具體來說，它首先建立了一個 session 物件，然後使用該物件發送了兩個請求：一個 POST 請求用於登入，另一個 GET 請求用於獲取背景首頁的內容。

- 第 11 行到第 14 行程式的含義：這部分程式使用相同的 session 實例發送了一個 GET 請求到背景首頁的 URL。由於使用了 session 實例，這個請求會自動帶上之前登入時伺服器傳回的 cookies，從而保持登入狀態。然後，它列印出回應的內容（即背景首頁的 HTML 程式）。需要注意的是，雖然程式中沒有顯式地處理 cookies，但使用 session 實例時，requests 函數庫會自動處理 cookies 的發送和接收。

  這就是發送 GET 請求時能夠保持登入狀態的原因。

【程式執行結果】

執行結果如圖 14-4 所示。

▲ 圖 14-4 執行結果

14-9

14.5 記錄日誌

一 | 安裝日誌記錄工具

Python 附帶了日誌記錄工具（logger），但在實際使用中，其配置過程可能相對複雜，對新手來說可能不太友善。因此，在這裡我們推薦大家使用更為簡便的第三方外掛程式——loguru，來進行日誌記錄。

loguru 是一個功能強大且易於使用的日誌管理模組。它能夠極大地簡化日誌的配置過程，讓使用者能夠更快速地開始記錄日誌。

要使用 loguru 記錄日誌，你首先需要安裝這個模組。在 PyCharm 整合式開發環境中，你只需開啟「終端」選項，然後輸入命令「pip3 install loguru」，即可開始安裝，如圖 14-5 所示。

```
終端    本地   x   +   ∨
PS C:\Users\jiang\PycharmProjects\requests> pip3 install loguru
```

▲ 圖 14-5 安裝 loguru

安裝完成後，當底行出現「Successfully installed loguru-0.7.2」時，則代表 loguru 安裝成功（透過此方式安裝的任何 loguru 版本都可以使用），其他提示可以忽略。

安裝完成後，你就可以在測試程式中匯入並使用 loguru 了。總的來說，loguru 是一個強大且易用的日誌記錄工具，它能夠幫助你更高效率地管理和查看日誌資訊。如果你正在尋找一個簡單易用的日誌管理方案，那麼 loguru 絕對是一個值得考慮的選擇。

二 | 將不同等級的日誌輸出到主控台

接下來，我們將演示如何使用 loguru 將不同等級的日誌資訊輸出到主控台。透過主控台輸出日誌資訊是一種常見且方便的方式，它允許開發者在開發過程中即時查看日誌資訊，了解程式的執行狀態和潛在問題。

14.5 記錄日誌

我們將使用 loguru 的 logger 物件來記錄不同等級的日誌資訊，並透過呼叫相應的方法（如 debug、info、warning、error 和 critical）來指定日誌的等級。每個等級的日誌資訊都將在主控台上以不同的格式和顏色顯示，以便更進一步地區分和辨識。

具體程式如下。

```
1 from loguru import logger
2
3 logger.debug(' 這是一筆偵錯資訊 ')
4 logger.info(' 這是一筆普通資訊 ')
5 logger.warning(' 這是一筆警告資訊 ')
6 logger.error(' 這是一筆錯誤資訊 ')
7 logger.critical(' 這是一筆嚴重錯誤資訊 ')
```

【程式分析】

- 第 1 行程式的含義：這行程式從 loguru 函數庫中匯入了 logger 物件。這個物件用於記錄日誌。

- 第 3 行程式的含義：使用 debug 方法記錄了一筆偵錯等級的日誌。一般來說偵錯等級的日誌用於開發過程中，幫助開發者了解程式的內部狀態。

- 第 4 行程式的含義：使用 info 方法記錄了一筆資訊等級的日誌。這是最常見的日誌等級，用於記錄程式執行時期的常規資訊。

- 第 5 行程式的含義：使用 warning 方法記錄了一筆警告等級的日誌。警告等級的日誌用於指示程式中可能發生的問題，但這些問題並不一定會導致程式失敗或停止。它們通常用於提醒開發者或運行維護人員注意某些可能的風險或異常情況。

- 第 6 行程式的含義：使用 error 方法記錄了一筆錯誤等級的日誌。錯誤等級的日誌用於記錄導致程式執行失敗或產生不正確結果的問題。

- 第 7 行程式的含義：使用 critical 方法記錄了一筆嚴重錯誤等級的日誌。這是最高等級的日誌，用於記錄可能導致程式崩潰或造成重大損失的嚴重問題。

14-11

14 使用 Python 進行介面自動化測試

【程式執行結果】

程式執行結果如圖 14-6 所示。

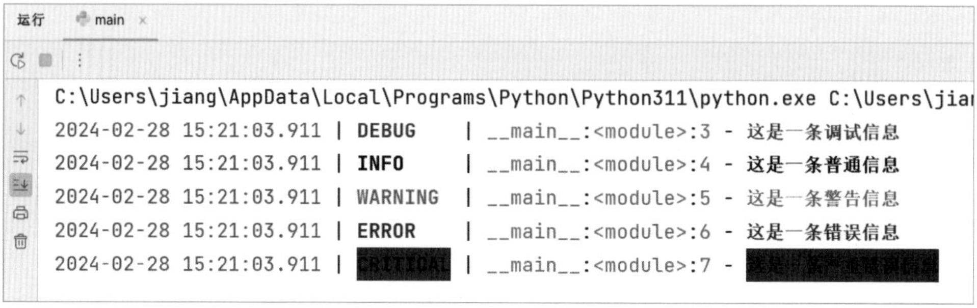

```
C:\Users\jiang\AppData\Local\Programs\Python\Python311\python.exe C:\Users\jia
2024-02-28 15:21:03.911 | DEBUG    | __main__:<module>:3 - 这是一条调试信息
2024-02-28 15:21:03.911 | INFO     | __main__:<module>:4 - 这是一条普通信息
2024-02-28 15:21:03.911 | WARNING  | __main__:<module>:5 - 这是一条警告信息
2024-02-28 15:21:03.911 | ERROR    | __main__:<module>:6 - 这是一条错误信息
2024-02-28 15:21:03.911 | CRITICAL | __main__:<module>:7 - 
```

▲ 圖 14-6 執行結果

三｜將日誌輸出到檔案

在自動化測試過程中，將日誌資訊輸出到檔案是一種常見且重要的做法。透過將日誌寫入檔案，我們可以持久化地儲存日誌資訊，方便後續的查看、分析和問題追蹤。接下來，我們將演示如何使用 loguru 函數庫將日誌資訊輸出到檔案。具體程式如下所示。

```
1  from loguru import logger
2  logger.add("login.log",level = "INFO")
3  import requests
4  session = requests.Session() 5 res = session.request(
6      method = "post",
7      url = "http://192.168.81.139:8080/api/admin/login",
8      json = {"userName": "admin",
9              "password":"592a994bb8e7164471c7b86059838bc0",
10             "https": False,
11             "key": 1710061459081},
12     headers = {"Content-Type": "application/json"})
13 logger.info(f"登入請求發送之後的回應結果為 {res.text}")
14 res_01 = session.request(
15     method = "get",
16     url = "http://192.168.81.139:8080/admin/index")
17 print(res_01.text)
18 logger.info(f"登入成功後首頁的原始程式資訊為 {res_01.text}")
```

14-12

14.5 記錄日誌

【程式分析】

- 第 1 行程式的含義：這行程式從 loguru 函數庫中匯入了 logger 物件。這個物件用於記錄日誌。

- 第 2 行程式的含義：這行程式配置了 logger 物件，指定了記錄檔的輸出位置和日誌等級。具體來說，它將日誌記錄到名為 login.log 的檔案中，該記錄檔會自動生成。level="INFO" 表示只記錄等級為 INFO 及以上的日誌，即 INFO、WARNING、ERROR 和 CRITICAL 等級的日誌都會被記錄，而 DEBUG 等級的日誌則會被忽略。

- 第 13 行程式的含義：使用 logger 物件的 info 方法記錄一筆日誌，內容有關登入請求發送之後的回應結果。這裡使用了 f-string 格式化字串，將變數 res.text（即回應的文字內容）嵌入日誌訊息中。

- 第 18 行程式的含義：使用 logger 物件的 info 方法記錄一筆日誌，內容有關登入成功後首頁的原始程式。同樣使用了 f-string 格式化字串，將變數 res_01.text（即響應的文字內容，通常是網頁的 HTML 原始程式）嵌入日誌訊息中。

【程式執行結果】

程式執行結果如圖 14-7 所示。從執行結果可以看到，在 requests 專案下自動生成了名為 login.log 的日誌檔案，其中記錄了請求的回應內容。

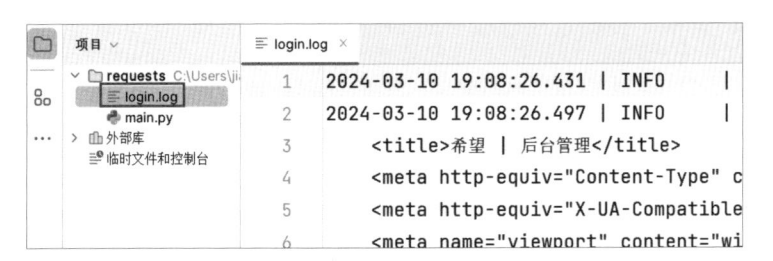

▲ 圖 14-7 執行結果

14 使用 Python 進行介面自動化測試

○8 14.6 使用 fixture 處理動態參數

使用 fixture 處理介面測試中的動態參數是一種有效的測試策略，它允許測試人員在不同測試之間共用預配置的資料或狀態。在介面測試中，這尤其有用。透過定義一個 fixture，我們可以建立一個可重用的函數，該函數負責生成或獲取這些動態參數，並在需要時將它們提供給測試函數。接下來，我們將演示一個使用 fixture 處理動態參數的實例，具體程式如下所示。

```
1  import pytest
   import random
3  @pytest.fixture(scope = 'module')
4  def number():
5      return random.randint(1,19)
6
7  def test_01(number):
8      assert number > 0
9
10 def test_02(number):
11     assert number < 20
```

【程式分析】

- 第 1 行和第 2 行程式的含義：匯入了 pytest 和 random 兩個模組。pytest 是 Python 的測試框架，用於撰寫和執行測試。random 模組是 Python 的內建模組，提供了生成隨機數的功能。

- 第 3 行和第 4 行程式的含義：簡單來說，fixture 可以視為共用，就是說被 fixture 裝飾的函數，其函數的傳回值可以被以 test 開頭的測試函數所共用。而 scope='module' 說明被 fixture 裝飾的函數在該 Python 檔案中只執行一次（在 Python 中，module，即模組，指的就是一個 Python 檔案）。

- 第 5 行程式的含義：在 number() 函數中，使用 random.randint(1,19) 生成了一個 1 ～ 19 的隨機整數，並將其作為傳回值。

- 第 7 行和第 8 行程式的含義：定義了測試函數 test_01()。這個函數接受 number 作為參數，這表示當執行到 test_01() 函數時會首先自動執行

14.6 使用 fixture 處理動態參數

被 fixture 裝飾的 number() 函數，並將 number() 函數的傳回值傳遞給 test_01() 函數，然後使用 assert 敘述來斷言 number 的值大於 0。由於 number 的值是在 1～19 中隨機生成的，所以這個斷言總是會透過。

- 第 10 行和第 11 行程式的含義：定義了測試函數 test_02()。這個函數也接受 number 作為參數，而 number() 函數在執行 test_01() 函數時已經執行過一次，所以此次不會再執行，那麼程式在執行 test_02() 函數時，會直接共用 number() 函數第一次執行時期的傳回值。之後使用 assert 敘述來斷言 number 的值小於 20。由於 number 的值也是在 1～19 中隨機生成的，所以這個斷言同樣總是會通過。

- 需要注意的是，由於此 fixture 的 scope 被設置為 'module'，因此該 Python 檔案中的所有測試函數都會共用同一個隨機數，因為被 fixture 裝飾的函數只執行一次。這表示 test_01 和 test_02 將對同一個隨機數進行斷言。如果你希望每個測試函數都使用不同的隨機數，你可以將 scope 設置為 'function'。

【程式執行結果】

執行結果如圖 14-8 所示。

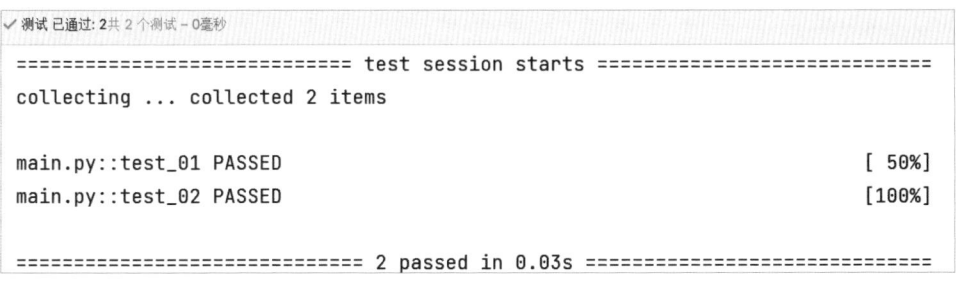

```
✓ 測試 已通過: 2共 2 個測試 - 0毫秒
============================ test session starts =============================
collecting ... collected 2 items

main.py::test_01 PASSED                                                 [ 50%]
main.py::test_02 PASSED                                                 [100%]

============================ 2 passed in 0.03s ==============================
```

▲ 圖 14-8 執行結果

在 14.8 節的指令稿範例中，我們將展示如何巧妙地利用 fixture 來處理通訊埠測試中的動態參數。

14-15

14 使用 Python 進行介面自動化測試

14.7 ZrLog 部落格系統的介面抓取封包

一｜登入介面抓取封包

抓取封包資訊如圖 14-9 所示。

圖 14-9 中的抓取封包資訊包括登入介面的請求的內容和回應的內容。

二｜建立文章介面抓取封包

抓取封包資訊如圖 14-10 所示。

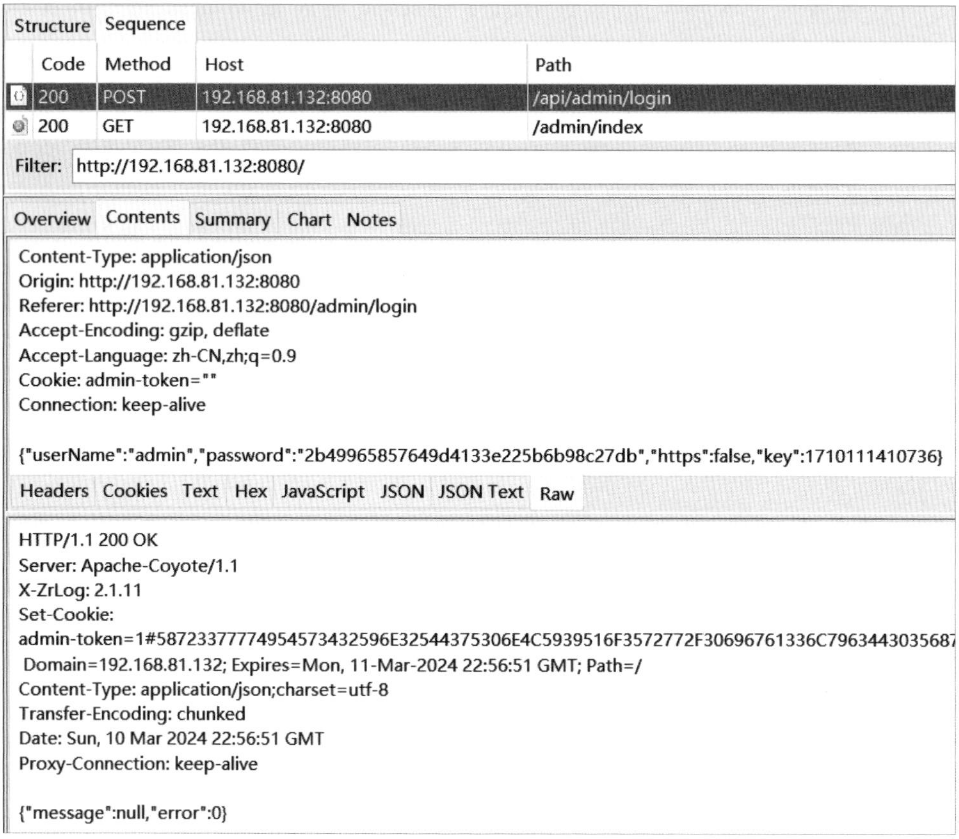

Structure	Sequence		
Code	Method	Host	Path
200	POST	192.168.81.132:8080	/api/admin/login
200	GET	192.168.81.132:8080	/admin/index

Filter: http://192.168.81.132:8080/

Overview Contents Summary Chart Notes

Content-Type: application/json
Origin: http://192.168.81.132:8080
Referer: http://192.168.81.132:8080/admin/login
Accept-Encoding: gzip, deflate
Accept-Language: zh-CN,zh;q=0.9
Cookie: admin-token=""
Connection: keep-alive

{"userName":"admin","password":"2b49965857649d4133e225b6b98c27db","https":false,"key":1710111410736}

Headers Cookies Text Hex JavaScript JSON JSON Text Raw

HTTP/1.1 200 OK
Server: Apache-Coyote/1.1
X-ZrLog: 2.1.11
Set-Cookie:
admin-token=1#58723377774954573432596E32544375306E4C5939516F3572772F30696761336C7963443035687
 Domain=192.168.81.132; Expires=Mon, 11-Mar-2024 22:56:51 GMT; Path=/
Content-Type: application/json;charset=utf-8
Transfer-Encoding: chunked
Date: Sun, 10 Mar 2024 22:56:51 GMT
Proxy-Connection: keep-alive

{"message":null,"error":0}

▲ 圖 14-9 登入介面的抓取封包資訊

14-16

14.7 ZrLog 部落格系統的介面抓取封包

Structure	Sequence		
Code	Method	Host	Path
200	POST	192.168.81.132:8080	/api/admin/article/create

Filter: http://192.168.81.132:8080/

Overview Contents Summary Chart Notes

Referer: http://192.168.81.132:8080/admin/index
Accept-Encoding: gzip, deflate
Accept-Language: zh-CN,zh;q=0.9
Cookie: admin-token=1#5872337777495457343259 6E32544375306E4C5939547950584F50716767566D3573503065526
Connection: keep-alive

{"id":null,"editorType":"markdown","title":"梦想","alias":"梦想","thumbnail":null,"typeId":"1","keywords":n

Headers Cookies Text Hex JavaScript JSON JSON Text Raw

HTTP/1.1 200 OK
Server: Apache-Coyote/1.1
X-ZrLog: 2.1.11
Set-Cookie: admin-token=1#5872337777495457343259 6E32544375306E4C5939634F7767533566766352393839444874636
Domain=192.168.81.132; Expires=Mon, 11-Mar-2024 22:58:46 GMT; Path=/
Content-Type: application/json;charset=utf-8
Transfer-Encoding: chunked
Date: Sun, 10 Mar 2024 22:58:46 GMT
Proxy-Connection: keep-alive

{"thumbnail":null,"digest":"<p>梦想</p>","alias":"梦想","id":3,"message":null,"error":0}

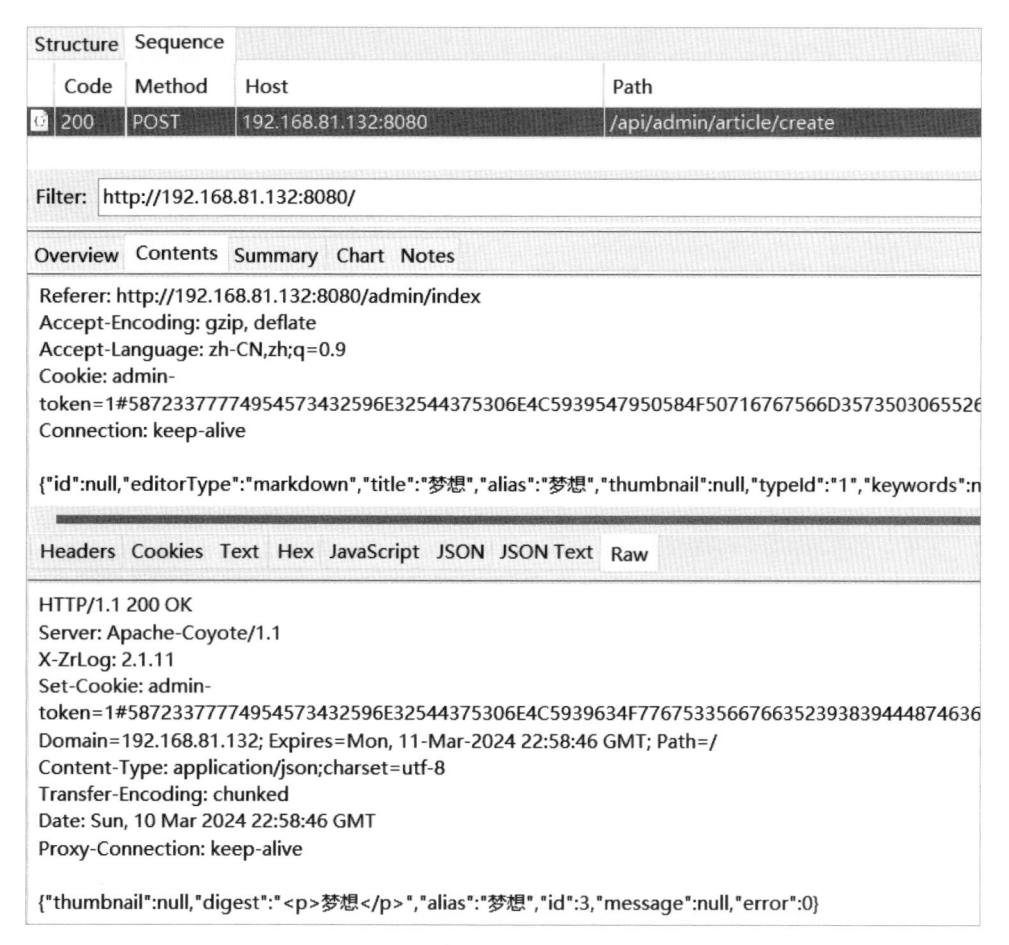

▲ 圖 14-10 建立文章介面的抓取封包資訊

圖 14-10 中的抓取封包資訊包括建立文章介面的請求的內容和回應的內容。

三｜更新文章介面抓取封包

抓取封包資訊如圖 14-11 所示。

14-17

14 使用 Python 進行介面自動化測試

Structure	Sequence		
Code	Method	Host	Path
200	POST	192.168.81.132:8080	/api/admin/article/update

Filter: http://192.168.81.132:8080/

Overview　Contents　Summary　Chart　Notes

Referer: http://192.168.81.132:8080/admin/index?id=3
Accept-Encoding: gzip, deflate
Accept-Language: zh-CN,zh;q=0.9
Cookie: admin-
token=1#58723377774954573432596E32544375306E4C5939594C746D775943376A4C4B5855713(
Connection: keep-alive

{"id":"3","editorType":"markdown","title":"梦想加油","alias":"梦想加油","thumbnail":null,"typeId":"1"

Headers　Cookies　Text　Hex　JavaScript　JSON　JSON Text　Raw

HTTP/1.1 200 OK
Server: Apache-Coyote/1.1
X-ZrLog: 2.1.11
Set-Cookie: admin-
token=1#58723377774954573432596E32544375306E4C5939554A4F494D396644726E35746E7971
Domain=192.168.81.132; Expires=Mon, 11-Mar-2024 23:00:25 GMT; Path=/
Content-Type: application/json;charset=utf-8
Transfer-Encoding: chunked
Date: Sun, 10 Mar 2024 23:00:25 GMT
Proxy-Connection: keep-alive

{"thumbnail":null,"digest":"<p>梦想</p>","alias":"梦想加油","id":3,"message":null,"error":0}

▲ 圖 14-11　更新文章介面的抓取封包資訊

圖 14-11 中的抓取封包資訊包括更新文章介面的請求的內容和回應的內容。

四｜刪除文章介面抓取封包

抓取封包資訊如圖 14-12 所示。

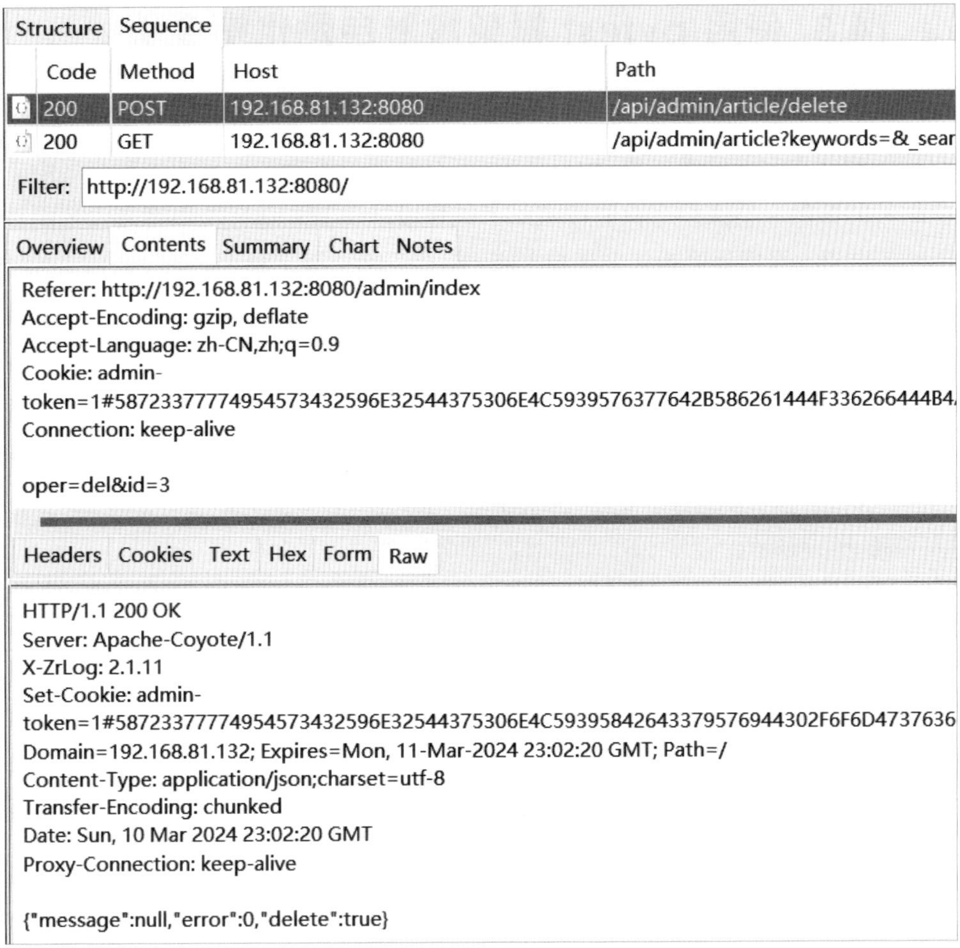

14.7 ZrLog 部落格系統的介面抓取封包

```
Structure  Sequence
  Code    Method    Host                    Path
  200     POST      192.168.81.132:8080     /api/admin/article/delete
  200     GET       192.168.81.132:8080     /api/admin/article?keywords=&_sear

Filter: http://192.168.81.132:8080/

Overview  Contents  Summary  Chart  Notes

Referer: http://192.168.81.132:8080/admin/index
Accept-Encoding: gzip, deflate
Accept-Language: zh-CN,zh;q=0.9
Cookie: admin-
token=1#58723377774954573432596E32544375306E4C5939576377642B586261444F336266444B4.
Connection: keep-alive

oper=del&id=3

Headers  Cookies  Text  Hex  Form  Raw

HTTP/1.1 200 OK
Server: Apache-Coyote/1.1
X-ZrLog: 2.1.11
Set-Cookie: admin-
token=1#58723377774954573432596E32544375306E4C593958426433379576944302F6F6D4737636
Domain=192.168.81.132; Expires=Mon, 11-Mar-2024 23:02:20 GMT; Path=/
Content-Type: application/json;charset=utf-8
Transfer-Encoding: chunked
Date: Sun, 10 Mar 2024 23:02:20 GMT
Proxy-Connection: keep-alive

{"message":null,"error":0,"delete":true}
```

▲ 圖 14-12 刪除文章介面的抓取封包資訊

圖 14-12 中的抓取封包資訊包括刪除文章介面的請求的內容和回應的內容。

本章的視訊包含抓取封包操作的每一個步驟。透過這一過程，我們將獲取到關鍵的抓取封包資訊，這些資訊詳盡地描述了四個介面的請求和回應細節，等於形成了一份實用的介面文件。這份文件將為 14.8 節的指令稿設計提供依據，確保自動化測試能夠精準、高效率地進行。

14.8 使用 pytest 框架設計自動化指令稿

接下來，我們將使用 pytest 測試框架來建構以 test 開頭的測試用例、使用 session 實例來發送請求、使用 loguru 來記錄日誌、使用 fixture 來處理介面中產生的動態參數。整個指令稿將按照以下流程設計：首先進行使用者登入，隨後建立新文章，緊接著更新該文章的內容，最終刪除這篇文章。

這裡需要新建一個以 test 開頭的測試用例檔案（如 test_zrlog.py 檔案），以下是該檔案的具體程式實現。

```
1   import pytest
2   from loguru import logger
3   logger.add("zrlog.log", level = "INFO")
4   import requests
5   session = requests.Session()
6   url = 'http://192.168.81.132:8080'
7
8   @pytest.fixture(scope = 'module')
9   def login():
10      try:
11          res = session.request(
12              method = 'post',
13              url = url + "/api/admin/login",
14              json = {"userName": "admin",
15                  "password": "b93d703c4baed5aa39548ba8d2b78aaa",
16                  "https": False,
17                  "key": 1708691432033},
18              headers = {"Content-Type": "application/json"})
19          logger.info(f' 登入成功之後的回應結果為 {res.json()}')
20          logger.info(f' 回應的協定狀態碼 {res.status_code}')
21          assert res.status_code == 200
22          assert res.json() == {"error": 0, "message": None}
23      except Exception as e:
24          logger.error(f' 登入請求發生了錯誤，錯誤的原因是 {e}')
25          pytest.fail(' 此用例執行失敗了 ')
26
27  @pytest.fixture(scope = 'module')
28  def create(login):
```

14.8 使用 pytest 框架設計自動化指令稿

```python
29      try:
30          res = session.request(
31              method = 'post',
32              url = url + "/api/admin/article/create",
33              json = {"id": None,
34                      "editorType": "markdown",
35                      "title": " 夢想 ",
36                      "alias": " 夢想 ",
37                      "thumbnail": None,
38                      "typeId": "1",
39                      "keywords": None,
40                      "digest": None,
41                      "canComment": False,
42                      "recommended": False,
43                      "privacy": False,
44                      "content": "<p> 夢想 </p>\n",
45                      "markdown": " 夢想 ",
46                      "rubbish": False},
47                  headers = {"Content-Type": "application/json"})
48          logger.info(f" 建立文章後的回應結果為 {res.json()}")
49          logger.info(f" 建立文章後的協定狀態碼為 {res.status_code}")
50          logger.info(f" 建立文章後生成的文章 ID 為 {res.json()['id']}")
51          assert res.status_code == 200
52          assert res.json()['error'] == 0
53          return res.json()['id']
54      except Exception as e:
55          logger.error(f' 建立文章請求發生了錯誤，錯誤的原因是 {e}')
56          pytest.fail(' 此用例執行失敗了 ')
57  
58  def test_update(create):
59      try:
60          res = session.request(
61              method = 'post',
62              url = url + "/api/admin/article/update",
63              json = {"id": create,
64                      "editorType": "markdown",
65                      "title": " 夢想努力 ",
66                      "alias": " 夢想努力 ",
67                      "thumbnail": None,
```

```
68                    "typeId": "1",
69                    "keywords": None,
70                    "digest": "<p> 夢想 </p>",
71                    "canComment": False,
72                    "recommended": False,
73                    "privacy": False,
74                    "content": "<p> 夢想努力 </p>\n",
75                    "markdown": " 夢想努力 ",
76                    "rubbish": False},
77                headers = {"Content-Type": "application/json"})
78        logger.info(f" 更新文章後的回應結果為 {res.json()}")
79        logger.info(f" 更新文章後的協定狀態碼為 {res.status_code}")
80        logger.info(f" 文章的 ID 編號為 {create}")
81        assert res.status_code == 200
82        assert res.json()['error'] == 0
83    except Exception as e:
84        logger.error(f' 更新文章請求發生了錯誤，錯誤的原因是 {e}')
85        pytest.fail(' 此用例執行失敗了 ')
86
87 def test_delete(create):
88     try:
89         res = session.request(
90             method = 'post',
91             url = url + "/api/admin/article/delete",
92             data = {"oper": "del","id":create},
93             headers = {"Content-Type":"application/x-www-form-urlencoded"})
94         logger.info(f" 刪除文章後的回應結果為 {res.json()}")
95         logger.info(f" 刪除文章後的協定狀態碼為 {res.status_code}")
96         logger.info(f" 文章的 ID 編號為 {create}")
97         assert res.status_code == 200
98         assert res.json()['error'] == 0
99     except Exception as e:
100        logger.error(f' 刪除文章請求發生了錯誤，錯誤的原因是 {e}')
101        pytest.fail(' 此用例執行失敗了 ')
```

【程式分析】

- 第 1 行程式的含義：匯入 pytest 測試框架，用於撰寫和執行測試。

- 第 2 行程式的含義：匯入 loguru 日誌函數庫，用於記錄日誌。

14.8 使用 pytest 框架設計自動化指令稿

- 第 3 行程式的含義：使用 loguru 設置一個日誌記錄器，將日誌輸出到名為「zrlog.log」的檔案中，並設置日誌等級為「INFO」。

- 第 4 行程式的含義：匯入 requests 工具，用於發送 HTTP 請求。

- 第 5 行程式的含義：使用 requests.Session() 建立一個 session 實例，用於發送 HTTP 請求。階段物件可以跨多個請求保持某些參數，如 cookies。

- 第 6 行程式的含義：定義 URL，設置一個變數 url，儲存要測試的伺服器的基礎 URL。

- 第 8 行到第 25 行程式的含義：登入功能測試，使用 pytest.fixture 裝飾器定義一個名為 login 的函數。該函數的作用是在執行測試函數之前執行登入操作。這裡使用 scope='module' 表示該函數只在模組層級別執行一次。在 login() 函數中，發送一個 POST 請求到伺服器的登入 API，並傳入使用者名稱、密碼等參數。然後斷言回應的狀態碼為 200，且回應的 JSON 內容符合預期。如果發生異常，則記錄錯誤日誌並使測試失敗。

- 第 27 行到第 56 行程式的含義：建立文章功能測試，使用 pytest.fixture 裝飾器定義一個名為 create 的函數。該函數相依於 login() 函數，表示在執行該函數之前需要先執行 login() 函數。在 create() 函數中，發送一個 POST 請求到伺服器，並傳入建立文章的各個參數。然後斷言回應的狀態碼為 200，且回應的 JSON 內容中的 error 欄位為 0。如果發生異常，則記錄錯誤日誌並使測試失敗。最後傳回新建立的文章的 ID。

- 第 58 行到第 85 行程式的含義：更新文章功能測試，定義一個名為 test_update 的測試函數，該函數相依於 create() 函數，表示在執行該函數之前需要先執行 create() 函數並獲取新建立的文章的 ID。在 test_update() 函數中，發送一個 POST 請求到伺服器，並傳入要更新的文章的 ID 和其他參數。然後斷言回應的狀態碼為 200，且回應的 JSON 內容中的 error 欄位為 0。如果發生異常，則記錄錯誤日誌並使測試失敗。

- 第 87 行到第 101 行程式的含義：刪除文章功能測試，定義一個名為 test_delete 的測試函數，該函數同樣相依於 create() 函數，但此時不會執行 create() 函數，而是直接共用 create() 函數在上一次執行時的傳回值。在 test_delete() 函數中，發送一個 POST 請求到伺服器，並傳入要刪除

14 使用 Python 進行介面自動化測試

的文章的 ID。注意這裡使用了「application/x-www-form-urlencoded」作為請求標頭的內容類別型，並將資料作為表單資料發送。然後斷言回應的狀態碼為 200，且回應的 JSON 內容中的 error 欄位為 0。如果發生異常，則記錄錯誤日誌並使測試失敗。

總結起來，這段程式是一個針對 ZrLog 部落格系統或文章管理的介面自動化測試指令稿，透過發送 HTTP 請求並斷言回應結果來驗證 API 的功能是否正常。但是請注意，在實際使用中可能需要對程式進行一些修改和最佳化，以提高其可靠性和可維護性。

14.9 生成 HTML 測試報告

要想生成 HTML 測試報告，還需要額外安裝 pytest 的外掛程式 pytest-html，其安裝過程很簡單，在 PyCharm 整合式開發環境中，你可以透過「終端」選項來輕鬆安裝 pytest-html。只需輸入命令「pip3 install pytest-html」，即可開始安裝過程，如圖 14-13 所示。

```
終端   本地  +  ∨
PS C:\Users\jiang\PycharmProjects\requests> pip3 install pytest-html
```

▲ 圖 14-13 安裝 pytest-html 外掛程式

安裝完成後，當底行出現「Successfully installed MarkupSafe-2.1.5 jinja2-3.1.3 pytest-html-4.1.1 pytest-metadata-3.1.1」時，則代表 pytest-html 安裝成功（透過此方式的安裝的任何 pytest-html 版本都可以使用），其他提示可以忽略。

接下來，你只需在 PyCharm 的「終端」中輸入「pytest--html=report.html」命令，然後按下確認鍵。將會觸發測試指令稿的執行，並在完成後自動生成一份詳盡的測試報告，儲存在名為「report.html」的檔案中。你可以隨時開啟這個檔案，查看和分析測試結果，如圖 14-14、圖 14-15 所示。

14.9 生成 HTML 測試報告

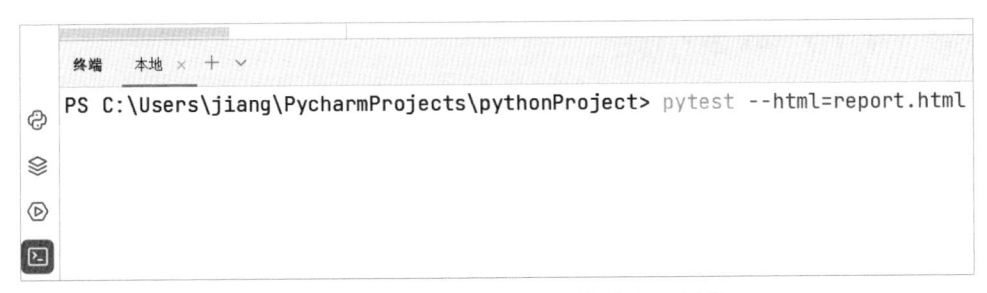

▲ 圖 14-14 執行測試指令稿並生成報告

測試報告結果顯示，所有以「test」開頭的測試用例均成功執行通過。這裡需要特別注意的是，當透過終端命令列執行指令檔時，該指令稿的檔案名稱也必須以「test」為開頭（本範例的檔案名稱為 test_zrlog.py），因為 pytest 會自動搜尋以「test」開頭的檔案進行執行。如果指令檔名不以「test」開頭，即使檔案內包含了以「test」開頭的函數，pytest 也不會執行這些測試用例，這是 pytest 預設的執行規則。因此，在命名測試指令檔時，請確保以「test」作為檔案名稱的開頭，以確保測試用例能夠被正確辨識和執行。

▲ 圖 14-15 生成 HMTL 測試報告

14-25

14.10 本章小結

14.10.1 學習提醒

本章涉及的程式內容、介面測試的基礎、抓取封包的使用大多已在第 11 章、第 12 章以及第 13 章的內容中有所講解，本章內容並沒有形成一個完整的框架，只是講解了介面測試的幾個核心基礎知識，例如保持 cookies 連續性、處理動態參數、進行斷言、記錄日誌、捕捉異常以及生成報告等。這些內容更像是介面自動化測試的入門引子，旨在引導讀者初步了解介面自動化測試運作過程。

實際上，介面自動化測試與 Web 自動化測試在多個方面有著異曲同工之妙。當我們邁向建構更為完整的自動化測試框架時，資料驅動、分層設計、配置管理以及持續整合等關鍵功能將成為不可或缺的支柱。這些要素不僅組成了自動化測試的基石，也是測試工程師在職業發展中需要不斷深化和精進的核心能力。它們都是大家日後需要深入學習和掌握的重點內容。

14.10.2 求職指導

一｜本章面試常見問題

問題 1：介面自動化測試與 Web 自動化測試有什麼區別？

參考回答：

介面自動化測試和 Web 自動化測試是兩種不和的自動化測試方法，它們之間存在一些明顯的差別。

（1）測試物件不同：介面自動化測試主要針對應用程式的介面進行測試，透過模擬請求來驗證介面的回應是否符合預期。而 Web 自動化測試則主要針對應用程式的使用者介面進行測試，透過模擬使用者的操作來驗證應用程式的回應是否符合預期。

14.10 本章小結

（2）測試方法不同：介面自動化測試通常使用介面自動化測試框架和工具來模擬請求和回應，進行介面的測試。而 Web 自動化測試則使用 Web 自動化測試框架和工具來模擬使用者的操作，如按一下、輸入等，進行使用者介面的測試。

（3）測試效率和穩定性不同：由於介面自動化測試不涉及使用者介面的著色和互動，因此其測試效率和穩定性通常比 Web 自動化測試更高。同時，介面的調整相對較少，因此介面自動化用例的維護成本也相對較低。

總的來說，介面自動化測試和 Web 自動化測試各有其優點和適用場景。

問題 2：你是如何處理動態參數的？你是如何處理相依介面的？

參考回答：在實際的自動化測試中，通常可以採用 fixture 的方式來管理測試狀態和傳遞動態參數。

問題 3：你熟悉哪些程式語言？（如 Python、Java、JavaScript 等）

參考回答：最熟悉的是 Python 語言，其他語言也正在了解中，如 Java。

問題 4：請寫一個簡單的 Python 指令稿，用於發送 HTTP 請求。

參考回答：請直接參照本書的指令稿。

問題 5：你是如何對測試結果進行斷言的？

參考回答：一般情況下，我會斷言伺服器傳回的協定狀態碼、業務狀態碼以及具體的業務資料。

問題 6：你有使用過任何 CI/CD 工具嗎？（如 Jenkins、GitLab CI/CD 等）

參考回答：目前，我沒有直接使用過 CI/CD 工具，如 Jenkins 或 GitLab CI/CD。但我對 CI/CD 的概念和它在現代軟體開發中的作用非常感興趣，並且我了解它對於自動化測試和持續整合/持續部署的重要性。我熟悉基本的軟體測試流程，並且我有學習新技術的積極性和能力。如果有機會，我願意投入時間和精力去學習和掌握 Jenkins 或 GitLab CI/CD 等工具，以便能夠更進一步地融入團隊並提高我們的測試流程效率。

14 使用 Python 進行介面自動化測試

問題 7（知識拓展）：自動化測試框架中是如何實現分層設計的？在你的自動化測試專案中，你都分了哪些層？每層的作用是什麼？

參考回答：

透過分層設計，我們的自動化測試框架變得更加清晰和模組化，提高了程式的可讀性和可維護性。常用的分層如下所示。

（1）common 層：用於存放測試程式所共用的方法，也是介面自動化測試框架中的核心層級。

（2）config 層：用於讀取測試程式的各項配置資訊和檔案路徑，是介面自動化測試框架的基礎層級。

（3）log 層：用於存放測試程式在執行過程中所產生的日誌資訊，是介面自動化測試框架的基礎層級。

（4）report 層：用於存放介面自動化測試報告，是介面自動化測試框架的基礎層級。

（5）testcase 層：用於撰寫介面自動化測試用例指令稿及測試執行，是專案介面自動化測試框架的核心層級。

（6）utils 層：用於存放測試程式所用到的工具類別，是介面自動化測試框架的基礎層級。另外，pytest.ini 檔案是 pytest 測試框架的設定檔，其作用是制定 pytest 框架的執行規則。

二｜面試技巧

針對基礎知識和技能問題，如介面自動化測試與 Web 自動化測試的區別、所使用的測試框架等，要能準確闡述，並展示自己不僅掌握基礎的介面測試方法（如保持 cookies 連續性、處理動態參數、異常捕捉以及斷言等），還了解建構完整自動化測試框架所需的其他關鍵組成部分，如日誌、報告生成等。

在回答問題時，準備或現場撰寫一個簡短的 Python 指令稿以演示發送 HTTP 請求，展示程式設計能力。

14.10 本章小結

　　雖然可能尚未直接使用過某些工具（如 CI/CD 工具）和架構（如分層設計），但要表現出強烈的求知欲和快速學習新技術的能力，強調自己了解並認同這些工具在提升測試流程效率中的價值。強調熟悉和擅長的程式語言，如 Python，並表達對它的興趣和探索意向。此外，在面試過程中，保持自信和專業是非常重要的。即使遇到不熟悉的問題，也要盡力回答，展示出自己分析和解決問題的能力。同時，注意傾聽面試官的問題，確保自己的回答切題。

MEMO

15

AI 在軟體測試中的應用

　　隨著人工智慧（Artificial Intelligence，AI）技術的不斷發展，自然語言處理（Natural Language Processing，NLP）作為其核心組成部分，在軟體測試領域中的應用日益凸顯。本章將深入探討測試人員為何需要掌握 NLP 相關知識，介紹 NLP 的基礎原理，並詳細闡述 NLP 在測試活動中的實際應用。此外，我們還將討論如何使用 NLP 工具（如文心一言）來輔助測試工作，並探討 AI 是否會替代軟體測試人員的問題。最後，本章將強調持續學習與職業發展在適應這一技術變革中的重要性。

15 AI 在軟體測試中的應用

15.1 測試人員需要掌握 NLP 相關知識的原因

自然語言處理技術，簡而言之，就是賦予電腦理解和運用人類語言的能力，使其能夠像與朋友對話一樣與我們順暢交流。NLP 如同神奇的鑰匙，為電腦解鎖了理解日常文字資訊的門戶，並使其能夠作出恰當且智慧的回應。對於測試人員而言，NLP 技術無疑是一大革命性的助力。它不僅極大地提升了測試工作的智慧化水準，更在多個方面為測試工作帶來了前所未有的便捷和高效。

（1）產品理解和驗證：隨著 AI 技術的發展，許多軟體和應用程式都嵌入了 NLP 功能，比如智慧客服、語音幫手、搜尋引擎最佳化工具等。初級軟體測試人員如果對 NLP 有所了解，就能更進一步地理解產品的核心功能和預期行為，從而更準確地設計和執行測試用例。

（2）有效測試複雜互動：在涉及文字輸入、語義理解、機器翻譯或聊天機器人等功能的系統中，NLP 是關鍵組成部分。測試人員需確保這些功能能正確解析使用者指令、辨識意圖並作出恰當回應，這要求他們能評估模型的性能，並熟悉常見的 NLP 錯誤類型。

（3）邊界條件判斷：NLP 系統的穩健性往往取決於其處理邊緣案例的能力，如多語種環境、口音差異、俚語俗語等。測試人員要能夠發現和模擬這類邊界條件來考驗系統的強固性。

（4）自動化測試指令稿撰寫：對於重複性和複雜度高的 NLP 測試任務，使用 NLP 相關的 API 或工具進行自動化測試可以提高效率。了解 NLP 有助測試人員撰寫有效的自動化測試指令稿。

（5）問題鎖定與缺陷報告：當 NLP 模組出現故障時，具備 NLP 知識的測試人員能夠更快地定位問題所在，提供詳細準確的缺陷報告，協助開發團隊迅速修復 Bug。

總之，在當前人工智慧廣泛應用的背景下，初級軟體測試人員學習 NLP 知識，就如同學會了如何檢測「會說話」的軟體是否真的「聽得懂」「說得清」，這對於提升產品品質具有不可忽視的價值。

15.2 自然語言處理基礎

15.2.1 NLP 的基本概念

NLP 涵蓋許多基本概念，其中尤為核心的三個概念分別是語法分析、語義理解以及情感分析，接下來分別闡述它們的概念。

一｜語法分析

好比你是一位語文老師批改作文。語法分析是檢查句子是否符合語法規則的過程，就像判斷學生寫的句子是不是結構正確、詞性搭配恰當。比如，「我昨天去了圖書館看書」是一個正確的句子，因為它遵循了漢語的語法規則；但如果寫成「昨天我圖書館去」，雖然每個字都對，但順序不對就不符合語法規則了。在電腦中，語法分析器會辨識出句子的各個組成部分——主語、謂語、賓語等，並建構出一個叫作「句法樹」的結構。

二｜語義理解

想像你正在和朋友聊天，你說：「我想吃漢堡。」你的朋友立刻明白你餓了並且想吃某種食物——漢堡。這就是語義理解，即理解詞語和句子的實際含義以及上下文連結。在 NLP 中，機器需要透過演算法理解文字背後的意思，如辨識實體關係、推理隱含資訊等。舉例來說，當機器讀到「請幫我預訂明天早上 9 點的火車票」，它需要理解這句話涉及的動作（預訂）、物件（火車票）、時間（明天早上 9 點）。

三｜情感分析

假設你在看網上的一筆商品評價：「這個手機真是太棒了，愛不釋手！」作為一名讀者，你能感受到評論者對這款手機非常滿意且充滿喜愛之情。情感分析正是讓電腦具備這樣的能力，辨識並量化文字中的情緒色彩或主觀觀點。它可以用來判斷一筆微博、一筆電影評論或一封郵件究竟持正面評價、負面評價還是中立態度。這對於企業了解消費者回饋、品牌監測等領域尤其重要。

所以，在 NLP 的世界裡，語法分析就像是教機器人學會人類的語言規則，語義理解是讓它真正領會我們在說什麼，而情感分析則是幫助它感知我們說話時的情感溫度。

15.2.2 AI 與 NLP 的關係

AI 與 NLP 的關係，可以這樣理解：

想像一下，AI 是一位魔法師，他致力於學習和模仿人類的各種智慧行為。而 NLP 就像是這位魔法師掌握的一種特殊魔法技巧，專門用來理解和生成人類使用的自然語言。

具體來說，AI 是一個寬泛的領域，它涵蓋了機器學習、深度學習等多種技術，目標是讓電腦具備模擬、延伸和擴充人的智慧的能力。而 NLP 作為 AI 的重要分支，專注於研究如何讓電腦能夠辨識人類自然語言（如英文、中文等），理解其背後的含義，並能以自然語言進行有效溝通。

換言之，在 AI 這個大家族中，NLP 就是解決人與機器之間透過語言交流的那個部分。比如，當我們向智慧幫手提問、用手機輸入法打字，或是在社交媒體上看到自動推薦的文章摘要時，背後都有 NLP 技術在發揮作用：從簡單的文字分類、關鍵字提取，到複雜的語義理解、對話生成等任務。因此，可以說 NLP 是連接 AI 世界與人類日常交流的關鍵橋樑之一。

15.2.3 常見的 NLP 工具和技術堆疊簡介

以下是對一些常見的 NLP 工具和技術堆疊的通俗介紹。

一│文心一言

文心一言是由百度公司研發的一款大型語言模型，類似於通義千問和 GPT-3/4。它基於深度學習技術，能夠理解並生成高品質的中文文字內容。使用者可以向文心一言提出問題、與它討論話題或用它創作文章，模型會根據上下文智慧生成連貫且資訊豐富的文字段落。

二 | 通義千問

由阿里雲開發的大規模預訓練語言模型。通義千問透過學習巨量網際網路文字資料，具備了理解和生成自然語言的能力，可以完成多輪對話、解答問題、創作文字等多種任務，幫助使用者獲取資訊、解決問題。

三 | GPT-3/4

GPT-3（Generative Pretrained Transformer 3）和更新的 GPT-4 是由 OpenAI 開發的先進人工智慧模型。它們是迄今為止規模最大、能力最強的語言模型之一。GPT 模型可以基於先前訓練所獲得的知識，在各種場景下生成非常逼真且有邏輯的文字，從寫故事、寫程式到答疑解惑無所不能，其技術突破在於大規模無監督預訓練與微調相結合的方式。

四 | 訊飛星火

訊飛星火是科大訊飛推出的一系列 NLP 技術和產品中的代表，該系列可能包括語音辨識、機器翻譯以及文字生成等先進技術。訊飛星火功能強大，可能應用在智慧客服、文件處理、知識問答等領域中，利用先進的自然語言處理技術來提高人機互動體驗及文字自動化處理的效率。

五 | 智譜清言

智譜清言是一款先進的 NLP 工具，由智譜 AI 公司研發，與文心一言、通義千問和 GPT-3/4 等模型相似。基於深度學習技術，智譜清言能夠理解和生成高品質的中文文字內容。使用者可以向智譜清言提出問題、與它討論話題或用它創作文章，模型會根據上下文智慧生成連貫且資訊豐富的文字段落。

六 | 騰訊混元幫手

騰訊混元幫手是一款由騰訊公司研發的先進的人工智慧幫手，它具有強大的 NLP 能力，能夠理解和生成高品質的中文文字內容。類似於智譜清言、文心一言、通義千問以及 GPT-3/4 等模型，混元幫手基於深度學習技術，能夠根據使用者的輸入進行智慧分析和推理，生成連貫且資訊豐富的回答或建議。

總之，這些 NLP 工具和技術堆疊都是基於最新的深度學習框架建構的強大模型，透過模擬人類大腦處理語言的方式來解析、理解和生成自然語言，從而廣泛應用於諸多領域，極大地提升了人機互動的智慧化水準和資訊處理的效率。

15.3 自然語言處理在測試活動中的應用

自然語言處理在測試活動中的作用相當廣泛，它可以幫助提升測試的效率和品質，並使得非技術人員能夠更方便地參與到測試過程中。舉例來說，NLP 工具可以協助完成測試用例的生成、自動化指令稿的生成、日誌分析與故障預測、文字內容測試、聊天機器人輔助測試等任務。下面將透過實例說明 NLP 工具在測試用例生成、自動化指令稿生成方面的應用。

15.3.1 測試用例的自動生成

自然語言處理在軟體開發領域中，可以用來解析需求文件以生成測試用例。這個過程就像一位精通業務和技術的幫手，讀取並理解人類用自然語言寫的需求說明書，然後將其轉化為電腦可執行的具體測試步驟和預期結果。

一｜需求文件

假設需求文件的需求規格如下，現對某 NLP 工具進行提問。

【提問】

（1）有一個核取方塊（checkbox）：有 A、B、C、D、E 五個選項。

（2）有一個單選按鈕（radio）：有 F、G 兩個選項。當核取方塊選擇 B 選項，且單選按鈕選擇 G 選項時，系統將會新增一個輸入框 B1；當使用者選擇 F 選項時，則不會出現 B1 輸入框。

（3）當核取方塊選擇 C 選項，且單選按鈕選擇 G 選項時，系統將會新增一個輸入框 C1；當使用者選擇 F 選項時，則不會出現 C1 輸入框。

（4）當核取方塊選擇 D 選項，且單選按鈕選擇 G 選項時，系統將會新增一個輸入框 D1；當使用者選擇 F 選項時，則不會出現 D1 輸入框。

15.3 自然語言處理在測試活動中的應用

（5）當核取方塊選擇 B、C、D 中的任意兩個，且單選按鈕選擇 G 選項時，系統會新增 B1、C1、D1 這三個輸入框中的任意兩個輸入框。

（6）當核取方塊選擇 B、C、D 三個選項，且單選按鈕選擇 G 選項時，系統會新增三個輸入框 B1、C1、D1。最後只要新增了輸入框都需要輸入內容。

請結合以上需求，設計出不少於 20 個功能測試用例。

二｜某 NLP 工具針對以上需求輸出測試用例

【回答】

功能測試用例設計：

（1）測試目標

驗證核取方塊與單選按鈕的互動邏輯，確保在特定條件下能正確新增對應的輸入框，並驗證新增輸入框的輸入功能。

（2）測試範圍

核取方塊選項：A、B、C、D、E；

單選按鈕選項：F、G；

新增輸入框：B1、C1、D1。

（3）測試環境與資料

測試環境：瀏覽器（確保相容主流瀏覽器）；

測試資料：無須特定資料，以使用者介面操作為主。

（4）測試用例

測試選擇 B 與 G。

步驟：

選擇核取方塊中的 B 選項；

選擇單選按鈕中的 G 選項。

15 AI 在軟體測試中的應用

預期結果：

新增 B1 輸入框，且要求輸入內容。

驗證點：

檢查 B1 輸入框是否出現；

嘗試輸入內容到 B1，驗證輸入功能是否正常。

…………

　　NLP 工具將舉出不少於 20 個測試用例，透過這樣的方式，NLP 技術能夠自動捕捉需求文件中的重要細節，並確保每個功能點都能得到相應的測試覆蓋，從而提高測試效率和品質。當然，當前實際應用中完全自動化生成完美測試用例還有一定挑戰，但隨著 NLP 技術的進步，這一方向的應用將越來越廣泛和成熟。

15.3.2 自動化測試指令稿的生成

　　自然語言處理在自動化測試指令稿生成中的應用，是將人類日常使用的自然語言轉為機器可執行的程式指令。這表示開發人員或測試人員可以使用日常對話或文字描述的方式來表達測試用例，然後透過 NLP 技術解析這些描述，並自動生成相應的自動化測試指令稿。

一｜自動化測試需求文件

　　假設需求文件的需求規格如下，現對某 NLP 工具進行提問。

【提問】

（1）必選項如下。

帳號輸入框：需求規格為 6 ～ 16 位字元。

商戶名稱輸入框：需求規格為 6 ～ 16 位字元。

密碼輸入框：需求規格為密碼只能由 8 ～ 16 位字母、數字、標點符號組成。

15.3 自然語言處理在測試活動中的應用

優惠券許可權：是一個核取方塊，可以選擇的選項有時間段券、小時券、金額券、次數券、折扣券；需求規格為可單選、可多選、可全選。

（2）可選項如下。

使用者類型：是一個單選按鈕，它的選項有預付費、後付費，只能二選一。

電話輸入框：需求規格為 11 位整數。

位址輸入框：需求規格為不超過 30 個字元。

備註資訊：需求規格為不超過 50 個字元。

（3）輸入完以上資訊後有一個提交按鈕，按一下這個按鈕，增加使用者成功後，系統會進入該使用者的詳細頁面。

請使用 Python、Selenium、pytest、POM、資料驅動模型進行自動化測試框架的設計及詳細程式的設計，設計頁面類別以及測試類別就可以，不用考慮新建驅動及登入相關操作。

二｜某 NLP 工具針對以上需求輸出的自動化測試指令稿

【回答】

為了使用 Python、Selenium、pytest、POM（Page Object Model）和資料驅動模型進行自動化測試框架的設計，我們需要首先定義頁面類別（Page Class）和測試類別（Test Class）。以下是一個簡化的範例，展示了如何根據提供的需求文件設計這些類別。

首先，我們建立一個頁面類別來表示增加商戶的頁面，並定義相關元素和操作方法。

```python
# page_objects/add_merchant_page.py
from selenium.webdriver.common.by import By
from selenium.webdriver.support.ui import Select
from pom_base import PageBase
class AddMerchantPage(PageBase):
    # 定位器
    account_input = (By.ID, 'accountInput')
    merchant_name_input = (By.ID, 'merchantNameInput')
    password_input = (By.ID, 'passwordInput')
    ............
```

15 AI 在軟體測試中的應用

NLP 工具將根據要求舉出框架的設計以及詳細的程式，但需要注意，上述程式範例僅為說明概念而設計，實際自動化指令稿需要根據具體應用的 UI 元素、API 介面以及預期行為進行調整。同時，目前完全自動化的從自然語言直接生成完整可執行指令稿的技術還在不斷發展中，許多情況下仍需人工驗證或輔助編輯。

15.4 NLP 工具（文心一言）

隨著人工智慧技術的不斷發展，自然語言處理工具在我們的日常生活和工作中扮演著越來越重要的角色。文心一言作為其中的一員，憑藉其強大的功能和簡單易用的操作介面，受到了廣大使用者的喜愛。本節將為大家介紹文心一言的基本使用方法以及提問的技巧。

15.4.1 文心一言的基本使用

一 ｜ 註冊頁面

文心一言使用的是百度的帳號，所以註冊頁面就是百度的註冊頁面，如圖 15-1 所示。

▲ 圖 15-1 文心一言的註冊頁面

15.4 NLP 工具（文心一言）

二｜登入頁面

文心一言的登入頁面如圖 15-2 所示。文心一言提供了多種登入方式以適應不同使用者的需求，包括但不限於以下幾種。

▲ 圖 15-2 文心一言的登入頁面

（1）百度帳號登入：使用者可以使用已有的百度帳號直接登入文心一言，這是最常用的登入方式之一。百度帳號系統完善、安全性高，使用者可以放心使用。

（2）手機號碼登入：使用者也可以選擇使用手機號碼進行登入，這種方式便於記憶和操作。在登入過程中，系統會向使用者手機發送驗證碼以確保帳號安全。

（3）第三方帳號登入：為了方便使用者快速連線，文心一言還支援透過第三方帳號（如微信、QQ 等）進行登入。使用者只需授權並綁定相關帳號，即可實現快速登入。

需要注意的是，為了保護使用者隱私和帳號安全，建議使用者在登入時選擇官方推薦的登入方式，並確保在安全的網路環境下操作。同時，使用者應妥善保管自己的帳號資訊，避免洩露給他人。

15　AI 在軟體測試中的應用

三｜新建對話

登入成功後，將出現新建對話的選項，可以直接在新建對話方塊中輸入你想要交流的問題，然後按確認鍵就能很快得到系統的回饋，如圖 15-3、圖 15-4 所示。

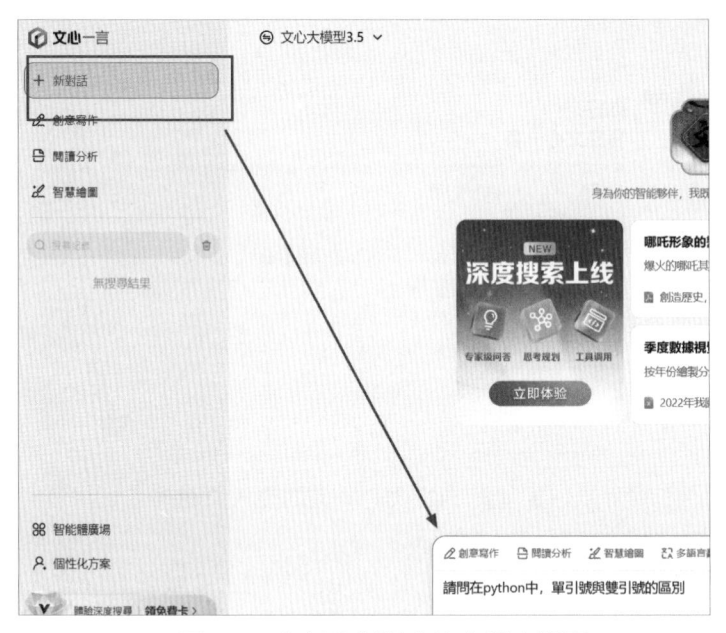

▲ 圖 15-3　在新建對話方塊中提出問題

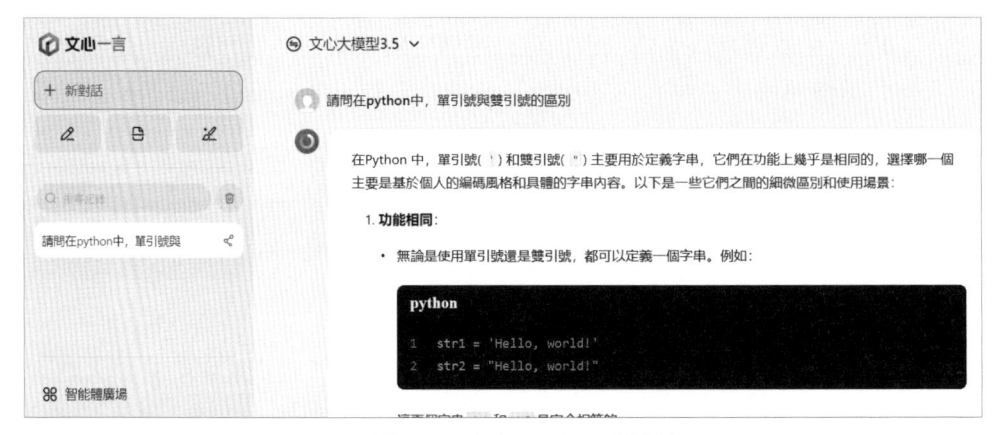

▲ 圖 15-4　文心一言回覆問題

15.4 NLP 工具（文心一言）

新建對話的功能主要是提供給使用者建立全新對話的能力，滿足使用者開啟新話題或進行新聊天的需求。透過新建對話，使用者可以更進一步地管理自己的交流內容，保持對話的清晰和有序。同時，新建對話功能也是許多即時通訊和社交應用中的基礎功能之一，它提供了使用者之間溝通交流的起點。

四｜文心大模型的版本

文心大模型的版本選擇如圖 15-5 所示。

▲ 圖 15-5 文心大模型的版本選擇

文心大模型 3.5 是免費的，而文心大模型 4.0 是收費的，它們的主要區別在於模型的規模、性能和應用能力。具體來說，文心大模型 4.0 相對於 3.5 版本，在模型的參數量、訓練資料量以及演算法最佳化方面都有所增加和改進，從而使得模型的語義理解和生成能力更加強大和精準，可以應用於更多複雜和高級的自然語言處理任務。

五｜一言百寶箱

文心一言的百寶箱頁面如圖 15-6 所示。

▲ 圖 15-6 文心一言的百寶箱

一言百寶箱是百度文心一言中的功能板塊，它集中了各種主題的提示或提醒（Prompt），包括創意寫作、商業分析、資料分析等，方便使用者快速掌握實用技巧。

六｜文心一言的使用指南

文心一言的使用指南如圖 15-7、圖 15-8 所示。

「一言使用指南」在文心一言（或其他類似的語言模型）中有著關鍵的指導和幫助作用。具體來說，它的作用主要包括以下幾個方面。

（1）提供使用說明：對於初次使用或不熟悉文心一言的使用者，指南可以提供基礎的使用方法和操作步驟，讓使用者能夠更快地掌握如何使用這個工具。

15.4 NLP 工具（文心一言）

▲ 圖 15-7　文心一言的使用指南選項

▲ 圖 15-8　文心一言的使用手冊

（2）明確功能範圍：透過指南，使用者可以了解文心一言能夠做什麼、擅長處理哪些問題，以及它的局限性和不足之處。這有助於使用者設置合理的期望，避免在不適當的場景下使用。

（3）促進有效交流：指南可能會包含如何提問、如何表述問題以獲得最心儀答案的建議，這能夠提升使用者與文心一言之間的交流效率。

（4）確保使用安全：指南通常會強調隱私和安全問題，提醒使用者不要分享敏感資訊，從而在使用語言模型的過程中保護自己的隱私和安全。

（5）提供問題解決方案：如果使用者在使用過程中遇到問題或困惑，指南可能會提供常見的故障排除步驟或解決方案。

（6）鼓勵回饋與參與：透過指南，使用者可以了解如何提供回饋、參與改進或獲取支援，這對於語言模型的持續最佳化和改進非常重要。

總的來說，「一言使用指南」旨在幫助使用者更進一步地理解和使用文心一言，從而充分發揮其潛力並提升使用者體驗。

15.4.2 文心一言的提問技巧

在使用文心一言的過程中，有時其回覆會包含較專業的術語，初級軟體測試人員可能不太易於理解。接下來透過實際的例子給大家演示提問的技巧。

【提問】請解釋一下 Web 自動化測試中的 POM 設計思想。

【回答】POM（Page Object Model）是頁面物件模型的簡稱，它是一種在 Web 自動化測試中廣泛採用的設計模式。POM 模型的核心思想是將 Web 專案的每個頁面當作一個物件，透過分層實現管理架構的最佳化，以提高程式的重複使用性、可讀性、可擴充性以及可維護性。

在 POM 模型中，每個頁面都被定義為一個單獨的類別，這個類別中包含了該頁面上的頁面元素物件和處理這些元素物件所需要的方法。業務流程透過呼叫不同頁面的方法來實現，這樣就將頁面元素操作和業務流程相分離，使得測試程式結構更加清晰，可讀性更強。

POM 模型的優勢如下。

（1）提高了程式的可維護性：由於每個頁面都被封裝成一個單獨的類別，當 UI 發生變化時，只需要修改對應的頁面類別即可，而不需要修改整個測試程式。

15.4 NLP 工具（文心一言）

（2）提高了程式的重複使用性：公共的方法可以被取出出來放到一個公共類別中，這樣其他頁面在需要時就可以呼叫這些方法，避免了程式的重複撰寫。

（3）提高了測試覆蓋率：透過對每個頁面進行詳細的封裝操作，可以更容易地實現全面的測試覆蓋。

（4）降低了程式之間的耦合度：各個頁面之間透過方法進行呼叫，而非直接動作頁面元素，這樣降低了程式之間的耦合度，提高了程式的可擴充性。

總的來說，POM 模型是一種非常有效的 Web 自動化測試設計模式，它可以大大提高測試的效率和品質。

以上的回答雖然詳盡，但對初學者而言可能還是顯得有些難以消化。現在換個更易懂的方式來提問和解析。

【提問】請用通俗易懂的語言來解釋一下 Web 自動化測試中的 POM 設計思想。

【回答】POM 模型，即頁面物件模型（Page Object Model），在 Web 自動化測試中是個非常實用的設計理念。通俗來說，我們可以把它想像成一個 "劇本" 與 "演員" 的關係。

在這個模型中：

（1）頁面物件（Page Objects）：這些就像是劇本裡的角色或演員。每個 Web 頁面都被看作一個獨立的「演員」，它有自己特定的屬性和行為。比如，一個登入頁面就有使用者名稱輸入框、密碼輸入框和登入按鈕等「屬性」，以及使用者輸入使用者名稱和密碼後按一下登入的「行為」。

（2）測試指令稿（Test Scripts）：這些就像是劇本的導演。導演不需要關心演員具體是怎麼演的（也就是頁面上的元素是怎麼實現的），只需要告訴演員在什麼時候做什麼動作（呼叫頁面物件的方法）。

15-17

POM 模型的好處如下。

（1）易於維護：如果演員（頁面）換了，或演員的表現方式（頁面元素）變了，導演（測試指令稿）不需要大改劇本，只需要告訴新演員怎麼演就行。

（2）程式重複使用：如果多個劇本（測試指令稿）都需要用到同一個演員（頁面物件），那麼這個演員就可以在不同的劇本中重複使用，而不需要為每個劇本都重新寫一個演員。

（3）清晰的結構：劇本、演員和演員的行為都分得很清楚，這樣整個專案看起來就很有條理，也更容易理解和修改。

總的來說，POM 模型就是讓我們把 Web 頁面看作一個個獨立的物件，然後透過呼叫這些物件的方法來撰寫測試指令稿，從而讓自動化測試變得更加簡單、高效和易於維護。

在上面的提問中，強調了需要用「通俗易懂的語言」來解釋 POM 模型，文心一言的回答因此變得更加易於理解，並且透過比喻的方式加深了大家對 POM 模型的認知。然而，為了更簡潔明了，能否用幾句話精練地概述一下 POM 模型的概念呢？現在嘗試換種方式再次提問。

【提問】請用比喻的方式來解釋一下 Web 自動化測試中的 POM 模型，只需要兩三句話就可以。

【回答】在 Web 自動化測試中，POM（頁面物件模型）就像一本字典，它為每個網頁建立了一個「詞條」，這個「詞條」就是 Page 類別。每個 Page 類別中包含了該頁面上所有元素的定位資訊和操作方法，就好比字典裡記錄了單字及其含義和用法。當我們需要與頁面互動時，只需查閱對應的「詞條」（呼叫 Page 類別的方法），而非每次直接查詢和拼寫單字（直接定位元素並操作），從而使得程式更易讀、易維護且可重複使用。

這個簡潔的回答使得 POM 模型的概念更加易於理解了。

文心一言的提問技巧其實挺簡單的，就是提問題的時候要明確、簡練，還要有邏輯。

你要先想清楚想問什麼，然後用簡單的話說出來，讓對方一聽就明白。另外，提問的時候還要注重邏輯，這樣才能更進一步地引導對方回答你的問題，把問題聊得更深入。在提問時，不妨多運用「麻煩你」「可不可以」「謝謝你」等禮貌用語，因為當你與文心一言交流時，仿佛是在和一位智者對話。你展現出的尊重不僅能夠提升對話的氣氛，更能激發對方的智慧，從而得到更優質、更深入的回答。記住，禮貌是心靈的交流橋樑，它能讓你的每一次提問都得到更好的回應。

15.5 AI 會替代軟體測試人員嗎

人工智慧在軟體測試領域的應用正在不斷增加，但它不太可能完全替代軟體測試人員。儘管 AI 可以提供許多優勢，如自動化測試、提高測試效率、減少人為錯誤等，但軟體測試仍然需要人類測試人員的專業知識、技能和經驗。

以下是 AI 不能完全替代軟體測試人員的一些原因。

（1）複雜性和多樣性：軟體系統通常非常複雜，具有各種功能和互動，測試場景也非常多樣化。AI 在處理某些複雜和非標準的測試情況時可能會受到限制，而測試人員可以運用他們的專業知識和經驗來處理這些情況。

（2）創造性思維和直覺：測試工程師在測試過程中需要運用創造性思維和直覺來設計測試用例、發現隱藏的缺陷，並理解使用者需求。這種創造性思維和直覺是 AI 目前難以模擬的。

（3）倫理和社會因素：軟體測試涉及一些倫理和社會因素，如隱私問題、資料保護、使用者權益等。測試工程師需要運用道德判斷和人類智慧來解決這些問題，確保軟體的品質和符合規範性。

15 AI 在軟體測試中的應用

（4）人際交往和溝通：軟體測試人員需要與多個團隊成員進行溝通和協作，包括開發人員、產品經理、專案經理等。有效的人際交往和溝通能力對於解釋測試結果、提出改進建議以及推動問題解決至關重要。

（5）持續學習和適應性：軟體測試領域的技術和工具不斷發展變化，測試工程師需要持續學習和適應新的技術和環境。雖然 AI 可以處理大量資料並提供資訊，但測試工程師的學習能力和適應能力對於應對不斷變化的測試需求至關重要。

因此，儘管 AI 在軟體測試中發揮著重要作用，但在可預見的將來，軟體測試人員仍然是不可或缺的。他們與 AI 協作工作，各自發揮優勢，以實現更高效、準確和全面的軟體測試過程。

15.6 持續學習與職業發展

2024 年 2 月，OpenAI 公司再次引領了 AI 創新浪潮，推出了名為 Sora 的先進文字到視訊轉換模型。Sora 不僅能夠透過解析使用者提供的複雜文字提示，創造出流暢連貫、長達一分鐘的一鏡到底視訊內容，還展示了 AI 在理解和生成多媒體資訊方面取得的重大突破。這一技術革新不僅預示著內容創作行業的深刻變革，也揭示出 AI 在未來將如何進一步滲透並提升包括軟體測試在內的各個專業技術領域。隨著 OpenAI Sora 這類先進技術的迅速崛起，顯而易見的是，AI 與 NLP 的結合正在以前所未有的速度推動測試行業智慧化的發展。

對初級軟體測試人員來說，隨著 AI 和 NLP 技術在軟體測試領域的廣泛應用，持續學習並深化對這些技術的理解是至關重要的。

隨著 AI 和 NLP 技術的發展，在測試行業將出現以下幾個顯著趨勢。

（1）自動化測試的智慧化提升：AI 和 NLP 結合可以實現更智慧的自動化測試，比如自動生成測試用例、辨識潛在缺陷、預測系統行為等，極大地提高測試效率和覆蓋度。

（2）智慧回歸測試：利用 AI 模型來決定哪些程式變更需要重新測試，以及如何最佳化測試集以減少容錯和最大化覆蓋率。

（3）基於 NLP 的文件驅動測試：直接從需求規格說明書或其他業務文件中自動提取測試點，降低人為疏漏和提高測試精確性。

（4）智慧故障診斷與修復建議：透過 AI 分析日誌資料和錯誤報告，快速定位問題，並可能提出修復建議。

因此，未來的測試工程師不僅需要傳統的程式設計和測試理論知識，還需要掌握 AI 演算法原理、NLP 技術和相關的資料分析能力，以便更進一步地適應這一領域不斷發展的需求和挑戰。同時，還需要具備運用 AI 工具和框架實施自動化測試策略的能力。

MEMO

16

求職簡歷製作與
面試模擬考場問答

　　本章將全面探討求職者在準備履歷和面試過程中所需關注的各個方面，分為七節進行詳細闡述。

16 求職簡歷製作與面試模擬考場問答

16.1 節將提供一份實用的履歷範本，旨在幫助求職者根據職務需求訂製履歷。

16.2 節聚焦公共性面試題，如自我介紹、職業規劃等，為求職者提供回答策略和框架。

16.3 節的面試題將關注功能和理論知識的考查。

16.4 節偏重鞏固求職者對專業技能的掌握程度。

16.5 節透過提供詢問專案經歷的面試題，教求職者如何結合實際工作經驗作答。

16.6 節將列舉一系列發散性問題，以檢驗求職者的思維、創新和應變能力。

節將介紹克服面試緊張情緒的有效技巧。

透過本章的學習，求職者將能夠更加自信地面對求職過程，從履歷製作到面試應答都能遊刃有餘。鑑於求職的重要性，本章所有內容都會提供視訊講解。

○ 16.1 求職履歷的製作

一｜求職履歷製作

對於初涉職場的求職者而言，精心製作一份求職履歷至關重要。履歷往往是面試官了解你的第一步，也是他們後續提問的重要依據。因此，履歷中的每一句話、每一個專案經歷、每一個技術細節，都需要你深入了解並能夠自如應對。為了幫助大家更進一步地掌握履歷製作的要領，本章將展示一份具有兩年多工作經驗的軟體測試工程師的求職履歷，並進行詳細分析。希望這份履歷能為大家提供有益的參考和啟示，使你在求職過程中更加自信從容。

具體履歷如下所示。

個人履歷

個人簡介

姓名：陳 xx

年齡：25 歲　　　　　　　　　　　　　性別：男

電子郵件：xxxxxxx@qq.com　　　　　　電話：183xxxxxxxx

求職意向：系統測試、自動化測試　　　　到崗時間：一週以內

期望薪水：面議　　　　　　　　　　　　期望工作地區：不限

教育經歷

2017.09—2021.06　　　xxxx 學院　　學歷：大學　　專業：xxx 資訊管理　　英文：四級

專業技能

1. 熟悉軟體測試流程，根據需求文件，設計測試用例、測試計畫及測試報告。
2. 熟悉 Python 語言，並使用 Python+Selenium+pytest+POM+ 資料驅動測試框架實現 Web 自動化測試。
3. 熟悉 Postman、Charles 等介面測試工具，熟悉介面文件評審及分析，並使用 Python+Requests+pytest 來完成介面自動化測試指令稿的設計。
4. 熟悉 Navicat/Xshell 用戶端的使用，熟練掌握 SQL 敘述和 Linux 命令進行資料分析和日誌分析等。
5. 能夠使用禪道測試管理工具，進行 Bug 管理，追蹤 Bug 以及協助開發人員修復 Bug。
6. 會使用常見的 AI 軟體，並用其解決測試的難題。

工作經驗

2023 年 4 月—2024 年 5 月　　系統測試工程師　　深圳 B 有限公司

專案名稱：xxx 銀行 RLMS 系統

專案描述：是 xxx 銀行內部信貸管理平臺，分為核心系統和週邊系統。系統中機構、櫃員不同，許可權也不同，主要模組有系統管理、新增貸款、貸後管理、參數維護、綜合查詢、額度管理、追加放款、綜合統計、檔案管理，測試範圍有功能測試、相容性測試、介面測試、自動化測試。

負責模組：帳戶查詢模組、帳戶管理模組、銀行轉帳模組、預約轉帳模組、貸款申請模組、貸款還款模組。

主要職責：

1. 參加需求澄清會，與產品及開發人員交流。
2. 參與測試計畫撰寫和評審，提出建議。
3. 根據自己負責的模組分析測試點，撰寫測試用例，參加組內用例評審。
4. 根據用例評審會上的建議，修改所負責模組的測試用例，然後將測試用例歸檔到 GIT。
5. 使用 Postman 對檔案管理等模組進行介面測試。
6. 使用 Selenium+Python+pytest+POM 進行自動化測試框架設計，並進行回歸測試。
7. 開發人員修正程式後，重新對其進行測試。
8. 版本穩定後，進行相容性測試。
9. 版本穩定後，對指令稿進行更新和維護。

2022 年 3 月—2023 年 4 月　　高級軟體測試工程師　　深圳 B 有限公司

專案名稱：xxx 智慧儲物管理中心

專案描述：xxx 智慧儲物管理中心是一款新型、方便、快捷的智慧儲物管理系統。該系統是將公司人員管理、和儲物內部 VIP 商戶、內部員工、普通商戶、臨時使用者等的儲存資訊透過平臺進行數位化、

16 求職簡歷製作與面試模擬考場問答

電子化。可自動根據不同的儲物類別進行分類，從而採取不同的收費方式。
負責模組：系統登入模組、商戶管理模組、VIP 優惠模組、內部員工儲物管理模組。
主要職責：
1. 參與專案業務需求流程評審會，聽取並討論需求規格設計方案。
2. 分析介面文件及業務邏輯等，同時撰寫介面測試用例。
3. 開發提測後，執行介面測試用例，使用禪道對 Bug 進行提交、追蹤和維護。
4. 對資料庫進行增刪改查等操作，確保寫入資料庫的資訊準確無誤且入庫成功。
5. 使用 Selenium 自動化測試框架進行頁面回歸測試。
6. 執行完成所有的用例，關閉所有問題單，確保封版前功能無異常。
7. 輸出測試報告，對測試的過程進行分析和總結。
8. 後期參與上線後的功能驗證，如有生產問題，開會確認是否安排緊急版本。

2021 年 9 月—2022 年 3 月　　功能測試工程師　　　深圳 A 有限公司
專案名稱：xxx 智慧運動手錶（App）
專案描述：這是一款可以隨時隨地檢測使用者身體指數且提供給使用者客觀建議的手機平臺，它顛覆了傳統手錶的弊端，透過使用網際網路技術進行功能創新，成為最受使用者喜歡的平臺。
主要職責：
1. 負責 App 端測試工作，分析測試需求，撰寫測試用例。
2. App 功能測試、業務邏輯測試、測試執行工作、系統缺陷整理分析。
3. 針對不同版本、手環解析度、網路環境進行相容性測試，以及對系統升級後 App 的相容情況，對 App 升級安裝、卸載、跨版本安裝進行測試。
4. 使用 Charles 模擬弱網，對 App 介面抓取封包。
5. 進行測試用例複現、回歸測試，撰寫和提交測試報告。

二｜製作履歷時的建議

（1）軟體測試的履歷範本並沒有統一規定，大家可以上網搜尋相應的履歷範本。

（2）個人基本資訊要簡潔明瞭，不要長篇大論，把關鍵點寫清楚就好，比如姓名、專業、聯繫方式、工作年限等。

（3）求職意向、目前狀態、到崗時間以及期望的工作地區要明確，期望薪資寫面議。

（4）很多初級軟體測試人員在「自我評價」部分寫很多內容，這個地方建議少寫或不寫，寫多了都是空話，因為你的一言一行在面試的時候往往都能表現出來。

（5）因為面試官在面試的時候是根據履歷提問的，所以履歷上陳述的東西一定要非常清楚。

（6）注意專案中的時間點要連貫。例如你第一個專案結束的時間是 2023 年 4 月，那麼第二個專案開始的時間就不要寫成 2023 年 7 月，因為這期間有三個月的空檔期。

（7）在準備履歷時，可以根據自己的實際工作年限、專案經歷、經驗累積以及技術專長進行靈活調整和最佳化。舉例來說，如果你對某個專案業務有深入了解，並提出過寶貴的建議或成功策劃過某個專案，都可以將其融入履歷中，從而使履歷內容更加充實和具有說服力。這樣的調整能夠凸顯你的個人能力和價值，提升你在求職過程中的競爭力。

16.2　履歷中必問的公共性面試題

問題 1：請作一下自我介紹。

參考回答：面試官你好，我叫陳 xx，今年 25 歲，畢業於 xxxx 學院 xxx 資訊管理專業。在過去兩年多的時間裡，我分別在深圳 A 公司和深圳 B 公司工作過，參與了多個專案並累積了寶貴的實戰經驗。

在第一家公司，我負責了一個短期 App 專案的測試工作，歷時大約六個月。而在第二家公司，我投入了近兩年的時間，深入參與了兩個專案的全流程測試，從而對我的專業技能有了更深入的鍛煉和提升。

我熟悉軟體測試的完整生命週期，從需求文件分析、測試計畫制訂，到測試用例撰寫與執行，再到缺陷追蹤和報告整理。在技能方面，我熟悉 Python 程式語言，並能夠運用 Selenium、pytest 等自動化測試工具，實現 Web 自動化測試。同時，我也會使用 Postman 進行介面測試，包括介面文件解析、用例設計以及透過 Requests 函數庫撰寫介面自動化指令稿。此外，我還熟練掌握抓取封包技術、常用 SQL 敘述以及 Linux 命令列操作。

16 求職簡歷製作與面試模擬考場問答

在過去的專案經歷中，我參與了三個核心專案的測試工作。首先是 xxx 銀行的 RLMS 系統測試，這是一個業務邏輯複雜、模組許多的專案。我成功負責了多個核心模組的測試任務，確保系統按時上線並穩定執行。其次，我參與了 xxx 智慧儲物管理中心的測試工作，同樣表現出色，確保了專案的品質。最後，我還負責了一個智慧運動手錶 App 的功能測試。

我性格開朗、善於溝通，能夠快速適應新環境。平時我熱愛閱讀，喜歡參加爬山等戶外活動。

非常感謝你給我這次面試的機會，我期待能夠在貴公司發揮自己的優勢，為公司的發展貢獻自己的力量！

問題 2：你如何看待加班現象？

參考回答：對於加班，我認為它是一種工作態度的表現。在我們軟體測試行業，專案的進度和品質往往需要我們投入額外的時間和精力來保障。在我的工作經歷中，無論是參與 xxx 銀行的 RLMS 系統測試，還是 xxx 智慧儲物管理中心的測試專案，我都遇到過需要加班的情況。在這些時候，我始終保持積極的心態，將加班看作提升自己專業技能和對專案負責的機會。

問題 3：你期望的薪資是多少錢？

參考回答：對於薪資期望，我認為它應該與我的專業技能、工作經驗相匹配。我也了解到行業內的薪資水準。具體的數字我們可以在面試完成後詳細討論，我相信貴公司會給我一個公平合理的薪資。

或直接說：我期望的薪資是 xx，具體可以看我的表現。一般工作兩年以上的測試工程師薪資可超過 1 萬元。

問題 4：你為什麼會離開上一家公司？

參考回答：我離開上一家公司主要是出於對個人職業發展的考慮。在過去的兩年裡，我在那裡獲得了寶貴的軟體測試經驗和技能，參與了多個重要專案並獲得了良好的成果。然而，我認為自己已經到達了一個需要新挑戰和機遇的階段。同時，我也對貴公司的企業文化和發展前景非常感興趣。因此，我決定離開上一家公司，加入貴公司，希望能夠在這裡實現自己的職業目標。

問題 5：你的優缺點是什麼？參考回答：

優點：

我擁有兩年的軟體測試經驗，熟練掌握軟體測試流程，包括需求分析、測試設計、執行和缺陷追蹤。此外，我還精通 Python 程式設計和自動化測試工具（如 Selenium），能夠高效率地進行自動化測試。我認為我的專業技能紮實，能夠快速適應不同的測試任務。

缺點：

有時我過於追求完美，對工作的要求非常高，這可能導致花費過多的時間在細節上，從而影響整體進度。但我也在努力學會在追求完美和提高效率之間找到平衡，以更進一步地滿足專案需求。

問題 6：你的職業規劃是什麼？

參考回答：我的職業規劃是圍繞軟體測試和技術提升展開的。在短期內，我計畫繼續深化在軟體測試領域的專業技能，特別是在自動化測試和性能測試方面。我希望透過不斷學習和實踐，掌握更多的測試工具和技術，提高測試效率和品質。同時，我也對測試團隊的管理和領導感興趣。在未來幾年內，我期望能夠逐步向測試團隊的管理層發展，透過帶領團隊完成更多、更複雜的測試專案，來提升自己的管理能力和團隊協作能力。

問題 7：你有什麼問題要問我的嗎？參考回答：

「能否介紹一下我將要加入的測試團隊的規模和組成？比如有多少位測試工程師、是否有專門的測試經理或測試領導？」

「在貴公司，進行軟體測試通常使用哪些工具和框架？」

「對於這個職務，你有什麼具體的期望或希望我在頭幾個月達到的目標？」

16 求職簡歷製作與面試模擬考場問答

「貴公司對於自動化測試有何期望或標準？是否有現有的自動化測試框架或函數庫供我們使用？」

「在這個職位上，最常見的挑戰是什麼？你認為成功應對這些挑戰需要具備哪些關鍵能力？」

問題 8：你有拿過其他公司的 offer 嗎？

參考回答：如果你確實已經收到了其他公司的 offer，可以誠實地說明這一點。例如：「是的，我在面試過程中已經收到了幾家公司的 offer，但目前我還在認真考慮哪個機會最適合我的職業發展。」無論你是否拿到了其他 offer，都要強調你對當前面試公司的興趣和重視。例如：「雖然我有其他選擇，但我對貴公司的專案和技術非常感興趣，我認為這裡能為我提供更好的發展機會。」如果你沒有拿到其他公司的 offer，也可以誠實地說：「目前我還在面試過程中，尚未收到其他公司的 offer。但我對貴公司的機會非常感興趣，並認為這裡是一個很好的發展平臺。」總之，真誠、積極地回答 HR 的問題，並強調你對當前公司的興趣和價值，將有助你在面試中留下良好的印象。

問題 9：你在上一家公司的薪資是多少錢？

參考回答：你可以表達你對職務的興趣和價值，並說明薪資只是你考慮的方面。例如：「在評估職務時，我更注重的是工作內容、發展機會和公司文化。當然，薪資也是一個重要的考慮因素，但我相信貴公司會根據我的能力和市場標準給予合理的薪資。」如果 HR 堅持詢問薪資情況，你可以舉出一個大致的薪資範圍而非具體數額。例如：「在上一份工作中，我的薪資處於行業內的合理水準。對於這個職務，我期望的薪資範圍是與市場標準相符的。」

16.3 履歷中必問的功能兼理論面試題

功能測試作為軟體測試的核心組成部分，是評估軟體產品是否滿足預定功能要求的關鍵環節。在面試過程中，初級軟體測試工程師的候選人通常都會被

16.3 履歷中必問的功能兼理論面試題

問到與功能測試相關的理論和實踐問題。這些問題旨在考查候選人對功能測試的理解、應用能力以及問題解決技巧。以下列舉的一些典型面試題，旨在幫助面試者全面理解功能測試的內涵和外延。掌握了這些問題後，面試者將能夠觸類旁通，靈活應對其他相關的面試問題。這些問題都是在面試中經常出現，需要面試者重點準備的內容。

問題 1：如何進行需求評審？

參考回答：在進行需求評審時，首先需要確定參與評審的人員，通常包括產品人員、開發人員和測試人員。提前將需求文件發放給相關人員，確保他們有足夠的時間來準備。在評審過程中，需要熟悉業務流程，並對需求細節進行分解。這包括與同類產品進行對比分析，找出優勢和劣勢，以及從個人經驗出發，站在使用者角度評判需求的合理性。此外，明確輸入/輸出的長度與類型也是非常重要的，以避免在後期測試中出現模糊的問題。

問題 2：你參與過測試計畫的制訂嗎？

參考回答：是的，我參與過測試計畫的制訂。在制訂測試計畫時，我們主要關注人員的角色與定位、進度安排與任務分配，以及系統的風險與控制。

問題 3：測試計畫包括哪些內容？

參考回答：測試計畫包括測試範圍、測試環境、測試策略、測試管理和測試風險等內容。測試範圍明確了測試的物件和範圍；測試環境描述了測試所需的軟硬體環境；測試策略包括測試的依據、認證標準、工具選擇、重點和方法等；測試管理涉及任務分配、時間進度安排和溝通方式等；測試風險則指明了測試中存在的各種風險及應對措施。

問題 4：測試用例是根據什麼來撰寫的？

參考回答：測試用例是根據需求文件來撰寫的。測試人員透過分析和理解需求文件，將需求轉化為可執行的測試用例，以驗證軟體是否滿足需求。

問題 5：功能測試用例包括哪些元素或欄位？

參考回答：功能測試用例通常包括測試專案、用例等級、測試編號、用例名稱、前提條件、執行步驟、預期結果、測試結果、撰寫人、執行人和備註等欄位。

問題 6：測試用例設計的方法有哪些？

參考回答：測試用例設計的方法包括等價類劃分法、邊界值分析法、錯誤推測法、正交表分析法、因果判定法等（這些方法的概念都要清楚，並且每個概念都能舉出一個例子）。

問題 7：如果進入專案小組時沒有需求文件及相關文件怎麼辦？

參考回答：在沒有需求文件及相關文件的情況下，我會首先透過與業務人員、開發人員溝通以及實際操作來了解業務需求。然後，我會根據經驗盡可能地設計出一些測試用例。同時，我會要求開發人員提供相應的文件，或參考他們之前設計的用例和 Bug 函數庫中的 Bug 來完善測試用例。在這個過程中，我會保持與開發人員的緊密溝通，以確保對需求的準確理解。

問題 8：如何進行用例的評審？

參考回答：用例評審是一個非常重要的過程，通常從以下幾個方面進行。首先，確認測試用例是否依據需求文件撰寫；其次，檢查測試用例中的執行步驟、輸入資料是否清晰、簡潔、正確，並對重複度高的執行步驟進行簡化；再次，驗證每個測試用例是否都有明確的預期結果；從次，還需檢查測試用例中是否存在多餘的用例；最後，確認測試用例是否覆蓋了需求文件中所有的功能點，是否存在遺漏。

問題 9：一個完整的 Bug 包括哪些內容？

參考回答：一個完整的 Bug 通常包括 Bug 序號、Bug 摘要、Bug 詳細描述、Bug 的嚴重程度、Bug 優先順序、指派給的人員、Bug 狀態以及必要的附件（如圖片或日誌）等其他資訊點。

問題 10：Bug 常用的狀態有哪些？

參考回答：Bug 常用的狀態包括啟動、已解決和關閉等。這些狀態反映了 Bug 的處理過程和結果，有助對 Bug 進行追蹤和管理。

問題 11：Bug 的處理流程是怎樣的？

參考回答：Bug 的處理流程通常包括以下幾個步驟。首先，測試人員發現 Bug 並啟動；其次，開發人員確認 Bug 並進行修改；修改完成後，將 Bug 狀態更改為已解決；最後，由測試人員進行回歸測試，如果沒有問題則關閉 Bug。在這個過程中，可能會遇到一些爭議或問題，需要透過溝通和協商來解決。

問題 12：當開發與測試人員對 Bug 存在爭議時如何處理？

參考回答：當開發與測試人員對 Bug 存在爭議時，首先需要保持冷靜和客觀，對事不對人。雙方應該充分溝通，明確 Bug 的定義和判斷標準。如果爭議無法解決，可以尋求上級或相關負責人的幫助，進行進一步討論和決策。在處理爭議的過程中，需要堅持原則，同時保持靈活性和開放性，以達成最有利於專案的決策。

問題 13：如果你發現了一個 Bug，但之後再也無法重現怎麼辦？

參考回答：如果我發現了一個 Bug，但之後再也無法重現，我會首先嘗試搜集相關的日誌和資訊，以保留好測試現場。然後，我會嘗試分析可能導致 Bug 出現的原因和條件，並嘗試在不同的環境和條件下重現 Bug。如果仍然無法重現，我會與開發人員進行溝通，將搜集到的資訊和分析結果提供給他們，以便他們進行分析和定位。同時，我會在後續的測試過程中繼續關注該問題，看能否再次發現該 Bug。

問題 14：產品上線後出現 Bug 怎麼辦？

參考回答：如果產品上線後出現 Bug，我會首先根據 Bug 的嚴重程度和影響範圍，制訂相應的解決方案。如果 Bug 嚴重影響使用者體驗或系統穩定性，我會立即與開發人員溝通，協調資源進行緊急修復。如果 Bug 影響較小，可以安排在後續的版本中進行修復。同時，我會對 Bug 進行分析和總結，找出原因和教訓，以避免類似問題再次發生。

問題 15：你們使用什麼來管理 Bug？你用過什麼測試管理工具？參考回答：在之前的專案中，我用過禪道、JIRA 等測試管理工具。

問題 16：回歸測試的策略有哪些？

參考回答：回歸測試的策略包括全面回歸測試、部分回歸測試和選擇性回歸測試等。全面回歸測試是對所有功能點進行重新測試，以確保修復 Bug 後系統仍然穩定；部分回歸測試是針對修復 Bug 涉及的功能點進行測試；選擇性回歸測試是根據風險評估和優先順序選擇部分功能點進行測試。在制訂回歸測試策略時，需要綜合考慮時間、資源和風險等因素。

問題 17：你有沒有寫過測試報告？測試報告包括哪些內容？

參考回答：是的，我寫過測試報告。測試報告通常包括以下幾個部分：首先是測試概述，介紹測試的目的、範圍和方法等；隨後是測試環境描述等；然後是測試結果整理和分析，包括測試用例執行情況、Bug 分佈和修復情況等；接著是系統風險評估和建議，對系統中存在的風險進行分析和評估，並提出相應的建議；最後是測試結論和總結，對整個測試過程和結果進行總結和歸納。

問題 18：軟體測試能否發現所有的 Bug？

參考回答：軟體測試無法發現所有的 Bug。由於測試資源和時間的限制，以及軟體本身的複雜性和不確定性，總會有一些 Bug 被遺漏或無法發現。因此，軟體測試的目標是在有限的時間和資源內，盡可能多地發現和修復 Bug，提高軟體的品質和穩定性。

問題 19：軟體測試的流程是什麼？

參考回答：軟體測試的流程通常包括以下幾個階段。首先是需求分析和評審階段，對需求進行理解和分析，並撰寫測試計畫；其次是測試用例設計階段，根據需求撰寫相應的測試用例；然後是測試執行時，按照測試用例進行測試並

16.3 履歷中必問的功能兼理論面試題

記錄測試結果；接著是缺陷管理階段，對發現的 Bug 進行追蹤和管理；最後是測試報告和總結階段，對整個測試過程和結果進行總結和匯報。

問題 20：專案上線的標準是什麼？

參考回答：專案上線的標準通常包括以下幾個方面。首先，軟體需求分析說明書中定義的所有功能必須已全部實現；其次，在接受度測試中發現的錯誤必須已經得到修改並且各級缺陷修復率達到標準；再次，所有測試項沒有殘餘的緊急、嚴重等級錯誤；最後，接受度測試工件必須齊全，包括測試計畫、測試用例、測試日誌、測試通知單、測試分析報告以及待驗收的軟體安裝程式等。只有滿足這些標準，才能確保專案順利上線並穩定執行。

問題 21：如何保證測試用例的覆蓋率？

參考回答：要保證測試用例的覆蓋率，首先，需要對需求進行細緻的分析和分解，確保每個功能點都有相應的測試用例覆蓋。其次，可以採用多種測試方法和技巧來設計測試用例，如等價類劃分、邊界值分析、場景法等，以盡可能覆蓋更多的情況和場景。此外，還可以使用測試工具和技術來提高測試效率和覆蓋率，如自動化測試工具等。最後，在測試執行過程中要不斷補充和完善測試用例，以確保測試覆蓋率的持續提高。

問題 22：如果讓你獨立負責一個系統的測試，你會怎麼做？或給你一個專案，你如何開展測試？

參考回答：如果讓我獨立負責一個系統的測試，我會首先進行需求理解和分析，明確測試目標和範圍。然後，我會制訂詳細的測試計畫和方案，包括測試用例設計、測試資料準備等。在測試執行過程中，我會按照測試用例進行測試並記錄測試結果，同時關注 Bug 的追蹤和管理。如果遇到問題或技術難題，我會及時尋求幫助並與相關人員溝通。在測試結束後，我會撰寫測試報告並總結歸納經驗教訓，以便後續改進。在整個過程中，我會注重品質和進度的平衡，把控好上線標準，並及時回饋進展情況和問題。

問題 23：Web 網頁的相容性測試你是怎麼做的？

參考回答：在進行 Web 網頁的相容性測試時，我通常會採取以下步驟。首先，確定需要測試的瀏覽器和作業系統組合，確保覆蓋主要使用者群眾。其次，使用自動化測試工具或手動測試方法，對網頁在不同瀏覽器和作業系統下的顯示效果、功能實現以及互動體驗進行測試。在測試過程中，我會特別關注頁面配置、樣式、JavaScript 功能以及表單提交等方面的相容性。最後，記錄並追蹤測試中發現的問題，與開發團隊協作解決相容性問題，確保網頁在各種環境下都能提供給使用者良好的使用體驗。

在面試前，面試者應當對以上列舉的面試題進行充分的準備。儘管問題的提問方式可能有所變化，但其核心答案是一致的。因此，建議面試者不僅要熟記這些題目和答案，更要學會靈活運用，以確保在面試中能夠遊刃有餘地應對各種相關問題。

⌘ 16.4 履歷中必問的專業技能面試題

本履歷中的專業技能主要涉及六大方面，分別是第 9 章的 Linux 命令列與被測系統架設、第 10 章的 SQL 基礎敘述與高級查詢、第 11 章的 Web 自動化測試框架基礎與實戰、第 12 章的 HTTP 介面測試基礎與案例分析、第 13 章的 Charles 抓取封包工具的基本使用以及第 14 章的使用 Python 進行介面自動化測試。具體的面試題請直接參考這六章中的求職指導中的面試題便可，這六章的面試題非常重要，請務必重視。

⌘ 16.5 履歷中必問的專案經歷面試題

這份履歷涵蓋了三個重要專案：xxx 銀行 RLMS 系統、xxx 智慧儲物管理中心以及 xxx 智慧運動手錶（App）專案。接下來以「xxx 銀行 RLMS 系統」為例，來展示在面試過程中對於該專案會問到的一些問題。

16.5 履歷中必問的專案經歷面試題

問題 1：請介紹一下你最熟悉（最近參與）的專案。

參考回答：我最近參與的專案是 xxx 銀行的 RLMS 系統，這是一個綜合性的內部信貸管理平臺。該平臺旨在為銀行提供一套高效、可靠的貸款管理流程，包括貸款申請、審核、放款、還款和查詢等功能。系統採用模組化設計，具有良好的擴充性和可維護性。

問題 2：你負責測試哪些模組，這些模組是怎麼測試的？

參考回答：在該專案中，我主要負責帳戶查詢、帳戶管理和銀行轉帳等模組的測試工作。這些模組都是系統中非常核心的部分，涉及使用者的資金安全和業務流程的順暢。對於帳戶查詢模組，我首先驗證了使用者登入後的帳戶資訊展示功能，確保使用者能夠正確地查看到自己的帳戶餘額、交易記錄等資訊。同時，我還測試了不同使用者角色對帳戶資訊的存取權限，確保系統的許可權控制功能正常。對於帳戶管理模組，我測試了使用者修改個人資訊、修改密碼、綁定/解綁銀行卡等功能。在測試過程中，我特別關注使用者輸入的資料驗證和錯誤處理機制，確保系統能夠正確地處理各種異常情況，並舉出友善的提示訊息。對於銀行轉帳模組，我進行了詳細的轉帳流程測試，包括驗證轉帳金額、收款人帳戶資訊的正確性，測試轉帳過程中的各種異常情況（如餘額不足、收款人帳戶不存在等），並驗證轉帳成功後的資金變動和通知功能。

在測試過程中，我使用了多種測試方法，包括等價類劃分、邊界值分析、因果圖等測試用例設計方法；同時，我還與開發團隊和產品經理保持了緊密的溝通和協作。在測試過程中發現的缺陷和問題，我會及時與開發人員進行回饋和討論，並協助他們進行缺陷的定位和修復。透過與團隊的緊密合作，我們成功地保證了專案的品質和進度。

問題 3：專案背景的開發語言是什麼？

參考回答：該專案的背景開發語言為 Java。

問題 4：專案使用的資料庫是什麼？

參考回答：該專案使用的資料庫是 Oracle。Oracle 具有高度的可靠性和擴充性，適用於大型金融類別專案。

問題 5：你們的專案團隊有多少人？測試人員有幾個，是如何分工的？

參考回答：我們的專案團隊總共有 20 人，其中測試人員有 5 人。測試團隊根據模組和功能進行了分工，每人負責不同的模組測試。我們之間保持緊密的溝通和協作，確保測試工作的順利進行。

問題 6：測試任務如何分配？

參考回答：測試任務的分配是由測試團隊負責人根據模組的重要性、複雜性和測試人員的技能進行的。每個測試人員會收到明確的任務指派，包括要測試的模組、測試用例的執行和缺陷的追蹤等。我們會在測試開始前召開任務分配會議，確保每個人都清楚自己的責任和工作內容。

問題 7：測試用例的撰寫想法是怎樣的？

參考回答：測試用例的撰寫想法主要是基於需求文件和設計文件。我會先分析模組的功能點和業務流程，然後結合等價類劃分、邊界值分析等方法，設計出覆蓋所有正常場景和異常場景的測試用例。同時，我會注重測試用例的可讀性和可維護性，以便團隊成員理解和執行。

問題 8：這個專案大概寫了多少筆測試用例？

參考回答：在這個專案中，我們總共撰寫了約 800 筆測試用例。這些測試用例覆蓋了專案的各個模組和功能點，確保了系統的全面測試。

問題 9：撰寫測試用例耗費了多長時間？

參考回答：撰寫測試用例的過程耗費了我們大約 2 個月的時間。我們在這個階段投入了大量的精力，與產品經理和開發人員緊密合作，確保測試用例的準確性和完整性。

16.5 履歷中必問的專案經歷面試題

問題 10：你一天大概能寫多少筆測試用例？

參考回答：在撰寫測試用例的高峰期，我一天大概能撰寫 20 筆測試用例。當然，這個數字會根據測試用例的複雜性和專案的需求而有所變化。

問題 11：在你的專案中撰寫了多少筆測試用例？發現了多少缺陷？

參考回答：在我負責測試的模組中，我撰寫了約 150 筆測試用例，並發現了 30 個缺陷。這些缺陷包括功能邏輯錯誤、介面顯示問題、資料一致性問題等。透過與開發團隊的緊密合作，我們及時修復了這些缺陷，提高了系統的品質。

問題 12：多久做一次版本迭代？你們專案的迭代週期一般是多長時間？

參考回答：我們的專案通常每兩周進行一次版本迭代。迭代週期包括需求收集、開發、測試和修復缺陷等階段。透過快速的迭代，我們能夠及時回應業務需求，並持續改進系統的功能和性能。

問題 13：測試過程中使用到的工具有哪些？

參考回答：在測試過程中，我使用了多種工具來提高測試效率和準確性。其中包括使用 Postman 進行介面測試，使用 Selenium 進行自動化測試，以及使用禪道進行缺陷追蹤和管理。這些工具幫助我有效地管理了測試過程和缺陷修復。

問題 14：發現的缺陷主要有哪些？

參考回答：在我們專案中發現的缺陷主要包括以下幾類別。功能邏輯錯誤，如計算結果不準確、業務流程中斷等；介面顯示問題，如版面配置錯亂、字型大小不一致等；資料一致性問題，如數據遺失、資料不同步等；性能問題，如回應時間過長、系統崩潰等；安全問題，如許可權控制不嚴、敏感資訊洩露等。我們針對這些缺陷進行了及時的修復和驗證，確保了系統的穩定性和安全性。

問題 15：描述一個令你印象深刻的 Bug。

參考回答：在測試 xxx 銀行 RLMS 系統的貸款申請模組時，我發現了一個非常隱蔽但影響重大的 Bug。這個 Bug 出現在貸款計算邏輯中，具體涉及系統如何處理使用者的貸款期限選擇、利率應用和還款方式。這個 Bug 的觸發條件相當具體：當使用者選擇了一個非標準的貸款期限（比如不是常見的 12 個月、24 個月等整數期限，而是一個帶有小數點的期限值），並且選擇了等額本息還款方式時，系統的貸款計算結果就會出現偏差。舉例來說，使用者可能申請了一個期限為「18.5 個月」的貸款，這在系統中是允許的，但在這種情況下，利息和每月還款額的計算就會出現細微但累積起來很顯著的錯誤。

這個問題之所以令人印象深刻，有幾個原因。首先，它涉及系統的核心業務邏輯——貸款計算，這是銀行信貸管理系統的核心功能之一。其次，這個 Bug 雖然不易被普通使用者察覺（因為大多數使用者可能會選擇標準的貸款期限），但一旦被發現，可能會對銀行的聲譽和客戶的信任造成重大影響。我們最終定位了問題所在，具體來說，系統在將使用者輸入的貸款期限（可能包含小數）轉為用於計算的整數月數時，沒有進行正確的四捨五入或向上 / 向下取整數操作。這導致在計算等額本息還款額時，使用了不準確的貸款月數，從而產生了計算錯誤。

問題 16：你參與過這個專案的性能測試嗎？

參考回答：到目前為止，我在專案中主要負責的是功能測試、介面測試及自動化測試方面的工作，因此還沒有直接參與過性能測試。不過，我知道性能測試通常關注系統的回應時間、輸送量、資源使用率等指標，並且在高負載情況下驗證系統的穩定性和可靠性。雖然沒有實踐經驗，但我在學習和準備過程中閱讀了一些關於性能測試的書和線上資源，以便為將來的工作做好準備。如果公司有性能測試的相關培訓或導師制度，我會非常珍惜這樣的學習機會，並且努力提升自己的能力，以便更進一步地為專案作出貢獻。

16.5 履歷中必問的專案經歷面試題

問題 17：你有做過安全性測試嗎？

參考回答：到目前為止，我在專案中主要負責的是功能測試、介面測試及自動化測試方面的工作，因此還沒有直接參與過安全性測試。不過，我深知安全性測試在軟體開發中的重要性，它關乎系統的資料保密性、完整性和可用性。

如果未來有機會參與安全性測試工作，我會積極學習並應用相關的安全性測試工具和技術，努力提升自己的能力。同時，我也會與團隊成員緊密合作，共同確保軟體系統的安全性。如果公司有相關的安全性測試培訓或導師制度，我會非常珍惜這樣的學習機會，並儘快將所學應用於實際工作中，為專案的安全性作出貢獻。

問題 18：專案快要上線了，突然發現了新的 Bug，你會怎麼處理？

參考回答：首先，我會立即確認並複現這個 Bug，確保它確實存在並且了解其具體表現和影響範圍。接著，我會評估這個 Bug 的嚴重性和優先順序，以確定它是否會影響專案的正常上線。

如果 Bug 嚴重且必須立即解決，我會立即通知專案團隊，並與開發人員協作，儘快找到解決方案並修復 Bug。在這個過程中，我會持續追蹤 Bug 的狀態，確保它得到及時解決，並且不會影響專案的上線時間。

如果 Bug 不是非常嚴重，或可以在上線後進行修復，我會將其記錄下來，並在專案上線後安排修復工作。同時，我也會考慮是否有臨時解決方案可以在上線前緩解 Bug 的影響。

總之，當在專案即將上線時發現新 Bug，我會根據 Bug 的嚴重性和優先順序，採取合適的措施進行處理，確保專案的順利進行和高品質上線。

至於「xxx 智慧儲物管理中心」這個專案，其分析過程類似於第一個專案，這裡不再重複。第三個專案，即「xxx 智慧運動手錶（App）」專案，其面試題可參考 16.6 節中的第 31～40 題。請大家在面試準備中，對這三個專案的相關問題都做好充分準備，以確保能夠全面、準確地回答面試官的提問。

16 求職簡歷製作與面試模擬考場問答

16.6 履歷中必問的發散性面試題

在面試環節中，面試官經常採用發散性問題來深入評估面試者的思維靈活性與測試能力。以下列出的問題是在面試中經常被提及的，希望大家能夠事先做好充分準備，以便能夠全面、自信地展現自己的實力。

問題 1：支付功能怎麼測試？

問題 2：微信朋友圈按讚、評論怎麼測試？

問題 3：抖音評論與按讚怎麼測試？

問題 4：購物車、購物車下單、訂單取消、退款的測試點都有什麼？

問題 5：地圖導覽怎麼測試？

問題 6：抖音直播、刷禮物怎麼測試？

問題 7：請設計電梯的測試用例。

問題 8：微信發紅包、微信轉帳怎麼測試？

問題 9：QQ 系統的 PC 端登入、QQ 聊天框怎麼測試？

問題 10：什麼是資料埋點測試？

問題 11：我要回家，讓你幫我買一張回家的車票，請設計測試用例。

問題 12：請使用 Python 統計字串中各個字元的個數。

問題 13：請使用 Python 撰寫反昇排序程式。

問題 14：SQL 中資料庫的四大特性是什麼？

問題 15：請設計圓珠筆的測試用例。

問題 16：智慧對話系統怎麼測試？

問題 17：測試方案包含哪些內容？

16.6 履歷中必問的發散性面試題

問題 18：報表資料怎麼測試？

問題 19：微信發送語音功能怎麼測試？

問題 20：更換圖示的測試點有哪些？

問題 21：優惠券的測試點有哪些？

問題 22：什麼是開發環境、測試環境、預發佈環境、生產環境？

問題 23：音視訊測試的重點有哪些？

問題 24：怎麼進行流量重播測試？

問題 25：有了解過敏捷測試嗎？

問題 26：有做過車載測試嗎？

問題 27：有做過 H5 測試嗎？有做過小程式的測試嗎？

問題 28：有做過使用者體驗測試嗎？有做過易用性測試嗎？

問題 29：你們用的版本控制管理工具是 GIT 還是 SVN ？使用過 GIT 命令嗎？

問題 30：性能測試一般會關注哪些指標？

問題 31：App 測試與 Web 測試的區別是什麼？

問題 32：App 如何做相容性測試？

問題 33：App 如何做安裝、卸載、中斷、推送等測試？

問題 34：App 冷開機和暖開機的區別是什麼？

問題 35：App 出現回應延遲和異常退出的原因是什麼？

問題 36：常見的 adb 命令有哪些？

問題 37：常見的 monkey 命令有哪些？

問題 38：有做過 App 的性能測試嗎（如記憶體使用、CPU 佔用、流量消耗、電量消耗、啟動速度等）？

問題 39：能描述一下 App 在 Android 和 iOS 平臺的測試差異嗎？

問題 40：有使用過雲端測試平臺嗎？

在面試準備階段，強烈建議你對上述問題予以充分重視。為了獲取更精準的答案，你可以考慮利用 AI 工具進行深入學習和實踐。這些問題涵蓋多個層面，實際面試中極有可能遇到。即使你對某些問題不太理解，也請勇敢嘗試回答，因為回答的過程本身就是一種學習和提升。記住，面試不僅是展示自己的機會，更是一次學習和成長的契機。

其中，第 31～40 題涉及 App 測試領域的問題，而本書履歷中第三個專案寫的就是 App 專案，但請大家放心，在全面掌握本書涵蓋的基礎內容之後，轉向 App 測試技術的學習將變得輕鬆許多。這是因為無論哪種測試領域，其本質方法和邏輯是相通的。如其中提到的 adb 和 monkey 命令在本書中並沒有提到，但底層原理和操作想法類似於執行 Linux 命令列。因此，具備紮實的 Linux 命令基礎後，進一步理解和掌握這類工具將變得更加容易。建議大家先系統學習書本知識，再拓展到 App 測試的具體技能，以此最佳化學習路徑和效率。

儘管本書已經列出了相當多的面試題，但仍然難以覆蓋所有可能在面試中出現的問題。畢竟，每個專案的需求各異，每位面試官的關注點也不盡相同。然而，正是面試的這種多樣性和變化性，為我們提供了汲取更豐富經驗和知識的寶貴機會。我們應該將這一過程視為一個促進自我成長和提升的重要階段。

◌ 16.7 面試中如何克服緊張情緒

應試者在面試的時候之所以緊張，主要原因是擔心對即將要被問到的問題不熟悉，因此在面試前，應試者應該熟知以上提到的幾類別問題。在進行正式面試前，建議找同學、老師、朋友進行多次模擬面試，以找到自身的不足或需要改進的地方。尤其是自我介紹部分，相當於自己的「門面」，如果自我介紹都說不清楚的話，就很難再繼續下面的問題了，所以應試者應當事先把要自我介紹的內容寫清楚，然後不斷訓練自己。

在初次面試的時候，應試者緊張是很難避免的，但緊張分為兩種，第一種是漫無目的的緊張，第二種是真誠的緊張，而面試官看得出來你是沒有準備的緊張還是因為你準備了而自然流露出來的緊張。

關於氣場的問題，很多應試者在面試之前，能量很強，有 100 分的能量，但一看到面試官後心裡就緊張，覺得面試官是主宰自己的人，心裡不免高度緊張，從而導致自身的能量急劇減少，減少到五六十分。五六十分是不及格的能量，但你要想面試成功，至少要有 80 分甚至更高的分數。在這裡我想說的是，在事先準備時，你至少要讓自己擁有 150 分的能量，即使面試官有氣場，你的能量可能會減少到 100 分，但 100 分就夠了，至少你已經有了同別人競爭的機會。

寄語：如何通過試用期

如果你已經深入理解並實踐了本書的知識和技能，相信將會極大地助力你成功通過面試並獲得心儀的職位。面試可能是你踏入職場的第一道關卡，在這個過程中，你可能會遇到困難和挫折，但請記住，失敗並不是終點，而是通向成功的必經之路。每次的失敗都是累積經驗、提升自己的機會。不要因為一次、兩次的失敗就灰心喪氣，要有屢敗屢戰的勇氣和決心。

當你成功通過面試，進入實際工作階段時，可能會有新的擔憂和挑戰出現。你可能會擔心自己能否勝任新的工作，能否融入新的團隊，能否處理好各種工作任務。但我要告訴你，這些都是很正常的疑慮和挑戰，每個人在新的工作環境中都會有所適應和學習。真實的工作環境，往往比你想像中的更有序、更具指導性。公司會有明確的分工和管理制度，你只需要按照自己的職責去做好每一件事。同時，你也會發現，團隊協作的力量是巨大的，每個人都在為實現共同的目標而努力。即使你是一位經驗豐富的專業人士，進入一家新的公司，也需要一些時間去熟悉和掌握公司的內部流程和業務知識。這是一個必要的過程，也是你成長和提升的機會。在這個階段，你會得到同事的幫助和引導，你會發現自己並不孤單。

16 求職簡歷製作與面試模擬考場問答

最後,我要向你表示最誠摯的祝福。祝願你在職業道路上取得理想的成績,找到滿意的工作,順利通過試用期,成為職場中的佼佼者。你的努力和付出,一定會得到應有的回報。

勇往直前,未來可期!

深智數位
股份有限公司

深智數位
股份有限公司